中国国家标准汇编

596

GB 30220～30245

（2013 年制定）

中国标准出版社　编

中国标准出版社

北　京

图书在版编目(CIP)数据

中国国家标准汇编:2013年制定.596:
GB 30220～30245/中国标准出版社编.—北京:
中国标准出版社,2014.9
ISBN 978-7-5066-7677-9

Ⅰ.①中… Ⅱ.①中… Ⅲ.①国家标准-
汇编-中国-2013 Ⅳ.①T-652.1

中国版本图书馆CIP数据核字(2014)第187894号

中国标准出版社出版发行
北京市朝阳区和平里西街甲2号(100029)
北京市西城区三里河北街16号(100045)

网址 www.spc.net.cn
总编室:(010)64275323 发行中心:(010)51780235
读者服务部:(010)68523946

中国标准出版社秦皇岛印刷厂印刷
各地新华书店经销

*

开本 880×1230 1/16 印张 34.75 字数 1 076 千字
2014年9月第一版 2014年9月第一次印刷

*

定价 220.00 元

出 版 说 明

1.《中国国家标准汇编》是一部大型综合性国家标准全集。自1983年起，按国家标准顺序号以精装本、平装本两种装帧形式陆续分册汇编出版。它在一定程度上反映了我国建国以来标准化事业发展的基本情况和主要成就，是各级标准化管理机构，工矿企事业单位，农林牧副渔系统，科研、设计、教学等部门必不可少的工具书。

2.《中国国家标准汇编》收入我国每年正式发布的全部国家标准，分为"制定"卷和"修订"卷两种编辑版本。

"制定"卷收入上一年度我国发布的、新制定的国家标准，顺延前年度标准编号分成若干分册，封面和书脊上注明"20××年制定"字样及分册号，分册号一直连续。各分册中的标准是按照标准编号顺序连续排列的，如有标准顺序号缺号的，除特殊情况注明外，暂为空号。

"修订"卷收入上一年度我国发布的、被修订的国家标准，视篇幅分设若干分册，但与"制定"卷分册号无关联，仅在封面和书脊上注明"20××年修订-1,-2,-3,……"字样。"修订"卷各分册中的标准，仍按标准编号顺序排列(但不连续)；如有遗漏的，均在当年最后一分册中补齐。需提请读者注意的是，个别非顺延前年度标准编号的新制定的国家标准没有收入在"制定"卷中，而是收入在"修订"卷中。

读者配套购买《中国国家标准汇编》"制定"卷和"修订"卷则可收齐由我社出版的上一年度我国制定和修订的全部国家标准。

3.由于读者需求的变化，自1996年起，《中国国家标准汇编》仅出版精装本。

4.2013年我国制修订国家标准共1 979项。本分册为"2013年制定"卷第596分册，收入国家标准GB 30220～30245的最新版本。

中国标准出版社

2014年8月

目　　录

ICS 97.200.40
Y 57

GB

中华人民共和国国家标准

GB/T 30220—2013

游乐设施安全使用管理

Amusement device safety use management

2013-12-31 发布　　2014-07-01 实施

中华人民共和国国家质量监督检验检疫总局
中国国家标准化管理委员会　发布

前　言

本标准按照 GB/T 1.1—2009 给出的规则起草。

本标准由全国索道与游乐设施标准化技术委员会(SAC/TC 250)归口。

本标准负责起草单位:全国索道与游乐设施标准化技术委员会、中国特种设备检测研究院。

本标准参加起草单位:江苏省特种设备检测研究院、山东省特种设备检测研究院、济宁鲁科检测器材有限公司、深圳华侨城欢乐谷旅游公司、成都东虹商业服务管理有限公司(成都国色天香)、成都天游旅游集团、深圳华强文化科技集团主题公园、安徽花鼓灯嘉年华旅游发展有限公司、山东鲁信远致旅游有限公司(青岛欢动世界)。

本标准主要起草人:邢友新、李向东、陈红军、马军、张勇、陈奕、张晓振、曾志林、张武、祝福寿、朱美珍、刘嘎。

本标准为首次发布。

游乐设施安全使用管理

1 范围

本标准规定了游乐设施管理中的术语和定义、使用单位的管理、设备管理、人员职责、安全检查、应急救援及演练管理、技术档案等安全使用管理方面的基本要求。

本标准适用于各类游乐园(场)及其开展游乐设施经营活动的场所。

2 规范性引用文件

下列文件对于本文件的应用是必不可少的。凡是注日期的引用文件,仅注日期的版本适用于本文件。凡是不注日期的引用文件,其最新版本(包括所有的修改单)适用于本文件。

GB 8408—2008 游乐设施安全规范

3 术语和定义

下列术语和定义适用于本文件。

3.1

人员职责 amusement ride worker

直接或间接从事游乐设施工作的人员。

3.2

安全管理负责人 person responsible for safety

负责本单位游乐设施安全使用的高层管理人员。

3.3

安全管理人员 safety manager

从事游乐设施安全管理的专职人员。

3.4

作业人员 operating personnel

从事游乐设施操作、维修的人员。

3.5

运营服务人员 service personnel

为游乐设施运营提供服务的人员,如站台服务人员和验票人员。

3.6

意外事件 the accident

因不可抗拒或不能预见的原因引起的事件。

4 游乐设施使用单位的管理

4.1 应依据本标准建立安全使用管理体系,建立健全相关的管理制度,实行规范化管理。

4.2 应制定以岗位安全责任制为核心的游乐设施使用和运营的安全管理制度,确保职责到位。

4.3 应建立安全使用管理组织(机构),配置专职安全管理人员。

4.4 大型游乐设施安全管理人员和作业人员应参照 TSG Y6001—2008《大型游乐设施安全管理人员和作业人员考核大纲》的有关规定,经考核合格,持证上岗。

5 游乐设施的设备管理

5.1 应对游乐设施的选购、安装、运营、维护保养、维修、改造、报废等全过程进行管理,并建立各环节的技术状态跟踪记录档案,适时进行安全评估,形成书面安全评价报告。

5.2 游乐设施选购前应对设备供应厂商进行调研,如:考察制造单位的生产许可资质、生产条件、技术水平、质量管理体系是否健全;考察安装单位的许可资质、技术水平、质量管理体系是否健全;考察同类型产品使用的安全状况。

5.3 应按照产品使用及维护说明书制定相应的操作规程。

5.4 应制定并严格执行游乐设施的维护保养制度,对出现故障的游乐设施要认真分析故障原因,找出故障源,确认故障排除后方可运行。

5.5 对超过整机设计使用期限仍有维修、改造价值的大型游乐设施,应委托原制造单位或取得相应资格的制造单位进行评估,实施维修、重大维修或改造工作后,确定继续使用的期限和使用条件。

5.6 对超过整机设计使用期限,经原制造单位或取得相应资格的制造单位评估,其评估结果表明存在严重事故隐患,且无改造、维修价值时,应予以报废,并办理相关的注销手续。

5.7 大型游乐设施运行的环境及天气条件,应符合 GB 8408—2008 中 9.1.9 和 9.2.1 的规定。应根据设备运行的状态、性能以及周边的环境,确定重点监控的位置。

5.8 水上游乐设施运行的水质标准,应符合 GB 8408—2008 中 7.10 的规定。

5.9 应建立严格的技术档案管理制度,按规定保管,专人管理,及时归档。技术档案应完整、准确、并具有可追溯性。技术档案的主要内容包括:

a) 安装技术资料;
b) 监督检验报告;
c) 使用登记表;
d) 改造、维修技术文件;
e) 年度自行检验的记录;
f) 定期检验报告;
g) 应急救援演练记录;
h) 运行、维护保养、设备故障与事故处理记录;
i) 作业人员培训、考核和证书管理记录;
j) 法律法规规定的其他内容。

6 人员职责

6.1 法定代表人职责

6.1.1 建立本单位的安全管理体系。

6.1.2 保证安全资源的投入。

6.2 安全管理负责人职责

6.2.1 组织开展游乐设施安全使用管理工作,确保安全管理体系的建立、实施和改进。

6.2.2 确定本单位各部门的安全管理职责与权限,保证相互之间的沟通与协调。

6.2.3 组织制定游乐设备安全管理体系等相关文件。

6.2.4 批准、发布本单位的各项安全管理规章制度和设备的安全技术规程。

6.2.5 组织开展设备安全技术研究工作，推广先进的安全技术和管理方法。

6.2.6 定期召开设备安全专题会议，及时研究和解决有关安全问题。

6.2.7 组织相关人员对设备的安全隐患进行识别、分析和控制。

6.2.8 组织游乐设施应急预案的制修订。

6.2.9 审定重大灾害事故的预防和处理方案，指挥突发事件或事故的处理、调查和报告等工作。

6.2.10 传达、贯彻有关游乐设备安全的法律、法规、技术规范及标准。

6.2.11 监督检查有关人员的安全教育与考核计划。

6.3 安全检查负责人职责

6.3.1 编写游乐设施安全检查制度。

6.3.2 编写游乐设备应急预案，定期执行演练。

6.3.3 组织游乐设备安全事故现场的处理及后续工作。

6.3.4 组织开展游乐设备安全管理各个环节（使用、维保、检验等）责任人员和操作人员的安全技术培训及管理工作。

6.3.5 组织协调与相关职能部门工作。

6.3.6 监督检查游乐设施运营部门及设备维护部门游乐设施安全管理制度的执行情况。

6.4 运营负责人职责

6.4.1 制定游乐设备安全操作规程。

6.4.2 开展游乐设备日常运行的检查工作。

6.4.3 组织游乐设施操作人员的培训工作。

6.4.4 对游乐项目服务标准、操作流程、环境卫生进行质量控制。

6.4.5 跟进游乐设施的维护保养和维修工作。

6.4.6 完成事故现场的紧急援救与上报工作。

6.5 工程技术负责人职责

6.5.1 组织办理新设备的注册登记。

6.5.2 督促安装单位按规定进行安装告知，跟踪并了解新设备的安装情况。

6.5.3 制定维护保养和维修管理制度。

6.5.4 编制定期检验计划并组织定期检验的报检工作。

6.5.5 编制设备的维修计划，并组织实施和验收。

6.5.6 与设备制造厂家保持联系，及时反馈设备的异常情况。

6.5.7 编制设备的台账、提出备品备件的采购意见。

6.5.8 制定游乐设施的维护检修计划和工作流程。

6.5.9 参加设备运行前的检查工作，确认设备正常运行。

6.5.10 组织处理各类游乐设施故障。

6.5.11 建立游乐设施技术档案。

6.6 安全管理人员职责

6.6.1 监督并执行安全管理制度。

6.6.2 依据产品使用维护说明书的要求，编制各游乐设备安全操作规程。在操作规程中应明确运行过程中紧急情况的操控程序、一次运营周期全过程的操控程序。

6.6.3 编制作业人员及相关运营服务人员的安全培训考核计划并组织实施。

6.6.4 确定维护保养项目和日常检查项目，编制定期维修计划及大修计划，并组织实施。

6.6.5 对游乐设施的日常安全运行情况进行检查，及时纠正违章行为。

6.6.6 对基础施工、安装过程、自检调试等过程进行监督，全面了解新安装设备的有关情况。

6.6.7 编制紧急救援演习制度，组织紧急救援演习。

6.6.8 设备发生故障和异常时，进行全面检查。

6.6.9 发生事故时，按规定及时上报。

6.6.10 定期组织相关人员学习法规、标准。

6.7 操作人员职责

6.7.1 熟悉设备、设施性能，按时进行设备的日常检查、维护保养。

6.7.2 严格遵守操作规程，保障设备的正常运行。

6.7.3 作业过程中发现事故隐患或其他不安全因素，应立即向现场安全管理人员和单位有关负责人报告。

6.7.4 严格执行单位的规章制度及设备管理的规定。

6.7.5 主动宣传《游客须知》，对违反安全规定的游客要耐心劝阻，坚决制止违禁行为。

6.7.6 认真填写设备运行记录。

6.7.7 具体操作应做到：

a) 确认安全检查人员完成检查并在运行日志上签字后，方可开启设备运行；

b) 正式运营前，应将设备试运行 2 次以上，确认是否正常；

c) 开机前应先鸣铃，提醒游客及服务人员远离游乐设施，确认安全后再开机；

d) 设备运行中，若发现游客有不安全行为时(如：游客受伤、昏迷、产生恐惧而大声喊叫等)，应根据设备的运行状况，在保证安全的前提下，对该设备采取紧急处理措施，并疏导游客；

e) 在设备运行中，操作人员应坚守岗位，密切关注设备的运行状况及游客的安全状况，一旦出现异常情况，操作人员应立即采取紧急措施；

f) 应熟悉紧急停车按钮的位置，以便需要时能够及时停车；

g) 设备运营结束，应严格按照运行日志的要求，进行安全检查，确认无误后，关闭电源并填写设备运行记录。

6.8 运营服务人员职责

6.8.1 应遵守规章制度及设备管理的规定。

6.8.2 应了解岗位设备的基本特点。

6.8.3 协助操作人员做好岗位工作。

6.8.4 具体服务应做到：

a) 维护站台安全秩序，宣讲安全注意事项、乘客须知和操作指南(当游客可自行操作时)；

b) 检查乘座物及其安全保护装置，及时纠正乘客不符合安全要求的行为；

c) 对有特殊要求的设施，要引导游客均衡乘座，防止设施偏载。

6.8.5 运行中应密切注视游客的安全状态和设备的运行情况，发现设备运行异常时，应立即向操作人员报告。

6.8.6 乘客发生意外事故时，应按规定程序采取紧急救援措施，认真做好善后处理工作。

6.8.7 遵守安全服务有关规定，注意自身安全。

6.9 维修人员职责

6.9.1 了解每台游乐设施的性能、结构和原理，掌握游乐设施有关的技术规范和标准。

6.9.2 具有熟练的修理技能和较强的判断故障能力。

6.9.3 严格按照维修作业指导文件进行作业。

6.9.4 做好维修记录。

6.10 维护保养人员职责

6.10.1 熟悉各种在用游乐设施的性能、结构、运行机理、使用维护要求。

6.10.2 按照保养作业指导文件进行作业。

6.10.3 对日常检查发现的问题应及时处理，避免设备带病运行。

6.10.4 具体维保应做到：

a) 每日运营前，将所有设备认真检查一遍，确保安全和正常运营；

b) 保管好各种维修器材与工具。

6.10.5 填写维护保养记录。

7 游乐设施安全检查

7.1 安全检查要求

使用单位应根据本标准和安全技术规程的要求、制造厂提供的设备使用说明书，以及设备使用的状况，规定日检、周检、月检、年检等不同周期的检查项目，组织人员实施并做好相关记录，给出安全评价意见。游乐设施运行期间，应安排相关人员对游乐设施的运行状况进行必要的巡查，确保安全。

7.2 日检要求

7.2.1 游乐设施每日运营前应对规定的部位进行安全检查和试运行，并记录检查情况，确认设备正常后，方可运营。

7.2.2 日检项目至少应包括：

a) 控制装置、限速装置、制动装置和其他安全装置是否有效及可靠；

b) 整机运行是否正常，有无异常的振动或噪声；

c) 各易磨损件和连接件是否安全可靠；

d) 门连锁开关及安全带等是否完好；

e) 润滑点是否满足设备润滑的要求；

f) 重要部位(轨道、车轮等)是否正常；

g) 液压系统和气动系统有无漏油、漏气，液压站油箱液压油油位是否正常；

h) 水上游乐设施的日检项目应包括：

——水滑道表面不应有气泡、裂纹、凸起、毛刺、锐边、异物等；

——滑梯润滑水应满足安全使用要求，不应存在漏水现象；

——造浪设施出波口的安全栅栏和安全警戒线应牢固可靠；

——各游乐池的回水格栅应安全可靠，游乐池无尖角锐边现象；

——安全标志以及游客须知应清晰明了；

——水质标准应符合 GB 8408—2008 中 7.10 的规定；

——救生人员和辅助设施应配置齐全。

7.3 周检要求

7.3.1 每周应对游乐设施的重要部件进行检查，并作好记录。

7.3.2 周检项目除日检项目外，至少还应包括：

a) 各种安全装置或部件是否有效；

b) 动力装置、传动和制动系统是否正常；

c) 润滑油量是否足够，冷却系统是否正常；

d) 绳索、链条及吊辅具等有无超过标准规定的损伤；

e) 控制电路与电气元件是否正常；

f) 备用电源是否正常。

7.3.3 水上游乐项目除日检项目外，还应包括：

a) 水滑梯法兰紧固件应无松动和漏水现象；

b) 供水、供电系统应处于良好的工作状态；

c) 做好漏电保护装置试验、对安全栅栏和平台栏杆进行检查。

7.4 月检要求

7.4.1 每月对游乐设施的重要部件进行检查，并作好记录。

7.4.2 月检的项目除周检项目外，还应包括：

a) 传动装置的检查：

——传动轴、联轴器、齿轮、链条、链轮、钢丝绳、带轮、三角带、输送带等部件应传动平稳、张紧适度、连接牢固、润滑良好。

——液压与气动系统应正常，压力输出应达到额定值；油箱、气罐、阀件、管道连接应牢固，油管无老化，系统无渗漏。泵(马达)、阀件、管路、油箱、压力容器等部件应符合 GB 8408—2008 中 5.4 规定。

b) 重要连接部位，重要受力部位结构(部)件的连接应牢固；减速器、偶合器、轴承座等固定应牢固，温升应正常，润滑应良好。

c) 轨道、轨枕和立柱应无异常晃动、严重锈蚀、变形及裂纹等现象。

d) 座舱与车辆的检查：

——车体、舱体、吊箱、金属框架应无裂纹、腐蚀和损坏，舱内无尖锐突出物；

——安全扶手应完好，防护材料应齐全，座椅连接与固定应牢固可靠；

——可供乘人操作的车辆(如小赛车、电池车等)，其刹车和转向(包括后制动装置)应灵活，无卡滞现象；

——车辆的驱动部分、传动部分及车轮的覆盖物，应保持完好；

——燃油油箱应密封良好，无泄漏现象。

e) 玻璃钢件应符合 GB 8408—2008 中 8.3.4 规定，应无裂纹、破损及毛刺现象。

f) 电气系统的检查：

——绝缘电阻、接地电阻应符合 GB 8408 要求；

——控制系统(自动控制、连锁控制和维修模式)应正常；

——电压、电流应在额定范围；

——音响效果应良好，信号显示应齐全；

——安装在水泵房、游泳池等潮湿场所的电气设备及使用非安全电压的装饰、照明等设备，应装有剩余电流动作保护装置，其技术条件应符合 GB 8408—2008 中 6.1.4 规定。

g) 水上游乐设施的月检除周检的项目外，还应包括：

——水滑梯塔楼、平台、钢支撑、地脚螺栓无异样；
——造浪池、漂流河地面、侧壁无剥落或瓷砖脱落现象。

7.5 节假日与旺季检查的要求

7.5.1 游乐设施使用单位应在节假日与旺季之前，对游乐设施进行深入、全面的检查，并做好记录。

7.5.2 检查的项目除包括月检的项目外，还应包括：

a) 应急救援设备要配置齐全，随时可用；
b) 内燃机用油应保持至规定的范围，每天检查油面高度是否处于油标限定的范围，并及时加油；
c) 蓄电池应密封良好、无渗漏，连接固定应良好；
d) 使用蓄电池应存电充足，满足应急救援工况的需要；
e) 周围防护措施和栏杆应安全可靠。

7.6 年度检查要求

7.6.1 在用的游乐设施，应每年进行1次全面检查，并做好相应的记录。

7.6.2 应依据监督检验的项目和设备使用的状况，以及设备制造厂对年度检修的要求，制定年度检修方案。

7.6.3 水上游乐设施的年检应在每年的营业季开始前或监督检验前进行，年检的项目除月检的项目外，还应包括钢结构焊接质量的目测、钢结构的防腐检查，以及所有结构件的紧固检查。

7.7 巡检要求

7.7.1 使用单位应建立游乐设施运行过程的巡检制度，确保在运行过程中，游乐设施处于安全可靠状态。

7.7.2 巡检内容应根据游乐设施运行情况，确定检查项目和周期，并做好相应记录。

7.7.3 巡检设备操作员应佩带有效的操作资格证。

8 应急救援及演练管理

8.1 使用单位应逐台编制应急救援预案，并检查、落实。检查内容应包括：

a) 人员职责是否明确；
b) 应急设备是否到位并有效(如急救设施、通讯设备、消防设备、维修设备、救援设备、防护设备和其他应急物资等)；
c) 通讯、联络方式是否明确、畅通；
d) 是否已制定应急救援流程；
e) 是否有应急事件记录；
f) 是否已制定意外事件报告程序。

8.2 应加强游乐设施应急救援预案的培训并定期演练，演练内容应包括：

a) 模拟设备突发意外事件；
b) 立即停止设备运行；
c) 组织调动援救人员与设备；
d) 迅速抢救受伤人员；
e) 紧急组织人员疏散；
f) 保护事故设备现场；
g) 及时向上级有关部门报告。

8.3 演练完毕要进行评估，对于不适用的救援方式和方法应及时修正，保持救援预案的适用性。

8.4 游乐设施一旦发生意外事件，使用单位应立即启动应急预案，采取紧急救援措施，降低事故的损失。

8.5 积极配合事故调查。

8.6 建立档案记录。

9 技术档案管理

9.1 逐台建立游乐设备档案，档案的组成内容包括：

a) 设备的随机文件：如设计文件、制造单位的资质文件、产品质量合格证明、使用维护说明书等出厂随机文件；
b) 安装验收文件：如安装技术文件、验收资料(包括基础施工工程、安装施工、自检和调试及试运行等资料)；
c) 游乐设施注册登记表及其相关附件、资料；
d) 日常运行、维修、保养和常规检查记录；
e) 安全附件、安全保护装置、测量调控装置及有关附属仪器仪表的维护保养记录；
f) 大修、改造技术文件与验收资料；
g) 定期自行检查的记录；
h) 运行故障和事故记录；
i) 设备维修资料及记录；
j) 定期检验报告与合格证书；
k) 年度维修计划及落实情况资料；
l) 应急措施及救援演习情况记录。

9.2 证书的管理内容包括：

a) 建立个人证书台账；
b) 建立证书审查规定，确保证书的有效性；
c) 离职人员应于离职当天，即取消在本单位的设备操作资格，并记录存档；
d) 证书不应转借、涂改或买卖。

ICS 53.020.30
J 80

中华人民共和国国家标准

GB/T 30221—2013

工业制动器能效测试方法

Energy efficiency test procedures for industry brakes

2013-12-31 发布　　　　2014-07-01 实施

中华人民共和国国家质量监督检验检疫总局
中国国家标准化管理委员会　发布

前　言

本标准按照 GB/T 1.1—2009 给出的规则起草。

本标准由中国机械工业联合会提出。

本标准由全国起重机械标准化技术委员会(SAC/TC 227)归口。

本标准起草单位:江西华伍制动器股份有限公司、北京起重运输机械设计研究院、焦作制动器股份有限公司、国家起重运输机械质量监督检验中心。

本标准主要起草人:聂春华、路建湖、邹耀平、张皓琨、段京丽。

工业制动器能效测试方法

1 范围

本标准规定了工业制动器(以下简称制动器)的能效测试方法。

本标准适用于电力液压鼓式制动器、电力液压盘式制动器、电磁鼓式制动器以及电磁和液压钳盘式制动器,其他类型的制动器可参照执行。

2 规范性引用文件

下列文件对于本文件的应用是必不可少的。凡是注日期的引用文件,仅注日期的版本适用于本文件。凡是不注日期的引用文件,其最新版本(包括所有的修改单)适用于本文件。

JB/T 6406 电力液压鼓式制动器

JB/T 6540 制动器 术语

JB/T 7020 电力液压盘式制动器

JB/T 7685 电磁鼓式制动器

JB/T 10917 钳盘式制动器

3 术语和定义

JB/T 6540 和 JB/T 6406 界定的以及下列术语和定义适用于本文件。

3.1

供给能 supply energy

制动器在规定工作制下完成一个工作周期所消耗的能量,其中包括制动器驱动装置电源管理(如电磁制动器在起动和维持之间励磁电流进行切换的电源控制管理装置、变频驱动的相关变频控制管理装置、液压站电气控制管理装置等)消耗的电能和制动器驱动装置本身消耗的电能。

3.2

有效制动力矩 effective braking moment

制动器有效制动力乘以制动半径的值。

3.3

有效制动力 effective braking force

制动器在制动偶件上产生有效制动力矩的制动力。有效制动力为制动正压力乘以摩擦系数 μ。

3.4

能效值 energy efficiency

制动器在规定工作制和规定条件下,有效制动力与单位时间内制动器消耗的总供给能之比。

4 测试条件

4.1 基本要求

电力液压鼓式制动器、电力液压盘式制动器、电磁鼓式制动器、电磁和液压钳盘式制动器应分别符合 JB/T 6406、JB/T 7020、JB/T 7685 和 JB/T 10917 的规定。

4.2 环境条件

制动器能效测试的环境应符合如下规定：

a) 测试应在室内进行；

b) 测试场所的环境温度为 20 ℃±10 ℃；

c) 测试场所的相对湿度不应大于 90%；

d) 测试场所的海拔高度不应大于 1 000 m；

e) 测试环境中不应有易燃、易爆性气体和介质。

4.3 电源条件

被测制动器驱动装置电源应符合如下规定：

a) 交流电源的电源频率应符合测试产品相关标准的规定，电源频率误差不应超过额定频率的±0.3%；

b) 测试过程中驱动装置驱动电源的电压波动不应超过额定电压的±5%。

4.4 测试仪器

主要测量仪器和仪表如下：

a) 机电式有功电能表、静止式有功电能表、多功能电能表和直流电能表(用于直接由直流电源供电的产品)；

b) 电压表；

c) 制动器动态惯性试验台和静力矩试验台。

采用的电能表和电压表的精度不应低于 0.5 级，有效分辨力不应低于 0.001 度；动态惯性试验台试验的制动力矩范围为 100 N·m～30 000 N·m、试验转速范围为 300 r/min～1 250 r/min 可调。

4.5 测量要求

4.5.1 电能表的接入部位应符合如下要求：

a) 对无电源管理的驱动装置，电能表应接入被测产品驱动装置驱动电源的输入侧，电能表接入部位距离驱动电源不应超过 1.5 m；

b) 对有电源管理的驱动装置，电能表应接入被测产品驱动装置电源管理的电源输入侧，电能表接入部位距离电源管理装置不应超过 1.5 m，电源管理装置距离驱动装置驱动电源的距离不应超过 3 m。

4.5.2 对于液压驱动的制动器，液压驱动站至制动器的油路长度不应超过 2 m；在测试前，具有保压功能的液压站应将保持压力卸压至大气压。

4.5.3 被测制动器应按照产品使用说明书正确安装在试验台架或使用现场机构上，各项参数调整在额定状态。

5 测试方法

5.1 测试工况

同时测量连续工作制和断续周期工作制两种工作制状态下被测制动器的能耗。被测制动器在测试过程中的测试时间和运行条件应符合表 1 的规定。

表 1

能耗测试类别	测试时间 h	操作频率 1/h	接电持续率 %
连续工作制	1	—	100
断续周期工作制	1	100	40

5.2 供给能测试

5.2.1 连续工作制的测试：将被测制动器驱动装置接通电源，并将其维持在正常释放（对于常闭式制动器）或正常制动（对于常开式制动器）状态，按表1的规定连续通电1 h，记录电能表读数；然后按式(1)计算1 h运行时制动器的能耗：

$$E_{i1}=3.6\times10^{6}D \quad \cdots\cdots(1)$$

式中：

E_{i1}——制动器连续运行1 h消耗的总能量，单位为焦(J)；

D ——电能表测试值，单位为千瓦时(kW·h)。

5.2.2 断续周期工作制的测试：将被测制动器驱动装置按表1规定的操作频率和接电持续率运行制动器1 h，记录电能表读数；然后按式(2)计算1 h运行时制动器的能耗：

$$E_{i2}=3.6\times10^{6}D \quad \cdots\cdots(2)$$

式中：

E_{i2}——制动器运行1 h消耗的总能量，单位为焦(J)；

D ——电能表测试值，单位为千瓦时(kW·h)。

5.3 有效制动力测试

5.3.1 制动器的有效制动力测试条件应符合以下规定：

a) 当总制动力不大于63 000 N时应测试制动器的动态制动力，当总制动力大于63 000 N时可测试静态制动力；

b) 测试时的试验条件应符合JB/T 6406、JB/T 7020、JB/T 7685、JB/T 10917的相关规定。

5.3.2 有效制动力测试方法如下：

a) 按JB/T 6406、JB/T 7020、JB/T 7685、JB/T 10917的相关规定测试制动器动态或静态制动力矩；

b) 根据试验结果按式(3)计算有效制动力。

$$F_{b}=\frac{M_{b}}{R} \quad \cdots\cdots(3)$$

式中：

F_{b} ——单台制动器的有效制动力，单位为牛(N)；

M_{b}——单台制动器的制动力距，当试验测得的制动力矩大于产品铭牌标定的制动力矩时，M_{b}为产品铭牌标定的制动力矩，否则，M_{b}为实测制动力矩，单位为牛米(N·m)；

R ——理论制动半径，单位为米(m)。

6 能效计算

6.1 能效表达形式

制动器在5.1规定的试验工况条件下运行1 h，制动器输出的有效制动力除以1 h内制动器消耗电能总量的比值。

6.2 能效计算

连续工作制的能效计算按式(4)进行。

$$\eta_1 = \frac{F_b}{E_{i1}} \qquad \cdots\cdots(4)$$

断续周期工作制的能效计算按式(5)进行。

$$\eta_2 = \frac{F_b}{E_{i2}} \qquad \cdots\cdots(5)$$

式中：

η_1——制动器连续运行定额下运行 1 h 的能效，单位为牛每焦(N/J)；

η_2——制动器断续操作运行定额下运行 1 h 的能效，单位为牛每焦(N/J)。

ICS 53.020.20
J 80

GB

中华人民共和国国家标准

GB/T 30222—2013

起重机械用电力驱动起升机构能效测试方法

Energy efficiency test prcedures for electric driven lifting mechanism of cranes

2013-12-31 发布 2014-07-01 实施

中华人民共和国国家质量监督检验检疫总局
中国国家标准化管理委员会 发布

前　言

本标准按照 GB/T 1.1—2009 给出的规则起草。

本标准由中国机械工业联合会提出。

本标准由全国起重机械标准化技术委员会(SAC/TC 227)归口。

本标准负责起草单位:大连博瑞重工有限公司、北京起重运输机械设计研究院、国家起重运输机械质量监督检验中心。

本标准参加起草单位:三一集团有限公司、上海起重运输机械厂有限公司、广西建工集团建筑机械制造有限责任公司、象王重工股份有限公司。

本标准主要起草人:田东风、张皓琨、赵春晖、陶天华、闫锦锋、张毅、林永、张寒、葛明。

起重机械用电力驱动起升机构能效测试方法

1 范围

本标准规定了电力驱动的起重机械起升机构的能效测试方法。

本标准适用于电力驱动的起重机械起升机构，采用电动葫芦为起升机构的除外。

2 规范性引用文件

下列文件对于本文件的应用是必不可少的。凡是注日期的引用文件，仅注日期的版本适用于本文件。凡是不注日期的引用文件，其最新版本(包括所有的修改单)适用于本文件。

GB/T 6974.1 起重机 术语 第1部分:通用术语

3 术语和定义

GB/T 6974.1 界定的以及下列术语和定义适用于本文件。

3.1

供给能 supply energy

起升机构按规定的测试方法要求完成一个测试周期时，实际消耗的电能。

3.2

有效能标称值 nominal value of effective energy

起升机构按规定的测试方法要求完成一个测试周期时，提供的有效能量。

3.3

能效标称值 nominal value of energy efficiency

起升机构按规定的测试方法要求完成一个测试周期时，有效能标称值与供给能的比值。

4 测试条件

4.1 测试样机

测试样机应为能正常使用的合格产品。

4.2 测试环境

起升机构应在相应产品标准规定的工作条件下进行测试，且应满足以下要求：

a) 风速应小于 3 m/s；

b) 冶金起重机的环境温度应为＋20 ℃～＋40 ℃，其他起重机的环境温度应为＋10 ℃～＋30 ℃；

c) 环境湿度应满足相关产品标准中的规定；

d) 测试载荷质量与规定值的偏差不应大于5%，仲裁检验时偏差不应大于±1%，测试载荷质量的精度为±1%；

e) 供电系统在起重机馈线接入处的电压波动不应超过额定值的±10%;三相电压不平衡率不应大于1.5%;

f) 起升和下降的实际测试高度与规定值的偏差不应大于±5%,仲裁检验时偏差不应大于±1%,测量精度不应小于0.01 m。

4.3 测量仪器和测试记录

4.3.1 测试所用各种测量仪器应符合相关国家标准,且应为国家计量部门检定有效期内的产品。

4.3.2 采用的电能仪表应具有记录反向电能功能,准确度不应低于0.5级,有效分辨力不应低于0.001度(显示位数不应少于小数点后三位)。

4.3.3 互感器的准确度等级不应低于0.2级(满量程)。

4.3.4 其他测量设备和计量器具的准确度等级不应低于0.5级。

4.3.5 选择仪表时,应根据测量需要尽量选择低量程仪表。

4.3.6 能效测试完成后应填写"起升机构能效测试记录表",记录表格式参见附录A。

5 测试和计算方法

5.1 供给能的测试

5.1.1 电度表法

通过数字式电能测量仪器(装置)测量供给能,并按式(1)进行计算。

$$E_G = 3.6 \times 10^6 \sum_{i=1}^{n} D_i \quad \cdots\cdots(1)$$

式中:

E_G——供给能,单位为焦耳(J);

n ——一个测试周期内包含的测试阶段数;

D_i——一个测试周期内第 i 个阶段数字式电能表(仪)测量值,单位为千瓦时(kW·h),测量值为负值时,为测试对象向电网反馈能量。

5.1.2 电流电压法

5.1.2.1 基于三瓦特表法原理的测量仪器,按式(2)或式(3)进行计算。

$$E_G = \sum_{i=1}^{n} (P_{1i} + P_{2i} + P_{3i}) t_i \quad \cdots\cdots(2)$$

$$E_G = \sum_{i=1}^{n} \left(\int_{t_i} U_{1i} I_{1i} \cos\varphi_{1i} + \int_{t_i} U_{2i} I_{2i} \cos\varphi_{2i} + \int_{t_i} U_{3i} I_{3i} \cos\varphi_{3i} \right) \quad \cdots\cdots(3)$$

式中:

t_i ——一个测试周期内第 i 个阶段的工作时间,单位为秒(s);

P_{1i}、P_{2i}、P_{3i} ——一个测试周期内第 i 个阶段三只表分别测得的功率值,单位为瓦特(W);

U_{1i}、U_{2i}、U_{3i} ——一个测试周期内第 i 个阶段三只表分别测得的电压值,单位为伏特(V);

I_{1i}、I_{2i}、I_{3i} ——一个测试周期内第 i 个阶段三只表分别测试得的电流值,单位为安培(A);

φ_{1i}、φ_{2i}、φ_{3i} ——一个测试周期内第 i 个阶段三只表分别测试的电压与电流间的相位差角。

5.1.2.2 基于两瓦特表法原理的测量仪器,按式(4)或式(5)进行计算。

$$E_G = \sum_{i=1}^{n} (P_{1i} + P_{3i}) t_i \quad \cdots\cdots(4)$$

$$E_G=\sum_{i=1}^{n}\left(\int_{t_i}U_{12i}I_{1i}\cos\varphi_{1i}+\int_{t_i}U_{32i}I_{3i}\cos\varphi_{3i}\right) \qquad (5)$$

式中：

P_{1i}、P_{3i} ——一个测试周期内第 i 个阶段两只表分别测得的功率值，单位为瓦特(W)；

U_{12i}、U_{32i} ——一个测试周期内第 i 个阶段两只表分别测得的电压值，单位为伏特(V)；

I_{1i}、I_{3i} ——一个测试周期内第 i 个阶段两只表分别测试得的电流值，单位为安培(A)；

φ_{1i}、φ_{3i} ——一个测试周期内第 i 个阶段两只表分别测试的电压与电流间的相位差角。

5.1.3 测量仪器接入方式

测量仪器的接入方式和接入位置应满足以下条件：

测量仪器的具体位置视现场情况确定，但应在测试记录中给出测量仪器接入示意图，附录 B 中给出了接入位置示意图的参考示例。

5.2 有效能标称值的测试

5.2.1 参与测试的机构

参与测试的机构应为参与完成一个完整测试周期的所有起升机构。

5.2.2 测试周期

在正常工作条件下，吊具从初始位置起吊测试载荷，加速至规定起升速度，起升至规定高度，然后按规定下降速度将测试载荷放至初始位置；吊具空载从初始位置加速至规定起升速度，起升至规定高度，然后按规定下降速度下降至初始位置。位置调整和吊具、载荷的装卸阶段能耗不计入测试周期。

5.2.3 测试参数选取原则

5.2.3.1 测试载荷

用作测试载荷的物料特性应符合被测起重机的设计要求。测试载荷的大小按整机工作级别选取，测试载荷质量应包含起重机可分吊具和索具的质量。测试载荷质量的确定见附录 C。

5.2.3.2 测试速度

单速时，按额定起升速度操作。双速或调速时，按所测起升机构的最大起重量对应的最高起升速度操作。

5.2.3.3 测试高度

测试高度为待测机构以测试速度起升 1 min 的距离。当以测试速度确定的测试高度大于起升机构起升高度的 60%时，按该起升机构起升高度的 60%作为测试高度。

5.2.3.4 测试数据

按规定的测试周期至少重复测试 3 次，取其连续 3 次有效测量值的算术平均值。

5.3 有效能标称值的计算

有效能标称值按式(6)进行计算。

$$E_{qs}=9\,800(m+m_1)h+9\,800m_1h' \qquad (6)$$

式中：

E_{qs}——起升机构有效能标称值，单位为焦耳(J)；

m ——测试载荷(含可分吊具、索具)的质量，单位为吨(t)；

m_1——固定吊具的质量，单位为吨(t)；

h ——带载升降时的实际测试高度，单位为米(m)；

h'——空载升降时的实际测试高度，单位为米(m)。

5.4 起升机构能效标称值的计算

起升机构能效标称值按式(7)进行计算。

$$\eta_{qs} = \frac{\overline{E_{qs}}}{\overline{E_G}} \times 100\% \quad \cdots\cdots(7)$$

式中：

η_{qs} ——起升机构能效标称值；

$\overline{E_{qs}}$ ——起升机构测量3次的有效能标称值平均值，单位为焦耳(J)；

$\overline{E_G}$ ——起升机构测量3次的供给能平均值，单位为焦耳(J)。

附　录　A
（资料性附录）
起重机械用电力驱动起升机构能效测试记录表

测试单位名称：　　　　设备名称及生产厂家：　　　　安装地点：　　　　机号：

测试时间：　　　　环境温度：　　　　湿度：　　　　风速：

设备出厂时间：

1. 设备技术参数　型号规格			机构名称：			吊具形式：□可分		参与测试机构数：	
额定起重量/t		起升高度/m		起升速度/(m/min)		整机工作级别		机构工作级别	
索具/kg		可分吊具质量/kg		测试载荷质量/kg		测试速度/(m/min)		测试高度/m	
电机数量		电机型号		电机生产厂家					

2. 供电参数　调速方式：□双速　□定子调压　□变频　电能回馈方式：□　带电能回馈装置							
供电电压		变压器接线方式		三相电压不平衡率			
测试仪器名称及型号		测试仪器生产厂家		测试仪器精度		测试仪器有效分辨力	

3. 测试数据　回馈电能(千瓦时/测试周期)：												
测试工况	第一次				第二次				第三次			
	位移 m	有效能标称值 J	供给能 kW·h	供给能 J	位移 m	有效能标称值 J	供给能 kW·h	供给能 J	位移 m	有效能标称值 J	供给能 kW·h	供给能 J
带载上升												
带载下降												
空载上升												
空载下降												
合计	—		—		—		—		—		—	
测算结果												
起升机构能效标称值/%												
备注												

附　录　B
（资料性附录）
起升机构供给能测量仪器接入位置示意图示例

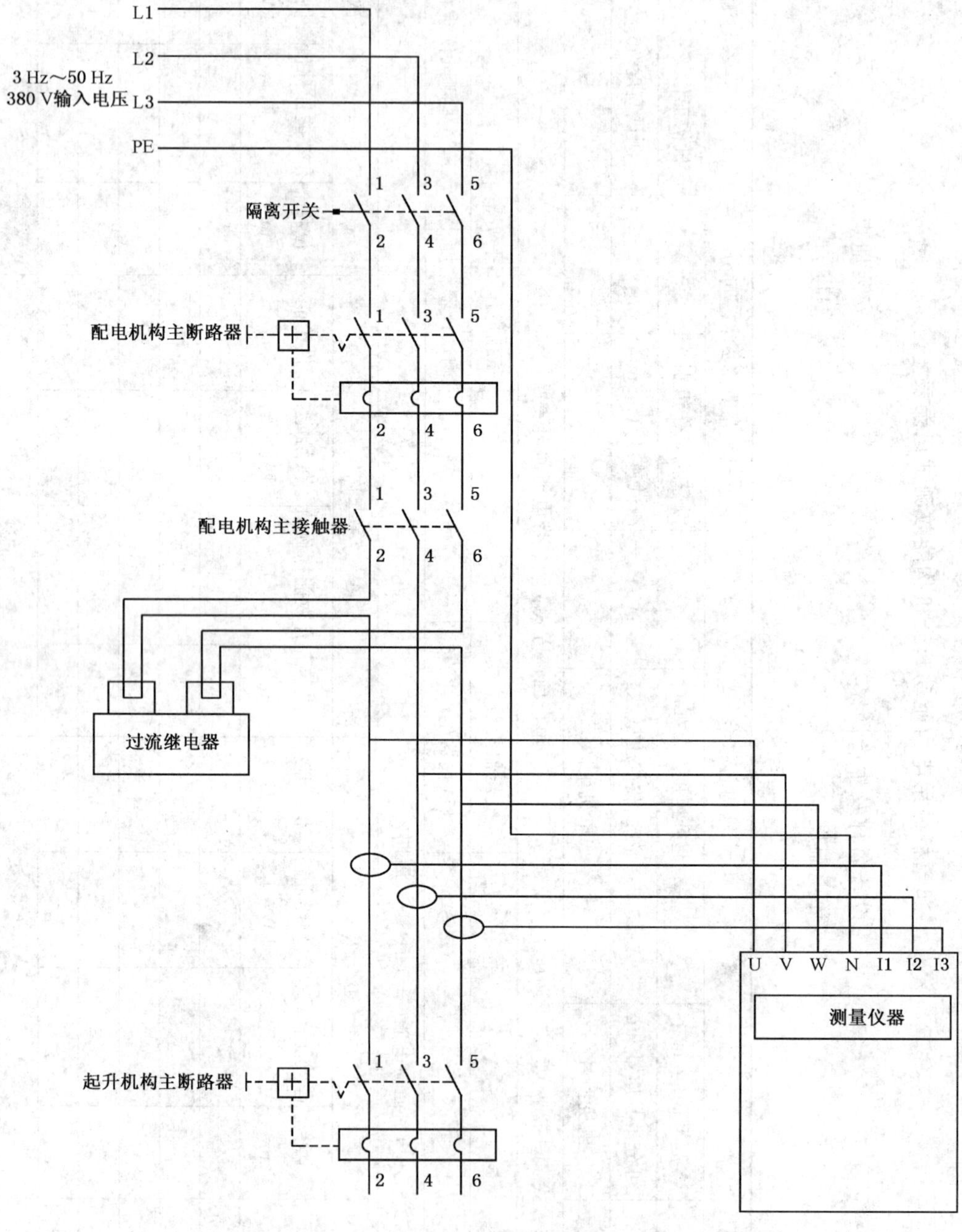

图 B.1　起升机构供给能测量仪器接入位置示意图示例

附 录 C
(规范性附录)
测试载荷质量的确定

C.1 测试载荷质量 $=K\times$ 最大起重量，K 值按 C.3、C.4、C.5 选取。

C.2 工作级别在 M3 以下(含 M3)的起重机不考核。

C.3 冶金起重机：$K=95\%$。

C.4 抓斗起重机：$K=85\%$；电磁起重机：$K=75\%$。

C.5 其他起升机构：$K=75\%$。

ICS 53.020.20
J 80

中华人民共和国国家标准

GB/T 30223—2013

起重机械用电力驱动运行机构能效测试方法

Energy efficiency test prcedures for electric driven travelling mechanism of crans

2013-12-31 发布　　2014-07-01 实施

中华人民共和国国家质量监督检验检疫总局
中国国家标准化管理委员会　发布

前　言

本标准按照 GB/T 1.1—2009 给出的规则起草。

本标准由中国机械工业联合会提出。

本标准由全国起重机械标准化技术委员会(SAC/TC 227)归口。

本标准负责起草单位:大连博瑞重工有限公司、北京起重运输机械设计研究院、国家起重运输机械质量监督检验中心。

本标准参加起草单位:三一集团有限公司、上海起重运输机械厂有限公司、广西建工集团建筑机械制造有限责任公司、象王重工股份有限公司。

本标准主要起草人:刘元利、张皓琨、赵春晖、陶天华、林夫奎、张毅、胡浪、张寒、葛明。

起重机械用电力驱动运行机构能效测试方法

1 范围

本标准规定了电力驱动的起重机械运行机构的能效测试方法。

本标准适用于电力驱动的起重机械运行机构。

2 规范性引用文件

下列文件对于本文件的应用是必不可少的。凡是注日期的引用文件,仅注日期的版本适用于本文件。凡是不注日期的引用文件,其最新版本(包括所有的修改单)适用于本文件。

GB/T 6974.1 起重机 术语 第1部份:通用术语

3 术语和定义

GB/T 6974.1界定的以及下列术语和定义适用于本文件。

3.1

供给能 supply energy

运行机构按规定的测试方法要求完成一个测试周期时,实际消耗的电能。

3.2

有效能标称值 nominal value of effective energy

运行机构按规定的测试方法要求完成一个测试周期时,提供的有效能量。

3.3

能效标称值 nominal value of energy efficiency

运行机构按规定的测试方法要求完成一个测试周期时,有效能标称值与供给能的比值。

4 测试条件

4.1 测试样机

测试样机应为能正常使用的合格产品。

4.2 测试环境

运行机构应在相应产品标准规定的工作条件下进行测试,且应满足以下要求:

a) 风速应小于3 m/s;

b) 冶金起重机的环境温度应为+20 ℃~+40 ℃,其他起重机的环境温度应为+10 ℃~+30 ℃;

c) 环境湿度应满足相关产品标准中的规定;

d) 起重机应处在平整轨道上,且轨道坡度不应大于0.5%;

e) 测试载荷质量与规定值的偏差不应大于±5%,仲裁检验时偏差不应大于±1%,测试载荷质量的精度为±1%;

f) 供电系统在起重机馈线接入处的电压波动不应超过额定值的±10%;三相电压不平衡率不应大于1.5%;

g) 运行距离与规定值的偏差不应大于±5%,仲裁检验时偏差不应大于±1%。测量精度不应小于0.01 m。

4.3 测试仪器和测试记录

4.3.1 测试所用各种测量仪器应符合相关国家标准,且应为国家计量部门检定有效期内的产品。

4.3.2 采用的电能仪表应具有记录反向电能功能,准确度不应低于0.5级,有效分辨力不应低于0.001度(显示位数应不少于小数点后三位)。

4.3.3 互感器的准确度等级不应低于0.2级(满量程)。

4.3.4 其他测量设备和计量器具的准确度等级不应低于0.5级。

4.3.5 选择仪表时,应根据测量需要尽量选择低量程仪表。

4.3.6 能效测试完成后应填写"运行机构能效测试记录表",记录表格式参见附录A。

5 测试和计算方法

5.1 供给能的测试

5.1.1 电度表法

通过数字式电能测量仪器(装置)测量供给能,并按式(1)进行计算。

$$E_G = 3.6 \times 10^6 \sum_{i=1}^{n} D_i \qquad \cdots\cdots(1)$$

式中:

E_G——供给能,单位为焦耳(J);

n ——一个测试周期内包含的测试阶段数;

D_i——一个测试周期内第 i 个阶段数字式电能表(仪)测量值,单位为千瓦时(kW·h),测量值为负值时,为测试对象向电网反馈能量。

5.1.2 电流电压法

5.1.2.1 基于三瓦特表法原理的测量仪器,按式(2)或式(3)进行计算。

$$E_G = \sum_{i=1}^{n} (P_{1i} + P_{2i} + P_{3i}) t_i \qquad \cdots\cdots(2)$$

$$E_G = \sum_{i=1}^{n} \left(\int_{t_i} U_{1i} I_{1i} \cos\varphi_{1i} + \int_{t_i} U_{2i} I_{2i} \cos\varphi_{2i} + \int_{t_i} U_{3i} I_{3i} \cos\varphi_{3i} \right) \qquad \cdots\cdots(3)$$

式中:

t_i ——一个测试周期内第 i 个阶段的工作时间,单位为秒(s);

P_{1i}、P_{2i}、P_{3i}——一个测试周期内第 i 个阶段三只表分别测得的功率值,单位为瓦特(W);

U_{1i}、U_{2i}、U_{3i}——一个测试周期内第 i 个阶段三只表分别测得的电压值,单位为伏特(V);

I_{1i}、I_{2i}、I_{3i}——一个测试周期内第 i 个阶段三只表分别测试得的电流值,单位为安培(A);

φ_{1i}、φ_{2i}、φ_{3i}——一个测试周期内第 i 个阶段三只表分别测试的电压与电流间的相位差角。

5.1.2.2 基于两瓦特表法原理的测量仪器,按式(4)或式(5)进行计算。

$$E_G = \sum_{i=1}^{n} (P_{1i} + P_{3i}) t_i \qquad \cdots\cdots(4)$$

$$E_G = \sum_{i=1}^{n} \left(\int_{t_i} U_{12i} I_{1i} \cos\varphi_{1i} + \int_{t_i} U_{32i} I_{3i} \cos\varphi_{3i} \right) \quad \cdots\cdots (5)$$

式中：

P_{1i}、P_{3i} ——一个测试周期内第 i 个阶段两只表分别测得的功率值，单位为瓦特(W)；

U_{12i}、U_{32i} ——一个测试周期内第 i 个阶段两只表分别测得的电压值，单位为伏特(V)；

I_{1i}、I_{3i} ——一个测试周期内第 i 个阶段两只表分别测试得的电流值，单位为安培(A)；

φ_{1i}、φ_{3i} ——一个测试周期内第 i 个阶段两只表分别测试的电压与电流间的相位差角。

5.1.3 测量仪器接入方式

测量仪器的接入方式和接入位置应满足以下条件：

测量仪器的具体位置视现场情况确定，但应在测试记录中给出测量仪器接入示意图，附录 B 中给出了接入位置示意图的参考示例。

5.2 有效能标称值的测试

5.2.1 参与测试的机构

参与测试的机构应为参与完成一个完整测试周期的所有运行机构。

5.2.2 测试周期

在正常工作条件下，运行机构在相距为规定测试距离的 A、B 两点之间，按规定的测试速度和规定的测试距离，带载和空载各往返一次。运行机构断电后的行程不计入测试距离。位置调整和吊具、载荷的装卸、升降阶段的能耗不计入测试周期。

5.2.3 测试参数选取原则

5.2.3.1 测试载荷

用作测试载荷的物料特性应符合被测起重机的设计要求。测试载荷的大小按整机工作级别选取，测试载荷质量应包含起重机可分吊具和索具的质量。测试载荷质量的确定见附录 C。

5.2.3.2 测试速度

单速时，按额定运行速度操作。双速或调速时，按所测小车或起重机的最大起重量对应的最高运行速度操作。

5.2.3.3 测试距离

测试距离是运行机构一次通电所走过的路程。测试距离的取值为被测机构以测试速度运行 1 min 距离的 50%，如该值大于被测机构有效行程的 80%时，取被测机构有效行程的 80%。

5.2.3.4 测试数据

按规定的测试周期至少重复测试 3 次，取其连续 3 次有效测量值的算术平均值。

5.3 有效能标称值的计算

5.3.1 小车运行用能标称值按式(6)进行计算。

$$E_{yx} = 9\,800\mu(m + m_2)(S_{2AB} + S_{2BA}) + 500(m + m_2)(v_{2AB}^2 + v_{2BA}^2) + 9\,800\mu m_2(S'_{2AB} + S'_{2BA}) + 500m_2(v'^2_{2AB} + v'^2_{2BA}) \quad \cdots\cdots (6)$$

式中：

E_{yx} ——小车运行机构有效能标称值，单位为焦耳(J)；

m ——测试载荷(含可分吊具、索具)的质量，单位为吨(t)；

m_2 ——小车(含固定吊具)的质量，单位为吨(t)；

μ ——运行阻力系数，取0.006；

S_{2AB} ——带载小车从A运行到B的实际测试距离，单位为米(m)；

S_{2BA} ——带载小车从B运行到A的实际测试距离，单位为米(m)；

S'_{2AB} ——空载小车从A运行到B的实际测试距离，单位为米(m)；

S'_{2BA} ——空载小车从B运行到A的实际测试距离，单位为米(m)；

v_{2AB} ——带载小车从A运行到B的实际测试速度，单位为米每秒(m/s)；

v_{2BA} ——带载小车从B运行到A的实际测试速度，单位为米每秒(m/s)；

v'_{2AB} ——空载小车从A运行到B的实际测试速度，单位为米每秒(m/s)；

v'_{2BA} ——空载小车从B运行到A的实际测试速度，单位为米每秒(m/s)。

5.3.2 大车运行机构有效能标称值按式(7)进行计算。

$$E_{yd}=9\ 800\mu(m+m_3)(S_{3AB}+S_{3BA})+500(m+m_3)(v_{3AB}^2+v_{3BA}^2)+9\ 800\mu m_3(S'_{3AB}+S'_{3BA})+500m_3(v'^2_{3AB}+v'^2_{3BA}) \qquad \cdots\cdots(7)$$

式中：

E_{yd} ——大车运行机构有效能标称值，单位为焦耳(J)；

m_3 ——起重机(含固定吊具)的质量，单位为吨(t)；

S_{3AB} ——带载大车从A运行到B的实际测试距离，单位为米(m)；

S_{3BA} ——带载大车从B运行到A的实际测试距离，单位为米(m)；

S'_{3AB} ——空载大车从A运行到B的实际测试距离，单位为米(m)；

S'_{3BA} ——空载大车从B运行到A的实际测试距离，单位为米(m)；

v_{3AB} ——带载大车从A运行到B的实际测试速度，单位为米每秒(m/s)；

v_{3BA} ——带载大车从B运行到A的实际测试速度，单位为米每秒(m/s)；

v'_{3AB} ——空载大车从A运行到B的实际测试速度，单位为米每秒(m/s)；

v'_{3BA} ——空载大车从B运行到A的实际测试速度，单位为米每秒(m/s)。

5.4 运行机构能效标称值的计算

5.4.1 小车运行机构能效标称值的计算按式(8)进行。

$$\eta_{yx}=\frac{\overline{E_{yx}}}{\overline{E_{Gx}}}\times 100\% \qquad \cdots\cdots(8)$$

式中：

η_{yx} ——小车运行机构能效标称值；

$\overline{E_{yx}}$ ——小车运行机构测量3次的有效能标称值平均值，单位为焦耳(J)；

$\overline{E_{Gx}}$ ——小车运行机构测量3次的供给能平均值，单位为焦耳(J)。

5.4.2 大车运行机构能效标称值的计算按式(9)进行。

$$\eta_{yd}=\frac{\overline{E_{yd}}}{\overline{E_{Gd}}}\times 100\% \qquad \cdots\cdots(9)$$

式中：

η_{yd} ——大车运行机构能效标称值；

$\overline{E_{yd}}$ ——大车运行机构测量3次的有效能标称值平均值，单位为焦耳(J)；

$\overline{E_{Gd}}$ ——大车运行机构测量3次的供给能平均值，单位为焦耳(J)。

附　录　A
（资料性附录）
起重机械用电力驱动运行机构能效测试记录表

表 A.1　起重机械用电力驱动小车运行机构能效测试记录表

测试单位名称：　　　　设备名称及生产厂家：　　　　安装地点：　　　　机号：

测试时间：　　　　环境温度：　　　　湿度：　　　　风速：

设备出厂时间：

1.设备技术参数　型号规格			机构名称：				吊具形式：□可分			参与测试机构数：		
额定起重量/t		小车有效行程/m		运行速度/(m/min)			整机工作级别			机构工作级别		
索具/kg		可分吊具质量/kg		测试载荷质量/kg			测试行程/m			小车质量/kg		
电机数量		电机型号		电机生产厂家								
2. 供电参数	调速方式：□双速　□定子调压　□变频				电能回馈方式：□带电能回馈装置							
供电电压			变压器接线方式				三相电压不平衡率					
测试仪器名称及型号			测试仪器生产厂家				测试仪器精度			测试仪器有效分辨力		
3. 测试数据		回馈电能(千瓦时/测试周期)：										
测试工况	第一次				第二次				第三次			
	位移 m	速度 m/s	用能标称值 J	供给能 J	位移 m	速度 m/s	用能标称值 J	供给能 J	位移 m	速度 m/s	用能标称值 J	供给能 J
带载运行 A-B												
带载下降 B-A												
空载运行 B-A												
空载运行 A-B												
合计	—		—		—		—		—		—	
测算结果												
小车运行机构能效标称值/%												
备注												

表 A.2 起重机械用电力驱动大车运行机构能效测试记录表

测试单位名称：　　设备名称及生产厂家：　　安装地点：　　机号：

测试时间：　　环境温度：　　湿度：　　风速：

设备出厂时间：

<table>
<tr><td colspan="13">1. 设备技术参数　型号规格　　　机构名称：　　　吊具形式：□可分　　　参与测试机构数：</td></tr>
<tr><td>额定起重量/t</td><td></td><td colspan="2">大车有效行程/m</td><td></td><td colspan="2">运行速度/(m/min)</td><td></td><td colspan="2">整机工作级别</td><td></td><td>机构工作级别</td><td></td></tr>
<tr><td>索具/kg</td><td></td><td colspan="2">可分吊具质量/kg</td><td></td><td colspan="2">测试载荷质量/kg</td><td></td><td colspan="2">测试行程/m</td><td></td><td>整机质量/kg</td><td></td></tr>
<tr><td>电机数量</td><td></td><td colspan="2">电机型号</td><td></td><td colspan="2">电机生产厂家</td><td></td><td colspan="2"></td><td></td><td></td><td></td></tr>
<tr><td colspan="13">2. 供电参数　调速方式：□双速；□定子调压；□变频　　电能回馈方式：□带电能回馈装置</td></tr>
<tr><td>供电电压</td><td colspan="2"></td><td colspan="2">变压器接线方式</td><td colspan="2"></td><td colspan="2">三相电压不平衡率</td><td colspan="4"></td></tr>
<tr><td>测试仪器名称及型号</td><td colspan="2"></td><td colspan="2">测试仪器生产厂家</td><td colspan="2"></td><td>测试仪器精度</td><td></td><td colspan="2">测试仪器有效分辨力</td><td></td></tr>
<tr><td>3. 测试数据</td><td colspan="12">回馈电能(千瓦时/测试周期)：</td></tr>
<tr><td rowspan="2">测试工况</td><td colspan="4">第一次</td><td colspan="4">第二次</td><td colspan="4">第三次</td></tr>
<tr><td>位移
m</td><td>速度
m/s</td><td>用能标称值
J</td><td>供给能
J</td><td>位移
m</td><td>速度
m/s</td><td>用能标称值
J</td><td>供给能
J</td><td>位移
m</td><td>速度
m/s</td><td>用能标称值
J</td><td>供给能
J</td></tr>
<tr><td>带载运行 A-B</td><td></td><td></td><td></td><td></td><td></td><td></td><td></td><td></td><td></td><td></td><td></td><td></td></tr>
<tr><td>带载下降 B-A</td><td></td><td></td><td></td><td></td><td></td><td></td><td></td><td></td><td></td><td></td><td></td><td></td></tr>
<tr><td>空载运行 B-A</td><td></td><td></td><td></td><td></td><td></td><td></td><td></td><td></td><td></td><td></td><td></td><td></td></tr>
<tr><td>空载运行 A-B</td><td></td><td></td><td></td><td></td><td></td><td></td><td></td><td></td><td></td><td></td><td></td><td></td></tr>
<tr><td>测算结果</td><td colspan="2">第一次测算结果</td><td></td><td></td><td colspan="2">第二次测算结果</td><td></td><td></td><td colspan="2">第三次测算结果</td><td></td><td></td></tr>
<tr><td>大车运行机构能效标称值/%</td><td colspan="12"></td></tr>
<tr><td>备注</td><td colspan="12"></td></tr>
</table>

附　录　B
（资料性附录）
运行机构供给能测量仪器接入示意图示例

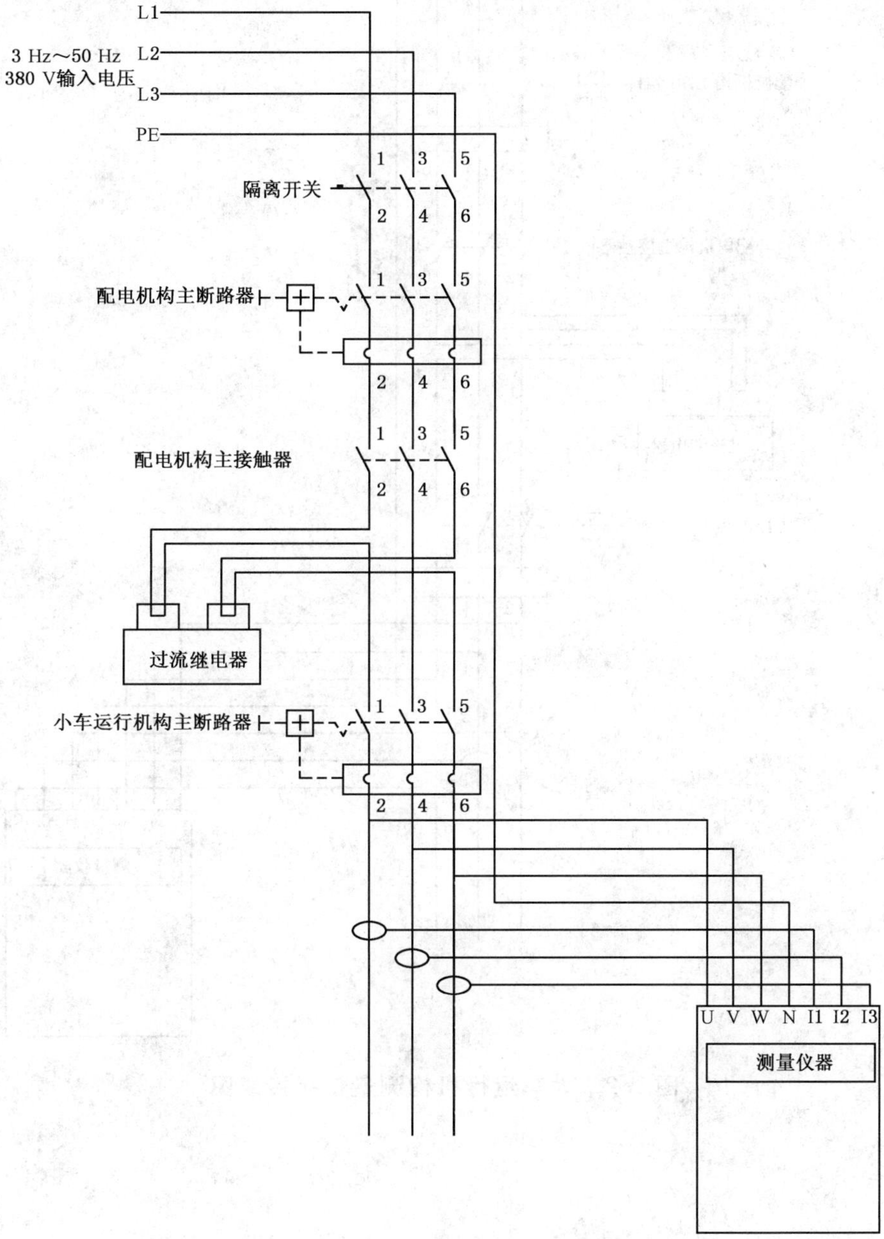

图 B.1　小车运行机构测量仪器接线图

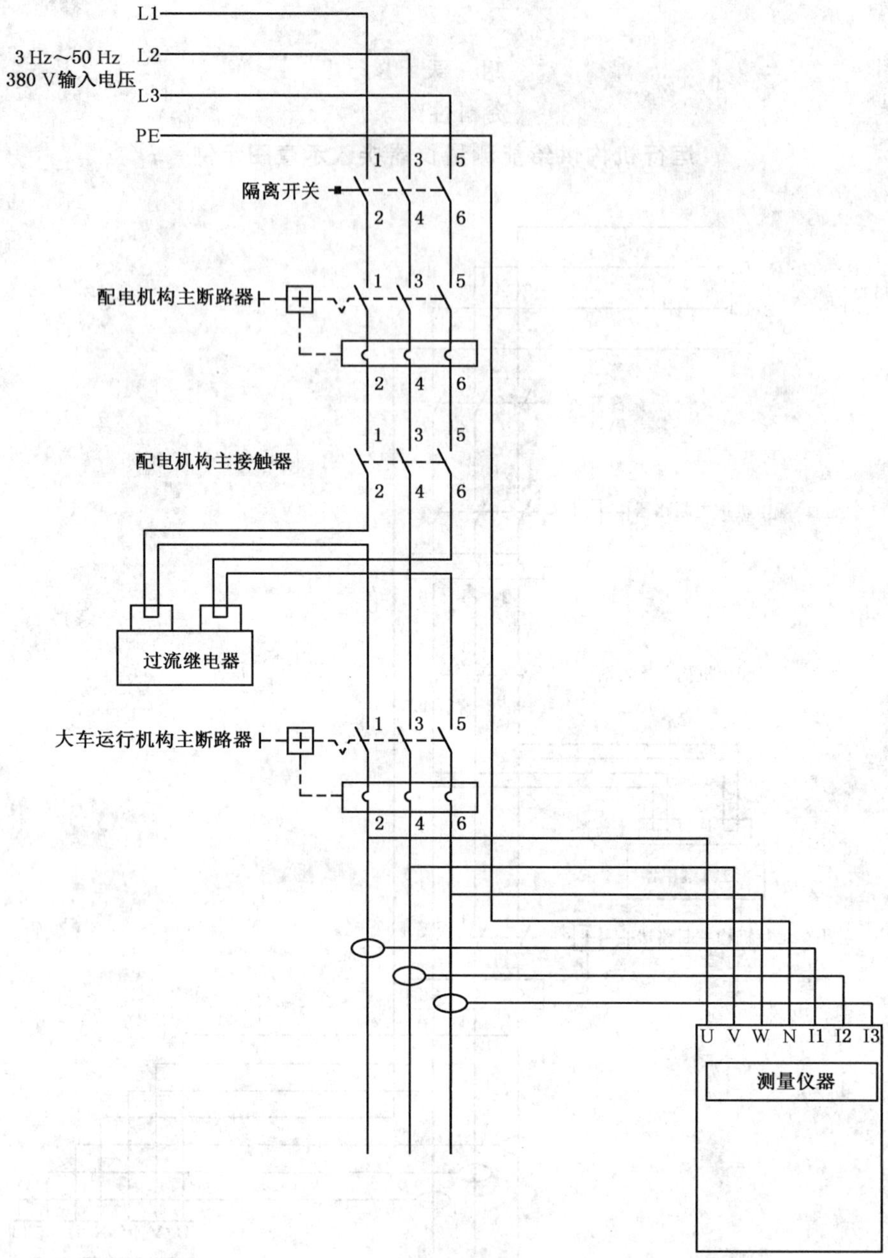

图 B.2 大车运行机构测量仪器接线图

附 录 C
（规范性附录）
测试载荷质量的确定

C.1 测试载荷质量＝K×最大起重量，K 值按 C.3、C.4、C.5 选取。

C.2 工作级别在 M3 以下（含 M3）的起重机不考核。

C.3 冶金起重机：K＝95%。

C.4 抓斗起重机：K＝85%；电磁起重机：K＝75%。

C.5 其他运行机构：K＝75%。

ICS 11.100
C 50

中华人民共和国国家标准

GB/T 30224—2013

刚地弓形虫试验临床应用

Clinical use of tests for *Toxoplasma gondii*

2013-12-31 发布　　2014-12-01 实施

中华人民共和国国家质量监督检验检疫总局
中国国家标准化管理委员会　发布

前　言

本标准按照 GB/T 1.1—2009 给出的规则起草。

本标准由中华人民共和国卫生部提出并归口。

本标准起草单位：北京大学人民医院、首都医科大学友谊医院、首都医科大学附属北京朝阳医院。

本标准主要起草人：张正、岳志红、赵晓涛、苏建荣、许淑珍、王清涛。

刚地弓形虫试验临床应用

1 范围

本标准规定了刚地弓形虫临床实验室检验方法、标本的采集和处理、安全预防措施和免疫诊断试验的临床应用。

本标准适用于开展刚地弓形虫检测的临床实验室。

2 规范性引用文件

下列文件对于本文件的应用是必不可少的。凡是注日期的引用文件，仅注日期的版本适用于本文件。凡是不注日期的引用文件，其最新版本(包括所有的修改单)适用于本文件。

实验室生物安全手册(第三版)世界卫生组织 2004 年

3 术语和定义

下列术语和定义适用于本文件。

3.1

刚地弓形虫 *Toxoplasma gondii*

弓形虫是法国 Nicolle 和 Manceaux(1908 年)首先从非洲刚地梳趾鼠(*Ctenodactylus gondii*)体内单核细胞发现的，由于该虫的滋养体似弓形或半月形，故命名为刚地弓形虫。

3.2

弓形虫病 toxoplasmosis

由刚地弓形虫引起的一种人畜共患病，通过先天性和获得性两种途径获得感染。

4 检验方法

4.1 刚地弓形虫病原学检查

4.1.1 直接镜检

用于直接观察寄生虫的标本包括分泌物、排泄物、体液和组织。液体标本应 2 000 r/min 离心 10 min，取沉淀制成显微镜涂片。经干燥、固定和 Giemsa 法染色后镜检，以发现速殖子、变性虫体。组织印片 Giemsa 法染色可检测到刚地弓形虫包囊，也可以检测到假包囊或速殖子。在少数情况下，确诊弓形虫病依据病原学检查。

4.1.2 接种和组织培养

将患者组织或体液接种于小鼠或组织培养细胞获得虫体或进行被接种动物的血清学检测。

4.1.3 抗原检测-酶联免疫吸附试验(enzyme linked immunosorbent assay，ELISA)

血清或体液中的循环抗原比特异性抗体出现早，是病原体存在的确证。可使用 ELISA 双抗体夹心法检测。

4.1.4 核酸检测

为确定是否感染，可应用PCR技术检测虫体DNA。靶基因从B1基因和AF146527序列等选取。血液、尿液、脑脊液、羊水、眼部体液和支气管灌洗液刚地弓形虫DNA检测阳性是活动性感染的有力证据，但虫体DNA阴性并不能排除弓形虫病。

4.2 刚地弓形虫抗体检测

4.2.1 概述

血清学检测刚地弓形虫抗体是目前临床实验室主要的诊断方法。通常，不能根据一种抗体做出确诊，需进行多种抗体联合检测。如果患者妊娠期采集的两份标本发生血清学从阴性到阳性的转变，可以作为确诊依据。刚地弓形虫抗体检测方法中详细注意事项参见附录A。

4.2.2 刚地弓形虫IgG抗体检测

4.2.2.1 IgG抗体-Sabin-Feldman染色试验(Sabin-Feldman dye test,DT)

DT是标准试验。将患者血清与刚地弓形虫速殖子活体、辅助因子和甲基兰染液共同孵育。如果患者体内有刚地弓形虫抗体，虫体的细胞壁溶解，不能吸收染液。DT检测的早期IgG抗体通常出现于感染1周～2周，6周～8周滴度达到高峰。此试验敏感性和特异性高，由于活的虫体培养有一定的难度，对实验室生物安全防护有较高要求，因此临床实验室多用其他方法替代DT。

4.2.2.2 IgG抗体-间接血凝试验(indirect hemagg iutination test,IHA)

IHA试验是将患者血清和经鞣酸处理的可溶性虫体抗原致敏红细胞共同孵育。如果患者体内有刚地弓形虫抗体，红细胞将凝集。IHA试验适于大量血清标本流行病学调查检测，缺点是红细胞质量和抗原的变化较难控制。但是，IHA检测的抗体迟于DT出现，不适于患者早期诊断。

4.2.2.3 IgG抗体-凝集试验

直接凝集(direct agglutination,DA)：血清经2-巯基乙醇处理，与经甲醛处理后的速殖子孵育。如果患者体内有刚地弓形虫抗体，虫体发生凝集。DA试验操作简便、无种属特异性。

乳胶凝集(latex agglutination,LA)：未经前处理的患者血清与抗原致敏的乳胶颗粒反应。如果有刚地弓形虫抗体，则发生凝集。LA试验操作简便价廉，可用于刚地弓形虫IgG抗体筛查。由于非特异性IgM反应，可出现少量假阳性。

鉴别凝集(differential agglutination,AC/HS)：比较丙酮处理(AC)速殖子和甲醛处理(HS)速殖子的凝集反应有助于区别急性和慢性感染。急性感染患者血清标本可使AC和HS虫体悬液均凝集；慢性感染患者血清标本HS高滴度凝集，AC低滴度凝集或阴性。

4.2.2.4 IgG抗体-间接荧光抗体试验(indirect fluorescent antibody test,IFA)

IFA试验采用甲醛固定完整速殖子涂片，经空气干燥作为抗原。患者血清与抗原涂片孵育，加入荧光素标记抗人免疫球蛋白抗体。IFA已替代DT广泛应用。抗核抗体阳性患者可出现假阳性反应。对于每周筛查少于10份血清标本的临床实验室，IFA试验是理想的测定方法。

4.2.2.5 IgG抗体-ELISA

ELISA是刚地弓形虫IgG抗体筛查应用最广泛的试验。可溶性抗原包被于固相载体；患者血清与抗原、酶标记抗人抗体(结合物)和底物孵育;分光光度计读取颜色变化。与 DT 和 IFA 试验结果比较,敏感性高。有些 ELISA 试剂盒,血清热灭活可导致假阳性反应。

4.2.2.6 IgG 抗体-IgG 亲合力

ELISA-IgG 检测经改变测定模式或改良后可用于确定刚地弓形虫 IgG 抗体结合抗原的亲合力,并已发现是一个判断慢性感染的最有用的指标,可排除急性感染。方法为同时检测双份血清标本,其中一份经尿素处理分离低亲合力抗体。计算两个终点滴度比值,以百分数表示。

4.2.3 刚地弓形虫 IgM 抗体检测

4.2.3.1 IgM 抗体-IFA

IFA-IgM 试验和 IFA-IgG 试验相似,只是采用了抗 IgM 的结合物。多数患者感染后 1 周内滴度升高,6 个月～9 个月转为阴性。由于未去除血清标本中 IgG,IFA-IgM 试验可观察到类风湿因子引起假阳性和刚地弓形虫 IgG 抗体封闭引起假阴性,敏感性较差。建议检测前处理标本以降低这些干扰因素影响。

4.2.3.2 IgM 抗体-ELISA

ELISA-IgM 试验主要有捕获法和间接法两种类型。ELISA-IgM 试验检测新生儿先天性刚地弓形虫感染的阳性率较 IFA-IgM 试验高。急性获得性感染可在感染的 6 个月内检测到 IgM 抗体,最长可至 18 个月。这些试验不适于确定孕妇感染时间。

4.2.3.3 IgM 抗体-免疫吸附凝集试验(immuosorbent agglutination,ISAGA)

IgM-ISAGA 同时采用了 ELISA 中 IgM 捕获步骤和 DA 试验中完整虫体抗原,此试验用于先天性感染的诊断比 IFA-IgM 和 ELISA-IgM 更敏感。缺点是 ISAGA 法比 ELISA 法可在更长的感染时间内检测到 IgM 抗体,因此该试验不适于确定孕妇感染时间。

4.2.4 刚地弓形虫 IgA 抗体检测

刚地弓形虫 IgA 抗体检测是判断新生儿感染的一个附加方法。所有怀疑先天性感染的新生儿应同时检测血清 IgA 和 IgM 抗体,先天性感染的新生儿 IgA 抗体比 IgM 抗体更常见。

4.2.5 刚地弓形虫 IgE 抗体检测

刚地弓形虫 IgE 抗体检测是确定急性感染的辅助指标。血清 IgE 抗体可持续数月,阴性结果并不能排除急性感染。

5 标本采集和处理

大多数实验室使用商品诊断试剂盒检测刚地弓形虫抗体。诊断试剂盒制造商必须明确检测的标本类型。血清、血浆、脑脊液和眼部体液标本都可用于抗体和抗原检测。脑脊液和眼部体液应与同一时间采集的血清标本平行检测。建议操作者遵循制造商的试剂说明书。标本 4 ℃可储存数天,冷冻可储存时间更长。除非运送时间超过 1 周或温度极高,标本可在常温下运送。

除抗体检测之外,其他试验采集标本前应与实验室联系以确保标本正确的采集和处理。

6 安全预防措施

因不确定临床标本是否含有感染性物质,所以,所有标本都应当作有感染性对待,依据《实验室生物安全手册》处理。

7 免疫诊断试验的临床应用

7.1 确定抗体状况

筛查一份血清标本的IgG抗体，IFA或ELISA即可。试验结果阴性表明患者未受感染。任何程度阳性均表明已感染了刚地弓形虫。以下情况应确定血清中是否存在刚地弓形虫抗体：

——育龄妇女妊娠前；

——免疫抑制(特别是T细胞抑制)治疗开始前；

——首次HIV阳性确诊后；

——器官移植供者捐赠前。

7.2 急性获得性感染的诊断

刚地弓形虫血清学结果的临床意义见表1。IFA-IgG或ELISA-IgG结果阴性基本上可排除近期刚地弓形虫感染诊断。采用同一试验检测间隔数周时间采集的标本，血清学从阴性到阳性转变或滴度升高超过4倍，可明确诊断。IgG抗体阳性时，ELISA-IgM和IgG亲合力检测结果能够提供额外的证据支持或否定近期感染。IgM阴性基本上可排除最近几个月感染。IgM和IgG均阳性可提示近期感染；但是，一些患者初始感染后可检测到IgM抗体长达18个月。孕妇感染应进行IgG亲合力检测。妊娠12周～16周IgG高亲合力基本上可排除妊娠期间获得感染。怀疑孕妇近期感染，采取干预措施之前应将标本送至有诊断弓形虫病经验的实验室比对。

表1 刚地弓形虫血清学结果的临床意义

IgG结果	IgM结果	临床意义及处理
－	－	无刚地弓形虫感染的血清学证据。如果症状持续存在，3周后重新采集标本检测
－	±	可能早期急性感染或IgM假阳性。3周后重新采集标本检测IgG和IgM。如果两份结果相同，患者可能未感染刚地弓形虫
－	＋	近期急性感染或IgM假阳性。3周后重新采集标本检测IgG和IgM。如果两份结果相同，IgM反应可能是假阳性
±	－	不确定：重新采集标本检测或采用不同方法重新检测此标本IgG
±	±	不确定：重新采集标本检测IgG和IgM
±	＋	可能近期急性刚地弓形虫感染。3周后重新采集标本检测IgG和IgM。如果两份结果相同或IgG阳性，两份标本送至有弓形虫病诊断经验的实验室进一步检测
＋	－	通常刚地弓形虫感染超过6个月
＋	±	刚地弓形虫感染，但IgM结果可能由于近期感染或IgM假阳性。3周后重新采集标本检测。如果两份结果相同，两份标本送至有弓形虫病诊断经验的实验室进一步检测
＋	＋	可能近期感染。标本送至有弓形虫病诊断经验的实验室进一步检测

7.3 先天性感染的诊断

先天性弓形虫病诊断包括孕妇近期感染诊断和证明胎儿感染。先天性弓形虫病可由母婴传播发生。

女性妊娠前 IgG 抗体阳性有免疫力，很少有机会将感染传给胎儿。尽管血清学阴性女性视为易感人群，但孕妇是否需要进行筛查应由专科医师根据具体临床情况决定。妊娠后第 1 次检测 IgG 抗体阳性，则应检测 IgM。如果 IgM 阳性，应进行亲合力检测来确定是否妊娠期间感染。如果孕妇确诊近期弓形虫病，可进行治疗并检测胎儿是否受感染。推荐选择妊娠 18 周羊水 PCR 作为宫内诊断先天性弓形虫病的试验。另外，胎儿出生前应每 2 周～4 周进行 B 超检查，以寻找更多非特异性感染体征。

如果采集胎儿血液标本，应进行病原学检查、刚地弓形虫 IgG、IgM 和 IgA 抗体检测。结合非特异性感染指标检测进行分析以明确先天性感染的诊断。

7.4 新生儿感染的诊断

根据病原学检查及血清抗体检测可做出新生儿刚地弓形虫感染诊断。如果尚未确诊，应尝试从胎盘、羊水和脐带血液分离刚地弓形虫。此外，怀疑患有先天性弓形虫病的新生儿还应进行眼科学检查和头部计算机断层扫描。最终确诊前，临床医师可依据早期体征、症状和血清学试验结果进行治疗。

新生儿是否已受母婴传播感染，应根据各种抗体半衰期，重复检测新生儿血清标本，有助于区分母亲来源的抗体和胎儿产生的抗体。新生儿 IgG 抗体阳性持续 12 个月则可确诊先天性感染。通过免疫印迹技术，检测母亲血清和新生儿血清中独特刚地弓形虫抗体，也可以作为先天性感染依据。

7.5 眼部感染的诊断

多数刚地弓形虫脉络膜视网膜炎病例是由于先天性感染造成。眼部损伤患者除血清中有刚地弓形虫 IgG 抗体外，局部产生 IgG 抗体和房水或玻璃体虫体 DNA 检测已用于确诊活动性眼部弓形虫病。

7.6 免疫功能低下者感染的诊断

各种免疫抑制者经常患有严重的、致命的弓形虫病，最常见的是与潜伏感染复发有关。由于检测不到 IgM 抗体，IgG 抗体阳性可作为潜伏感染提示。弓形虫病可通过组织学或细胞学检查发现虫体在组织中复制，或通过分离或鉴定羊水、脑脊液、支气管灌洗液或胎盘中虫体核酸确诊感染。

器官或骨髓移植患者移植前应检测刚地弓形虫 IgG 抗体，移植前血清学阴性属于易感人群，有急性原发性感染危险，阳性有感染复发危险。急性获得性感染患者常可检测到刚地弓形虫 IgG 和 IgM 抗体，而感染复发患者 IgG 抗体升高或下降，但通常检测不到 IgM 抗体。血清学阴性受者从血清学阳性供者接受移植，可感染弓形虫病。

推荐所有 HIV 感染者确诊后立即检测刚地弓形虫 IgG 抗体以发现潜伏感染。大多数弓形虫脑炎的 AIDS 患者有刚地弓形虫 IgG 抗体。

附 录 A
（资料性附录）
与免疫学检测有关的问题

A.1 试剂盒

按照《医疗机构临床实验室管理办法》规定，进行临床刚地弓形虫检测的商品试剂盒（国产或进口）必须有国家食品药品监督管理总局（CFDA）的正式批准文号方可使用，以保证试剂盒检测质量。实验室开始刚地弓形虫检测前、改变测定方法或更换试剂批号时，应评估试剂盒。实验室应建立和保存刚地弓形虫阴性和阳性的血清标本库用于将来试验评估。

A.2 试验选择

开始进行刚地弓形虫免疫诊断检测或改变测定方法时，应考虑多种因素，如：试验需求量、为什么需要试验、易于操作、适于实验室情况等。

如果试验需求量小，实验室可进行免疫荧光试验，IFA-IgG 试验比 ELISA 更高效。乳胶凝集方法经济、操作时间短，但结果阳性需要特异性更强的方法确认。如果试验需求量大，ELISA 更适用。有条件实验室可进一步进行抗体亲和力实验和分子生物学实验。

HIV 阳性患者、移植前、女性妊娠前常规筛查试验，IgG 方法足够敏感。如果考虑有孕妇急性感染，进行 IgM 抗体检测则更有价值。

A.3 假阳性反应

有许多原因引起假阳性反应，例如：血清 56 ℃灭活、抗核抗体、类风湿因子（RF）、同型之间抗原结合位点竞争、体内有天然抗体和许多涉及免疫球蛋白 Fc 部分的反应。使用吸附剂和（或）捕获步骤（抗 IgM 结合到载体）代替间接试验步骤（抗原结合到载体），消除了 IgM 试验中 RF 和同型之间竞争结合位点。但还有其他假阳性原因报道，需要引起实验室工作者注意。

A.4 质量保证

实验室应常规进行刚地弓形虫检测项目的室内质量控制。开展刚地弓形虫抗体（IgM 和 IgG）检测的实验室应参加室间质量评价。

A.5 参考实验室

因为刚地弓形虫病诊断很困难，建议将 IgG 和 IgM 结果显示可能近期感染的患者标本送至有诊断弓形虫病经验的实验室比对。

参 考 文 献

[1] 医疗机构临床实验室管理办法 卫医发〔2006〕73 号.

[2] JS REMINGTON,PHILLPPE THULLIEZ,JG MONTOYA.Recent Development for diagnosis of toxoplasmosis [J].Journal of Clinical Microbiology,2004(42):941-945.

ICS 01.080.10
A 12

中华人民共和国国家标准

GB/T 30225—2013

旅游景区数字化应用规范

Digital application specification of tourist attractions

2013-12-31 发布　　2014-12-01 实施

中华人民共和国国家质量监督检验检疫总局
中国国家标准化管理委员会　发布

前　言

本标准按照 GB/T 1.1—2009 给出的规则起草。

本标准由国家旅游局提出。

本标准由全国旅游标准化技术委员会(SACTC 210)归口。

本标准起草单位:云台山风景名胜区管理局、焦作市质量技术监督局、焦作云台山旅游股份有限公司。

本标准主要起草人:韩跃平、高永才、毕东林、黄黎明、王艳兵、李少军、王曹栋。

引　　言

为了引导旅游景区实施数字化建设,借助现代信息技术手段,将数字、信息、网络技术应用到旅游景区的保护、管理和开发之中,加强景区的资源监测能力,提升景区的资源保护水平,规范景区的资源开发利用,特制定本标准。

旅游景区数字化应用规范

1 范围

本标准规定了景区数字化技术应用的术语和定义,数字化技术的基础数据平台、应用服务平台及相关体系的规范标准。

本标准适用于应用数字化技术的各类景区。

2 规范性引用文件

下列文件对于本文件的应用是必不可少的。凡是注日期的引用文件,仅注日期的版本适用于本文件。凡是不注日期的引用文件,其最新版本(包括所有的修改单)适用于本文件。

GB/T 2887 计算机场地通用规范

GB 4943 信息技术设备的安全

GB/T 12991 信息技术 数据库语言

GB/T 15629.2 信息技术 系统间远程通信和信息交换 局域网和城域网 特定要求 第2部分:逻辑链路控制

GB/T 17533 信息技术 开放系统互连 远程数据库访问

GB/T 18578 城市地理信息系统设计规范

GB/T 18726 现代设计工程集成技术的软件接口规范

GB/T 18729 基于网络的企业信息集成规范

GB/T 19003 软件工程 GB/T 19001—2000 应用于计算机软件的指南

GB/T 20157 信息技术 软件维护

GB/T 20273 信息安全技术 数据库管理系统安全技术要求

GB/T 25487 网络化制造系统应用实施规范

GB/T 25647 电子政务术语

GB/T 25654 手持电子产品嵌入式软件 API

GB/T 28035 软件系统验收规范

GB/T 28172 嵌入式软件质量保证要求

GB/T 28452 信息安全技术 应用软件系统通用安全技术要求

GB 50057 建筑物防雷设计规范

GB 50174 电子计算机房设计规范

GB 50198 民用闭路电视监视系统工程技术规范

GB/T 50312 建筑与建筑群综合布线系统工程验收规范

GB 50395 视频安防监控系统工程设计规范

JGJ/T 16 民用建筑电气设计规范

GBJ 16 建筑设计防火规范

3 术语和定义

下列术语和定义适用于本文件。

3.1

数字化景区　digitized tourist attraction

综合运用现代信息技术手段，通过旅游要素和管理行为的量化与集成，实现信息共享和资源保护数字化、运营管理智能化、旅游服务个性化的景区。

3.2

应用服务平台　application service platform

负责具体在景区业务的各个方面进行实际应用的数字化层面，应用层的每个系统提供不同的应用服务。

3.3

基础数据平台　basic data platform

负责数字化景区基础的硬件设施、网络结构、系统架构并对各类信息数据进行分类、组织、编码、存储、检索和维护的数字化平台，承载应用服务平台的运行。

4　基础数据平台

4.1　基础设施

4.1.1　导则

基础数据平台的基础设施应包括但不限于机房设施、互联网、物联网、局域网、GIS、GPS、PC、服务器、办公自动化、安防监控等硬件及其周边设施。

4.1.2　基础设施的非功能性要求

4.1.2.1　可靠性

应具备数据备份及数据恢复能力，数据安全可靠；能屏蔽用户操作错误，输入数据时能进行有效性检查；具有失效恢复能力及容错性，故障可追溯；提供运行日志管理及审计功能。

4.1.2.2　易用性

应具备友好的图形用户界面和多语种支持；易于安装；系统应具有可调置能力，如显示界面、显示格式、报表格式等可以调整。

4.1.2.3　可扩展性

应具备用户可定制界面；可进行系统功能的扩充；提供二次开发接口。

4.1.2.4　可管理性

应提供组织、用户、角色和权限管理及其可视化的流程定义、配置和管理。

4.1.3　基础设施质量要求

基础设施质量应符合但不限于GB/T 2887、GB 4943、GB/T 15629.2、GB 50057、GB 50174、GB 50198、GB/T 50312、GB 50395、GBJ 16、JGJ/T 16等相关技术标准要求。

4.2　数据库

4.2.1　数据的定义应遵循科学性、系统性、继承性、兼容性、可扩展性和可操作性的原则。

4.2.2　构建数据库应遵循三大范式，提供完备的数据关系图、系统定义表的涵义、表的字段说明、公开重要查询语句。

4.2.3 各系统用户管理应实现可以直接访问统一平台的数据库,自定义用户表的系统应公布表关系及用户相关接口。

4.2.4 数据的采集和交换的过程中应采用标准的数据格式,能够完整描述系统的对外接口。例如用 webservice 或 socket 形式公布。

4.2.5 数据库的选择应具有分布处理数据的能力、多线索查询数据的能力、大型在线事务处理能力、提供基于数据仓库的数据分析能力的数据库类型。例如对于千万条数据量以上的数据库宜采用 Oracle,十万至百万级别数据量宜采用 SQL server,低于十万条数据量宜采用 mysql。

4.2.6 数据库应有完备的主键、外键、索引等约束条件,若无此类约束条件,需有相应的说明性文档。对于数据规模在百万条以上,且表数据每天修改在千条以上,不宜使用索引表的数据库,宜采用数据分区技术,且提供分区说明。

4.2.7 数据库系统应提供方便、易用、功能强大的数据库系统管理工具。

4.2.8 数据库应采用主从备份、异地备份等备份技术,加工处理重要数据。

4.2.9 数据库开发应符合但不限于 GB/T 12991、GB/T 17533、GB/T 20273 等相关数据库技术标准。

4.3 GIS 地理信息系统

4.3.1 GIS 地理信息系统应为景区资源规划和管理、生态、环境管理与模拟、应急响应、地学研究与应用、基础设施管理、网络分析、可视化应用等功能提供空间数据的采集、编辑与分析功能。

4.3.2 GIS 地理信息系统的开发应符合但不限于 GB/T 18578 等相关 GIS 地理信息系统技术标准。

4.4 信息安全系统

4.4.1 导则

信息安全系统应包括系统安全、网络安全、数据安全、应用安全,是系统正常运行的保障,在系统建设初期要充分考虑系统的安全性稳定性,信息安全系统的建立是整个系统建设的前提保证。

4.4.2 网闸

针对景区管理应用系统数据安全的重要性,应采用网闸作为数据安全的防护设备。这种设备可以放置在高敏感网络和低敏感网络之间,拦截 TCP/IP 数据流,过滤丢弃 TCP/IP 协议格式,还原上层应用数据并经过安全处理后,以数据摆渡的方式实现不同敏感级别网络之间的应用数据安全交换。保证内外网络在未连通的电气连接情况下,实现应用数据的往返传输。

4.4.3 防火墙系统

防火墙系统是建立在内部和外部两个网络间的一个安全控制点。可通过允许、拒绝或重新定向经过防火墙的数据流,实现对进、出内部网络的服务和访问的审计和控制。设置防火墙系统的目的是隔离内部网和外部网,保护内部不受攻击,实现以下基本功能:禁止外部用户进入内部网络,访问内部机器;保证外部用户可以且只能访问到某些指定的公开信息;限制内部用户只能访问到某些特定的 internet 资源。

4.4.4 网络实时入侵检测系统

可依靠基于网络的实时入侵监测技术,监控网络上的数据流,能动态地监测网络内部活动并做出及时的响应,能从中检测出攻击的行为并给予响应和处理。网络实时入侵监测技术还能检测到绕过防火墙的攻击。

4.4.5 病毒防范系统

应在文件服务器、E-Mail服务器等最易感染或传播病毒的服务器上安装。实施办法为在需要病毒防范功能的服务器上安装病毒防范软件，通过统一的控制台对所有病毒防范系统进行管理，包括统一的分发、维护、更新和报警等。

4.4.6 信息安全系统开发要求

信息安全系统的开发应符合但不限于GB/T 28452等相关信息安全技术标准。

5 应用服务平台

5.1 决策支持与服务体系

5.1.1 导则

决策支持与服务体系应建立在基础数据平台对各项数据信息的采集、编辑与分析的基础上，由决策分析类系统为管理层决策提供及时可靠的数据参考。决策分析类系统应以模块化无缝集成的方式将景区分散的业务系统统一集成到平台上，并对分散的业务系统的用户进行统一管理，统一认证，实现单点登录，从易用性、安全性等角度最大程度地提高业务系统的使用效率。

5.1.2 OA办公自动化系统

5.1.2.1 概述

应通过建立一个虚拟的神经网络组织机构，将景区现有资源有效地整合在一个统一的信息平台上，实现网上处理工作事务，将办公公文的处理及管理、行政人事管理、业务流程管理、工作项目管理、企业经营管理、文件的远程共享管理等需求流程化、电子化、及时化、方便化，实现移动办公、远程办公（异地办公），形成一个有机集成的网络办公系统。

5.1.2.2 内部协同管理平台

应帮助景区整合部门资源，让管理层能透视整个景区；信息支撑应完成对整个系统的底部构建；员工作业层应完成对知识、客户、项目、资产、流程、财务等业务信息输入和输出；领导层能通过相应的报表分析系统了解整个组织的运行情况，做出营运及管理决策。

5.1.2.3 管理业务平台

应以协同管理平台为核心，联接电子门票系统、监控系统、电子巡更系统和财务管理系统等，通过提取相关的信息和数据，实现高效、便捷的管理和服务。

5.1.2.4 公共商务服务平台（网站）

应利用景区现有网站和内部协同管理平台采集的票务信息、员工风采、人文特色、最具吸引力的景点，发布景区介绍、景点特色、食宿服务、导游服务、地图信息、交通信息等服务信息。并在这个平台上发布景区的游客流量统计和预计信息、票务信息、查询信息、招商信息等。

5.2 资源与环境保护体系

5.2.1 概述

资源与环境保护体系应基于基础数据平台的物联网传感器等信息采集手段获取监测对象的各项信

息，并对各项数据信息进行采集、编辑与分析，由应用服务平台提出具体保护解决方案。系统应结合利用MIS、GIS、RS等技术，根据景区资源保护的侧重点不同，分为水质、空气、气象、生物资源、文物资源等的监测。对水质应定期采集样本，通过分析仪器获取监测指标情况，并做出监测对象变化情况的评价；对空气质量监测结果，应实时发送中心系统进行处理；对生物资源包括古树名木、珍稀花卉、野生动物等珍贵动植物资源的物种数量、分布、图文资料应进行定期统计；对森林病虫害的监测普查数据、虫害预测预报信息、虫害发生区域或危险等级范围等应进行监测和防治；对景区内的各类文物资源包括摩崖石刻、历史性建筑物、博物馆收藏等文物资源应进行信息化管理，对其图片、视频资料以及定期监测的各项数据应进行规范化集中管理，便于文物资源数据的查询检索和文物保护工作分析。

5.2.2 灾害预警系统

灾害预警系统应基于对地质、气象、水文、电场、红外等设置在景区现场的传感器监测到的各项数据信息进行的采集、编辑与分析得出的灾害发生概率，相应采取不同程度的预警措施与启动应急程序，以在灾害发生前尽可能的做好防护，减少损害。

5.3 业务管理与服务体系

5.3.1 概述

应包括电子门禁系统、规划管理系统、电子巡更系统等子系统，其作用是通过基础层的信息采集与网络交换将日常管理工作数字化，通过数据层的归纳整理，由应用层软件协助人员完成各项工作，实现对人员、设施更精细的管理和更便捷的服务。

5.3.2 电子门禁系统

电子门禁系统是以设备读取特制的以条码、二维码、RFID、指纹、虹膜识别、面部识别等技术作为门票防伪性和唯一性的可实现网络化集中数据采集与管理的售验票系统，可替代景区原有的人工售验票模式，实现对门票的智能管理、防伪自动识别和客流量控制。

5.3.3 规划管理系统

应以整个景区为管理对象，依托GIS地理信息系统绘制高分辨率景区地图，综合运用遥感技术、GIS技术、MIS技术和网络技术等技术手段，采用两期遥感影像比对、辅助规划数据判读的方法，实现对景区的科学规划。

5.3.4 电子巡更系统

5.3.4.1 电子巡更

应通过对景区防火、治安等巡视的数字化管理，实现景区的防火、治安等进行定时、定路线、定点位的巡查工作，应对防火、治安巡逻人员进行有效的监督与考核。

5.3.4.2 无线景管通

可利用GPS、GIS、北斗系统、无线通讯等技术，通过管理人员手持的移动终端设备，对发生在景区内的各种违规和突发事件进行现场拍照记录，并实时传送到管理中心，为景区的管理提供高效和简洁的解决办法。实现景区的动态化管理。

5.3.5 景区一卡通系统

5.3.5.1 旅游一卡通

通过与景区票务系统的联网，游客可提前预定"一卡通"，功能应包括：

——游客计划游览的景区门票信息、交通和住宿信息以及预存金额用于在旅游过程中的餐饮、购物等消费使用；

——升级现有的IC卡门票功能，同时可实现票务、消费和定位等一卡通应用；

——景区内的主要景点、道路安装远程读卡设备，可读取门票卡上的信息，对通过该段的游客数量进行统计，也可通过采集到的门票信息对游客进行定位；

——门票卡充值后在景区内指定的消费点可实现刷卡消费支付，拥有WiFi网络或3G等无线网络的，可应用无线POS机；

5.3.5.2 员工一卡通

员工一卡通以证件卡的形式向景区员工配发，内置RFID芯片，并：

——可统一作为员工个人的考勤卡、饭卡、借书卡、停车卡以及要害部门的门禁进出卡；

——将考勤系统、食堂计费系统、门禁系统和停车场管理系统进行联网，能形成对每名员工的综合信息记录；

——管理层可通过在巡查路线上定点安装远程读卡设备实现电子巡检功能，掌握巡查人员在整个巡检过程中的实况。

5.4 旅游经营与服务体系

5.4.1 概述

可划分为电子商务系统、客户关系管理系统、自助展示导览系统等子系统，其作用是通过基础层的信息采集与网络交换、数据层的归纳整理，由应用层软件为游客提供及时充分的景区信息，为景区提供完善的游客信息，为营销提供准确市场数据。

5.4.2 电子商务系统

可依托景区官方网站，通过与第三方网上支付平台合作，为游客提供可靠方便快捷的预订景区各项服务的在线支付方式，游客亦可通过电子商务系统检索查询景区内的吃、住、行、游、购、娱服务。

5.4.3 客户关系管理系统

可通过对旅游者和市场的细分，确定目标客户群，制定营销战略和营销计划；通过对客户资源的集中协调管理，加强对客户资源的调研、分析、评估和控制。

5.4.4 自助展示导览系统

5.4.4.1 电子沙盘

以GIS地理信息系统和三维仿真技术构建的互动式导游图，可以LED显示屏、全息投影、DLP显示屏、触摸屏等多媒体设备为载体、利用声光电等技术，实现与游客互动。

5.4.4.2 自助导游终端

应重点标注旅游资源信息，引导游客浏览相关信息并确定旅游路线。除旅游景点介绍信息外，提供的信息内容还可包括住宿、餐饮、娱乐等与旅游相关的信息，能让游客实现自助导游。

5.5 安全管理与防范体系

5.5.1 导则

应包括安防监控系统、网络信息安全系统等子系统，其作用是通过基础层的信息采集与网络交换、数据层的归纳整理，由应用层软件对突发情况做出反应，并提出处置信息。确保景区内突发情况能提前预警，及时处置，事后有案可询，最大限度确保景区及游客的人、财、物的安全。

5.5.2 安防监控系统

5.5.2.1 概述

应通过摄像头等手段采集景区内重要地段，如：停车场、景点、乘车(船)点、运营车辆、船舶等实时场景视频数据，通过网络进行统一管理和监控，实时监视各类现场，能为游客疏导、灾害预防、设施及车辆安全、应急预案制定实施、指挥调度提供保障。

5.5.2.2 景区视频监控

应主要包括四部分：前端摄像系统、数据传输系统、控制系统和显示系统。前端摄像系统完成数据采集；数据传输系统完成将数据传输至监控中心；控制系统完成数据的保存、监视、录像、报警、控制、身份识别以及对前端摄像机焦距、景深等功能；显示系统能通过大屏幕系统实时播放多路视频画面。监控图像数据至少能保存1个月。

5.5.2.3 车(船)载无线监控

可基于GIS、GPS、北斗系统和3G技术的车(船)载无线监控系统，通过GIS地理信息系统所构建的二维/三维电子地图以及GPS全球定位系统和北斗系统实现对景区运营车辆、船舶的定位和监控，实现对车辆、船舶超速和脱离运营路线的报警，实现对车辆、船舶行驶轨迹和行驶状态的记录和回放。

车载监控摄像机能监控到司乘人员服务情况，车辆、船舶行驶情况和车(船)内游客情况，实现本地录像存储功能，并通过高速的无线网络向指挥中心回传视频。

5.5.2.4 景区防火监控

应具备全天候、穿雾超长焦距摄像能力。监控中心的防火监控软件系统可结合利用RS、GIS技术，将景区的高分辨率遥感影像图、大比例尺地形图，以及与森林、古建筑等防火有关的基础设施地理信息(如防火瞭望塔、检查站、加油站、消防池、消防队的分布)等矢量数据整理入机，以便查阅和调用。在发生火灾时，可同时进行图上作业，标注和显示起火地点、火场面积、人员部署等情况，获取最佳灭火路线，制定最佳灭火方案。

5.6 保障与评价体系

应包括政策保障、机制保障、资金保障、技术保障、人才保障、安全保障(主要指涉及信息化的施工安全、信息安全、系统安全、网络安全、设施安全等)和发展保障等七大保障措施及数字景区评价系统。数字景区评价系统应通过对以上两个数字化建设层面和4个数字化体系进行指标量化，可以使景区对自身数字化建设程度有一个相对精确的评估，通过分析优势、劣势所在，促进景区发展。

5.7 应用层软件开发要求

应用层软件开发应符合且不限于GB/T 18726、GB/T 18729、GB/T 19003、GB/T 20157、GB/T 25487、GB/T 25654、GB/T 25647、GB/T 28035、GB/T 28172等相关软件技术标准。

ICS 03.080.01
A 12

中华人民共和国国家标准

GB/T 30226—2013

服务业标准体系编写指南

Guidelines for service industry standard system

2013-12-31 发布　　　　2014-12-01 实施

中华人民共和国国家质量监督检验检疫总局
中国国家标准化管理委员会　发布

前　言

本标准按照 GB/T 1.1—2009 给出的规则起草。

本标准由全国服务标准化技术委员会(SAC/TC 264)提出并归口。

本标准起草单位:中国标准化研究院。

本标准主要起草人:柳成洋、李涵、曹俐莉、曾毅、侯非、王世川、万福军、杨朔、张雨辰。

服务业标准体系编写指南

1 范围

本标准规定了服务业标准体系编写的基本要求,以及编写准备、体系编写阶段的具体要求。

本标准适用于不同服务行业标准体系的编写与改进工作。

2 规范性引用文件

下列文件对于本文件的应用是必不可少的。凡是注日期的引用文件,仅注日期的版本适用于本文件。凡是不注日期的引用文件,其最新版本(包括所有的修改单)适用于本文件。

GB/T 13016 标准体系表编制原则和要求

GB/T 24620 服务标准制定导则 考虑消费者需求

3 术语和定义

下列术语和定义适用于本文件。

3.1

服务业 service industry

从事服务活动的行业的总称。

3.2

标准体系 standard system

一定范围内的标准按其内在联系形成的科学的有机整体。

[GB/T 13016—2009,定义 3.3]

3.3

服务业标准体系 service industry standard system

一定服务业范畴内的标准按其内在联系形成的科学的有机整体。

注:服务业标准体系分为国家层面、行业层面、地方层面三个层次。

4 基本要求

4.1 服务业标准体系的编制应符合国家社会经济发展需求,并能有效指导服务业标准化工作。

4.2 服务业标准体系的编制应符合 GB/T 13016 的要求。

4.3 服务业标准体系的编制应突出服务的特色,宜考虑 GB/T 24620 给出的服务要素构建服务业标准明细表。

4.4 服务业标准体系的编制应突出重点。

注:国家层面服务业标准体系重点给出全国服务业标准的总体框架;行业层面服务业标准体系重点给出某一服务行业的标准框架,并具有较强的稳定性;地方层面服务业标准体系主要结合本地重点发展的服务行业,在梳理该领域现有国家标准、行业标准、地方标准的基础上,识别出需要制定的地方标准。

4.5 服务业标准体系应具有动态性,应定期梳理服务业标准明细表中标准的完成情况,并结合服务业发展的实际需求,对服务业标准体系做出改进。

5 编写准备

5.1 组织准备

本阶段的主要工作有：

——成立标准体系编制领导组，负责统筹安排标准体系编制进度，协调标准体系编制组与相关行业、地方主管部门或组织内相关业务部门等之间的沟通、调研等工作；

——组建标准体系编制组，相关人员提前学习标准化、标准体系等基本知识。

5.2 现状调研

本阶段的主要工作有：

——结合标准体系的编制目的，提前熟悉相关行业、地方的发展现状，掌握其特点，并初步确定标准体系的边界范围；

——开展面向相关行业、地方主要人员(包括掌握全局情况的有关人员和具体业务工作人员)的访谈，了解行业、地方发展的业务重点，挖掘实际工作中已经积累的经验和急需解决的问题；

——进行现场考察，了解实际工作中存在的问题，获取顾客对完善服务的意见和建议；

——搜集现有的资料，例如，近年来业务发展情况，该领域现有的国家标准、行业标准、地方标准以及其他可供参考的规范性文件等。

5.3 标准体系总体设计

本阶段的主要工作有：

——在现状调研的基础上确定需要标准化的业务或流程等，最终确定标准体系的边界范围；

——确定标准体系结构图的搭建方法，具体参见6.2.3。

6 体系编写

6.1 服务业标准体系的构成

服务业标准体系主要由以下部分构成：

——服务业标准体系结构图；

——服务业标准明细表；

——服务业标准统计表；

——服务业标准体系编制说明。

6.2 服务业标准体系结构图

6.2.1 服务业标准体系结构图是服务业标准体系的基本组成部分，可由总体系结构图和若干分体系结构图构成。国家层面的服务业标准体系结构图参见附录A。

6.2.2 编制服务业标准体系结构图，应首先明确该服务行业的总体架构、专业构成，以及不同专业的标准化工作重点方向。

6.2.3 服务业标准体系结构图的构建方法主要有服务流程法、服务要素法、服务对象法、服务项目法等。某一具体服务业标准体系的编写可同时使用其中多种方法。

各类方法的主要适用条件如下：

——服务流程法，适用于服务流程相对固定单一、不因服务对象或服务项目的不同发生变化的服务活动，例如餐饮服务标准体系结构图可以按照“预约—点餐—下单—烹饪—上菜—结账”的服务流程来构建；

——服务要素法，适用于主要依托各类要素集成而提供服务的活动，例如旅游服务标准体系结构图通常按照“吃、住、行、游、购、娱”六大要素来构建；

——服务对象法，适用于因服务对象的不同而需提供不同服务项目的服务活动，例如养老服务标准体系结构图可以按照自理老年人、半自理老年人、失能老年人的不同种类来构建，其中，面向自理老年人的服务项目可包括心理咨询、紧急救援服务，而面向失能老年人的服务项目则包括健康监护、日间照料等；

——服务项目法，适用于通常提供不同组合、不同种类服务项目的服务活动。例如汽车售后服务标准体系结构图可以按照汽车维修、汽车租赁、汽车美容、汽车检测、二手车经营等来构建。

6.3 服务业标准明细表

6.3.1 服务业标准明细表主要给出该体系中所有标准的相关信息，并应按照标准体系结构图中的构图方式一一对应、依次罗列。

6.3.2 服务业标准明细表通常由标准体系编号、标准号、标准名称、标准级别、标准性质、标准类别等项目构成，具体见表 1。

6.3.3 国家和行业层面的服务业标准明细表中包括国家标准和行业标准两类，地方层面的服务业标准明细表中包括国家标准、行业标准和地方标准三类，且宜以地方标准为主。

表 1 服务业标准明细表

标准体系编号	标准号	标准名称	标准级别	标准性质	标准类别	标准状态	采标情况	备注
注：标准级别指国家标准、行业标准、地方标准，标准性质指推荐性标准、强制性标准，标准类别指基础标准、管理标准、技术标准、服务标准、产品标准等，标准状态指已发布、待修订、待制定、拟废止等。								

6.4 服务业标准统计表

6.4.1 在编制服务业标准统计表时，应对服务业标准明细表中的标准情况进行梳理，统计出应有标准数、现有标准数。

6.4.2 服务业标准统计表的格式可根据具体统计项的不同来设计。按照标准级别进行统计的具体示例见表 2。

表 2 服务业标准统计表

统计项	应有标准数(个)	现有标准数(个)	现有标准数/应有标准数(%)	备注
国家标准				
行业标准				
地方标准(地方层面服务业标准体系才有此栏)				
合计				

6.5 服务业标准体系编制说明

服务业标准体系编制说明的内容一般包括：

——服务业标准体系编制的目的、依据；

——服务业标准体系结构图的构图思路，如专业划分依据及划分情况；

——标准分析及其结论；

——与其他体系的交叉情况和处理意见；

——其他。

附　录　A
（资料性附录）
服务业标准体系结构图示例

A.1　总体系结构图示例

国家层面服务业标准体系的总体系结构见图 A.1。

A.2　分体系结构图示例

以水利、环境和公共设施管理业标准为例，其分体系结构见图 A.2。

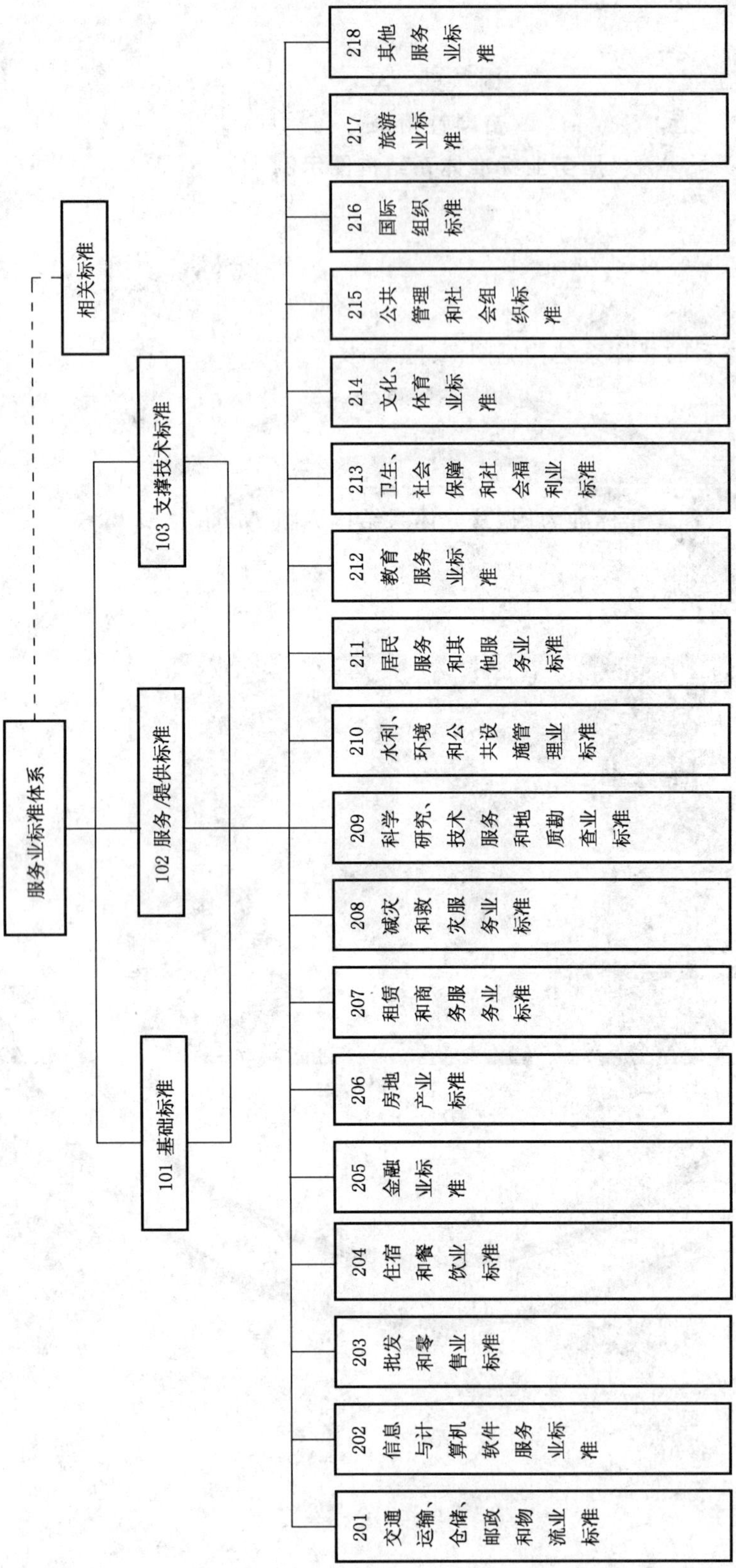

图 A.1 服务业标准体系总体结构图

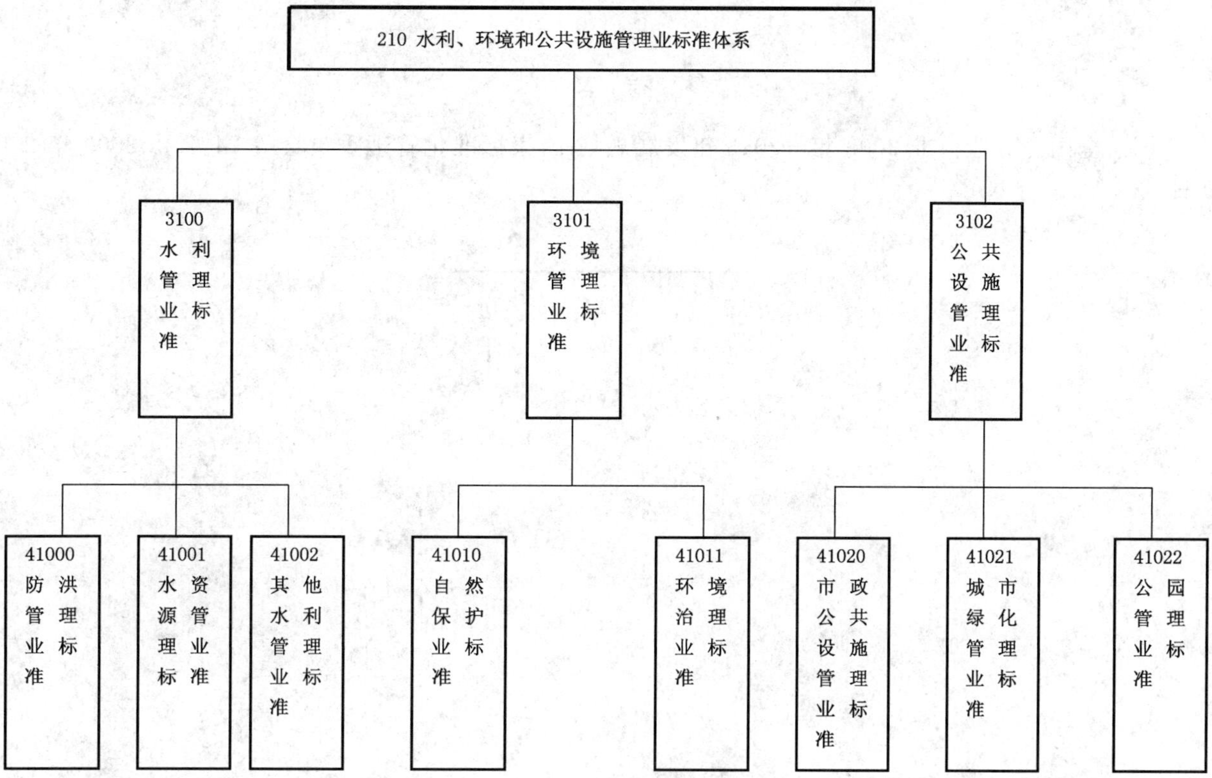

图 A.2 水利、环境和公共设施管理业标准分体系结构图

参 考 文 献

[1] 全国服务业标准2009年—2013年发展规划.国家标准化管理委员会等24部委.2009年2月10日.

ICS 01.140
A 14

中华人民共和国国家标准

GB/T 30227—2013

图书馆古籍书库基本要求

Basic requirements of repository for pre-1912 Chinese books in libraries

2013-12-31 发布　　　　2014-12-01 实施

中华人民共和国国家质量监督检验检疫总局
中国国家标准化管理委员会　发布

前　言

本标准按照 GB/T 1.1—2009 给出的规则起草。

请注意本文件的某些内容可能涉及专利。本文件的发布机构不承担识别这些专利的责任。

本标准由中华人民共和国文化部提出。

本标准由全国图书馆标准化技术委员会(SAC/TC 389)归口。

本标准主要起草单位:国家图书馆(国家古籍保护中心)。

本标准参加起草单位:武汉大学、中山大学、中央档案馆、浙江图书馆、甘肃省图书馆、西藏图书馆、贵州省图书馆、福建省图书馆、吉林省图书馆、首都图书馆。

本标准主要起草人:陈红彦、周崇润。

本标准参加起草人:张志清、刘家真、晁健、徐晓军、丹增卓玛、林明、易雪梅、陈琳、林永祥、刘乃英、陈艳华、田周玲、刘晨书。

引　言

古籍是中华民族在数千年历史发展过程中创造的重要文明成果，需要永久保存，世代流传，需要良好的保存条件和严格的保护措施。古籍保存环境的温湿度、空气质量和光照条件是影响古籍寿命的主要外部因素；古籍书库的消防、安防设施是保障古籍安全的重要措施。

中华古籍保护计划的实施，推动我国古籍保护工作进入了一个新的阶段，同时提出了建立健全古籍书库的建设标准和技术指标，改善古籍保存条件，完善安全措施，保障古籍安全的要求。原文化行业标准(WH/T 24—2006)在一些方面需要进行更新，因此借鉴国内外相关行业最新研究成果并结合我国国情制定本标准，以利图书馆采用先进的建筑技术、空调技术、空气净化技术及现代消防和安防技术，更好地对古籍进行保护。

图书馆古籍书库基本要求

1 范围

本标准规定了图书馆古籍书库的温湿度要求、空气净化要求、光照和防紫外线要求以及书库的建筑、消防、安防等与古籍保护和安全相关的基本条件。

本标准适用于收藏有古籍的各类型图书馆，其他古籍收藏机构也可参照使用。

2 规范性引用文件

下列文件对于本文件的应用是必不可少的。凡是注日期的引用文件，仅注日期的版本适用于本文件。凡是不注日期的引用文件，其最新版本(包括所有的修改单)适用于本文件。

GB/T 14295 空气过滤器

GB/T 18883 室内空气质量标准

GB 50011 建筑抗震设计规范

GB 50016 建筑设计防火规范

GB 50019 采暖通风与空气调节设计规范

GB 50034 建筑照明设计标准

GB 50098 人民防空工程设计防火规范

GB 50108 地下工程防水技术规范

GB 50140 建筑灭火器配置设计规范

GB 50176 民用建筑热工设计规范

GB 50225 人民防空工程设计规范

JGJ 38 图书馆建筑设计规范

3 术语和定义

下列术语和定义适用于本文件。

3.1

古籍 pre-1912 Chinese books

中国古代典籍的简称。主要指书写、印制于1912年以前的普通形制典籍。

3.2

围护结构 building envelope

建筑物及房间各面的围挡物，包括墙体、屋面、地面、门、窗等。

3.3

气密封性 air sealing

表征建筑物门窗密闭性的指标，指门窗关闭以后，在标准状态(空气的温度为20 ℃，压力为101.33 kPa，密度为1.202 kg/m^3)下，室内或室外的空气在单位时间经过单位密封间隙长度渗透的体积。

3.4

热惰性指标　thermal inertia index

***D* 值**

表征围护结构对温度波衰减快慢程度的无量纲指标。

3.5

总热阻　thermal resistance value

表征围护结构阻抗传热能力的物理量，与传热系数互为倒数。

3.6

传热系数　heat conductivity coefficient

面积为 1 m^2，长度为 1 m 的材料在其两侧的温度相差 1 ℃时，1 h 内从温度高的一侧向温度低的一侧传递的热量。

3.7

抗震设防烈度　seismic precautionary intensity

按国家规定的权限批准作为一个地区抗震设防依据的地震烈度。一般情况，取 50 年内超越概率 10%的地震烈度。

3.8

缓冲间　buffer room

在书库出入口处，为减少外界空气条件对库内的直接影响并能缓冲库内外温度差对藏品的影响而建的能够封闭的过渡房间。

3.9

善本　rare books

具备历史文物性、学术资料性、艺术代表性，或虽不全备仅具其中之一之二，而又时代早、流传少、价值高的古籍。

3.10

普通古籍　common pre-1912 Chinese books

善本以外的古籍。

3.11

温度日较差　diurnal variation of temperature

温度气象要素一昼夜之间最高值与最低值之差，其大小反映一昼夜之间变化的程度。

3.12

相对湿度日较差　diurnal variation of relative humidity

相对湿度气象要素一昼夜之间最高值与最低值之差，其大小反映一昼夜之间变化的程度。

3.13

可吸入颗粒物　particles with diameters of 10 μm or less；PM_{10}

悬浮在空气中，空气动力学当量直径小于等于 10 μm 的颗粒物。

3.14

总挥发性有机化合物　total volatile organic compounds；TVOC

利用 Tenax GC 或 Tenax TA 采样，非极性色谱柱（极性指数小于 10）进行分析，保留时间在正己烷和正十六烷之间的挥发性有机化合物。

3.15

耐火等级　fireproof endurance rating

表示建筑物所具有的耐火性。

3.16

耐火极限　fire resistance rating

建筑构件从受到火作用时起，到失去支持能力或发生穿透裂缝，或者背火一面温度升高到 220 ℃

时，这一段对火的抵抗时间。单位为小时(h)。

4 建筑要求

4.1 古籍书库建筑的设计和选址应符合 JGJ 38 的有关规定。

4.2 图书馆古籍书库应单独设置，自成一区且有独立通道。

4.3 书库围护结构应根据古籍保护要求和未来发展以及库内要求的温湿度指标、空气调节和当地水文气象参数等具体情况，确定合理的构造。

4.4 书库门窗的气密封性应小于 $0.1\ m^3/(m \cdot h)$，外墙的热惰性指标(D 值)不应小于 6。

4.5 书库围护结构的总热阻(R_0)应按 GB 50176 的规定，计算出最小总热阻再增加 30%进行设计。

4.6 书库围护结构的传热系数(K_0)应符合 GB 50019 的规定。

4.7 古籍书库抗震设防烈度应符合 GB 50011 的规定。

4.8 地下书库防水防潮设计应符合 GB 50108 的有关规定，防水标准应达到 1 级。

4.9 地下书库兼作人防工程的，应符合 GB 50225 的有关规定。

4.10 书库窗应为双层固定窗并具有优良的保温隔热性能。

4.11 书库的供暖应采用空调系统，不应使用以水为热媒的供暖装置。

4.12 书库内不应有给、排水和空调、热力、消防等水管线通过，书库也不应与有给、排水和空调、热力、消防等水管线的空间相通。

4.13 书库宜设置缓冲间。

5 温湿度要求

5.1 善本书库应设置独立的恒温恒湿中央空调系统或恒温恒湿空调机组。

5.2 善本书库环境温湿度的控制要求：

温度：16 ℃～20 ℃；湿度：50%～60%。

5.3 普通古籍书库可按表 1 的要求进行古籍书库环境温湿度的控制。

表 1 普通古籍书库温湿度控制要求

地　区	温　度/℃	相对湿度/%
北方地区	14～22	45～60
南方地区	16～22	45～60
西北、青藏地区	14～24	40～60

5.4 有条件的图书馆可以采用更严格的温度标准，如 1 ℃～4 ℃、8 ℃～12 ℃等，但最低温度不宜低于 0 ℃。

5.5 古籍书库的温湿度应保持稳定，温度日较差不宜大于 2 ℃，相对湿度日较差不宜大于 5%。

5.6 书库应设置温湿度监测仪器，全年监测和记录温湿度变化情况。

5.7 空调设备应置于专门机房，并符合 JGJ 38 中的相关规定。

6 空气净化与通风要求

6.1 古籍书库的通风系统和空调设备应设置符合 GB/T 14295 要求的粗效和高中效两级空气过滤装

置，并可设置化学过滤器，以滤除空气中的灰尘、二氧化硫、二氧化氮、总挥发性有机化合物等。

6.2 古籍书库的空气质量应符合表2的规定。

表2 古籍书库空气质量要求

污染物类别	浓度限值
可吸入颗粒物	≤0.15 mg/m^3
二氧化硫	≤0.01 mg/m^3
二氧化氮	≤0.01 mg/m^3
总挥发性有机化合物(不含樟脑)	≤0.12 mg/m^3
菌落总数	≤2 500 cfu/m^3
注：表中各项参数为1 h平均值。	

6.3 书库空气质量的检测应按GB/T 18883的规定进行。

6.4 古籍书库内不应混放缩微胶片等其他可能释放酸性或氧化性物质的物品。

6.5 库房的通风应保证一定比例的新风量，新风比例应符合GB 50019的规定。通风口新风入口应设置金属网防止虫鼠等进入。

6.6 书库应保持气流均匀平稳，书库内风速应小于0.2 m/s。

6.7 书库楼、地面应平整、光洁、耐磨。

7 照明和防紫外线要求

7.1 书库的照明和照度应符合GB 50034的相关规定。

7.2 古籍书库的照明和采光应消除或减轻紫外线对文献的危害。

7.3 古籍书库照明光源的紫外线含量应小于20 μW/1 m。

7.4 自然采光的书库，应采用防紫外线玻璃和遮阳措施，防止阳光直射。

7.5 采用人工照明时应选用绿色节能光源。当采用荧光灯时，应有过滤紫外线和安全防火措施。

7.6 书库照明应选用无眩光的灯具，灯具与书架的距离应不小于0.5 m，电线不应裸露在外。

7.7 为减少古籍受到光照的时间，书库照明宜分区设置感应式红外自动开关。

8 消防与安防要求

8.1 古籍书库建筑防火设计应符合GB 50016、地下建筑应符合GB 50098的有关规定。

8.2 古籍书库建筑的耐火等级应为一级。书库与毗邻的其他部分之间的隔墙及内部防火分区隔墙应为防火墙，防火墙的耐火极限应不低于4.0 h。

8.3 古籍书库应单独设置防火分区。

8.4 书库及其内部防火墙上的门均应向疏散方向开启，并应为甲级防火门。

8.5 古籍书库应设置水灾、火灾自动报警系统。

8.6 古籍书库应配备灭火系统，但不应采用水喷淋、干粉及泡沫灭火系统。善本书库应采用自动气体灭火系统。

8.7 书库灭火器应使用二氧化碳灭火器并应符合GB 50140的有关规定。

8.8 为减小水灾的危害，底层书架距地面的距离应不小于20 cm。

8.9 古籍书库应设置自动防盗报警系统。

8.10 书库入口应设置门禁系统，入口和库内主要通道应设置视频监控装置。

8.11 书库如有窗户，应设置防盗设施和安全监控系统。

9 防霉、防虫和防鼠要求

9.1 古籍书库应在库外适当位置设置文献消毒用房和杀虫设备，用于文献入库前的消毒和杀虫处理。

9.2 文献消毒用房和杀虫设备应符合 JGJ 38 的规定。

9.3 书库的防虫和防鼠要求应符合 JGJ 38 的规定。

10 装具要求

10.1 书柜、书箱应可关闭，并配有锁具。

10.2 书柜、书箱应采用耐腐蚀、无酸性或氧化性物质挥发的材料制作，涂覆材料应稳定、耐用。

10.3 古籍宜根据需要制作书盒、函套、包布、束绳、夹板等加以保护；善本宜配置木质书盒。

10.4 书盒、函套的制作材料和文献包纸应采用无酸纸板和无酸纸张制作，其 pH 值应在 7.5～10.0 之间。文献包布应使用无酸材料。

10.5 新采入古籍的书盒、函套以及新制作的书盒、函套在入库之前应进行消毒、杀虫处理。

10.6 书柜、书箱的排列应有利于书库空气的循环。

ICS 97.220.10
Y 55

中华人民共和国国家标准

GB 30228—2013

运动场地地面冲击衰减的安全性能要求和试验方法

Safety requirements and test methods for impact attenuation of playground surfacing

2013-12-31 发布　　2014-12-01 实施

中华人民共和国国家质量监督检验检疫总局
中国国家标准化管理委员会
发布

前　言

本标准第4章为强制性的，其余为推荐性的。

本标准按照GB/T 1.1—2009给出的规则起草。

本标准由全国体育用品标准化技术委员会(SAC/TC 291)提出并归口。

本标准起草单位：上海浩顺科技有限公司、天津纽维特橡胶制品有限公司、上虞大康体育健身设施制造有限公司、中国体育用品业联合会、北京国体世纪体育用品质量认证中心、广州同欣康体设备有限公司、上海天祥质量技术服务有限公司、北京体育大学、江门市长河化工实业集团有限公司、南京万德游乐设备有限公司。

本标准主要起草人：彭晓、史淑娟、侯力波、陈晨、成剑铬、杨浩、叶娟华、杨宝义、曲峰、张小晶、陈晓巍、郑安顺、胡时辉。

运动场地地面冲击衰减的安全性能要求和试验方法

1 范围

本标准规定了运动场地地面冲击衰减的安全性能的术语和定义、分类、要求和测试方法。

本标准适用于运动场地地面。

2 术语和定义

下列术语和定义适用于本文件。

2.1

运动场地　playground

为开展健身、训练和竞赛等体育运动而设置的场地。

2.2

运动场地地面　playground surfacing

用于铺在运动场地表面的一种人工或天然材料，也称为运动场地面层。

2.3

冲击衰减　impact attenuation

运动场地地面通过局部形变或位移减少峰值冲击力或峰值加速度的特性。

2.4

临界跌落高度　critical fall height;CFH

在规定的试验条件下，运动场地地面满足冲击衰减性能的最大跌落高度。

2.5

头部损伤评价值　head injury criterion (HIC) value

在规定的试验条件下，推断由跌落冲击过程中引起的人体头部伤害程度的特征值。

2.6

最大加速度　maximum acceleration

G_{max}

模拟头冲击加速度的最大值，以重力加速度 g 的倍数表示。

2.7

松散颗粒材料　loose particulate material

小的、独立分开的、可以移动的材料，如：砂子、砂砾、木片、碎橡胶等。

2.8

点弹性运动场地地面　point-elastic sports surface

在受到点作用力的情况下，受力点或非常靠近受力点位置发生形变的面层，如：塑胶场地。

2.9

面弹性运动场地面层　area-elastic sports surface

在受到点作用力的情况下，受力点周围较大区域发生形变的面层，如：运动木地板场地。

2.10

碰撞区域 impact area

使用者经由跌落空间可能碰撞的区域。

[GB 19272—2011,定义 3.5]

3 分类

按照运动场地地面的主要用途分为两类:

Ⅰ类:侧重于安全防护性能的运动场地地面。如:安全地垫等。

Ⅱ类:侧重于运动性能的运动场地地面。如:合成材料跑道面层、球类运动场地面层等。

4 要求

4.1 Ⅰ类地面

4.1.1 当运动场设施的跌落高度大于 600 mm 时,在整个碰撞区域应安装具有冲击衰减性的运动场地地面,其临界跌落高度应大于设施的跌落高度。

4.1.2 运动场地地面的冲击衰减性能的指标应符合最大加速度(G_{max})不大于 200 g 和头部损伤评价值(HIC)不大于 1 000。

4.2 Ⅱ类地面

冲击衰减的性能要求应符合表 1 的规定。

表 1 运动场地地面冲击衰减的性能要求

序号	运动场地地面	冲击衰减值/%
1	综合体育馆木地板地面	≥40
2	网球场地合成地面	5～35
3	足球场地人造草地面	55～70
4	合成材料跑道地面	35～50

5 测试方法

5.1 Ⅰ类地面

5.1.1 实验室测试条件

5.1.1.1 测试样品应在(23±2)℃,相对湿度(55±10)%的条件下放置至少 48 h。

5.1.1.2 测试应在一个平整坚硬的混凝土表面上进行。

5.1.1.3 松散颗粒材料测试时,应使用内部尺寸不小于 1 m×1 m 的框架固定,框架高度应能满足测试材料厚度的要求。

5.1.1.4 拼装面层至少由 4 块总尺寸不小于 1 m×1 m 的拼装块组成,同时包括所有连接和现场固定元件。

5.1.1.5 现场制作的运动场地面层可按以下任一方式提供无接缝或连接件测试样品：

——提供1块的测试样品，整体尺寸不小于1 m×1 m；

——提供9块测试样品每块不小于500 mm×500 mm。

5.1.2 试验设备

5.1.2.1 原理

模拟头从不同的高度对地面进行冲击试验，由加速度传感器接收冲击信号，经数据处理得到头部损伤评价值(HIC值)和最大加速度值(G_{max}值)。绘制每次冲击的HIC值、G_{max}值与冲击高度关系曲线，选取HIC值为1 000和G_{max}值为200 g对应的冲击高度中的低值作为测定地面的临界跌落高度。

按式(1)计算：

$$\mathrm{HIC}(t_1,t_2)=\left\{(t_2-t_1)\left[\left(\frac{1}{t_2-t_1}\right)\int_{t_1}^{t_2}a\,\mathrm{d}t\right]^{2.5}\right\}_{\max} \quad \cdots\cdots(1)$$

式中：

a ——加速度，以重力加速度 g 的倍数表示；

t_1,t_2 ——t_1 和 t_2 是在开始时间和结束时间之间的任意两个中间的值。时间单位为毫秒(ms)。

注：在采样的时间段内，采样频率不低于8 000 Hz，持续超过3 ms的冲击过程确定的HIC才是一个有效的过程，示例：$(t_2-t_1)\geqslant 3$ ms。

5.1.2.2 试验设备的组成

5.1.2.2.1 试验设备包括带有加速度传感器的模拟头、冲击测量系统，跌落高度测试系统示意如图1所示：

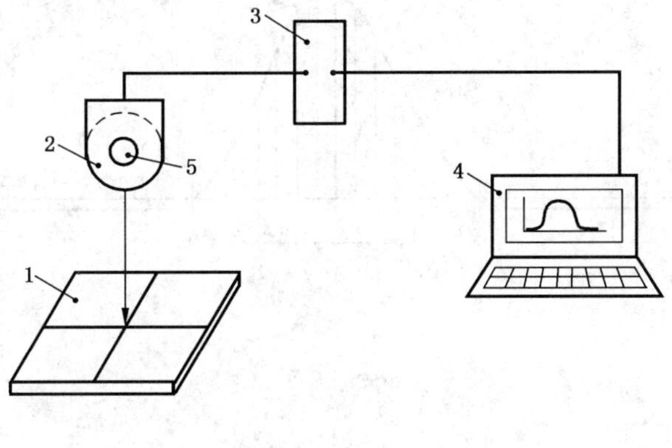

说明：

1——试验样品；

2——模拟头；

3——冲击测量系统；

4——计算机；

5——加速度传感器。

图1 跌落高度测试系统示意图

5.1.2.2.2 模拟头，符合下列要求：

——使用材料牌号为6061，热处理方式为T6的铝合金，加工成直径为160 mm±5 mm，质量为4.6 kg±0.05 kg的半球；

——三维加速度传感器应安装在模拟头的重心上；

——一维加速度传感器安装时其轴线应与模拟头轴线重合，其偏差应小于5°；

——模拟头与加速度传感器应紧密结合且无间隙，不受震动和冲击的影响。

5.1.2.2.3 当使用一维加速度传感器时，应有一个导轨引导模拟头垂直下落。

5.1.2.2.4 冲击测量系统，包括加速度测量系统、记录装置和头部损伤评价值(HIC)计算程序。

——加速度测量系统：测量频率范围在0.3 Hz～1 000 Hz，振幅误差应小于5%；

——记录装置，采样频率不小于10 kHz；

——按式(1)计算HIC值。

5.1.2.2.5 高度测量设备，精度为1 mm。

5.1.2.2.6 释放系统，不产生使模拟头旋转的力矩或任何形式的力的装置。

5.1.3 测试精度

模拟头释放系统的准确度应在同一高度进行至少三次连续的跌落试验，所得的HIC值偏差不应大于±5%。

5.1.4 测试程序

5.1.4.1 加速度-时间曲线检查

在处理和评估前，检查加速度-时间曲线有无异常，标准的加速度-时间曲线见图2。如果加速度-时间曲线出现异常，应检查仪器装置各组件，特别是加速度传感器的松动。

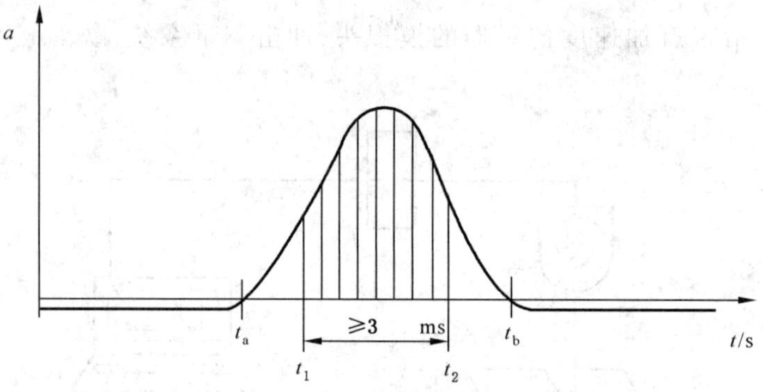

说明：

a ——加速度；

t ——时间，单位为秒(s)；

t_a ——开始时间，单位为秒(s)；

t_b ——结束时间，单位为秒(s)。

图2 标准的加速度-时间曲线

5.1.4.2 测试点的选择

5.1.4.2.1 测试点到试样边缘(或框架内侧)距离不小于250 mm，任意两个测试点间距不小于250 mm，共选取9个测试点。

5.1.4.2.2 测试样品为拼装地面时，至少选取下列9个不同的测试点：

——拼装块的中心点；

——两个拼装块接缝的中心点；

——拼装接缝最多的接合点；

——其他任意点。

5.1.4.2.3　现场测试时，在运动场设施的碰撞区域内选择测试点，碰撞区域与水平面的夹角不大于10°。

5.1.4.3　实验室测试

5.1.4.3.1　通则：

a)　任选一个测试点，通过不同高度的冲击测试，选出 HIC 值为 1 000±100 的冲击高度；

b)　按本条 a)项选出的冲击高度，在各个测试点进行冲击测试，选取 HIC 值最大的三个点作为最终测试点；

c)　按本条 a)项选出的冲击高度为中心的上下 500 mm 范围内各选取两个高度，对本条 b)项选取的三个测试点分别进行四个不同高度的冲击测试，得到每次冲击测试的 HIC 值和 G_{max} 值；

d)　绘制每个测试点 HIC 值与冲击高度的关系曲线图，在曲线中选取 HIC 值为 1 000 时对应的冲击高度(H_{c1})，见图 3；绘制每个测试点 G_{max} 值与冲击高度的关系曲线图，在曲线中选取 G_{max} 值为 200 g 时对应的冲击高度(H_{c2})，见图 4；选取 H_{c1}、H_{c2} 中的低值为临界跌落高度。计算结果采用去尾法，保留小数点后一位，单位为米。

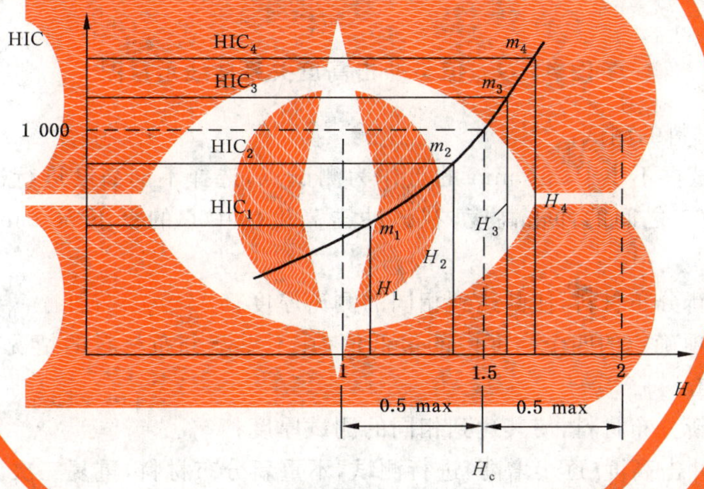

说明：

m ——冲击量度；

H ——冲击高度；

H_c——临界跌落高度。

图 3　HIC 值与冲击高度关系曲线示意图

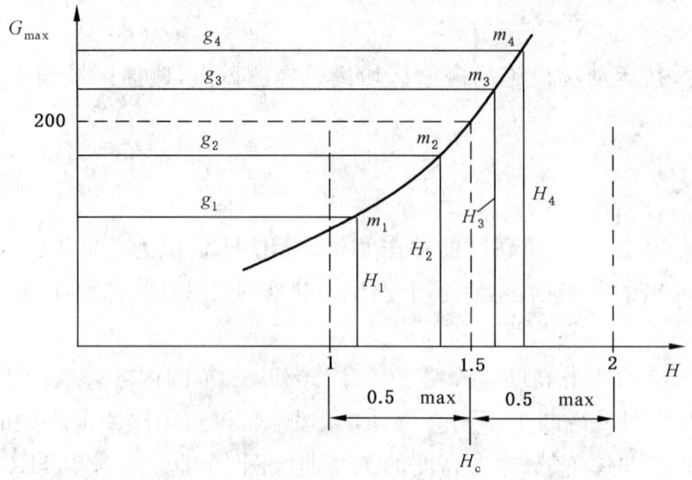

说明：

m ——冲击量度；

H ——冲击高度；

H_c——临界跌落高度。

图 4 G_{max}值与冲击高度关系曲线示意图

5.1.4.3.2 松散颗粒材料的测试：

a) 选定距离测试框不小于 250 mm 的点作为测试点，选择不同高度进行冲击测试，找到 HIC 值为 1 000±100 之间的冲击高度，在该冲击高度为中心的上下 500 mm 范围内各选取两个高度；

b) 在框架中重新分布材料，使其达到相同的测试厚度；

c) 选取本条 a)项确定的四个高度中的最低值，在不重新分布材料的情况下，从相同的高度进行三次连续冲击；

d) 在框架中重新分布材料，使其达到相同的测试厚度；

e) 选择第二个冲击高度(逐步增高)进行测试，不重新分布材料，重复三次。重复上述操作直到完成所需要选定冲击高度的测试；

f) 测试不同厚度的相同松散颗粒材料，在改变测试厚度前，从框架中移除所有原先测试过的材料并用新材料代替，重复本条 c)项～e)项的步骤进行测试。

5.1.4.4 现场测试

5.1.4.4.1 除松散颗粒材料地面外，现场测试方法与实验室测试方法一致，并记录当时的气候条件，如温度和湿度等。

5.1.4.4.2 松散颗粒材料地面的现场测试：

a) 任选一个测试点，通过不同高度的冲击测试，选出 HIC 值为 1 000±100 的冲击高度，在该冲击高度为中心的上下 500 mm 范围内各选取两个冲击高度；

b) 每一冲击高度对应一个单独的测试点，连续冲击三次；

c) 在相距 250 mm 以上的另一测试点按本条 b)项进行另一高度的冲击测试。重复以上过程，完成四个不同冲击高度的测试。

5.2 Ⅱ类地面

5.2.1 实验室测试条件

5.2.1.1 测试样品应在(23±2)℃,相对湿度不高于(55±10)%的条件下放置至少48 h。

5.2.1.2 点弹性运动场地地面,测试样品的尺寸为1.0 m×1.0 m。

5.2.1.3 面弹性运动场地地面,测试样品的尺寸为3.5 m×3.5 m。

5.2.1.4 坚硬、平整、无振动的混凝土地面,其 F_r 值应满足5.2.3.4的要求。

5.2.2 试验设备

5.2.2.1 试验设备,如图5所示。

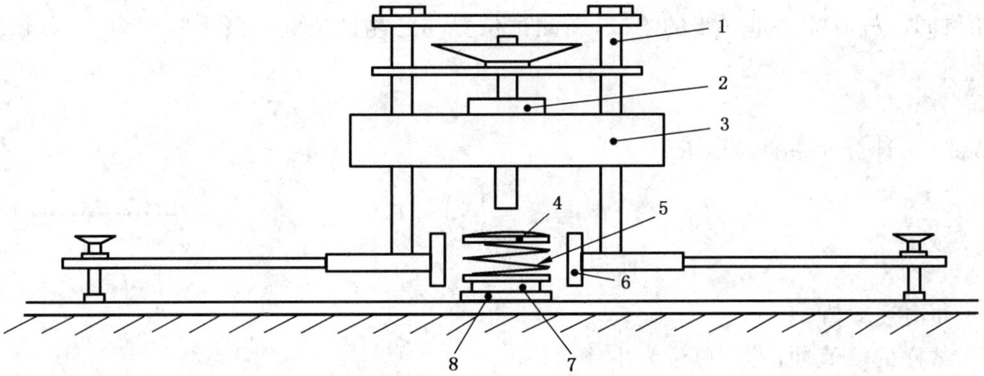

说明:

1——冲击重锤导轨;

2——电磁铁;

3——冲击重锤;

4——上承冲盘;

5——弹簧;

6——导向管;

7——力传感器;

8——底承冲盘。

图5 测试仪器示意图

5.2.2.2 冲击重锤导轨,引导冲击重锤自由落体。

5.2.2.3 冲击重锤,质量为(20±0.1)kg,具有坚硬的冲击面。

5.2.2.4 可调节支撑脚,对于点弹性运动场地地面,支撑脚与力的作用点的最小距离为250 mm;对于面弹性运动场地地面,支撑脚与力的作用点的最小距离为600 mm。

5.2.2.5 测力装置总质量应为(3.0±0.3)kg。由底承冲盘、力传感器、弹簧和上承冲盘组成,具体要求如下:

——底承冲盘,直径为(70.0±0.1)mm,球形底面半径为500 mm,边缘圆角半径为1 mm,最小厚度为10 mm;

——力传感器,电子滤波器的临界频率为120 Hz,捕捉冲击力峰值的持续时间约为10 ms,最大测量误差为2%;

——上承冲盘,直径为(70.0±0.1)mm,最小厚度为20 mm(在上承冲盘中心测量);

——弹簧,直径为(69±1)mm,弹簧刚度为(2 000±60)N/mm,在0.1 kN~7.5 kN范围内呈线性。

5.2.2.6　导向管，内径为(71.0±0.1)mm。

5.2.3　测试程序

5.2.3.1　调整测量装置，使其垂直于试样。点弹性运动场地地面，重锤的中心与试样的边缘距离不小于20 cm。面弹性运动场地地面，重锤的中心与试样的边缘距离不小于100 cm。

5.2.3.2　调整冲击重锤的高度，使其底面与测力装置顶部之间的距离为(55±0.25)mm。释放冲击重锤记录冲击过程中作用于测力装置的峰值冲击力。在5 s之内重新复位冲击重锤，使被冲击表面在下次冲击之前得到恢复。

5.2.3.3　在(60±10)s的时间间隔内重复5.2.3.2的步骤两次，共进行3次冲击测试。分别记录第二次和第三次冲击过程中的峰值冲击力，将第二次和第三次峰值冲击力的平均值作为试样的峰值冲击力F_t值。

5.2.3.4　如果同一样品需做进一步的测试，新测试位置与已测试位置的最小距离为100 mm。

5.2.4　计算公式

5.2.4.1　按式(2)计算冲击衰减值R：

$$R=\left(1-\frac{F_t}{F_r}\right)\times 100 \qquad \cdots\cdots(2)$$

式中：

R ——冲击衰减值；

F_t——试样的峰值冲击力，单位为牛顿(N)；

F_r——混凝土地面的峰值冲击力，单位为牛顿(N)，见附录A。

5.2.4.2　计算结果采用四舍五入法取整。

附　录　A
（规范性附录）
参照力 F_r 的测量

A.1　调整测量装置，使其垂直于混凝土地面。

A.2　调整冲击重锤的高度，使其底面与测力装置顶部之间的距离为(55±0.25)mm。释放冲击重锤，记录冲击过程中作用于测力装置的峰值冲击力。

A.3　重复 5.2.3.2 的步骤 10 次，共进行 11 次冲击测试。记录从第 2 到第 11 次冲击过程中的峰值冲击力，将 10 次峰值冲击力的平均值作为参照力 F_r 值。

A.4　F_r 值应在(6.60±0.25)kN 范围内。

A.5　每三个月应重新测量 F_r 值。

参 考 文 献

[1] ASTM F 1292-09 游乐场设备使用区域铺地物冲击衰减性能的标准规范
[2] BS EN 1177:2008 游乐场铺地物冲击衰减性能的临界跌落高度的测试方法
[3] BS EN 14808:2005 运动场地面层冲击衰减性能的测试方法
[4] ISO 6487:2002 道路车辆 冲击试验测试技术 仪器设备

ICS 97.220.30
Y 55

中华人民共和国国家标准

GB/T 30229—2013

比赛用台安装使用技术要求

Technical requirements for competing podium of installment and usage

2013-12-31 发布　　2014-12-01 实施

中华人民共和国国家质量监督检验检疫总局
中国国家标准化管理委员会　发布

前 言

本标准按照GB/T 1.1—2009给出的规则起草。

本标准由全国体育用品标准化技术委员会(SAC/TC 291)提出并归口。

本标准起草单位:中国体育用品业联合会、泰山体育产业集团有限公司、国家体育用品质量监督检验中心、浙江金耐斯体育用品有限公司、天津春合体育用品厂、河北张孔杠铃制造有限公司。

本标准主要起草人:力航、张之林、钟德全、赵同庆、陈宝生、张小晶、杨有涛、陈晓巍、黄勇。

比赛用台安装使用技术要求

1 范围

本标准规定了比赛用台的要求、检验方法和检验规则。

本标准适用于举重、跆拳道、击剑、摔跤、柔道和武术项目中使用的比赛用台。

2 规范性引用文件

下列文件对于本文件的应用是必不可少的。凡是注日期的引用文件，仅注日期的版本适用于本文件。凡是不注日期的引用文件，其最新版本(包括所有的修改单)适用于本文件。

GB 18401—2010 国家纺织产品基本安全技术规范

GB 18584—2001 室内装饰装修材料 木家具中有害物质限量

GB/T 28238—2011 体育用品售后服务的要求

3 术语和定义

下列术语和定义适用于本文件。

3.1

比赛用台 competing podium

由刚性框架、硬质台面和覆盖面组成的，用于放置比赛设施的平台。包括：举重、跆拳道、击剑、摔跤、柔道和武术项目中搭建的平台。

4 要求

4.1 结构要求

4.1.1 比赛用台整体尺寸应符合竞赛规则或比赛组织者的要求。

4.1.2 结构应便于安装与拆卸。

4.1.3 高度支撑件宜具有高度微调及微调锁紧结构，微调范围应不小于 20 mm。

4.1.4 与地面接触的支撑件应避免损伤地面。

4.2 安装要求

4.2.1 比赛用台上的覆盖层应平整无皱褶，覆盖层接缝不应凹凸不平。

4.2.2 各紧固件在紧固后螺纹突出部分应为 1～3 个螺距，并有防松装置，螺母紧固扭矩为 10 N·m～15 N·m。

4.2.3 台面连接缝隙应不大于 5 mm。

4.2.4 在使用过程中，比赛用台应无异响。

4.2.5 比赛用台零部件应无缺失和损坏。

4.2.6 比赛用台整体安装后平面度应不大于 5 mm。

4.3 安全要求

4.3.1 人体易接触表面和边角应无毛刺、金属尖锐物(例如:毯面断针)及非功能性突起,紧固件应不突出台面。

4.3.2 在每平方米台面上施以表1中的静压力,构件应无松动、无损坏。

表1 各项目在每平方米台面上施以的静压力

单位为牛顿

序号	比赛项目	每平方米台面上施以的静压力
1	举重	15 000
2	跆拳道	7 500
3	击剑	7 500
4	摔跤	7 500
5	柔道	7 500
6	武术	7 500

4.3.3 比赛用台整体安装后应稳定,侧面施以 1 500 N 的水平拉力,位移量应不大于 20 mm。

4.3.4 比赛用台材料的有害物质限量:

——覆盖层的甲醛含量和可分解致癌芳香胺染料应符合 GB 18401—2010 中 5.1 有关 C 类的规定。

——木质材料的甲醛含量应符合 GB 18584—2001 中第 4 章的规定。

5 检验方法

5.1 结构检验

使用相应的测量工具和感官检验。

5.2 安装检验

5.2.1 4.2.1、4.2.4、4.2.5 采用感官检验。

5.2.2 4.2.2 使用扭力扳手和感官检验。

5.2.3 4.2.3 使用精度 0.02 mm 游标卡尺检验。

5.2.4 4.2.6 使用长度 1 m 的直尺及塞尺测量。

5.3 安全检验

5.3.1 外观检验

采用金属探测仪和感官检验。

5.3.2 静压力检验

在最不利位置 1 m×1 m 面积上均匀施加规定的静负荷保持 5 min,卸载后静置 5 min 目测检验。

5.3.3 稳定性检验

在比赛用台外侧台面与地面之间任意支撑件上端 50 mm 的宽度上施以 1 500 N 水平静拉力(见图 1),保持 30 s 测量比赛用台的位移量。

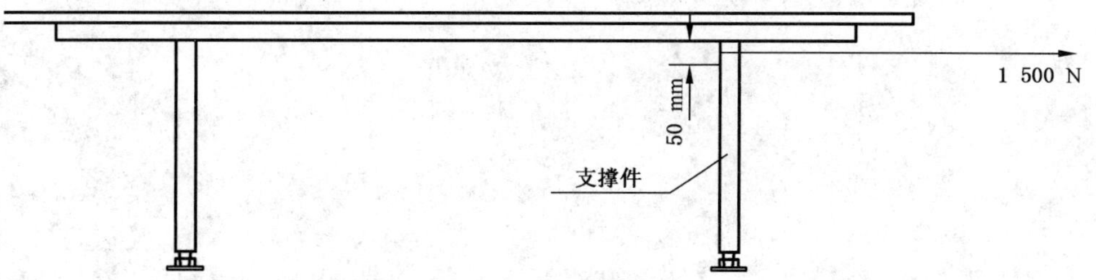

图 1　稳定性检验示意图

5.3.4　有害物质限量检验

5.3.4.1　覆盖层的甲醛含量和可分解致癌芳香胺染料按 GB 18401—2010 中 6.1 和 6.8 进行检验。

5.3.4.2　木质材料的甲醛含量按 GB 18584—2001 中 5.1 进行检验。

注：有害物质限量的检验可向供应方索取有效的检验报告。

6　检验规则

6.1　整体安装后全项检验。

6.2　不合格的处理：出现不合格项后，可对产生不合格项的部位或零部件进行维修、更换等方式处理，而后再次提交验收。若仍不合格则判不合格。

7　管理要求

7.1　比赛用台安装应有安装规程文件。

7.2　安装人员应经过专业培训。

8　服务要求

应符合 GB/T 28238—2011 中 4.3 的规定。

ICS 97.220.99
Y 56

中华人民共和国国家标准

GB/T 30230—2013

运动水壶的安全要求

Safety requirement of sporting canteen

2013-12-31 发布　　　　2014-12-01 实施

中华人民共和国国家质量监督检验检疫总局
中国国家标准化管理委员会　发布

前　言

本标准按照 GB/T 1.1—2009 给出的规则起草。

本标准由全国体育用品标准化技术委员会(SAC/TC 291)提出并归口。

本标准起草单位:中国体育用品业联合会、安徽省富光实业股份有限公司、国家体育用品质量监督检验中心、浙江飞剑工贸有限公司。

本标准主要起草人:彭晓、王燕玲、王志杰、吴秀树、夏飞剑、张小晶、陈晓巍。

运动水壶的安全要求

1 范围

本标准规定了运动水壶的术语和定义、产品分类、要求、试验方法和标志、标签、使用说明。

本标准适用于材质为不锈钢、铝、塑料的运动水壶，用于14岁以上人员适用的运动水壶。

本标准不适用于盛装碳酸等含气饮料的运动水壶。

其他材质运动水壶可参照使用。

2 规范性引用文件

下列文件对于本文件的应用是必不可少的。凡是注日期的引用文件，仅注日期的版本适用于本文件。凡是不注日期的引用文件，其最新版本(包括所有的修改单)适用于本文件。

GB 4789.2—2010 食品安全国家标准 食品微生物学检验 菌落总数测定

GB 4789.3—2010 食品安全国家标准 食品微生物学检验 大肠菌群计数

GB 4789.4—2010 食品安全国家标准 食品微生物学检验 沙门氏菌检验

GB 4789.5—2012 食品安全国家标准 食品微生物学检验 志贺氏菌检验

GB 4789.10—2010 食品安全国家标准 食品微生物学检验 金黄色葡萄球菌检验

GB 4806.1 食品用橡胶制品卫生标准

GB/T 5009.60—2003 食品包装用聚乙烯、聚苯乙烯、聚丙烯成型品卫生标准的分析方法

GB/T 5009.64—2003 食品用橡胶垫片(圈)卫生标准的分析方法

GB/T 5009.72—2003 铝制食具容器卫生标准的分析方法

GB/T 5009.81—2003 不锈钢食具容器卫生标准的分析方法

GB/T 5009.101—2003 食品容器及包装材料用聚酯树脂及其成型品中锑的测定

GB/T 5009.152—2003 食品包装用苯乙烯-丙烯腈共聚物和橡胶改性的丙烯腈-丁二烯-苯乙烯树脂及其成型品中残留丙烯腈单体的测定

GB 9684 食品安全国家标准 不锈钢制品

GB 11333 铝制食具容器卫生标准

GB 13113 食品容器及包装材料用聚对苯二甲酸乙二醇酯成型品卫生标准

GB 14942 食品容器、包装材料用聚碳酸酯成型品卫生标准

GB 17327 食品容器、包装材料用丙烯腈-苯乙烯成型品卫生标准

GB 19298 瓶(桶)装饮用水卫生标准

3 术语和定义

下列术语和定义适用于本文件。

3.1

运动水壶 sporting canteen

在体育运动中使用的水壶，其特点是安全、密封、便于携带。

3.2

单手开启 open one hand

只用一只手就可打开运动水壶壶盖。

4 产品分类

4.1 按材质分:金属运动水壶和塑料运动水壶。

4.2 按结构分:单层运动水壶和双层运动水壶。

5 要求

5.1 基本要求

5.1.1 运动水壶与饮用水接触部分应选用符合食品级包装材料要求的材质。

5.1.2 壶口应采用在运动过程中便于饮用的结构。

5.1.3 便于运动使用和携带。

5.1.4 壶口、壶外表面无毛刺。

5.1.5 按 6.1.3 试验,塑料运动水壶应无异味。

5.2 特殊要求

5.2.1 对特殊项目运动用的水壶应符合运动项目特点,如:

——自行车项目用运动水壶壶盖可单手开启;

——登山运动时,低温下水冻结,运动水壶不会破损、变形等。

5.2.2 铝质运动水壶应有内涂层,涂层应均匀无间断。

5.3 卫生指标

5.3.1 不锈钢材质

应符合 GB 9684 规定的卫生要求。

5.3.2 铝质材质

5.3.2.1 材质应符合 GB 11333 规定的卫生要求。

5.3.2.2 内涂层和壶口饮水处外涂层的卫生指标应符合相应的食品级卫生要求。

5.3.3 塑料材质

5.3.3.1 聚碳酸酯材料运动水壶的卫生要求应符合 GB 14942 的要求。

5.3.3.2 聚对苯二甲酸乙二醇酯材料运动水壶的卫生要求应符合 GB 13113 的要求。

5.3.3.3 丙烯腈-苯乙烯材料运动水壶的卫生要求应符合 GB 17327 的要求。

5.3.3.4 其他材质应符合相应国家卫生标准的要求。

5.3.4 橡胶材质

应符合 GB 4806.1 的要求。

5.3.5 微生物

按 6.2.5 测试,水中菌落总数和大肠菌数、致病菌应符合 GB 19298 的规定。

5.3.6 其他材质

应符合相应国家卫生标准的要求。

5.4 密封性

按6.3进行试验后，应不漏水。

5.5 跌落试验

按6.4进行试验后，应不破裂、不漏水，不影响正常使用。

5.6 低温试验

按6.5进行试验后，应不破裂、不变形。

5.7 塑料材质耐热试验

5.7.1 按6.6.1进行试验后，塑料运动水壶应不破裂、不变形、不漏水、无明显异味。

5.7.2 按6.6.2进行试验后，塑料壶盖应不变形，并应保持密封性能。

5.8 橡胶制件的耐热水性

按6.7进行试验后，应不发粘、无明显变形，并能保持密封性。

6 试验方法

6.1 基本要求和特殊要求的试验

6.1.1 按供方提供的材质报告进行材质判定。

6.1.2 5.1.2～5.1.4和5.2.1～5.2.2感官检验。

6.1.3 运动水壶内装入浓度为0.05%十二烷基苯磺酸钠溶液至标称容量，洗涤30 s，用蒸馏水充分冲洗后，检验有无异味，然后装入80%标称容量、水温为23 ℃±5 ℃的蒸馏水或经离子交换处理的软水，盖好壶盖，放置10 min后，检验有无异味，5个人检验，3人及以上的相同判断为准。

6.2 卫生指标试验

6.2.1 不锈钢材质

按GB/T 5009.81—2003规定进行试验。

6.2.2 铝质材质

6.2.2.1 按GB/T 5009.72—2003的规定进行试验。

6.2.2.2 内涂层和壶口饮水处外涂层按其材料卫生要求对应的方法进行试验。

6.2.3 塑料材质

6.2.3.1 聚碳酸酯材质运动水壶的卫生标准按GB 14942的规定进行试验。

6.2.3.2 聚对苯二甲酸乙二醇酯材质运动水壶的卫生标准按GB/T 5009.60—2003和GB/T 5009.101—2003规定进行试验。

6.2.3.3 丙烯腈-苯乙烯材质运动水壶的卫生标准按GB/T 5009.60—2003和GB/T 5009.152—2003的

规定进行试验。

6.2.3.4 其他材质按其材料卫生要求对应的方法进行试验。

6.2.4 橡胶材质

按 GB/T 5009.64—2003 的规定进行试验。

6.2.5 微生物

在运动水壶内装入 90%标称容量的 90 ℃以上蒸馏水，盖紧盖（塞），24 h，菌落总数和大肠菌数按 GB 4789.2—2010、GB 4789.3—2010 检验。168 h 后，致病菌按 GB 4789.4—2010、GB 4789.5—2012、GB 4789.10—2010 检验。

6.2.6 其他材料

按其材料卫生要求对应的方法进行试验。

6.3 密封性试验

6.3.1 塑料运动水壶：在运动水壶内装入 50%标称容量的 90 ℃以上热水，经密封后，壶口向上，完全浸入常温水中，检查有无气泡冒出。

6.3.2 金属运动水壶：在运动水壶内装入 50%标称容量的 23 ℃±5 ℃水，旋紧盖（塞），壶口向上，用力上下震荡 10 次，检查壶口有无漏水。

6.4 跌落试验

在运动水壶内装入 90%标称容量的 23 ℃±5 ℃水，旋紧盖（塞），将运动水壶壶口向上，底部距地面 1 500 mm 处自由跌落水泥地面 1 次，目测。

6.5 低温试验

在运动水壶内装入 85%容量的 90 ℃以上热水，旋紧盖（塞），按下列试验：

——在－40 ℃下放置 12 h，目测；

——专业登山用运动水壶在－60 ℃下放置 8 h，目测。

6.6 塑料材质耐热试验

6.6.1 在运动水壶内装入标称容量的 95 ℃以上热水后，旋紧盖，目测。放置 10 min 后，将水倒出，与未检验的运动水壶感官比较。

6.6.2 将塑料壶盖浸泡于 95 ℃以上水中，10 min 后，取出，目测。再将壶盖装在运动水壶上。按 6.3 检测密封性。

6.7 橡胶制件的耐热水性

将橡胶制件完全浸泡于装有蒸馏水的容器中，加热至水沸腾后煮 4 h 取出，检查有无发粘。放置 2 h 后，目测有无明显变形。装在运动水壶上，按 6.3 检测密封性。

7 标志、标签、使用说明

7.1.1 安全警示标签至少应标注以下内容：

——在低温下，运动水壶不应盛满，盛容量不应超过标称容量的 85%；

——不应盛酒、碳酸饮料、高酸度液体、高碱性液体；

——不应在微波炉、洗碗机中使用；

——14 岁以下儿童不应使用。

——对单层结构运动水壶，应标注“小心烫伤”。

7.1.2 使用说明至少应包括以下内容：

——用途和使用方法；

——使用注意事项：

- 在低温下，运动水壶不应盛满，盛容量不应超过标称容量的 85％；
- 不应盛酒、碳酸饮料、高酸度液体、高碱性液体；
- 不应在微波炉、洗碗机中使用；
- 14 岁以下儿童不应使用。

——与水直接接触部分的材质名称；

——铝质运动水壶的内外涂层的材质名称。

ICS 11.020
C 05

中华人民共和国国家标准

GB/T 30231—2013

鼠类防制操作规程　村庄

Rules for rodent control—Village

2013-12-31 发布　　　　2014-12-01 实施

中华人民共和国国家质量监督检验检疫总局
中国国家标准化管理委员会　发布

前　言

本标准按照GB/T 1.1—2009给出的规则起草。

本标准由中华人民共和国卫生部提出并归口。

本标准由中华人民共和国卫生部负责解释。

本标准起草单位：中国农业大学、中国检验检疫科学研究院、北京市疾病预防控制中心、吉林省疾病预防控制中心、济南市疾病预防控制中心。

本标准主要起草人：施大钊、郭天宇、付学锋、王登、彭渤、辛正。

鼠类防制操作规程　村庄

1　范围

本标准规定了村庄人居生活环境中鼠类防制的防制原则、毒饵与捕鼠器械使用要求、操作规程和操作安全措施。

本标准适用于村庄室外环境、室内环境和储粮间的鼠类及鼩鼱类小型有害哺乳动物的防制。

2　规范性引用文件

下列文件对于本文件的应用是必不可少的。凡是注日期的引用文件，仅注日期的版本适用于本文件。凡是不注日期的引用文件，其最新版本(包括所有的修改单)适用于本文件。

GB 12475　农药贮运、销售和使用的防毒规程

GB/T 23798　病媒生物密度监测方法　鼠类

3　术语和定义

下列术语和定义适用于本文件。

3.1

杀鼠剂　rodenticide

用于防制鼠类的农药。

3.2

毒饵　rodenticide bait

由杀鼠剂、诱饵、引诱剂和警告剂等混在一起，制成鼠类喜欢取食且能中毒致死的制剂。

3.3

毒水　liquid bait

由杀鼠剂、水、引诱剂和警告剂混在一起，制成鼠类喜欢取食而致死的制剂，适合干燥场所灭鼠。

3.4

毒饵盒　bait box

一种盛装供鼠取食毒饵的容器。其作用是减少或避免非靶标动物误食和延长毒饵的保质期。

3.5

熏蒸剂　fumigant

以气态、雾状进入鼠的生存空间，使其死亡的杀鼠剂。

3.6

捕鼠器　rodent-trap

以捕鼠为目的的捕鼠夹、捕鼠笼、粘鼠板、电子捕鼠器及其他器具或设施。

4　防制原则

4.1　综合防制

应根据鼠类孳生特点，以村为单位，在不同环境协调运用各种技术和方法，使鼠类数量控制到不足

为害的水平以下。

4.2 鼠情调查

灭鼠前后均应调查鼠密度，以了解鼠情和防制效果。调查方法按照GB/T 23798执行。

5 毒饵与捕鼠器械使用要求

5.1 毒饵、毒水

用于村庄灭鼠的杀鼠剂应经国家农药管理部门登记许可，且在登记许可有效期内。毒饵或毒水配制浓度执行产品标识的规定，其误差应不超过标识浓度的5%。毒饵和毒水均应有警戒色。

5.2 毒饵盒投饵

储粮间、公共区域、潮湿地面或有畜禽活动的场所应使用毒饵盒投饵。建筑物内按1个/15 m^2～2个/15 m^2 放置毒饵盒，将其置于隐蔽的角落或鼠类出没的地点。室外环境放置毒饵盒应选择鼠洞周边或鼠类出没的地点；毒饵盒之间的放置距离应≥5 m。

5.3 毒饵投放量

5.3.1 无遮盖方式投放毒饵

以无遮盖方式投放毒饵，每次投放量为：按条带方式投放的毒饵≤1.5 g/m；按洞口方式投放的毒饵≤10 g/洞口。

5.3.2 毒饵盒方式投放毒饵

以毒饵盒方式投放毒饵量，投放量为：当鼠类密度＜10%，1次所投放的毒饵量≤20 g/盒；当鼠类密度≥10%，1次所投放的毒饵量≤50 g/盒。

5.4 毒饵投放期

投放后的毒饵在5 d内未被鼠类盗食应及时更换毒饵种类或将毒饵收回。毒饵最长保留期为15 d。保留期过后未被鼠类啮食的毒饵应及时清理。清理出的毒饵按照GB 12475执行。

5.5 捕鼠器械

捕鼠器械不能放置于公共区域，应按照器械使用说明操作。

6 操作规程

6.1 室外环境

6.1.1 投放毒饵

毒饵应投放于鼠洞内或有鼠活动的区域。投放重点为墙基、杂物堆、垃圾点、污水排放点周边。公共区域毒饵应放置于有警示标志的毒饵盒内。

6.1.2 器械捕杀

捕鼠器械应放置于鼠洞周边及鼠类活动的场所，晚放晨收。诱饵使用易为鼠类接受的新鲜食物。捕鼠器械安放3 d后仍未捕获的，应及时更换诱饵或变更安放位置。室外环境不得使用电子捕鼠器。

6.1.3 熏蒸灭鼠

鼠洞明显的场所可在专业工作者指导下使用磷化铝,CO 烟炮等熏蒸剂灭鼠,磷化铝用量为 2 片/洞,CO 烟炮为 1 炮/洞。

6.1.4 天敌灭鼠

应采取切实的措施保护村镇及周边环境中栖息的猛禽、食肉类哺乳动物、爬行类动物。有防疫措施的条件下可利用猫、狗捕鼠。

6.2 室内环境

6.2.1 投放毒饵

毒饵应投放于鼠洞内或鼠类出没地点的角落,距食品和水源应≥20 cm,每个房间(按 15 m^2 计算)1 堆～2 堆,每堆 5 g～10 g。天花板上投饵量和地面相同。毒饵应置于干燥的地方,在潮湿的地方可使用蜡块毒饵。有儿童及猫狗的房间应使用毒饵盒。

6.2.2 器械捕杀

捕鼠器应放置于鼠洞周边及有鼠活动的地点,重点为墙角及杂物堆放点。捕鼠器的诱饵选择当地鼠类易于接受的新鲜食物。安放 3 d 后仍未捕到鼠,应更换诱饵或变更安放位置。

6.3 储粮间

6.3.1 防鼠设施

门窗无破损且缝隙应≤6 mm。

6.3.2 器械捕杀

捕鼠器械应放置于鼠洞口、鼠道及有鼠活动的地点。捕鼠器与粮食或食品的距离应≥20 cm。

6.3.3 投放毒饵

采用毒水或新鲜且含水量高食物配制成的毒饵,配制毒饵的食物应不同于所储粮食且易于被鼠接受,如马铃薯、红薯和苹果。毒饵投放量为每个房间(按 15 m^2 计算)5 堆～10 堆,每堆 5 g～10 g。应逐天检查并及时补充已取食的毒饵,毒饵应与食品或粮食距离≥20 cm。

6.3.4 天敌控制

储粮环境可设置供猫或其他鼠类天敌出入的通道。

7 操作安全措施

7.1 应避免人员、畜禽直接接触毒饵。
7.2 灭鼠操作人员在投放毒饵过程中禁止饮水、进食、吸烟。
7.3 对已毒杀、捕杀的鼠类应避免用手直接接触,应戴手套或使用其他工具收集鼠尸,集中后就地深埋,填埋地点应远离水源。

ICS 11.020
C 10

中华人民共和国国家标准

GB/T 30232—2013

针灸学通用术语

General nomenclature of science of acupuncture and moxibustion

2013-12-31 发布　　2014-12-01 实施

中华人民共和国国家质量监督检验检疫总局
中国国家标准化管理委员会　发布

前　言

本标准按照 GB/T 1.1—2009 给出的规则起草。

本标准由国家中医药管理局提出。

本标准由全国针灸标准化技术委员会(TC 475)归口。

本标准负责起草单位:北京中医药大学。

本标准参加起草单位:中国中医科学院针灸研究所。

本标准主要起草人:刘清国、赵吉平、武晓冬、王朝阳、白兴华、马惠芳、嵇波。

本标准参加起草人:许银珊、徐晖、覃蔚岚、秦谊、符永鋆、王丽、支建梅、王晨绯、吴冬、刘炜、陈思思、路树超。

引　言

针灸学理论是由针灸学的概念、原理和逻辑结论等要素构成的，经过实践检验的、系统化了的科学知识体系。针灸学的基本概念是构建针灸理论的最基本的知识要素。其概念是通过针灸学的科学术语而概括、表达和传递。针灸学的科学术语是不断发展和变化的，反映着鲜明的时代特征。

针灸学术语的标准化是针灸学学术建设的基础性工作。经过中医学术界的努力，已初步制定了一些国家标准和中医行业标准，为针灸学科标准体系的建立奠定了良好的基础。但是，迄今尚未建立针灸通用术语标准。为了继承和发扬针灸学术，满足针灸教学、科学研究、医疗、管理及对外交流的需要，必须遵循针灸学理论体系，建立科学、统一的针灸术语标准体系。

本标准规定的术语主要涵盖针灸基础术语、经络、腧穴、刺法灸法、针灸治疗和实验针灸的内容。

本标准术语筛选原则：

a）遵循科技术语的国内外通行原则；

b）本着“独有、成熟、实用”性原则，系统收录针灸学科的专用通用术语，非专用通用术语、非成熟现代术语不予收录；

c）现有国家标准术语直接引录。

本标准中同义术语收录不超过两个。腧穴部分，按中文术语、汉语拼音、英文顺序排列著录。对少量富涵中国传统文化色彩的术语，如“烧山火”“透天凉”等采用汉语拼音著录法。

本标准共收录针灸学术语 1 204 条。其中基础术语 7 条，经络术语 117 条，腧穴术语 553 条，刺法灸法术语 424 条，针灸治疗术语 64 条，实验针灸术语 39 条。

针灸学通用术语

1 范围

本标准界定了针灸学中基础术语、经络、腧穴、刺法灸法、针灸治疗、实验针灸的通用术语和定义。

本标准适用于针灸学科各领域。

2 规范性引用文件

下列文件对于本文件的应用是必不可少的。凡是注日期的引用文件，仅注日期的版本适用于本文件。凡是不注日期的引用文件，其最新版本(包括所有的修改单)适用于本文件。

GB/T 12346—2006 腧穴名称与定位

GB/T 13734—2008 耳穴名称与定位

WHO [1984] 头针穴名国际标准化方案

3 基础术语

3.1

针灸 acupuncture and moxibustion

针和灸的合称。

3.2

针灸学 science of acupuncture and moxibustion of traditional Chinese medicine

以中医理论为指导，研究经络、腧穴及刺灸方法，探讨运用针刺和艾灸等技术防治疾病规律的一门中医学科。

3.3

经络学 subject of meridian and collateral

以经络知识和经络现象为依据，阐述人体上下内外各部联系，以及相关生理、病理、诊断和治疗的一门针灸学科。

3.4

腧穴学 subject of point

研究腧穴的定位、特点、主治、应用及其原理的一门针灸学科。

3.5

刺法灸法学 subject of acupuncture and moxibustion technique

研究针灸治疗疾病的各种方法、操作技术、临床应用及其原理的一门针灸学科。

3.6

针灸治疗学 subject of acupuncture and moxibustion therapy

运用中医基础理论和经络、腧穴、刺灸方法等基础知识来研究针灸防治疾病的一门针灸学科。

3.7

实验针灸学 subject of experimental acupuncture and moxibustion

用现代科学技术研究针灸对机体的作用、作用规律、作用原理和针灸应用技术的一门新兴针灸学科。

4 经络

4.1

经络 meridian and collateral

经脉和络脉的总称，是人体运行气血、联络脏腑、沟通内外、贯穿上下的通路。

4.2

经络学说 theory of meridian and collateral

阐述人体经络系统的循行分布、生理功能、病理变化及其与脏腑相互关系的理论。

4.3

经络系统 meridian system

由经脉、经别、络脉、经筋、皮部等组成的完整体系。

4.4

经脉 meridian vessel

人体经络系统的主干，全身气血运行的主要通路。包括十二经脉和奇经八脉。

4.5

经隧 meridian passage

潜布于体表之下运行气血的经络通路。

4.6

十四经 fourteen meridians

十二经脉与任脉、督脉的合称。

4.7

六阴脉 six yin meridians

手足三阴经脉。

4.8

六阳脉 six yang meridians

手足三阳经脉。

4.9

外经 external meridian

经脉的外行部分，与经脉内行于脏腑的部分相对而言。

4.10

十二经脉流注 circulation of qi-blood in twelve meridians

人体十二经脉首尾相贯如环无端，其中运行的气血依时辰循环流注，盛衰变化。

4.11

十二经水 waterflow-like circulation of twelve meridians

中医用古时中国境内的十二条河流比作人体十二条经脉的气血运行。

4.12

经气 meridian qi

运行于经脉中的气。

4.13

经络诊断 meridian diagnosis

以经络学说为理论基础，以经络病理性反应等各种表现为指征，辨别疾病的诊断方法。

4.14

经络辨证　meridian syndrome differentiation

以经络学说为基础，对临床症状、体征进行综合分析，以判断病位、病因、病性及病机的一种辨证方法。

4.15

经络证候　meridian collateral syndrome

病邪侵袭于经络所表现的证候。

4.16

是动病　disease caused by disorder of meridian

经脉证候的一种。经脉循行路径的病症和经脉经气变动所致其联络脏腑的病症。

4.17

所生病　disease caused by disorder of viscus

经脉证候的一种。经脉所络属脏腑本身的病症和脏腑病延及所属经脉，反映在经脉循行路径的病症。

4.18

十二经脉　twelve meridians

十二正经

手三阴经、手三阳经、足三阴经、足三阳经的总称。

4.18.1

手三阴经　three yin meridians of hand

手太阴肺经、手少阴心经和手厥阴心包经的总称。

4.18.1.1

手太阴肺经　lung meridian of hand-taiyin（LU）

十二经脉之一。起于中焦，属于肺脏，联络大肠，止于拇指桡侧端。

4.18.1.2

手少阴心经　heart meridian of hand-shaoyin（HT）

十二经脉之一。起于心中，属于心系，联络小肠，止于小指桡侧端。

4.18.1.3

手厥阴心包经　pericardium meridian of hand jueyin（PC）

十二经脉之一。起于胸中，属心包络，联络三焦，止于中指末端。

4.18.2

手三阳经　three yang meridians of hand

手阳明大肠经、手太阳小肠经和手少阳三焦经的总称。

4.18.2.1

手阳明大肠经　large intestine meridian of hand-yangming（LI）

十二经脉之一。起于食指桡侧端，属于大肠，联络肺脏，止于鼻翼两侧。

4.18.2.2

手太阳小肠经　small intestine meridian of hand-taiyang（SI）

十二经脉之一。起于小指尺侧端，属于小肠，联络心脏，止于目内眦。

4.18.2.3

手少阳三焦经　triple energizer meridian of hand-shaoyang（TE）

十二经脉之一。起于无名指尺侧端，属于三焦，络于心包，止于目外眦。

4.18.3

足三阳经　three yang meridians of foot

足阳明胃经、足少阳胆经和足太阳膀胱经的总称。

4.18.3.1

足阳明胃经　stomach meridian of foot-yangming(ST)

十二经脉之一。起于鼻翼两侧，属于胃，联络脾脏，止于次趾外侧。

4.18.3.2

足太阳膀胱经　bladder meridian of foot-taiyang (BL)

十二经脉之一。起于目内眦，属于膀胱，联络肾脏，止于小趾外侧。

4.18.3.3

足少阳胆经　gallbladder meridian of foot-shaoyang (GB)

十二经脉之一。起于目外眦，属于胆，联络肝，止于第四趾外侧。

4.18.4

足三阴经　three yin meridians of foot

足太阴脾经、足少阴肾经和足厥阴肝经的总称。

4.18.4.1

足太阴脾经　spleen meridian of foot-taiyin (SP)

十二经脉之一。起于足大趾内侧端，属于脾，联络胃，止于舌根，散布舌下。

4.18.4.2

足少阴肾经　kidney meridian of foot-shaoyin (KI)

十二经脉之一。起于足小趾之下，属于肾，联络膀胱，止于舌根两侧。

4.18.4.3

足厥阴肝经　liver meridian of foot-jueyin (LR)

十二经脉之一。起于足大趾背毫毛处，属于肝，联络胆，连目系，止于巅。

4.19

奇经八脉　eight extra meridians

督脉、任脉、冲脉、带脉、阴维脉、阳维脉、阴跷脉和阳跷脉的总称。

4.19.1

督脉　governor vessel (GV)

阳脉之海

奇经八脉之一。起于小腹内，下出会阴，向后行于脊内，入脑，上巅顶，止于唇。

4.19.2

任脉　conception vessel (CV)

阴脉之海

奇经八脉之一。起于小腹内，下出会阴，沿腹上达咽喉，环绕口唇，止于目下。

4.19.3

冲脉　thoroughfare vessel

经脉之海

奇经八脉之一。起于小腹内，下出会阴，上行脊内，沿腹两侧，上达咽喉，环绕口唇而终。

4.19.4

带脉　belt vessel

奇经八脉之一。起于季胁，斜向横行，绕腰腹一周。

4.19.5

阴维脉　yin link vessel

奇经八脉之一。起于足跟内侧，沿大腿内侧上行至腹部，与足太阴经相合，过胸部与任脉会于颈部。

4.19.6

阳维脉　yang link vessel

奇经八脉之一。起于足跟外侧，上经外踝，沿足少阳经上行髋关节，经胁肋后侧，从腋后上肩，至前额，达项后，合于督脉。

4.19.7

阴跷脉　yin heel vessel

奇经八脉之一。起于足跟内侧直上沿大腿内侧，过阴部，沿腹、胸内侧入锁骨上窝，经人迎，过鼻旁至目内眦。

4.19.8

阳跷脉　yang heel vessel

奇经八脉之一。起于足跟外侧，沿股外侧和胁后上肩，过颈挟口角，入目内眦再上行至额。

4.20

十二经别　twelve branched meridians

十二经脉别行而离入出合，深入体腔的支脉。

4.20.1

手太阴经别　branched meridian of hand-taiyin

十二经别之一。与手阳明经别表里相合。

4.20.2

手少阴经别　branched meridian of hand-shaoyin

十二经别之一。与手太阳经别表里相合。

4.20.3

手厥阴经别　branched meridian of hand-jueyin

十二经别之一。与手少阳经别表里相合。

4.20.4

手阳明经别　branched meridian of hand-yangming

十二经别之一。与手太阴经别表里相合。

4.20.5

手太阳经别　branched meridian of hand-taiyang

十二经别之一。与手少阴经别表里相合。

4.20.6

手少阳经别　branched meridian of hand-shaoyang

十二经别之一。与手厥阴经别表里相合。

4.20.7

足阳明经别　branched meridian of foot-yangming

十二经别之一。与足太阴经别表里相合。

4.20.8

足太阳经别　branched meridian of foot-taiyang

十二经别之一。与足少阴经别表里相合。

4.20.9

足少阳经别　branched meridian of foot-shaoyang

十二经别之一。与足厥阴经别表里相合。

4.20.10

足太阴经别　branched meridian of foot-taiyin

十二经别之一。与足阳明经别表里相合。

4.20.11

足少阴经别　branched meridian of foot-shaoyin

十二经别之一。与足太阳经别表里相合。

4.20.12

足厥阴经别　branched meridian of foot-jueyin

十二经别之一。与足少阳经别表里相合。

4.21

络脉　collateral vessel

从经脉分出,以十五络脉为主体,遍布全身的分支脉络。

4.21.1

阴络　yin collateral vessel

从手足三阴经分出的络脉。

4.21.2

阳络　yang collateral vessel

从手足三阳经分出的络脉。

4.21.3

十五络脉　fifteen collateral vessels

十二经脉和任、督二脉各自别出之络与脾之大络的总称。

4.21.3.1

手太阴络脉　collateral vessel of the hand-taiyin

十五络脉之一。手太阴肺经联系手阳明大肠经的别络。

4.21.3.2

手少阴络脉　collateral vessel of the hand-shaoyin

十五络脉之一。手少阴心经联系手太阳小肠经的别络。

4.21.3.3

手厥阴络脉　collateral vessel of the hand-jueyin

十五络脉之一。手厥阴心包经联系手少阳三焦经的别络。

4.21.3.4

手阳明络脉　collateral vessel of the hand-yangming

十五络脉之一。手阳明大肠经联系手太阴肺经的别络。

4.21.3.5

手太阳络脉　collateral vessel of the hand-taiyang

十五络脉之一。手太阳小肠经联系手少阴心经的别络。

4.21.3.6

手少阳络脉　collateral vessel of the hand-shaoyang

十五络脉之一。手少阳三焦经联系手厥阴心包经的别络。

4.21.3.7

足阳明络脉　collateral vessel of the foot-yangming

十五络脉之一。足阳明胃经联系足太阴脾经的别络。

4.21.3.8

足太阳络脉　collateral vessel of the foot-taiyang

十五络脉之一。足太阳膀胱经联系足少阴肾经的别络。

4.21.3.9

足少阳络脉　collateral vessel of the foot-shaoyang

十五络脉之一。足少阳胆经联系足厥阴肝经的别络。

4.21.3.10

足太阴络脉　collateral vessel of the foot-taiyin

十五络脉之一。足太阴脾经联系足阳明胃经的别络。

4.21.3.11

足少阴络脉　collateral vessel of the foot-shaoyin

十五络脉之一。足少阴肾经联系足太阳膀胱经的别络。

4.21.3.12

足厥阴络脉　collateral vessel of the foot-jueyin

十五络脉之一。足厥阴肝经联系足少阳胆经的别络。

4.21.3.13

督脉络脉　collateral vessel of governor vessel

十五络脉之一。联络散布于躯干后部。

4.21.3.14

任脉络脉　collateral vessel of conception vessel

十五络脉之一。联络散布于躯干前部。

4.21.3.15

脾之大络　great collateral vessel of the spleen

十五络脉之一。联络散布于躯干侧部。

4.21.4

别络　connecting collaterals

从十二经脉、任脉、督脉等经脉别行分出的较大络脉。

4.21.5

三百六十五络　three hundred and sixty-five collateral vessels

泛指全身细小络脉，是周身络脉的约数。

4.21.6

孙络　tertiary collateral vessel

最细小的络脉。

4.21.7

浮络　superficial collateral vessel

位于皮部的浅浮络脉。

4.22

经筋　meridian sinew

人体经络系统中具有连属和运动作用的筋肉体系。皆从四肢末端走向头身，结聚于关节、骨骼部。

4.22.1

十二经筋　twelve meridian sinews

十二经脉之气濡养筋肉骨节的体系，附属于十二经的筋肉系统。

4.22.1.1

手太阴经筋　meridian sinew of the hand-taiyin

十二经筋之一。分布于手太阴肺经循行部位的经筋。

4.22.1.2

手少阴经筋　meridian sinew of the hand-shaoyin

十二经筋之一。分布于手少阴心经循行部位的经筋。

4.22.1.3

手厥阴经筋　meridian sinew of the hand-jueyin

十二经筋之一。分布于手厥阴心包经循行部位的经筋。

4.22.1.4

手阳明经筋　meridian sinew of the hand-yangming

十二经筋之一。分布于手阳明大肠经循行部位的经筋。

4.22.1.5

手太阳经筋　meridian sinew of the hand-taiyang

十二经筋之一。分布于手太阳小肠经循行部位的经筋。

4.22.1.6

手少阳经筋　meridian sinew of the hand-shaoyang

十二经筋之一。分布于手少阳三焦经循行部位的经筋。

4.22.1.7

足阳明经筋　meridian sinew of the foot-yangming

十二经筋之一。分布于足阳明胃经循行部位的经筋。

4.22.1.8

足太阳经筋　meridian sinew of the foot-taiyang

十二经筋之一。分布于足太阳膀胱经循行部位的经筋。

4.22.1.9

足少阳经筋　meridian sinew of the foot-shaoyang

十二经筋之一。分布于足少阳胆经循行部位的经筋。

4.22.1.10

足太阴经筋　meridian sinew of the foot-taiyin

十二经筋之一。分布于足太阴脾经循行部位的经筋。

4.22.1.11

足少阴经筋　meridian sinew of the foot-shaoyin

十二经筋之一。分布于足少阴肾经循行部位的经筋。

4.22.1.12

足厥阴经筋　meridian sinew of the foot-jueyin

十二经筋之一。分布于足厥阴肝经循行部位的经筋。

4.23

十二皮部　twelve cutaneous regions

十二经脉的功能活动反应于体表的部位，也是十二经脉在体表的划分区域。

4.24

六经皮部　cutaneous regions of six channels

十二皮部在诊断和治疗上，手足相通，上下同法，合为六经皮部。

4.25

标本　manifestation and root cause

标，经气弥漫的散布部位；本，经气集中的本源部位，以此阐明四肢与头身躯干之间气血运行的升降关系。

4.25.1

十二经标本　manifestation and root cause of the twelve meridians

十二经脉以人体四肢肘膝以下的某些部(穴)位为本，头、面、胸、背的某些部(穴)位为标。

4.25.1.1

手太阴标本　manifestation and root cause of the hand-taiyin

十二经标本之一。手太阴肺经的"本"在寸口之中，"标"在腋内动脉。

4.25.1.2

手少阴标本　manifestation and root cause of the hand-shaoyin

十二经标本之一。手少阴心经的"本"在掌后锐骨之端，"标"在背俞。

4.25.1.3

手厥阴标本　manifestation and root cause of the hand-jueyin

十二经标本之一。手厥阴心包经的"本"在掌后两筋之间二寸中，"标"在腋下三寸。

4.25.1.4

手阳明标本　manifestation and root cause of the hand-yangming

十二经标本之一。手阳明大肠经的"本"在肘骨中，上至别阳，"标"在颜下合钳上。

4.25.1.5

手太阳标本　manifestation and root cause of the hand-taiyang

十二经标本之一。手太阳小肠经的"本"在手外踝之后，"标"在命门(目)之上一寸。

4.25.1.6

手少阳标本　manifestation and root cause of the hand-shaoyang

十二经标本之一。手少阳三焦经的"本"在手小指次指之间上二寸，"标"在耳后上角下外眦。

4.25.1.7

足阳明标本　manifestation and root cause of the foot-yangming

十二经标本之一。足阳明胃经的"本"在厉兑(穴)，"标"在人迎、颊，挟颃颡。

4.25.1.8

足太阳标本　manifestation and root cause of the foot-taiyang

十二经标本之一。足太阳膀胱经的"本"在足跟以上五寸中，"标"在两络命门(目)。

4.25.1.9

足少阳标本　manifestation and root cause of the foot-shaoyang

十二经标本之一。足少阳胆经的"本"在足窍阴之间，"标"在窗笼(耳)之前。

4.25.1.10

足太阴标本　manifestation and root cause of the foot-taiyin

十二经标本之一。足太阴脾经的"本"在中封(穴)前上四寸之中，"标"在背俞与舌本。

4.25.1.11

足少阴标本　manifestation and root cause of the foot-shaoyin

十二经标本之一。足少阴肾经的"本"在内踝下上三寸中，"标"在背俞与舌下两脉。

4.25.1.12

足厥阴标本　manifestation and root cause of the foot-jueyin

十二经标本之一。足厥阴肝经的"本"在行间(穴)上五寸所，"标"在背俞。

4.26

根结　root and knot

经气的所起与所归。根，根本、开始，经气根于四肢末端的井穴；结，结聚、归结，经气结于头、胸、腹部。

4.27

四根三结　four roots and three knots

十二经脉以四肢末端的井穴为根，称为“四根”，以头、胸、腹三部的一定部位为结，称为“三结”，合称“四根三结”。

4.28

气街　qi thoroughfare

经气聚集通行的道路。包括头之气街、胸之气街、腹之气街、胫之气街。

4.29

四海　four seas

髓海、血海、气海、水谷之海的总称。脑为髓海，冲脉为血海，膻中为气海，胃为水谷之海。

4.29.1

髓海　sea of marrow

四海之一。指脑，为诸髓汇聚之处。

4.29.2

血海　sea of blood

四海之一。指冲脉，为十二经脉汇聚之处。

4.29.3

气海　sea of qi

四海之一。指膻中，为宗气汇聚之处。

4.29.4

水谷之海　sea of food stuff

四海之一。指胃，为饮食水谷汇聚之处。

5　腧穴

5.1

腧穴　point

穴位

人体脏腑经络之气输注出入的特殊部位，既是疾病的反应点，又是疾病的针灸治疗点。

5.2

经穴　meridian point

十四经穴

归属于十二经脉及任脉、督脉的腧穴。

5.3

经外奇穴　extra point

十四经穴以外，具有固定名称、位置和主治等内容的腧穴。

5.4

阿是穴　Ashi point

无固定名称与位置，以病痛局部或与病痛有关的压痛或缓解点为腧穴。

5.5

耳穴　ear point

分布在耳廓上的腧穴，是人体各部分的生理病理变化在耳廓上的反应点，用于诊断和治疗疾病。

5.6

腧穴主治　indication of acupoint

腧穴的主要治疗作用。

5.7

腧穴定位　location of acupoint

腧穴体表位置的确定。

5.8

特定穴　specific point

十四经穴中具有特殊治疗作用和特定名称的腧穴。

5.9

五输穴　five transport points

特定穴之一。十二经脉在四肢肘、膝关节以下，经气出、溜、注、行、入之处，名为井、荥、输、经、合的五类腧穴，总称五输穴。

5.9.1

井穴　jing-well point

五输穴之一。多位于手指、足趾末端，经气所出之处。

5.9.2

荥穴　ying-spring point

五输穴之一。多位于掌指、跖趾关节之前，经气所溜之处。

5.9.3

输穴　shu-stream point

五输穴之一。多位于掌指、跖趾关节之后，经气所注之处。

5.9.4

经穴　jing-river point

五输穴之一。多位于腕踝关节以上，经气所经之处。

5.9.5

合穴　he-sea point

五输穴之一。多位于肘膝关节附近，经气所入之处。

5.10

原穴　yuan-source point

特定穴之一。脏腑原气经过和留止的腧穴。

5.11

十二原穴　twelve source points

十二经脉在腕、踝关节附近各有一个原穴，合为十二原穴。

5.12

络穴　luo-connecting point

特定穴之一。络脉从经脉分出处的腧穴。

5.13

十五络穴　fifteen connecting points

十五络脉从经脉分出处的腧穴。

5.14

背俞穴 back-shu point

特定穴之一。五脏六腑之气输注于背腰部的腧穴。

5.15

募穴 front-mu point

特定穴之一。五脏六腑之气结聚于胸腹部的腧穴。

5.16

郄穴 xi-cleft point

特定穴之一。经脉气血深聚之处的腧穴。

5.17

十六郄穴 sixteen cleft points

十二经脉及阴跷脉、阳跷脉、阴维脉、阳维脉各有一个郄穴,合为十六郄穴。

5.18

八会穴 eight meeting points

特定穴之一。脏、腑、气、血、筋、脉、骨、髓之气会聚的8个腧穴。

5.19

下合穴 lower-he-sea point

特定穴之一。六腑在下肢足三阳经的合穴,是六腑之气输注出入之处。

5.20

八脉交会穴 confluence points of the eight vessels

特定穴之一。十二经脉与奇经八脉脉气相通的8个腧穴。

5.21

交会穴 crossing point

特定穴之一。两条或两条以上经脉交会通过的腧穴。

5.22

十三鬼穴 thirteen spirit-points

治疗精神疾病的13个经验效穴。

5.23

骨度分寸 bone proportional cun

将人体的高度设定为75等分寸,依此比例以体表骨节为主要标志折合全身各部的长度和宽度。

5.24

同身寸 body cun

以被取穴者本人体表的某些部位折定分寸,量取腧穴的长度单位。

5.24.1

横指同身寸 finger-breadth cun

一夫法

被取穴者将食指、中指、无名指、小指并拢,以其中指中节横纹为准,其四指的宽度作为3寸。

5.24.2

拇指同身寸 thumb cun

以被取穴者拇指的指间关节的宽度作为1寸。

5.24.3

中指同身寸 middle finger cun

以被取穴者的中指中节桡侧两端纹头(拇指、中指屈曲成环形)之间的距离作为1寸。

5.25

定穴法　localization of point

腧穴定位方法。

5.25.1

骨度分寸定穴法　bone proportional cun

骨度法

以被取穴者的体表骨节为主要标志折量全身各部的长度和宽度，定出分寸，用于腧穴定位的方法。

5.25.2

体表解剖标志定穴法　localization of point with anatomical landmarks

自然标志定位法

以被取穴者的体表解剖学标志为依据来确定腧穴位置的方法。

5.25.3

体位定穴法　localization of point with posture

以被取穴者的某些特定体位或姿势为标志来量取腧穴的方法。

5.25.4

指寸定穴法　localization of point with finger cun

依据被取穴者本人手指所规定的分寸来量取腧穴的方法。

5.25.5

指压定穴法　localization of point with finger pressing

取穴者以手指按压被取穴者的某些部位，以其局部出现酸、麻、胀、痛等感觉为标准来量取腧穴的方法。

5.26

十四经穴

5.26.1　**手太阴肺经穴**

5.26.1.1

中府　Zhōngfǔ(LU1)

肺的募穴。

注：[该穴定位见 GB/T 12346—2006，4.1.1]

5.26.1.2

云门　Yúnmén(LU2)

注：[该穴定位见 GB/T 12346—2006，4.1.2]

5.26.1.3

天府　Tiānfǔ(LU3)

注：[该穴定位见 GB/T 12346—2006，4.1.3]

5.26.1.4

侠白　Xiábái(LU4)

注：[该穴定位见 GB/T 12346—2006，4.1.4]

5.26.1.5

尺泽　Chǐzé(LU5)

手太阴经合穴。

注：[该穴定位见 GB/T 12346—2006，4.1.5]

5.26.1.6

孔最　Kǒngzuì(LU6)

注：[该穴定位见 GB/T 12346—2006，4.1.6]

5.26.1.7

列缺　Lièquē(LU7)

手太阴经络穴，八脉交会穴，通任脉。

注：[该穴定位见 GB/T 12346—2006，4.1.7]

5.26.1.8

经渠　Jīngqú(LU8)

手太阴经经穴。

注：[该穴定位见 GB/T 12346—2006，4.1.8]

5.26.1.9

太渊　Tàiyuān(LU9)

手太阴经输穴、原穴，脉之会。

注：[该穴定位见 GB/T 12346—2006，4.1.9]

5.26.1.10

鱼际　Yújì(LU10)

手太阴经荥穴。

注：[该穴定位见 GB/T 12346—2006，4.1.10]

5.26.1.11

少商　Shàoshāng(LU11)

手太阴经井穴。

注：[该穴定位见 GB/T 12346—2006，4.1.11]

5.26.2　手阳明大肠经穴

5.26.2.1

商阳　Shāngyáng(LI1)

手阳明经井穴。

注：[该穴定位见 GB/T 12346—2006，4.2.1]

5.26.2.2

二间　Èrjiān(LI2)

手阳明经荥穴。

注：[该穴定位见 GB/T 12346—2006，4.2.2]

5.26.2.3

三间　Sānjiān(LI3)

手阳明经输穴。

注：[该穴定位见 GB/T 12346—2006，4.2.3]

5.26.2.4

合谷　Hégǔ(LI4)

手阳明经原穴。

注：[该穴定位见 GB/T 12346—2006，4.2.4]

5.26.2.5

阳溪　Yángxī(LI5)

手阳明经经穴。

注：[该穴定位见 GB/T 12346—2006，4.2.5]

5.26.2.6

偏历　Piānlì(LI6)

手阳明经络穴。

注：[该穴定位见 GB/T 12346—2006，4.2.6]

5.26.2.7

温溜　Wēnliū(LI7)

手阳明经郄穴。

注：[该穴定位见 GB/T 12346—2006，4.2.7]

5.26.2.8

下廉　Xiàlián(LI8)

注：[该穴定位见 GB/T 12346—2006，4.2.8]

5.26.2.9

上廉　Shànglián(LI9)

注：[该穴定位见 GB/T 12346—2006，4.2.9]

5.26.2.10

手三里　Shǒusānlǐ(LI10)

注：[该穴定位见 GB/T 12346—2006，4.2.10]

5.26.2.11

曲池　Qūchí(LI11)

注：[该穴定位见 GB/T 12346—2006，4.2.11]

5.26.2.12

肘髎　Zhǒuliáo(LI12)

注：[该穴定位见 GB/T 12346—2006，4.2.12]

5.26.2.13

手五里　Shǒuwǔlǐ(LI13)

注：[该穴定位见 GB/T 12346—2006，4.2.13]

5.26.2.14

臂臑　Bìnào(LI14)

注：[该穴定位见 GB/T 12346—2006，4.2.14]

5.26.2.15

肩髃　Jiānyú(LI15)

注：[该穴定位见 GB/T 12346—2006，4.2.15]

5.26.2.16

巨骨　Jùgǔ(LI16)

注：[该穴定位见 GB/T 12346—2006，4.2.16]

5.26.2.17

天鼎　Tiāndǐng(LI17)

注：[该穴定位见 GB/T 12346—2006，4.2.17]

5.26.2.18

扶突　Fútū(LI18)

注：[该穴定位见 GB/T 12346—2006，4.2.18]

5.26.2.19

口禾髎　Kǒuhéliáo(LI19)

注：[该穴定位见 GB/T 12346—2006，4.2.19]

5.26.2.20

迎香　**Yíngxiāng(LI20)**

注:[该穴定位见 GB/T 12346—2006 ,4.2.20]

5.26.3　足阳明胃经穴

5.26.3.1

承泣　**Chéngqì(ST1)**

注:[该穴定位见 GB/T 12346—2006 ,4.3.1]

5.26.3.2

四白　**Sìbái(ST2)**

注:[该穴定位见 GB/T 12346—2006 ,4.3.2]

5.26.3.3

巨髎　**Jùliáo(ST3)**

注:[该穴定位见 GB/T 12346—2006 ,4.3.3]

5.26.3.4

地仓　**Dìcāng(ST4)**

注:[该穴定位见 GB/T 12346—2006 ,4.3.4]

5.26.3.5

大迎　**Dàyíng(ST5)**

注:[该穴定位见 GB/T 12346—2006 ,4.3.5]

5.26.3.6

颊车　**Jiáchē(ST6)**

注:[该穴定位见 GB/T 12346—2006 ,4.3.6]

5.26.3.7

下关　**Xiàguān(ST7)**

注:[该穴定位见 GB/T 12346—2006 ,4.3.7]

5.26.3.8

头维　**Tóuwéi(ST8)**

注:[该穴定位见 GB/T 12346—2006 ,4.3.8]

5.26.3.9

人迎　**Rényíng(ST9)**

注:[该穴定位见 GB/T 12346—2006 ,4.3.9]

5.26.3.10

水突　**Shuǐtū(ST10)**

注:[该穴定位见 GB/T 12346—2006 ,4.3.10]

5.26.3.11

气舍　**Qìshè(ST11)**

注:[该穴定位见 GB/T 12346—2006 ,4.3.11]

5.26.3.12

缺盆　**Quēpén(ST12)**

注:[该穴定位见 GB/T 12346—2006 ,4.3.12]

5.26.3.13

气户　**Qìhù(ST13)**

注:[该穴定位见 GB/T 12346—2006 ,4.3.13]

5.26.3.14

库房 **Kùfáng(ST14)**

注：[该穴定位见 GB/T 12346—2006，4.3.14]

5.26.3.15

屋翳 **Wūyì(ST15)**

注：[该穴定位见 GB/T 12346—2006，4.3.15]

5.26.3.16

膺窗 **Yīngchuāng(ST16)**

注：[该穴定位见 GB/T 12346—2006，4.3.16]

5.26.3.17

乳中 **Rǔzhōng(ST17)**

注：[该穴定位见 GB/T 12346—2006，4.3.17]

5.26.3.18

乳根 **Rǔgēn(ST18)**

注：[该穴定位见 GB/T 12346—2006，4.3.18]

5.26.3.19

不容 **Bùróng(ST19)**

注：[该穴定位见 GB/T 12346—2006，4.3.19]

5.26.3.20

承满 **Chéngmǎn(ST20)**

注：[该穴定位见 GB/T 12346—2006，4.3.20]

5.26.3.21

梁门 **Liángmén(ST21)**

注：[该穴定位见 GB/T 12346—2006，4.3.21]

5.26.3.22

关门 **Guānmén(ST22)**

注：[该穴定位见 GB/T 12346—2006，4.3.22]

5.26.3.23

太乙 **Tàiyǐ(ST23)**

注：[该穴定位见 GB/T 12346—2006，4.3.23]

5.26.3.24

滑肉门 **Huáròumén(ST24)**

注：[该穴定位见 GB/T 12346—2006，4.3.24]

5.26.3.25

天枢 **Tiānshū(ST25)**

注：[该穴定位见 GB/T 12346—2006，4.3.25]

5.26.3.26

外陵 **Wàilíng(ST26)**

注：[该穴定位见 GB/T 12346—2006，4.3.26]

5.26.3.27

大巨 **Dàjù(ST27)**

注：[该穴定位见 GB/T 12346—2006，4.3.27]

5.26.3.28

水道 **Shuǐdào(ST28)**

注：[该穴定位见 GB/T 12346—2006，4.3.28]

5.26.3.29

归来 Guīlái(ST29)

注：[该穴定位见 GB/T 12346—2006，4.3.29]

5.26.3.30

气冲 Qìchōng(ST30)

注：[该穴定位见 GB/T 12346—2006，4.3.30]

5.26.3.31

髀关 Bìguān(ST31)

注：[该穴定位见 GB/T 12346—2006，4.3.31]

5.26.3.32

伏兔 Fútù(ST32)

注：[该穴定位见 GB/T 12346—2006，4.3.32]

5.26.3.33

阴市 Yīnshì(ST33)

注：[该穴定位见 GB/T 12346—2006，4.3.33]

5.26.3.34

梁丘 Liángqiū(ST34)

注：[该穴定位见 GB/T 12346—2006，4.3.34]

5.26.3.35

犊鼻 Dúbí(ST35)

注：[该穴定位见 GB/T 12346—2006，4.3.35]

5.26.3.36

足三里 Zúsānlǐ(ST36)

足阳明经合穴，胃之下合穴。

注：[该穴定位见 GB/T 12346—2006，4.3.36]

5.26.3.37

上巨虚 Shàngjùxū(ST37)

大肠之下合穴。

注：[该穴定位见 GB/T 12346—2006，4.3.37]

5.26.3.38

条口 Tiáokǒu(ST38)

注：[该穴定位见 GB/T 12346—2006，4.3.38]

5.26.3.39

下巨虚 Xiàjùxū(ST39)

小肠之下合穴。

注：[该穴定位见 GB/T 12346—2006，4.3.39]

5.26.3.40

丰隆 Fēnglóng(ST40)

足阳明经络穴。

注：[该穴定位见 GB/T 12346—2006，4.3.40]

5.26.3.41

解溪 Jiěxī(ST41)

足阳明经经穴。

注：[该穴定位见 GB/T 12346—2006，4.3.41]

5.26.3.42

冲阳 Chōngyáng(ST42)

足阳明经原穴。

注：[该穴定位见 GB/T 12346—2006，4.3.42]

5.26.3.43

陷谷 Xiàngǔ(ST43)

足阳明经输穴。

注：[该穴定位见 GB/T 12346—2006，4.3.43]

5.26.3.44

内庭 Nèitíng(ST44)

足阳明经荥穴。

注：[该穴定位见 GB/T 12346—2006，4.3.44]

5.26.3.45

厉兑 Lìduì(ST45)

足阳明经井穴。

注：[该穴定位见 GB/T 12346—2006，4.3.45]

5.26.4 足太阴脾经穴

5.26.4.1

隐白 Yǐnbái(SP1)

足太阴经井穴。

注：[该穴定位见 GB/T 12346—2006，4.4.1]

5.26.4.2

大都 Dàdū(SP2)

足太阴经荥穴。

注：[该穴定位见 GB/T 12346—2006，4.4.2]

5.26.4.3

太白 Tàibái(SP3)

足太阴经输穴、原穴。

注：[该穴定位见 GB/T 12346—2006，4.4.3]

5.26.4.4

公孙 Gōngsūn(SP4)

足太阴经络穴，八脉交会穴，通冲脉。

注：[该穴定位见 GB/T 12346—2006，4.4.4]

5.26.4.5

商丘 Shāngqiū(SP5)

足太阴经经穴。

注：[该穴定位见 GB/T 12346—2006，4.4.5]

5.26.4.6

三阴交 Sānyīnjiāo(SP6)

注：[该穴定位见 GB/T 12346—2006，4.4.6]

5.26.4.7

漏谷 Lòugǔ(SP7)

足太阴络穴。

注：[该穴定位见 GB/T 12346—2006，4.4.7]

5.26.4.8

地机　Dìjī(SP8)

足太阴经郄穴。

注：[该穴定位见 GB/T 12346—2006 ,4.4.8]

5.26.4.9

阴陵泉　Yīnlíngquán(SP9)

足太阴经合穴。

注：[该穴定位见 GB/T 12346—2006 ,4.4.9]

5.26.4.10

血海　Xuèhǎi(SP10)

注：[该穴定位见 GB/T 12346—2006 ,4.4.10]

5.26.4.11

箕门　Jīmén(SP11)

注：[该穴定位见 GB/T 12346—2006 ,4.4.11]

5.26.4.12

冲门　Chōngmén(SP12)

注：[该穴定位见 GB/T 12346—2006 ,4.4.12]

5.26.4.13

府舍　Fǔshè(SP13)

注：[该穴定位见 GB/T 12346—2006 ,4.4.13]

5.26.4.14

腹结　Fùjié(SP14)

注：[该穴定位见 GB/T 12346—2006 ,4.4.14]

5.26.4.15

大横　Dàhéng(SP15)

注：[该穴定位见 GB/T 12346—2006 ,4.4.15]

5.26.4.16

腹哀　Fùāi(SP16)

注：[该穴定位见 GB/T 12346—2006 ,4.4.16]

5.26.4.17

食窦　Shídòu(SP17)

注：[该穴定位见 GB/T 12346—2006 ,4.4.17]

5.26.4.18

天溪　Tiānxī(SP18)

注：[该穴定位见 GB/T 12346—2006 ,4.4.18]

5.26.4.19

胸乡　Xiōngxiāng(SP19)

注：[该穴定位见 GB/T 12346—2006 ,4.4.19]

5.26.4.20

周荣　Zhōuróng(SP20)

注：[该穴定位见 GB/T 12346—2006 ,4.4.20]

5.26.4.21

大包　Dàbāo(SP21)

脾之大络。

注：[该穴定位见 GB/T 12346—2006 ,4.4.21]

5.26.5 手少阴心经穴

5.26.5.1

极泉 Jíquán(HT1)

注:[该穴定位见 GB/T 12346—2006,4.5.1]

5.26.5.2

青灵 Qīnglíng(HT2)

注:[该穴定位见 GB/T 12346—2006,4.5.2]

5.26.5.3

少海 Shàohǎi(HT3)

手少阴经合穴。

注:[该穴定位见 GB/T 12346—2006,4.5.3]

5.26.5.4

灵道 Língdào(HT4)

手少阴经经穴。

注:[该穴定位见 GB/T 12346—2006,4.5.4]

5.26.5.5

通里 Tōnglǐ(HT5)

手少阴经络穴。

注:[该穴定位见 GB/T 12346—2006,4.5.5]

5.26.5.6

阴郄 Yīnxì(HT6)

手少阴经郄穴。

注:[该穴定位见 GB/T 12346—2006,4.5.6]

5.26.5.7

神门 Shénmén(HT7)

手少阴经输穴、原穴。

注:[该穴定位见 GB/T 12346—2006,4.5.7]

5.26.5.8

少府 Shàofǔ(HT8)

手少阴经荥穴。

注:[该穴定位见 GB/T 12346—2006,4.5.8]

5.26.5.9

少冲 Shàochōng(HT9)

手少阴经井穴。

注:[该穴定位见 GB/T 12346—2006,4.5.9]

5.26.6 手太阳小肠经穴

5.26.6.1

少泽 Shàozé(SI1)

手太阳经井穴。

注:[该穴定位见 GB/T 12346—2006,4.6.1]

5.26.6.2

前谷 Qiángǔ(SI2)

手太阳经荥穴。

注:[该穴定位见 GB/T 12346—2006 ,4.6.2]

5.26.6.3

后溪 Hòuxī(SI3)

手太阳经输穴,八脉交会穴,通督脉。

注:[该穴定位见 GB/T 12346—2006 ,4.6.3]

5.26.6.4

腕骨 Wàngǔ(SI4)

手太阳经原穴。

注:[该穴定位见 GB/T 12346—2006 ,4.6.4]

5.26.6.5

阳谷 Yánggǔ(SI5)

手太阳经经穴。

注:[该穴定位见 GB/T 12346—2006 ,4.6.5]

5.26.6.6

养老 Yǎnglǎo(SI6)

手太阳经郄穴。

注:[该穴定位见 GB/T 12346—2006 ,4.6.6]

5.26.6.7

支正 Zhīzhèng(SI7)

手太阳经络穴。

注:[该穴定位见 GB/T 12346—2006 ,4.6.7]

5.26.6.8

小海 Xiǎohǎi(SI8)

手太阳经合穴。

注:[该穴定位见 GB/T 12346—2006 ,4.6.8]

5.26.6.9

肩贞 Jiānzhēn(SI9)

注:[该穴定位见 GB/T 12346—2006 ,4.6.9]

5.26.6.10

臑俞 Nàoshū(SI10)

注:[该穴定位见 GB/T 12346—2006 ,4.6.10]

5.26.6.11

天宗 Tiānzōng(SI11)

注:[该穴定位见 GB/T 12346—2006 ,4.6.11]

5.26.6.12

秉风 Bǐngfēng(SI12)

注:[该穴定位见 GB/T 12346—2006 ,4.6.12]

5.26.6.13

曲垣 Qūyuán(SI13)

注:[该穴定位见 GB/T 12346—2006 ,4.6.13]

5.26.6.14

肩外俞　Jiānwàishū(SI14)

注：[该穴定位见 GB/T 12346—2006，4.6.14]

5.26.6.15

肩中俞　Jiānzhōngshū(SI15)

注：[该穴定位见 GB/T 12346—2006，4.6.15]

5.26.6.16

天窗　Tiānchuāng(SI16)

注：[该穴定位见 GB/T 12346—2006，4.6.16]

5.26.6.17

天容　Tiānróng(SI17)

注：[该穴定位见 GB/T 12346—2006，4.6.17]

5.26.6.18

颧髎　Quánliáo(SI18)

注：[该穴定位见 GB/T 12346—2006，4.6.18]

5.26.6.19

听宫　Tīnggōng(SI19)

注：[该穴定位见 GB/T 12346—2006，4.6.19]

5.26.7　足太阳膀胱经穴

5.26.7.1

睛明　Jīngmíng(BL1)

注：[该穴定位见 GB/T 12346—2006，4.7.1]

5.26.7.2

攒竹　Cuánzhú(BL2)

注：[该穴定位见 GB/T 12346—2006，4.7.2]

5.26.7.3

眉冲　Méichōng(BL3)

注：[该穴定位见 GB/T 12346—2006，4.7.3]

5.26.7.4

曲差　Qūchā(BL4)

注：[该穴定位见 GB/T 12346—2006，4.7.4]

5.26.7.5

五处　Wǔchù(BL5)

注：[该穴定位见 GB/T 12346—2006，4.7.5]

5.26.7.6

承光　Chéngguāng(BL6)

注：[该穴定位见 GB/T 12346—2006，4.7.6]

5.26.7.7

通天　Tōngtiān(BL7)

注：[该穴定位见 GB/T 12346—2006，4.7.7]

5.26.7.8

络却　Luòquè(BL8)

注：[该穴定位见 GB/T 12346—2006，4.7.8]

5.26.7.9

玉枕　Yùzhěn(BL9)

注：[该穴定位见 GB/T 12346—2006 ,4.7.9]

5.26.7.10

天柱　Tiānzhù(BL10)

注：[该穴定位见 GB/T 12346—2006 ,4.7.10]

5.26.7.11

大杼　Dàzhù(BL11)

骨之会。

注：[该穴定位见 GB/T 12346—2006 ,4.7.11]

5.26.7.12

风门　Fēngmén(BL12)

注：[该穴定位见 GB/T 12346—2006 ,4.7.12]

5.26.7.13

肺俞　Fèishū(BL13)

肺之背俞穴。

注：[该穴定位见 GB/T 12346—2006 ,4.7.13]

5.26.7.14

厥阴俞　Juéyīnshū(BL14)

心包之背俞穴。

注：[该穴定位见 GB/T 12346—2006 ,4.7.14]

5.26.7.15

心俞　Xīnshū(BL15)

心之背俞穴。

注：[该穴定位见 GB/T 12346—2006 ,4.7.15]

5.26.7.16

督俞　Dūshū(BL16)

注：[该穴定位见 GB/T 12346—2006 ,4.7.16]

5.26.7.17

膈俞　Géshū(BL17)

血之会穴。

注：[该穴定位见 GB/T 12346—2006 ,4.7.17]

5.26.7.18

肝俞　Gānshū(BL18)

肝之背俞穴。

注：[该穴定位见 GB/T 12346—2006 ,4.7.18]

5.26.7.19

胆俞　Dǎnshū(BL19)

胆之背俞穴。

注：[该穴定位见 GB/T 12346—2006 ,4.7.19]

5.26.7.20

脾俞　Píshū(BL20)

脾之背俞穴。

注：[该穴定位见 GB/T 12346—2006 ,4.7.20]

5.26.7.21

胃俞　Wèishū(BL21)

胃之背俞穴。

注:[该穴定位见 GB/T 12346—2006,4.7.21]

5.26.7.22

三焦俞　Sānjiāoshū(BL22)

三焦之背俞穴。

注:[该穴定位见 GB/T 12346—2006,4.7.22]

5.26.7.23

肾俞　Shènshū(BL23)

肾之背俞穴。

注:[该穴定位见 GB/T 12346—2006,4.7.23]

5.26.7.24

气海俞　Qìhǎishū(BL24)

注:[该穴定位见 GB/T 12346—2006,4.7.24]

5.26.7.25

大肠俞　Dàchángshū(BL25)

大肠之背俞穴。

注:[该穴定位见 GB/T 12346—2006,4.7.25]

5.26.7.26

关元俞　Guānyuánshū(BL26)

注:[该穴定位见 GB/T 12346—2006,4.7.26]

5.26.7.27

小肠俞　Xiǎochángshū(BL27)

小肠之背俞穴。

注:[该穴定位见 GB/T 12346—2006,4.7.27]

5.26.7.28

膀胱俞　Pángguāngshū(BL28)

膀胱之背俞穴。

注:[该穴定位见 GB/T 12346—2006,4.7.28]

5.26.7.29

中膂俞　Zhōnglǚshū(BL29)

注:[该穴定位见 GB/T 12346—2006,4.7.29]

5.26.7.30

白环俞　Báihuánshū(BL30)

注:[该穴定位见 GB/T 12346—2006,4.7.30]

5.26.7.31

上髎　Shàngliáo(BL31)

注:[该穴定位见 GB/T 12346—2006,4.7.31]

5.26.7.32

次髎　Cìliáo(BL32)

注:[该穴定位见 GB/T 12346—2006,4.7.32]

5.26.7.33

中髎 Zhōngliáo(BL33)

注：[该穴定位见 GB/T 12346—2006 ,4.7.33]

5.26.7.34

下髎 Xiàliáo(BL34)

注：[该穴定位见 GB/T 12346—2006 ,4.7.34]

5.26.7.35

会阳 Huìyáng(BL35)

注：[该穴定位见 GB/T 12346—2006 ,4.7.35]

5.26.7.36

承扶 Chéngfú(BL36)

注：[该穴定位见 GB/T 12346—2006 ,4.7.36]

5.26.7.37

殷门 Yīnmén(BL37)

注：[该穴定位见 GB/T 12346—2006 ,4.7.37]

5.26.7.38

浮郄 Fúxì(BL38)

注：[该穴定位见 GB/T 12346—2006 ,4.7.38]

5.26.7.39

委阳 Wěiyáng(BL39)

三焦之下合穴。

注：[该穴定位见 GB/T 12346—2006 ,4.7.39]

5.26.7.40

委中 Wěizhōng(BL40)

足太阳合穴。

注：[该穴定位见 GB/T 12346—2006 ,4.7.40]

5.26.7.41

附分 Fùfēn(BL41)

注：[该穴定位见 GB/T 12346—2006 ,4.7.41]

5.26.7.42

魄户 Pòhù(BL42)

注：[该穴定位见 GB/T 12346—2006 ,4.7.42]

5.26.7.43

膏肓 Gāohuāng(BL43)

注：[该穴定位见 GB/T 12346—2006 ,4.7.43]

5.26.7.44

神堂 Shéntáng(BL44)

注：[该穴定位见 GB/T 12346—2006 ,4.7.44]

5.26.7.45

譩譆 Yìxǐ(BL45)

注：[该穴定位见 GB/T 12346—2006 ,4.7.45]

5.26.7.46

膈关 Géguān(BL46)

注：[该穴定位见 GB/T 12346—2006 ,4.7.46]

5.26.7.47

魂门　Húnmén(BL47)

注：[该穴定位见 GB/T 12346—2006，4.7.47]

5.26.7.48

阳纲　Yánggāng(BL48)

注：[该穴定位见 GB/T 12346—2006，4.7.48]

5.26.7.49

意舍　Yìshè(BL49)

注：[该穴定位见 GB/T 12346—2006，4.7.49]

5.26.7.50

胃仓　Wèicāng(BL50)

注：[该穴定位见 GB/T 12346—2006，4.7.50]

5.26.7.51

肓门　Huāngmén(BL51)

注：[该穴定位见 GB/T 12346—2006，4.7.51]

5.26.7.52

志室　Zhìshì(BL52)

注：[该穴定位见 GB/T 12346—2006，4.7.52]

5.26.7.53

胞肓　Bāohuāng(BL53)

注：[该穴定位见 GB/T 12346—2006，4.7.53]

5.26.7.54

秩边　Zhìbiān(BL54)

注：[该穴定位见 GB/T 12346—2006，4.7.54]

5.26.7.55

合阳　Héyáng(BL55)

注：[该穴定位见 GB/T 12346—2006，4.7.55]

5.26.7.56

承筋　Chéngjīn(BL56)

注：[该穴定位见 GB/T 12346—2006，4.7.56]

5.26.7.57

承山　Chéngshān(BL57)

注：[该穴定位见 GB/T 12346—2006，4.7.57]

5.26.7.58

飞扬　Fēiyáng(BL58)

足太阳经络穴。

注：[该穴定位见 GB/T 12346—2006，4.7.58]

5.26.7.59

跗阳　Fūyáng(BL59)

阳跷脉郄穴。

注：[该穴定位见 GB/T 12346—2006，4.7.59]

5.26.7.60

昆仑　Kūnlún(BL60)

足太阳经经穴。

注：[该穴定位见 GB/T 12346—2006，4.7.60]

5.26.7.61

仆参　Púcān(BL61)

注：[该穴定位见 GB/T 12346—2006，4.7.61]

5.26.7.62

申脉　Shēnmài(BL62)

八脉交会穴，通阳跷脉。

注：[该穴定位见 GB/T 12346—2006，4.7.62]

5.26.7.63

金门　Jīnmén(BL63)

足太阳经郄穴。

注：[该穴定位见 GB/T 12346—2006，4.7.63]

5.26.7.64

京骨　Jīnggǔ(BL64)

足太阳经原穴。

注：[该穴定位见 GB/T 12346—2006，4.7.64]

5.26.7.65

束骨　Shùgǔ(BL65)

足太阳经输穴。

注：[该穴定位见 GB/T 12346—2006，4.7.65]

5.26.7.66

足通谷　Zútōnggǔ(BL66)

足太阳经荥穴。

注：[该穴定位见 GB/T 12346—2006，4.7.66]

5.26.7.67

至阴　Zhìyīn(BL67)

足太阳经井穴。

注：[该穴定位见 GB/T 12346—2006，4.7.67]

5.26.8　足少阴肾经穴

5.26.8.1

涌泉　Yǒngquán(KI1)

足少阴经井穴。

注：[该穴定位见 GB/T 12346—2006，4.8.1]

5.26.8.2

然谷　Rángǔ(KI2)

足少阴经荥穴。

注：[该穴定位见 GB/T 12346—2006，4.8.2]

5.26.8.3

太溪　Tàixī(KI3)

足少阴经输穴、原穴。

注：[该穴定位见 GB/T 12346—2006，4.8.3]

5.26.8.4

大钟　Dàzhōng(KI4)

足少阴经络穴。

注：[该穴定位见 GB/T 12346—2006，4.8.4]

5.26.8.5

水泉　Shuǐquán(KI5)

足少阴经郄穴。

注：[该穴定位见 GB/T 12346—2006，4.8.5]

5.26.8.6

照海　Zhàohǎi(KI6)

八脉交会穴，通阴跷脉。

注：[该穴定位见 GB/T 12346—2006，4.8.6]

5.26.8.7

复溜　Fùliū(KI7)

足少阴经经穴。

注：[该穴定位见 GB/T 12346—2006，4.8.7]

5.26.8.8

交信　Jiāoxìn(KI8)

阴跷脉郄穴。

注：[该穴定位见 GB/T 12346—2006，4.8.8]

5.26.8.9

筑宾　Zhùbīn(KI9)

阴维脉郄穴。

注：[该穴定位见 GB/T 12346—2006，4.8.9]

5.26.8.10

阴谷　Yīngǔ(KI10)

足少阴经合穴。

注：[该穴定位见 GB/T 12346—2006，4.8.10]

5.26.8.11

横骨　Hénggǔ(KI11)

注：[该穴定位见 GB/T 12346—2006，4.8.11]

5.26.8.12

大赫　Dàhè(KI12)

注：[该穴定位见 GB/T 12346—2006，4.8.12]

5.26.8.13

气穴　Qìxué(KI13)

注：[该穴定位见 GB/T 12346—2006，4.8.13]

5.26.8.14

四满　Sìmǎn(KI14)

注：[该穴定位见 GB/T 12346—2006，4.8.14]

5.26.8.15

中注　Zhōngzhù(KI15)

注：[该穴定位见 GB/T 12346—2006，4.8.15]

5.26.8.16

肓俞 Huāngshū(KI16)

注：[该穴定位见 GB/T 12346—2006，4.8.16]

5.26.8.17

商曲 Shāngqū(KI17)

注：[该穴定位见 GB/T 12346—2006，4.8.17]

5.26.8.18

石关 Shíguān(KI18)

注：[该穴定位见 GB/T 12346—2006，4.8.18]

5.26.8.19

阴都 Yīndū(KI19)

注：[该穴定位见 GB/T 12346—2006，4.8.19]

5.26.8.20

腹通谷 Fùtōnggǔ(KI20)

注：[该穴定位见 GB/T 12346—2006，4.8.20]

5.26.8.21

幽门 Yōumén(KI21)

注：[该穴定位见 GB/T 12346—2006，4.8.21]

5.26.8.22

步廊 Bùláng(KI22)

注：[该穴定位见 GB/T 12346—2006，4.8.22]

5.26.8.23

神封 Shénfēng(KI23)

注：[该穴定位见 GB/T 12346—2006，4.8.23]

5.26.8.24

灵墟 Língxū(KI24)

注：[该穴定位见 GB/T 12346—2006，4.8.24]

5.26.8.25

神藏 Shéncáng(KI25)

注：[该穴定位见 GB/T 12346—2006，4.8.25]

5.26.8.26

彧中 Yùzhōng(KI26)

注：[该穴定位见 GB/T 12346—2006，4.8.26]

5.26.8.27

俞府 Shūfǔ(KI27)

注：[该穴定位见 GB/T 12346—2006，4.8.27]

5.26.9 手厥阴心包经穴

5.26.9.1

天池 Tiānchí(PC1)

注：[该穴定位见 GB/T 12346—2006，4.9.1]

5.26.9.2

天泉 Tiānquán(PC2)

注：[该穴定位见 GB/T 12346—2006，4.9.2]

5.26.9.3

曲泽 Qūzé(PC3)

手厥阴经合穴。

注:[该穴定位见 GB/T 12346—2006,4.9.3]

5.26.9.4

郄门 Xìmén(PC4)

手厥阴经郄穴。

注:[该穴定位见 GB/T 12346—2006,4.9.4]

5.26.9.5

间使 Jiānshǐ(PC5)

手厥阴经经穴。

注:[该穴定位见 GB/T 12346—2006,4.9.5]

5.26.9.6

内关 Nèiguān(PC6)

手厥阴经络穴,八脉交会穴,通阴维脉。

注:[该穴定位见 GB/T 12346—2006,4.9.6]

5.26.9.7

大陵 Dàlíng(PC7)

手厥阴经输穴、原穴。

注:[该穴定位见 GB/T 12346—2006,4.9.7]

5.26.9.8

劳宫 Láogōng(PC8)

手厥阴经荥穴。

注:[该穴定位见 GB/T 12346—2006,4.9.8]

5.26.9.9

中冲 Zhōngchōng(PC9)

手厥阴经井穴。

注:[该穴定位见 GB/T 12346—2006,4.9.9]

5.26.10 手少阳三焦经穴

5.26.10.1

关冲 Guānchōng(TE1)

手少阳经井穴。

注:[该穴定位见 GB/T 12346—2006,4.10.1]

5.26.10.2

液门 Yèmén(TE2)

手少阳经荥穴。

注:[该穴定位见 GB/T 12346—2006,4.10.2]

5.26.10.3

中渚 Zhōngzhǔ(TE3)

手少阳经输穴。

注:[该穴定位见 GB/T 12346—2006,4.10.3]

5.26.10.4

阳池 Yángchí(TE4)

手少阳经原穴。

注:[该穴定位见 GB/T 12346—2006 ,4.10.4]

5.26.10.5

外关 Wàiguān(TE5)

手少阳经络穴,八脉交会穴,通阳维脉。

注:[该穴定位见 GB/T 12346—2006 ,4.10.5]

5.26.10.6

支沟 Zhīgōu(TE6)

手少阳经经穴。

注:[该穴定位见 GB/T 12346—2006 ,4.10.6]

5.26.10.7

会宗 Huìzōng(TE7)

手少阳经郄穴。

注:[该穴定位见 GB/T 12346—2006 ,4.10.7]

5.26.10.8

三阳络 Sānyángluò(TE8)

注:[该穴定位见 GB/T 12346—2006 ,4.10.8]

5.26.10.9

四渎 Sìdú(TE9)

注:[该穴定位见 GB/T 12346—2006 ,4.10.9]

5.26.10.10

天井 Tiānjǐng(TE10)

手少阳经合穴。

注:[该穴定位见 GB/T 12346—2006 ,4.10.10]

5.26.10.11

清冷渊 Qīnglěngyuān(TE11)

注:[该穴定位见 GB/T 12346—2006 ,4.10.11]

5.26.10.12

消泺 Xiāoluò(TE12)

注:[该穴定位见 GB/T 12346—2006 ,4.10.12]

5.26.10.13

臑会 Nàohuì(TE13)

注:[该穴定位见 GB/T 12346—2006 ,4.10.13]

5.26.10.14

肩髎 Jiānliáo(TE14)

注:[该穴定位见 GB/T 12346—2006 ,4.10.14]

5.26.10.15

天髎 Tiānliáo(TE15)

注:[该穴定位见 GB/T 12346—2006 ,4.10.15]

5.26.10.16

天牖 Tiānyǒu(TE16)

注:[该穴定位见 GB/T 12346—2006 ,4.10.16]

5.26.10.17

翳风 **Yìfēng(TE17)**

注：[该穴定位见 GB/T 12346—2006，4.10.17]

5.26.10.18

瘈脉 **Chìmài(TE18)**

注：[该穴定位见 GB/T 12346—2006，4.10.18]

5.26.10.19

颅息 **Lúxī(TE19)**

注：[该穴定位见 GB/T 12346—2006，4.10.19]

5.26.10.20

角孙 **Jiǎosūn(TE20)**

注：[该穴定位见 GB/T 12346—2006，4.10.20]

5.26.10.21

耳门 **Ěrmén(TE21)**

注：[该穴定位见 GB/T 12346—2006，4.10.21]

5.26.10.22

耳和髎 **Ěrhéliáo(TE22)**

注：[该穴定位见 GB/T 12346—2006，4.10.22]

5.26.10.23

丝竹空 **Sīzhúkōng(TE23)**

注：[该穴定位见 GB/T 12346—2006，4.10.23]

5.26.11 足少阳胆经穴

5.26.11.1

瞳子髎 **Tóngzǐliáo(GB1)**

注：[该穴定位见 GB/T 12346—2006，4.11.1]

5.26.11.2

听会 **Tīnghuì(GB2)**

注：[该穴定位见 GB/T 12346—2006，4.11.2]

5.26.11.3

上关 **Shàngguān(GB3)**

注：[该穴定位见 GB/T 12346—2006，4.11.3]

5.26.11.4

颔厌 **Hànyàn(GB4)**

注：[该穴定位见 GB/T 12346—2006，4.11.4]

5.26.11.5

悬颅 **Xuánlú(GB5)**

注：[该穴定位见 GB/T 12346—2006，4.11.5]

5.26.11.6

悬厘 **Xuánlí(GB6)**

注：[该穴定位见 GB/T 12346—2006，4.11.6]

5.26.11.7

曲鬓 **Qūbìn(GB7)**

注：[该穴定位见 GB/T 12346—2006，4.11.7]

5.26.11.8

率谷 Shuàigǔ(GB8)

注:[该穴定位见 GB/T 12346—2006,4.11.8]

5.26.11.9

天冲 Tiānchōng(GB9)

注:[该穴定位见 GB/T 12346—2006,4.11.9]

5.26.11.10

浮白 Fúbái(GB10)

注:[该穴定位见 GB/T 12346—2006,4.11.10]

5.26.11.11

头窍阴 Tóuqiàoyīn(GB11)

注:[该穴定位见 GB/T 12346—2006,4.11.11]

5.26.11.12

完骨 Wángǔ(GB12)

注:[该穴定位见 GB/T 12346—2006,4.11.12]

5.26.11.13

本神 Běnshén(GB13)

注:[该穴定位见 GB/T 12346—2006,4.11.13]

5.26.11.14

阳白 Yángbái(GB14)

注:[该穴定位见 GB/T 12346—2006,4.11.14]

5.26.11.15

头临泣 Tóulínqì(GB15)

注:[该穴定位见 GB/T 12346—2006,4.11.15]

5.26.11.16

目窗 Mùchuāng(GB16)

注:[该穴定位见 GB/T 12346—2006,4.11.16]

5.26.11.17

正营 Zhèngyíng(GB17)

注:[该穴定位见 GB/T 12346—2006,4.11.17]

5.26.11.18

承灵 Chénglíng(GB18)

注:[该穴定位见 GB/T 12346—2006,4.11.18]

5.26.11.19

脑空 Nǎokōng(GB19)

注:[该穴定位见 GB/T 12346—2006,4.11.19]

5.26.11.20

风池 Fēngchí(GB20)

注:[该穴定位见 GB/T 12346—2006,4.11.20]

5.26.11.21

肩井 Jiānjǐng(GB21)

注:[该穴定位见 GB/T 12346—2006,4.11.21]

5.26.11.22

渊腋 Yuānyè(GB22)

注:[该穴定位见 GB/T 12346—2006,4.11.22]

5.26.11.23

辄筋 Zhéjīn(GB23)

注:[该穴定位见 GB/T 12346—2006 ,4.11.23]

5.26.11.24

日月 Rìyuè(GB24)

胆之募穴。

注:[该穴定位见 GB/T 12346—2006 ,4.11.24]

5.26.11.25

京门 Jīngmén(GB25)

肾之募穴。

注:[该穴定位见 GB/T 12346—2006 ,4.11.25]

5.26.11.26

带脉 Dàimài(GB26)

注:[该穴定位见 GB/T 12346—2006 ,4.11.26]

5.26.11.27

五枢 Wǔshū(GB27)

注:[该穴定位见 GB/T 12346—2006 ,4.11.27]

5.26.11.28

维道 Wéidào(GB28)

注:[该穴定位见 GB/T 12346—2006 ,4.11.28]

5.26.11.29

居髎 Jūliáo(GB29)

注:[该穴定位见 GB/T 12346—2006 ,4.11.29]

5.26.11.30

环跳 Huántiào(GB30)

注:[该穴定位见 GB/T 12346—2006 ,4.11.30]

5.26.11.31

风市 Fēngshì(GB31)

注:[该穴定位见 GB/T 12346—2006 ,4.11.31]

5.26.11.32

中渎 Zhōngdú(GB32)

注:[该穴定位见 GB/T 12346—2006 ,4.11.32]

5.26.11.33

膝阳关 Xīyángguān(GB33)

注:[该穴定位见 GB/T 12346—2006 ,4.11.33]

5.26.11.34

阳陵泉 Yánglíngquán(GB34)

足少阳经合穴,胆之下合穴,筋之会。

注:[该穴定位见 GB/T 12346—2006 ,4.11.34]

5.26.11.35

阳交 Yángjiāo(GB35)

阳维脉郄穴。

注:[该穴定位见 GB/T 12346—2006 ,4.11.35]

5.26.11.36

外丘　Wàiqiū(GB36)

足少阳经郄穴。

注：[该穴定位见 GB/T 12346—2006 ,4.11.36]

5.26.11.37

光明　Guāngmíng(GB37)

足少阳经络穴。

注：[该穴定位见 GB/T 12346—2006 ,4.11.37]

5.26.11.38

阳辅　Yángfǔ(GB38)

足少阳经经穴。

注：[该穴定位见 GB/T 12346—2006 ,4.11.38]

5.26.11.39

悬钟　Xuánzhōng(GB39)

髓之会穴。

注：[该穴定位见 GB/T 12346—2006 ,4.11.39]

5.26.11.40

丘墟　Qiūxū(GB40)

足少阳经原穴。

注：[该穴定位见 GB/T 12346—2006 ,4.11.40]

5.26.11.41

足临泣　Zúlínqì(GB41)

足少阳经输穴,八脉交会穴,通带脉。

注：[该穴定位见 GB/T 12346—2006 ,4.11.41]

5.26.11.42

地五会　Dìwǔhuì(GB42)

注：[该穴定位见 GB/T 12346—2006 ,4.11.42]

5.26.11.43

侠溪　Xiáxī(GB43)

足少阳经荥穴。

注：[该穴定位见 GB/T 12346—2006 ,4.11.43]

5.26.11.44

足窍阴　Zúqiàoyīn(GB44)

足少阳经井穴。

注：[该穴定位见 GB/T 12346—2006 ,4.11.44]

5.26.12　足厥阴肝经穴

5.26.12.1

大敦　Dàdūn(LR1)

足厥阴经井穴。

注：[该穴定位见 GB/T 12346—2006 ,4.12.1]

5.26.12.2

行间　Xíngjiān(LR2)

足厥阴经荥穴。

注：[该穴定位见 GB/T 12346—2006，4.12.2]

5.26.12.3

太冲　Tàichōng(LR3)

足厥阴经输穴、原穴。

注：[该穴定位见 GB/T 12346—2006，4.12.3]

5.26.12.4

中封　Zhōngfēng(LR4)

足厥阴经经穴。

注：[该穴定位见 GB/T 12346—2006，4.12.4]

5.26.12.5

蠡沟　Lígōu(LR5)

足厥阴经络穴。

注：[该穴定位见 GB/T 12346—2006，4.12.5]

5.26.12.6

中都　Zhōngdū(LR6)

足厥阴经郄穴。

注：[该穴定位见 GB/T 12346—2006，4.12.6]

5.26.12.7

膝关　Xīguān(LR7)

注：[该穴定位见 GB/T 12346—2006，4.12.7]

5.26.12.8

曲泉　Qūquán(LR8)

足厥阴经合穴。

注：[该穴定位见 GB/T 12346—2006，4.12.8]

5.26.12.9

阴包　Yīnbāo(LR9)

注：[该穴定位见 GB/T 12346—2006，4.12.9]

5.26.12.10

足五里　Zúwǔlǐ(LR10)

注：[该穴定位见 GB/T 12346—2006，4.12.10]

5.26.12.11

阴廉　Yīnlián(LR11)

注：[该穴定位见 GB/T 12346—2006，4.12.11]

5.26.12.12

急脉　Jímài(LR12)

注：[该穴定位见 GB/T 12346—2006，4.12.12]

5.26.12.13

章门　Zhāngmén(LR13)

脾之募穴，脏之会。

注：[该穴定位见 GB/T 12346—2006，4.12.13]

5.26.12.14

期门　Qīmén(LR14)

肝之募穴。

注：[该穴定位见 GB/T 12346—2006，4.12.14]

5.26.13 督脉穴

5.26.13.1

长强 Chángqiáng(GV1)

督脉络穴。

注:[该穴定位见 GB/T 12346—2006 ,4.13.1]

5.26.13.2

腰俞 Yāoshū(GV2)

注:[该穴定位见 GB/T 12346—2006 ,4.13.2]

5.26.13.3

腰阳关 Yāoyángguān(GV3)

注:[该穴定位见 GB/T 12346—2006 ,4.13.3]

5.26.13.4

命门 Mìngmén(GV4)

注:[该穴定位见 GB/T 12346—2006 ,4.13.4]

5.26.13.5

悬枢 Xuánshū(GV5)

注:[该穴定位见 GB/T 12346—2006 ,4.13.5]

5.26.13.6

脊中 Jǐzhōng(GV6)

注:[该穴定位见 GB/T 12346—2006 ,4.13.6]

5.26.13.7

中枢 Zhōngshū(GV7)

注:[该穴定位见 GB/T 12346—2006 ,4.13.7]

5.26.13.8

筋缩 Jīnsuō(GV8)

注:[该穴定位见 GB/T 12346—2006 ,4.13.8]

5.26.13.9

至阳 Zhìyáng(GV9)

注:[该穴定位见 GB/T 12346—2006 ,4.13.9]

5.26.13.10

灵台 Língtái(GV10)

注:[该穴定位见 GB/T 12346—2006 ,4.13.10]

5.26.13.11

神道 Shéndào(GV11)

注:[该穴定位见 GB/T 12346—2006 ,4.13.11]

5.26.13.12

身柱 Shēnzhù(GV12)

注:[该穴定位见 GB/T 12346—2006 ,4.13.12]

5.26.13.13

陶道 Táodào(GV13)

注:[该穴定位见 GB/T 12346—2006 ,4.13.13]

5.26.13.14

大椎 Dàzhuī(GV14)

注:[该穴定位见 GB/T 12346—2006 ,4.13.14]

5.26.13.15

哑门 **Yǎmén(GV15)**

注：[该穴定位见 GB/T 12346—2006，4.13.15]

5.26.13.16

风府 **Fēngfǔ(GV16)**

注：[该穴定位见 GB/T 12346—2006，4.13.16]

5.26.13.17

脑户 **Nǎohù(GV17)**

注：[该穴定位见 GB/T 12346—2006，4.13.17]

5.26.13.18

强间 **Qiángjiān(GV18)**

注：[该穴定位见 GB/T 12346—2006，4.13.18]

5.26.13.19

后顶 **Hòudǐng(GV19)**

注：[该穴定位见 GB/T 12346—2006，4.13.19]

5.26.13.20

百会 **Bǎihuì(GV20)**

注：[该穴定位见 GB/T 12346—2006，4.13.20]

5.26.13.21

前顶 **Qiándǐng(GV21)**

注：[该穴定位见 GB/T 12346—2006，4.13.21]

5.26.13.22

囟会 **Xìnhuì(GV22)**

注：[该穴定位见 GB/T 12346—2006，4.13.22]

5.26.13.23

上星 **Shàngxīng(GV23)**

注：[该穴定位见 GB/T 12346—2006，4.13.23]

5.26.13.24

神庭 **Shéntíng(GV24)**

注：[该穴定位见 GB/T 12346—2006，4.13.24]

5.26.13.25

素髎 **Sùliáo(GV25)**

注：[该穴定位见 GB/T 12346—2006，4.13.25]

5.26.13.26

水沟 **Shuǐgōu(GV26)**

注：[该穴定位见 GB/T 12346—2006，4.13.26]

5.26.13.27

兑端 **Duìduān(GV27)**

注：[该穴定位见 GB/T 12346—2006，4.13.27]

5.26.13.28

龈交 **Yínjiāo(GV28)**

注：[该穴定位见 GB/T 12346—2006，4.13.28]

5.26.13.29

印堂 **Yìntáng(GV29)**

注：[该穴定位见 GB/T 12346—2006，4.13.29]

5.26.14 任脉穴

5.26.14.1

会阴 Huìyīn(CV1)

任脉络穴。

注:[该穴定位见 GB/T 12346—2006 ,4.14.1]

5.26.14.2

曲骨 Qūgǔ(CV2)

注:[该穴定位见 GB/T 12346—2006 ,4.14.2]

5.26.14.3

中极 Zhōngjí(CV3)

膀胱之募穴。

注:[该穴定位见 GB/T 12346—2006 ,4.14.3]

5.26.14.4

关元 Guānyuán(CV4)

小肠之募穴。

注:[该穴定位见 GB/T 12346—2006 ,4.14.4]

5.26.14.5

石门 Shímén(CV5)

三焦之募穴。

注:[该穴定位见 GB/T 12346—2006 ,4.14.5]

5.26.14.6

气海 Qìhǎi(CV6)

注:[该穴定位见 GB/T 12346—2006 ,4.14.6]

5.26.14.7

阴交 Yīnjiāo(CV7)

注:[该穴定位见 GB/T 12346—2006 ,4.14.7]

5.26.14.8

神阙 Shénquè(CV8

注:[该穴定位见 GB/T 12346—2006 ,4.14.8]

5.26.14.9

水分 Shuǐfēn(CV9)

注:[该穴定位见 GB/T 12346—2006 ,4.14.9]

5.26.14.10

下脘 Xiàwǎn(CV10)

注:[该穴定位见 GB/T 12346—2006 ,4.14.10]

5.26.14.11

建里 Jiànlǐ(CV11)

注:[该穴定位见 GB/T 12346—2006 ,4.14.11]

5.26.14.12

中脘 Zhōngwǎn(CV12)

胃之募穴,腑之会。

注:[该穴定位见 GB/T 12346—2006 ,4.14.12]

5.26.14.13

上脘　Shàngwǎn(CV13)

注:[该穴定位见 GB/T 12346—2006 ,4.14.13]

5.26.14.14

巨阙　Jùquè(CV14)

心之募穴。

注:[该穴定位见 GB/T 12346—2006 ,4.14.14]

5.26.14.15

鸠尾　Jiūwěi(CV15)

任脉络穴。

注:[该穴定位见 GB/T 12346—2006 ,4.14.15]

5.26.14.16

中庭　Zhōngtíng(CV16)

注:[该穴定位见 GB/T 12346—2006 ,4.14.16]

5.26.14.17

膻中　Dànzhōng(CV17)

心包之募穴,气之会穴。

注:[该穴定位见 GB/T 12346—2006 ,4.14.17]

5.26.14.18

玉堂　Yùtáng(CV18)

注:[该穴定位见 GB/T 12346—2006 ,4.14.18]

5.26.14.19

紫宫　Zǐgōng(CV19)

注:[该穴定位见 GB/T 12346—2006 ,4.14.19]

5.26.14.20

华盖　Huágài(CV20)

注:[该穴定位见 GB/T 12346—2006 ,4.14.20]

5.26.14.21

璇玑　Xuánjī(CV21)

注:[该穴定位见 GB/T 12346—2006 ,4.14.21]

5.26.14.22

天突　Tiāntū(CV22)

注:[该穴定位见 GB/T 12346—2006 ,4.14.22]

5.26.14.23

廉泉　Liánquán(CV23)

注:[该穴定位见 GB/T 12346—2006 ,4.14.23]

5.26.14.24

承浆　Chéngjiāng(CV24)

注:[该穴定位见 GB/T 12346—2006 ,4.14.24]

5.27　经外奇穴

5.27.1

四神聪　Sìshéncōng(EX-HN1)

注:[该穴定位见 GB/T 12346—2006 ,5.1.1]

5.27.2

当阳　Dāngyáng(EX-HN2)

注:[该穴定位见 GB/T 12346—2006,5.1.2]

5.27.3

鱼腰　Yúyāo(EX-HN4)

注:[该穴定位见 GB/T 12346—2006,5.1.3]

5.27.4

太阳　Tàiyáng(EX-HN5)

注:[该穴定位见 GB/T 12346—2006,5.1.4]

5.27.5

耳尖　Ěrjiān(EX-HN6)

注:[该穴定位见 GB/T 12346—2006,5.1.5]

5.27.6

球后　Qiúhòu(EX-HN7)

注:[该穴定位见 GB/T 12346—2006,5.1.6]

5.27.7

上迎香　Shàngyíngxiāng(EX-HN8)

注:[该穴定位见 GB/T 12346—2006,5.1.7]

5.27.8

内迎香　Nèiyíngxiāng(EX-HN9)

注:[该穴定位见 GB/T 12346—2006,5.1.8]

5.27.9

聚泉　Jùquán(EX-HN10)

注:[该穴定位见 GB/T 12346—2006,5.1.9]

5.27.10

海泉　Hǎiquán(EX-HN11)

注:[该穴定位见 GB/T 12346—2006,5.1.10]

5.27.11

金津　Jīnjīn(EX-HN12)

注:[该穴定位见 GB/T 12346—2006,5.1.11]

5.27.12

玉液　Yùyè(EX-HN13)

注:[该穴定位见 GB/T 12346—2006,5.1.12]

5.27.13

翳明　Yìmíng(EX-HN14)

注:[该穴定位见 GB/T 12346—2006,5.1.13]

5.27.14

颈百劳　Jǐngbǎiláo(EX-HN15)

注:[该穴定位见 GB/T 12346—2006,5.1.14]

5.27.15

子宫　Zǐgōng(EX-CA1)

注:[该穴定位见 GB/T 12346—2006,5.1.15]

5.27.16

定喘　Dìngchuǎn(EX-B1)

注:[该穴定位见 GB/T 12346—2006,5.1.16]

5.27.17

夹脊　Jiájǐ(EX-B2)

注：[该穴定位见 GB/T 12346—2006，5.1.17]

5.27.18

胃脘下俞　Wèiwǎnxiàshū(EX-B3)

注：[该穴定位见 GB/T 12346—2006，5.1.18]

5.27.19

痞根　Pǐgēn(EX-B4)

注：[该穴定位见 GB/T 12346—2006，5.1.19]

5.27.20

下极俞　Xiàjíshū(EX-B5)

注：[该穴定位见 GB/T 12346—2006，5.1.20]

5.27.21

腰宜　Yāoyí(EX-B6)

注：[该穴定位见 GB/T 12346—2006，5.1.21]

5.27.22

腰眼　Yāoyǎn(EX-B7)

注：[该穴定位见 GB/T 12346—2006，5.1.22]

5.27.23

十七椎　Shíqīzhuī(EX-B8)

注：[该穴定位见 GB/T 12346—2006，5.1.23]

5.27.24

腰奇　Yāoqí(EX-B9)

注：[该穴定位见 GB/T 12346—2006，5.1.24]

5.27.25

肘尖　Zhǒujiān(EX-UE1)

注：[该穴定位见 GB/T 12346—2006，5.1.25]

5.27.26

二白　Èrbái(EX-UE2)

注：[该穴定位见 GB/T 12346—2006，5.1.26]

5.27.27

中泉　Zhōngquán(EX-UE3)

注：[该穴定位见 GB/T 12346—2006，5.1.27]

5.27.28

中魁　Zhōngkuí(EX-UE4)

注：[该穴定位见 GB/T 12346—2006，5.1.28]

5.27.29

大骨空　Dàgǔkōng(EX-UE5)

注：[该穴定位见 GB/T 12346—2006，5.1.29]

5.27.30

小骨空　Xiǎogǔkōng(EX-UE6)

注：[该穴定位见 GB/T 12346—2006，5.1.30]

5.27.31

腰痛点　Yāotòngdiǎn(EX-UE7)

注：[该穴定位见 GB/T 12346—2006，5.1.31]

5.27.32

外劳宫 **Wàiláogōng(EX-UE8)**

注：[该穴定位见 GB/T 12346—2006，5.1.32]

5.27.33

八邪 **Bāxié(EX-UE9)**

注：[该穴定位见 GB/T 12346—2006，5.1.33]

5.27.34

四缝 **Sìfèng(EX-UE10)**

注：[该穴定位见 GB/T 12346—2006，5.1.34]

5.27.35

十宣 **Shíxuān(EX-UE11)**

注：[该穴定位见 GB/T 12346—2006，5.1.35]

5.27.36

髋骨 **Kuāngǔ(EX-LE1)**

注：[该穴定位见 GB/T 12346—2006，5.1.36]

5.27.37

鹤顶 **Hèdǐng(EX-LE2)**

注：[该穴定位见 GB/T 12346—2006，5.1.37]

5.27.38

百虫窝 **Bǎichóngwō(EX-LE3)**

注：[该穴定位见 GB/T 12346—2006，5.1.38]

5.27.39

内膝眼 **Nèixīyǎn(EX-LE4)**

注：[该穴定位见 GB/T 12346—2006，5.1.39]

5.27.40

胆囊 **Dǎnnáng(EX-LE6)**

注：[该穴定位见 GB/T 12346—2006，5.1.40]

5.27.41

阑尾 **Lánwěi(EX-LE7)**

注：[该穴定位见 GB/T 12346—2006，5.1.41]

5.27.42

内踝尖 **Nèihuáijiān(EX-LE8)**

注：[该穴定位见 GB/T 12346—2006，5.1.42]

5.27.43

外踝尖 **Wàihuáijiān(EX-LE9)**

注：[该穴定位见 GB/T 12346—2006，5.1.43]

5.27.44

八风 **Bāfēng(EX-LE10)**

注：[该穴定位见 GB/T 12346—2006，5.1.44]

5.27.45

独阴 **Dúyīn(EX-LE11)**

注：[该穴定位见 GB/T 12346—2006，5.1.45]

5.27.46

气端 **Qìduān(EX-LE12)**

注：[该穴定位见 GB/T 12346—2006，5.1.46]

5.28 耳穴

5.28.1

耳中 **Ěrzhōng(HX$_1$)**

注：[该穴定位见 GB/T 13734—2008，4.1.1]

5.28.2

直肠 **Zhícháng(HX$_2$)**

注：[该穴定位见 GB/T 13734—2008，4.1.2]

5.28.3

尿道 **Niàodào(HX$_3$)**

注：[该穴定位见 GB/T 13734—2008，4.1.3]

5.28.4

外生殖器 **Wàishēngzhíqì(HX$_4$)**

注：[该穴定位见 GB/T 13734—2008，4.1.4]

5.28.5

肛门 **Gāngmén(HX$_5$)**

注：[该穴定位见 GB/T 13734—2008，4.1.5]

5.28.6

耳尖前 **Ěrjiānqián(HX$_6$)**

注：[该穴定位见 GB/T 13734—2008，4.1.6]

5.28.7

耳尖 **Ěrjiān(HX$_{6,7i}$)**

注：[该穴定位见 GB/T 13734—2008，4.1.7]

5.28.8

耳尖后 **Ěrjiānhòu(HX$_7$)**

注：[该穴定位见 GB/T 13734—2008，4.1.8]

5.28.9

结节 **Jiéjié(HX$_8$)**

注：[该穴定位见 GB/T 13734—2008，4.1.9]

5.28.10

轮 1 **Lúnyī(HX$_9$)**

注：[该穴定位见 GB/T 13734—2008，4.1.10]

5.28.11

轮 2 **Lúnèr(HX$_{10}$)**

注：[该穴定位见 GB/T 13734—2008，4.1.11]

5.28.12

轮 3 **Lúnsān(HX$_{11}$)**

注：[该穴定位见 GB/T 13734—2008，4.1.12]

5.28.13

轮 4 **Lúnsì(HX$_{12}$)**

注：[该穴定位见 GB/T 13734—2008，4.1.13]

5.28.14

指 **Zhǐ(SF$_1$)**

注：[该穴定位见 GB/T 13734—2008，4.2.1]

5.28.15

腕 Wàn(SF_2)

注：[该穴定位见 GB/T 13734—2008，4.2.2]

5.28.16

风溪 Fēngxī($SF_{1,2i}$)

注：[该穴定位见 GB/T 13734—2008，4.2.3]

5.28.17

肘 Zhǒu(SF_3)

注：[该穴定位见 GB/T 13734—2008，4.2.4]

5.28.18

肩 Jiān($SF_{4,5}$)

注：[该穴定位见 GB/T 13734—2008，4.2.5]

5.28.19

锁骨 Suǒgǔ(SF_6)

注：[该穴定位见 GB/T 13734—2008，4.2.6]

5.28.20

跟 Gēn(AH_1)

注：[该穴定位见 GB/T 13734—2008，4.3.1]

5.28.21

趾 Zhǐ(AH_2)

注：[该穴定位见 GB/T 13734—2008，4.3.2]

5.28.22

踝 Huái(AH_3)

注：[该穴定位见 GB/T 13734—2008，4.3.3]

5.28.23

膝 Xī(AH_4)

注：[该穴定位见 GB/T 13734—2008，4.3.4]

5.28.24

髋 Kuān(AH_5)

注：[该穴定位见 GB/T 13734—2008，4.3.5]

5.28.25

坐骨神经 Zuògǔshénjīng(AH_6)

注：[该穴定位见 GB/T 13734—2008，4.3.6]

5.28.26

交感 Jiāogǎn(AH_{6a})

注：[该穴定位见 GB/T 13734—2008，4.3.7]

5.28.27

臀 Tún(AH_7)

注：[该穴定位见 GB/T 13734—2008，4.3.8]

5.28.28

腹 Fù(AH_8)

注：[该穴定位见 GB/T 13734—2008，4.3.9]

5.28.29

腰骶椎 Yāodǐzhuī(AH_9)

注：[该穴定位见 GB/T 13734—2008，4.3.10]

5.28.30

胸 Xiōng(AH_{10})

注：[该穴定位见 GB/T 13734—2008，4.3.11]

5.28.31

胸椎 Xiōngzhuī(AH_{11})

注：[该穴定位见 GB/T 13734—2008，4.3.12]

5.28.32

颈 Jǐng(AH_{12})

注：[该穴定位见 GB/T 13734—2008，4.3.13]

5.28.33

颈椎 Jǐngzhuī(AH_{13})

注：[该穴定位见 GB/T 13734—2008，4.3.14]

5.28.34

角窝上 Jiǎowōshàng(TF_1)

注：[该穴定位见 GB/T 13734—2008，4.4.1]

5.28.35

内生殖器 Nèishēnzhíqì(TF_2)

注：[该穴定位见 GB/T 13734—2008，4.4.2]

5.28.36

角窝中 Jiǎowōzhōng(TF_3)

注：[该穴定位见 GB/T 13734—2008，4.4.3]

5.28.37

神门 Shénmén(TF_4)

注：[该穴定位见 GB/T 13734—2008，4.4.4]

5.28.38

盆腔 Pénqiāng(TF_5)

注：[该穴定位见 GB/T 13734—2008，4.4.5]

5.28.39

上屏 Shàngpíng(TG_1)

注：[该穴定位见 GB/T 13734—2008，4.5.1]

5.28.40

下屏 Xiàpíng(TG_2)

注：[该穴定位见 GB/T 13734—2008，4.5.2]

5.28.41

外耳 Wàiěr(TG_{1u})

注：[该穴定位见 GB/T 13734—2008，4.5.3]

5.28.42

屏尖 Píngjiān(TG_{1p})

注：[该穴定位见 GB/T 13734—2008，4.5.4]

5.28.43

外鼻 Wàibí($TG_{1,2i}$)

注：[该穴定位见 GB/T 13734—2008，4.5.5]

5.28.44

肾上腺 Shènshàngxiàn(TG_{2p})

注：[该穴定位见 GB/T 13734—2008，4.5.6]

5.28.45

咽喉　Yānhóu(TG_3)

注：[该穴定位见 GB/T 13734—2008，4.5.7]

5.28.46

内鼻　Nèibí(TG_4)

注：[该穴定位见 GB/T 13734—2008，4.5.8]

5.28.47

屏间前　Píngjiānqián(TG_{2i})

注：[该穴定位见 GB/T 13734—2008，4.5.9]

5.28.48

额　É(AT_1)

注：[该穴定位见 GB/T 13734—2008，4.6.1]

5.28.49

屏间后　Píngjiānhòu(AT_{1i})

注：[该穴定位见 GB/T 13734—2008，4.6.2]

5.28.50

颞　Niè(AT_2)

注：[该穴定位见 GB/T 13734—2008，4.6.3]

5.28.51

枕　Zhěn(AT_3)

注：[该穴定位见 GB/T 13734—2008，4.6.4]

5.28.52

皮质下　Pízhìxià(AT_4)

注：[该穴定位见 GB/T 13734—2008，4.6.5]

5.28.53

对屏尖　Duìpíngjiān($AT_{1,2,4i}$)

注：[该穴定位见 GB/T 13734—2008，4.6.6]

5.28.54

缘中　Yuánzhōng($AT_{2,3,4i}$)

注：[该穴定位见 GB/T 13734—2008，4.6.7]

5.28.55

脑干　Nǎogàn($AT_{3,4i}$)

注：[该穴定位见 GB/T 13734—2008，4.6.8]

5.28.56

口　Kǒu(CO_1)

注：[该穴定位见 GB/T 13734—2008，4.7.1]

5.28.57

食道　Shídào(CO_2)

注：[该穴定位见 GB/T 13734—2008，4.7.2]

5.28.58

贲门　Bēnmén(CO_3)

注：[该穴定位见 GB/T 13734—2008，4.7.3]

5.28.59

胃　Wèi(CO_4)

注：[该穴定位见 GB/T 13734—2008，4.7.4]

5.28.60

十二指肠 Shièrzhǐcháng（CO_5）

注：[该穴定位见 GB/T 13734—2008，4.7.5]

5.28.61

小肠 Xiǎocháng（CO_6）

注：[该穴定位见 GB/T 13734—2008，4.7.6]

5.28.62

大肠 Dàcháng（CO_7）

注：[该穴定位见 GB/T 13734—2008，4.7.7]

5.28.63

阑尾 Lánwěi（$CO_{6,7i}$）

注：[该穴定位见 GB/T 13734—2008，4.7.8]

5.28.64

艇角 Tǐngjiǎo（CO_8）

注：[该穴定位见 GB/T 13734—2008，4.7.9]

5.28.65

膀胱 Pángguāng（CO_9）

注：[该穴定位见 GB/T 13734—2008，4.7.10]

5.28.66

肾 Shèn（CO_{10}）

注：[该穴定位见 GB/T 13734—2008，4.7.11]

5.28.67

输尿管 Shūniàoguǎn（$CO_{9,10i}$）

注：[该穴定位见 GB/T 13734—2008，4.7.12]

5.28.68

胰胆 Yídǎn（CO_{11}）

注：[该穴定位见 GB/T 13734—2008，4.7.13]

5.28.69

肝 Gān（CO_{12}）

注：[该穴定位见 GB/T 13734—2008，4.7.14]

5.28.70

艇中 Tǐngzhōng（$CO_{6,10i}$）

注：[该穴定位见 GB/T 13734—2008，4.7.15]

5.28.71

脾 Pí（CO_{13}）

注：[该穴定位见 GB/T 13734—2008，4.7.16]

5.28.72

心 Xīn（CO_{15}）

注：[该穴定位见 GB/T 13734—2008，4.7.17]

5.28.73

气管 Qìguǎn（CO_{16}）

注：[该穴定位见 GB/T 13734—2008，4.7.18]

5.28.74

肺 Fèi（CO_{14}）

注：[该穴定位见 GB/T 13734—2008，4.7.19]

5.28.75

三焦　Sānjiāo(CO_{17})

注:[该穴定位见 GB/T 13734—2008,4.7.20]

5.28.76

内分泌　Nèifēnmì(CO_{18})

注:[该穴定位见 GB/T 13734—2008,4.7.21]

5.28.77

牙　Yá(LO_1)

注:[该穴定位见 GB/T 13734—2008,4.8.1]

5.28.78

舌　Shé(LO_2)

注:[该穴定位见 GB/T 13734—2008,4.8.2]

5.28.79

颌　Hé(LO_3)

注:[该穴定位见 GB/T 13734—2008,4.8.3]

5.28.80

垂前　Chuíqián(LO_4)

注:[该穴定位见 GB/T 13734—2008,4.8.4]

5.28.81

眼　Yǎn(LO_5)

注:[该穴定位见 GB/T 13734—2008,4.8.5]

5.28.82

内耳　Neiěr(LO_6)

注:[该穴定位见 GB/T 13734—2008,4.8.6]

5.28.83

面颊　Miànjiá($LO_{5,6i}$)

注:[该穴定位见 GB/T 13734—2008,4.8.7]

5.28.84

扁桃体　Biǎntáotǐ($LO_{7,8,9}$)

注:[该穴定位见 GB/T 13734—2008,4.8.8]

5.28.85

耳背心　Ěrbèixīn(P_1)

注:[该穴定位见 GB/T 13734—2008,4.9.1]

5.28.86

耳背肺　Ěrbèifèi(P_2)

注:[该穴定位见 GB/T 13734—2008,4.9.2]

5.28.87

耳背脾　Ěrbèipí(P_3)

注:[该穴定位见 GB/T 13734—2008,4.9.3]

5.28.88

耳背肝　Ěrbèigān(P_4)

注:[该穴定位见 GB/T 13734—2008,4.9.4]

5.28.89

耳背肾　Ěrbèishèn(P_5)

注:[该穴定位见 GB/T 13734—2008,4.9.5]

5.28.90

耳背沟　Ěrbèigōu(P_S)

注：[该穴定位见 GB/T 13734—2008 ,4.9.6]

5.28.91

上耳根　Shàngěrgēn(R_1)

注：[该穴定位见 GB/T 13734—2008 ,4.10.1]

5.28.92

耳迷根　Ěrmígēn(R_2)

注：[该穴定位见 GB/T 13734—2008 ,4.10.2]

5.28.93

下耳根　Xiàěrgēn(R_3)

注：[该穴定位见 GB/T 13734—2008 ,4.10.3]

5.29　头针穴线

5.29.1

额中线　Ézhōngxiàn(MS1)

注：[该穴线定位见 WHO 1984 头针穴名国际标准化方案,1]

5.29.2

额旁 1 线　Épángyīxiàn Ⅰ(MS2)

注：[该穴线定位见 WHO 1984 头针穴名国际标准化方案,2]

5.29.3

额旁 2 线　Épángèrxiàn Ⅱ(MS3)

注：[该穴线定位见 WHO 1984 头针穴名国际标准化方案,3]

5.29.4

额旁 3 线　Épángsānxiàn Ⅲ(MS4)

注：[该穴线定位见 WHO 1984 头针穴名国际标准化方案,4]

5.29.5

顶中线　Dǐngzhōngxiàn(MS5)

注：[该穴线定位见 WHO 1984 头针穴名国际标准化方案,5]

5.29.6

顶颞前斜线　Dǐngnièqiánxiéxiàn(MS6)

注：[该穴线定位见 WHO 1984 头针穴名国际标准化方案,6]

5.29.7

顶颞后斜线　Dǐngnièhòuxiéxiàn(MS7)

注：[该穴线定位见 WHO 1984 头针穴名国际标准化方案,7]

5.29.8

顶旁 1 线　Dǐngpángyīxiàn Ⅰ(MS8)

注：[该穴线定位见 WHO 1984 头针穴名国际标准化方案,8]

5.29.9

顶旁 2 线　Dǐngpángèrxiàn Ⅱ(MS9)

注：[该穴线定位见 WHO 1984 头针穴名国际标准化方案,9]

5.29.10

颞前线　Nièqiánxiàn(MS10)

注：[该穴线定位见 WHO 1984 头针穴名国际标准化方案,10]

5.29.11

颞后线 Nièhòuxiàn(MS11)

注:[该穴线定位见 WHO 1984 头针穴名国际标准化方案,11]

5.29.12

枕上正中线 Zhěnshàngzhèngzhōngxiàn(MS12)

注:[该穴线定位见 WHO 1984 头针穴名国际标准化方案,12]

5.29.13

枕上旁线 Zhěnshàngpángxiàn(MS13)

注:[该穴线定位见 WHO 1984 头针穴名国际标准化方案,13]

5.29.14

枕下旁线 Zhěnxiàpángxiàn(MS14)

注:[该穴线定位见 WHO 1984 头针穴名国际标准化方案,14]

6 刺法灸法

6.1 刺法灸法基础术语

6.1.1

刺灸法 needling and moxibustion method

刺灸

针刺法和灸法的合称。

6.1.2

针灸疗法 acupuncture and moxibustion therapy

用针刺与灸法治疗疾病方法的总称。

6.1.3

针刺疗法 acupuncture therapy

应用特制的针具,刺激腧穴或身体的某些部位以防治疾病的方法。

6.1.4

毫针刺法 filiform needling method

毫针的基本操作技术。

6.1.5

针刺手法 needling technique

以得气、行气、补泻为目的的毫针操作技术。

6.1.6

灸疗法 moxibustion

灸法

用艾绒或其他药物放置在体表的腧穴或特定部位上烧灼、温熨等,借灸火的温和热力以及药物的作用,通过经络的传导,起到温通气血,扶正祛邪作用,以治疗疾病和预防保健的方法。

6.1.7

针灸刺激量 stimulating quantity of acupuncture and moxibustion

针灸时对人体的刺激程度。针刺刺激量由针具、手法、强度、频率、幅度、方向、时间、深度等多种因素决定。艾灸刺激量由艾炷大小、壮数和时间等多种因素决定。

6.1.8

针灸刺激强度　stimulus intensity of acupuncture and moxibustion

针灸刺激的强弱程度。一般分强刺激、中刺激和弱刺激3种。

6.1.8.1

强刺激　strong stimulation

刺激强度较大的针灸刺激。针刺以粗长针具、高频率、大幅度及长时间的捻转提插,使患者得到较为强烈感应者为强刺激;灸治则以大艾炷、多壮数或较长时间熏灸为强刺激。

6.1.8.2

中刺激　moderate stimulation

介于强、弱刺激之间的针灸刺激强度。针刺以均匀中等强度捻转提插,病人反应明显但不强烈;灸治则予中等量的艾炷灸或艾条熏灸。

6.1.8.3

弱刺激　mild stimulation

刺激强度较小的针灸刺激。针刺以细短针具,低频率、小幅度及短时间捻转提插,使患者得到微弱针感者为弱刺激;灸治则以小艾炷、少壮数或短时间熏灸为弱刺激。

6.1.9

九针　nine kinds of classical needles

古代九种针具,包括镵针、员针、鍉针、锋针、铍针、员利针、毫针、长针、大针。

6.1.9.1

镵针　arrowhead-like needle

箭头针

九针之一。针头大,针尖锐利如箭头。

6.1.9.2

员针　round-pointed needle

九针之一。针尖卵圆形。

6.1.9.3

鍉针　spoon-like needle

九针之一。针体长10～13 cm,前端有黍粟样大小圆钝针头,直径约0.2～0.3 cm。

6.1.9.4

锋针　lance needle

九针之一。针体为三棱形,针锋三面有刃,十分锐利。

6.1.9.5

铍针　stiletto needle

剑针

九针之一。长而宽,形如剑。

6.1.9.6

员利针　round-sharp needle

九针之一。圆而且锐,针末微大,针体较小。

6.1.9.7

毫针　filiform needle

九针之一。针尖锋利,针体较细。

6.1.9.8

长针　long needle

九针之一。针体较长，针锋锐利。

6.1.9.9

大针　large needle

九针之一。针体粗而长，其锋微圆。

6.2　毫针刺法

6.2.1

练针　acupuncture drills

初学针刺者练习用针的指力和各种针刺基本手法。

6.2.2

练针法　technique of needle exercise

练习针刺手法的方法。常见的练针法有纸垫练针法、棉团练针法、自身练针法。

6.2.2.1

纸垫练针法　puncturing drills on a paper pad

在纸垫上反复练习毫针刺入、提插、捻转等操作，以锻炼指力和熟练针刺的练针法。

6.2.2.2

棉团练针法　puncturing drills with a cotton ball

在棉团上反复练习毫针刺入、提插、捻转等操作，以锻炼指力和熟练针刺的练针法。

6.2.2.3

自身练针法　puncturing drills on selfbody

在自己身体上反复练习毫针刺入、提插、捻转等操作，以体察针感和熟练针刺的练针法。

6.2.3

针前准备　preparation before acupuncture

进行针刺治疗之前的各项准备工作。包括选针、检针、针具消毒、器械消毒、选取穴位、确定患者体位，施术部位消毒等。

6.2.4

选针　selection of needle

针刺前选择适宜的针具。

6.2.5

检针　check of needle

针刺前对所选用的针具进行仔细检查。

6.2.6

针具消毒　disinfection of needles

针刺前对所用针具的消毒。

6.2.6.1

针具高压蒸汽消毒法　disinfection of needle with high pressure steam

运用高压蒸气锅进行针具消毒的方法。

6.2.6.2

针具煮沸消毒法　disinfection of needle with boiling

应用煮沸而达到消毒目的的方法。

6.2.6.3

针具浸泡消毒法　disinfection of needle with dipping

用特定药液浸泡针具而达到消毒目的的方法。

6.2.6.4

施术部位消毒　disinfection on manipulating area

针刺前，对施术部位皮肤进行无菌消毒的方法。

6.2.7

针刺体位　acupuncture posture

针刺时患者所取的姿势。

6.2.8

刺手　needle-holding hand

针刺操作时，医者持针的手。

6.2.9

押手　pressing hand

针刺操作时，医者用来按压进针部位以辅助进针的手。

6.2.10

押手法　hand-pressing method

辅助进针手法。通常使用指切押手法、舒张押手法、夹持押手法和骈指押手法。

6.2.11

持针法　method of holding needle

持针

针刺时握持针具的方法。

6.2.11.1

单手持针法　holding needle with single hand

针刺时单手握持针具的方法。

6.2.11.2

两手持针法　holding needle with both hands

针刺时两手同时握持针具的方法。

6.2.11.3

执笔式持针法　holding needle like using pen

操作时用刺手拇、食、中三指挟持针柄，以无名指抵住针体，或以拇、食指持针柄，中指抵住针体的单手持针法。

6.2.11.4

二指持针法　holding needle with two fingers

用刺手拇食指持针柄，针体与拇指呈 90°的持针方法。

6.2.11.5

多指持针法　holding needle with many fingers

用刺手拇、食、中、无名指持针柄，小指指尖抵于针旁皮肤，支持针体垂直的持针方法。

6.2.12

针刺方向　needling direction

进针时和进针后针尖所朝向的方向。

6.2.13

针刺角度 angle of needle insertion

进针时,针体与皮肤之间的角度。

6.2.13.1

直刺 perpendicular insertion

针体与皮肤约呈 90°刺入的方法。

6.2.13.2

斜刺 oblique insertion

针体与皮肤约呈 45°刺入的方法。

6.2.13.3

横刺 transverse insertion

平刺

沿皮刺

针体与皮肤约呈 15°刺入的方法。

6.2.13.4

透刺 penetration needling

透穴法

用长针同时透过两个或两个以上穴位,但不透出对侧皮肤的针刺方法。

6.2.13.5

直透 direct penetrating

在四肢内外侧或前后侧相对穴位之间透刺的方法。

6.2.13.6

横透 transverse penetration

在一定部位上下方或前后方邻近穴位之间透刺的方法。

6.2.14

针刺深度 needling depth

针刺时,针体进入体内的程度。

6.2.14.1

浅刺 shallow needling

针刺时,针体进入人体皮下较浅部位,或仅在皮下。

6.2.14.2

深刺 deep needling

针刺时,针体进入深部组织。

6.2.15

进针法 needle insertion method

将针刺入腧穴的方法。

6.2.15.1

单手进针法 needle insertion with single hand

单用刺手持针刺入腧穴的进针法。

6.2.15.2

双手进针法 needle insertion with both hands

刺手与押手互相配合,持针刺入腧穴的进针法。

6.2.15.3

指切进针法　fingernail-pressing needle insertion

爪切法

用押手的拇指或食指尖按压在腧穴旁，刺手持针将针尖靠近押手指甲刺入腧穴的双手进针法。

6.2.15.4

夹持进针法　hand-holding needle insertion

夹持法

用押手拇、食两指，夹持棉球，裹住针尖，辅助刺手将针刺入腧穴的双手进针法。

6.2.15.5

舒张进针法　skin spreading needle insertion

舒张法

用押手拇、食两指将腧穴的皮肤向两侧撑开，使皮肤绷紧，辅助刺手进针的双手进针法。

6.2.15.6

提捏进针法　pinching needle insertion

提捏法

用押手拇、食两指将腧穴的皮肤捏起，辅助刺手进针的双手进针法。

6.2.15.7

骈指进针法　side-by-side finger needle insertion

押手四指并拢，以掌面平压穴位上，刺手持针，使针尖部穿过指间的缝隙而刺入穴内的双手进针法。

6.2.15.8

插入法　thrusting insertion

针尖抵于腧穴皮肤上，运用指力不加捻转或其他术式，直接刺入皮下的方法。

6.2.15.9

捻转进针　twirling insertion

针尖抵于皮肤上，保持针体挺直，以手指小幅度捻转将针尖刺入皮下的进针法。

6.2.15.10

飞入法　needle-flying insertion

针尖抵于皮肤时，用指力以拇、食指捻动针柄，拇指后退瞬间将针尖刺入，刺入皮下时五指放开作飞鸟状的手法。

6.2.15.11

弹入法　flicking-in insertion

用手指弹动针柄，迅速将针尖刺入皮下的手法。

6.2.15.12

管针进针法　insertion of needle with tube

押手持针管，刺手将针击入皮下的进针法。

6.2.15.13

随咳进针法　needle insertion when patient coughs

进针时，要求病人咳嗽几声，医者趁机把针刺入患者皮下的进针法。

6.2.16

催气法　hastening qi method

针刺入腧穴后，通过各种手法，催促经气速至针下的一种方法。

6.2.17

行针 needle manipulation

运针

毫针刺入腧穴一定深度后,医者根据需要,运用不同的手法进行操作。

6.2.18

行针手法 needle manipulation method

运针手法

毫针刺入腧穴皮肤后,施术者所进行的提插捻转等行针操作方法。

6.2.18.1

行针基本手法 basic needle manipulation method

进针后通过使用针刺的基本动作来取得针感的行针手法。

6.2.18.1.1

提插法 method of lifting-thrusting needle

将针刺入腧穴一定深度后,施以上提下插动作的行针手法。

6.2.18.1.2

捻转法 twirling method

将针刺入腧穴一定深度后,施以向前向后捻转动作的行针手法。

6.2.18.2

行针辅助手法 assisted manipulating method

针刺时为了促使针刺得气,或为加强针感,用以辅助行针的操作方法。

6.2.18.2.1

循法 massage along meridian

循按法

施术者用手指顺着经脉的循行路径轻柔地上下循按以催气的行针辅助手法。

6.2.18.2.2

弹柄法 handle-flicking method

弹法

将针刺入一定深度后,以手指轻弹针尾或针柄,使针体微微振动的行针辅助手法。

6.2.18.2.3

刮柄法 handle-scraping method

刮法

将针刺入一定深度后,用指甲上、下刮动针柄以加强针感的行针辅助手法。

6.2.18.2.4

摇柄法 handle-waggling method

摇法

将针刺入一定深度后,手持针柄,将针轻轻摇动的行针辅助手法。

6.2.18.2.5

飞法 needle-handle twisting method

将针刺入一定深度后,用刺手拇食指持针柄,细细捻搓数次,然后张开两指,一搓一放,反复数次,状如飞鸟展翅的行针辅助手法。

6.2.18.2.6

震颤法 trembling method

震法

将针刺入一定深度后，刺手持针柄，用小幅度、快频率的提插、捻转手法，使针体轻微震颤的行针辅助手法。

6.2.18.2.7

搓柄法　needle-twisting method

搓法

将针刺入一定深度后，用拇食指加中指持针作一捻一放动作的行针辅助手法。

6.2.18.2.8

动法　shaking method

将针刺入一定深度后，摇动针体并结合提插、捻转，以使气行的行针辅助手法。

6.2.18.2.9

切法　fingernail-pressing method

爪法

进针前用手指甲于穴位作切按动作，以宣散气血的行针辅助手法。

6.2.18.2.10

摄法　pressing and pinching method

将针刺入一定深度后，用拇、食、中指沿针刺穴位、经络上下进行按捏，促使经气沿经脉传导的行针辅助手法。

6.2.18.2.11

按法　pressing method

针刺前用手按压穴位的行针辅助手法。

6.2.18.2.12

扪法　pressing method after acupuncture

起针之后用手指扪按穴位的行针辅助手法。

6.2.18.2.13

卧针　horizontal insertion of needle

行针时将针退至皮下，使针倾斜，以做沿皮刺或留针。

6.2.18.2.14

努法　flicking method

弩法

将针刺入一定深度后，用拇、食指捏住针柄，中指按压拨动针体，控制针刺感应向单向扩散的行针辅助手法。

6.2.18.2.15

提法　lifting method

将针刺入一定深度后，向上抽提的行针辅助手法。

6.2.18.2.16

捣法　continuous lifting-thrusting method

将针刺入一定深度后，右手捏持针柄，作较大幅度提插动作的行针辅助手法。

6.2.19

导气　inducing qi

导气法

通过各种针刺手法操作，促使产生针感并使针感向一定方向传导。

6.2.20

候气　awaiting qi

针刺入腧穴后，等待气至。

6.2.20.1

行针候气　manipulating needle to await qi

进针后刺手施以各种行针手法，以促使气至和等待气至。

6.2.20.2

留针候气　retaining needle to await qi

针刺入腧穴一定深度后，将针留于穴内，等待气至。

6.2.21

得气　obtaining qi

气至

针感

进行针刺时，患者所产生的酸、麻、重、胀、疼痛或触电样反应等针感以及医者手下的沉紧等感觉。

6.2.22

守气　keeping qi

守气法

针下得气之后使气留在穴中。

6.2.23

调气　regulating qi

取得针刺感应的基础上适当调节其感应，以起到调整机体功能，增强人体抗病能力的作用。

6.2.24

调气法　qi-regulating method

进针得气后，应用手法以调整经气的性质及其传导方向的方法。

6.2.25

行气法　directing qi

针刺时使针感朝一定方向传导的方法。

6.2.26

气至病所　qi arrival at disease area

通过一定的手法，使针感向病所方向传导，最终达到病所。

6.2.27

行气四法　qi directing with four methods

抽添法、进气法、运气法、纳气法四种行气法。

6.2.27.1

抽添法　Choutian method

先紧按慢提九数，得气后多用提按，使气到病痛部位，再直起针向下按纳的行气法。

6.2.27.2

进气法　Jinqi method

进针后刺入深层，得气后实行补法，然后将针卧倒，针尖向上，让针下感应上行的行气法。

6.2.27.3

运气法　Yunqi method

施术时，先行六阴之数，得气后，向病所倒卧针体，令患者吸气五口，使气行至病所，然后引针退出的行气法。

6.2.27.4

纳气法　Naqi method

先按九六数紧按慢提，得气后，将针尖斜对病痛处，使气上行，然后将针直起，向下按纳，不使气回流的行气法。

6.2.28

飞经走气　Feijingzouqi

催行经气，使针感沿经传导的针刺手法。

6.2.29

飞经走气四法　four methods of Feijingzouqi

青龙摆尾、白虎摇头、苍龟探穴、赤凤迎源四种催气手法。

6.2.29.1

青龙摆尾法　Qinglongbaiwei method

苍龙摆尾法

飞经走气四法之一。将针斜向浅刺，或先深后浅，得气后将针尖朝向病所，缓缓摇动针柄。

6.2.29.2

白虎摇头法　Baihuyaotou method

赤凤摇头法

飞经走气四法之一。进针到适当深度，得气后将针快速左右摆动，边摇边提针。

6.2.29.3

苍龟探穴法　Cangguitanxue method

飞经走气四法之一。先进针到深部，再退到皮下，依次斜向上、下、左、右，分别用三进一退的手法行针。

6.2.29.4

赤凤迎源法　Chifengyingyuan method

凤凰展翅法

飞经走气四法之一。先将针刺入深层，得气后再上提至浅层，候针自摇，再插入中层，进行上下左右的提插捻转动作，手指一捻一放，形如赤凤展翅飞旋。

6.2.30

龙虎交战法　Longhujiaozhan method

将针刺入后，依阴阳经之异，通过左右反复交替捻转以镇痛的行气法。

6.2.31

龙虎升腾法　Longhushengteng method

龙虎升降法

将针用右手大指捻入穴中后，用左手大指向前捻针，得气后，再左右捻动针体，并上下提插的行气法。

6.2.32

循摄法　pressing along the meridian with fingers

用手食、中、无名指平按在所针穴位的经络通路上，顺着经脉循行的方向，上下往来轻柔循摄，以使气行加速，气至病所的行气法。

6.2.33

通经接气　selection the meridians by connecting meridians qi

根据各经脉不同长度，按呼吸次数规定各经运针时间，以使经气流通，上下相接的一种方法。

6.2.34

针刺补泻　reinforcing and reducing manipulations of needle

补泻手法

针刺得气后,根据患者病证的不同情况采用相应的针刺操作以补虚泻实。

6.2.35

针刺补法　reinforcing manipulation

使机体虚弱的功能状态恢复到正常生理状态的针刺方法。

6.2.35.1

三进一退　reinforcing needle by three inserting and one lifting

分三层进针,逐步由浅、中进到深层,一次退针至浅层,可反复施行的针刺补法。

6.2.35.2

推而纳之　pushing and thrusting needle

得气后将针推进按纳的针刺补法。

6.2.36

针刺泻法　reducing needle manipulation

使机体亢盛的功能状态恢复到正常生理状态的针刺方法。

6.2.36.1

一进三退　reducing needle by one inserting and three lifting

一次进针至深层,分三层退针,可反复进行的针刺泻法。

6.2.36.2

三出三入　three times needle of one-inserting and three-lifting

一进三退手法操作,反复操作三次,即一度。

6.2.36.3

大泻　heavy reduction

手法较重,刺激量较大的针刺泻法。

6.2.37

单式补泻手法　simple reinforcing and reducing method

用单一手法进行补泻的操作方法。

6.2.37.1

迎随补泻法　directional reinforcing and reducing method

针向补泻

以针尖的顺逆经脉循行方向,进行针刺补泻的操作方法。

6.2.37.2

捻转补泻法　twirling reinforcing and reducing method

以捻转用力的方向、角度的大小、频率的快慢和次数的多少来分别补泻的方法。

6.2.37.3

提插补泻法　lifting-thrusting reinforcing and reducing method

以针上下进退的快慢和用力的轻重来分别补泻的方法。

6.2.37.4

重提轻插　swift lifting and slow insertion

紧提慢按

施行提插补泻法时,慢而轻地插针和快而重地提针,为泻法。

6.2.37.5

重插轻提　swift insertion and slow lifting

紧按慢提

施行提插补泻法时，快而重地插针和轻而缓地提针，为补法。

6.2.37.6

徐疾补泻法　quick-slow reinforcing and reducing method

通过掌握毫针进针、出针以及行针的速度快慢进行针刺补泻的操作方法。

6.2.37.7

徐入徐出　slow thrusting and withdrawal

徐缓地进针，徐缓地出针。

6.2.37.8

呼吸补泻法　respiratory reinforcing and reducing method

配合患者的呼吸进行针刺补泻的操作方法。

6.2.37.9

开阖补泻法　open-closed reinforcing and reducing method

以出针时是否按压针孔或摇大针孔来进行针刺补泻的操作方法。

6.2.37.10

平补平泻法　neutral reinforcing and reducing method

得气后均匀地提插、捻转的针刺补泻操作方法。

6.2.37.11

大补大泻法　heavy reinforcing and reducing method

手法较重，刺激较强的针刺补泻方法。

6.2.37.12

子母补泻　mother-son reinforcing and reducing method

脏腑经络发生病变时，视病情之虚实予以补母或泻子的针刺补泻方法。

6.2.37.13

生成补泻　Shengcheng reinforcing and reducing method

根据脏腑经脉的五行之生数、成数而规定补泻时呼吸次数或针刺深度的方法。

6.2.37.14

九六补泻　nine-reinforcing and six-reducing

以提插、捻转手法结合九六数的补泻方法，补法用九数，泻法用六数。

6.2.37.15

盘法　circular needle method

盘旋法

针浅刺入皮下后，斜倒针体，将针柄作环形盘转。顺时针方向转按针为补，逆时针方向转提针为泻。

6.2.38

复式补泻法　compound reinforcing and reducing method

综合补泻法

多种手法配合应用，操作较为复杂的针刺补泻方法。

6.2.38.1

针刺分层操作　reinforcing and reducing at different layers

针刺补泻操作过程中，在不同的深度分别进行操作。

6.2.38.2

三才法　three layers

针刺进入腧穴的深度,分为浅部(天部)、较深部(人部)、深部(地部)三层,即三才。按此三层分别行针的针刺方法。

6.2.38.3

烧山火法　Shaoshanhuo reinforcing method

针刺入皮下后,将预定针刺深度分为浅(天部)、中(人部)、深(地部)三层,由浅至深,每层施以紧按慢提九次,最后一次退至皮下,称为三进一退,如此反复操作,使患者出现热感的方法。

6.2.38.4

透天凉法　Toutianliang reducing method

将针直接刺入一定深度后,将预定针刺深度分为浅(天部)、中(人部)、深(地部)三层,由深至浅,每层施以紧提慢按六次,最后一次刺到地部,称为三退一进,如此反复操作,使患者出现凉感的方法。

6.2.38.5

热补法　heat-reinforcing method

由捻转、呼吸、提插补法组成的复式补法。针刺得气后,拇指向前捻转结合紧按慢提以守气,使针下继续沉紧,产生热感,并在患者吸气时出针,急按针孔。

6.2.38.6

进火法　inserting-fire method

由徐疾、呼吸、提插补法并结合摇法或刮法组成的复式补法。进针后,结合患者的呼吸先退后进和应用摇法,动摇针尖而进之,以促使温热感的产生。

6.2.38.7

凉泻法　cool-reducing method

由捻转、呼吸、提插补法组成的复式泻法。针刺得气后,拇指向后捻转结合紧提慢按,使针下松滑,产生凉感,并在患者呼气时出针,摇大针孔。

6.2.38.8

进水法　inserting-water method

由徐疾、呼吸、提插泻法并结合摇法组成的复式泻法。进针后,结合患者的呼吸先进后退和应用摇法,动摇针柄而退之,以促使凉感的产生。

6.2.38.9

阳中隐阴法　yin occluded in yang

先补后泻的复式补泻法。先针至浅部,行慢提紧按九次,觉微热,再进针至深部,行慢按紧提六次。

6.2.38.10

阴中隐阳法　yang occluded in yin

先泻后补的复式补泻法。先进针至深部(一寸左右),行紧提慢按六次,觉微凉,再退针至浅部(半寸左右),行紧按慢提九次。

6.2.38.11

提针法　needle-lifting method

提气法

进针后,先用紧提慢按六数,得气后,稍加捻转并轻轻将针提起,使针感加强,用于治疗局部麻木、发凉的针刺方法。

6.2.39

留针　needle retention

针刺得气后,将针留置于体内。

6.2.40

留针法　needle retention method

针刺得气后，将针留置于体内的方法。包括静留针法和动留针法两种。

6.2.40.1

静留针法　action less needle retention

针下气至后，将针自然地留置于体内，留针时不再运针。

6.2.40.2

动留针法　active needle retention

将针刺入腧穴先行针，待气至后，留置一定时间，留针时反复运针。

6.2.41

出针　needle withdrawal

起针

针刺完毕，将针拔出体外。

6.2.42

出针法　needle withdrawal method

起针法

行针完毕，将针拔出体外的方法。

6.2.42.1

轻捻出针法　gentle twirling and needle withdrawal method

用刺手拇、食二指或拇、食、中三指挟持针柄，轻捻慢提，将针拔出体外的出针法。

6.2.42.2

平稳出针法　withdraw needle steadily

刺手挟持针柄，逆着针刺方向，与针刺角度平行，快速将针拔出体外的出针法。

6.2.42.3

迅速出针法　withdraw needle quickly

快速起针法

一手拇食指捏住针柄，快速将针拔出。

6.2.42.4

退法　needle-withdrawing method

针刺出针时，将针先提至浅部稍作停留，当针下不觉沉紧时再拔出体外的方法。

6.2.43

针刺异常情况　abnormal occurrence during acupuncture

针刺意外

针刺时因操作不当等原因出现的晕针、滞针、弯针、断针等情况。

6.2.43.1

晕针　fainting during acupuncture treatment

由于针刺而产生的晕厥现象。

6.2.43.2

滞针　stuck needle

针刺后发生的针下滞涩而捻转提插不便等运针困难的现象。

6.2.43.3

弯针　bending of needle

针刺时针体在体内发生弯曲的现象。

6.2.43.4

断针 needle breakage

折针

针刺时针体折断于体内的现象。

6.2.43.5

针刺后遗感 post-needling sensation

针刺结束后，针刺局部或针感所及部位仍有酸、麻、重、胀等感觉，一般在出针后数小时自行消失。

6.2.43.6

针刺疼痛 pain during needling

因针刺而引起的局部疼痛。

6.2.43.7

针刺感染 infection owing to needling

针刺时因未经严格消毒所致的感染。

6.2.43.8

针刺损伤 injury owing to needling

针刺过程中对人体产生的较为严重的损伤。

6.2.44

针刺禁忌 acupuncture contraindication

刺禁

禁刺

在人体某些特殊部位、特殊疾病及特殊情况下不宜采用针刺的各种禁忌。

6.2.45

十二禁 twelve contraindications

针刺前后的十二种不适宜状况，即刺卫无伤营，刺营无伤卫，已刺勿内，已刺勿饥，已刺勿劳，已刺勿饱，已刺勿怒，已刺勿渴，已刺勿醉，已刺必熨，无刺大怒，无刺大醉。

6.2.46 毫针特殊刺法

6.2.46.1

缪刺 Miu needling

交经缪刺

机体一侧患病，而针刺对侧络脉的方法。

6.2.46.2

九刺 nine needlings

九刺法

输刺、远道刺、经刺、络刺、分刺、大泻刺、毛刺、巨刺、焠刺等九种刺法的合称。

6.2.46.2.1

输刺 Shu needling

九刺之一。针刺相关经脉肘膝以下的荥穴和输穴，以及背部相关的五脏俞（肺俞、心俞、肝俞、脾俞、肾俞），以治疗五脏病的刺法。

6.2.46.2.2

远道刺 Yuandao needling

九刺之一。身体上部有病时，取下肢部的经穴进行治疗。

6.2.46.2.3

经刺　Jing needling

九刺之一。针刺与患病局部同一经脉结聚不通的部位。

6.2.46.2.4

络刺　Luo needling

九刺之一。浅刺细小络脉使之出血的方法。

6.2.46.2.5

分刺　Fen needling

九刺之一。直接刺在肌肉的间隙处。

6.2.46.2.6

大泻刺　Daxie needling

九刺之一。利用铍针切开脓疡,排出脓血。

6.2.46.2.7

毛刺　Mao needling

九刺之一。用较短的毫针浅刺皮肤。

6.2.46.2.8

巨刺　Ju needling

九刺之一。身体一侧有病时,针刺对侧穴位的一种方法。

6.2.46.2.9

焠刺　Cui needling

九刺之一。将针烧红后,刺入机体,以治疗寒痹、瘰疬、阴疽等病症的一种针刺方法。

6.2.46.3

十二刺　twelve needlings

十二节刺

偶刺、报刺、恢刺、齐刺、扬刺、直针刺、输刺、短刺、浮刺、阴刺、傍针刺、赞刺等十二种刺法的合称。

6.2.46.3.1

偶刺　Ou needling

十二刺之一。在疼痛的前胸和后背相对应的部位上,前后各刺一针,以治疗心痹的刺法。

6.2.46.3.2

报刺　Bao needling

十二刺之一。当其痛处进针,按到痛处后,将前刺之针拔出复刺,以治疗游走性疼痛的刺法。

6.2.46.3.3

恢刺　Hui needling

十二刺之一。将针直刺在病痛的一侧,并不断变换针刺方向,以治疗筋肉拘急等病症的刺法。

6.2.46.3.4

齐刺　Qi needling

三刺

十二刺之一。在患处中央刺一针,两旁各刺一针,以治疗范围较小、病位较深的寒痹的刺法。

6.2.46.3.5

扬刺　Yang needling

十二刺之一。在患处刺一针,周围再浅刺一针,以治疗范围较大、病位较浅的寒痹的刺法。

6.2.46.3.6

直针刺　Zhizhen needling

十二刺之一。提起皮肤,刺入皮下,以治疗病位较浅的寒痹的刺法。

6.2.46.3.7

输刺　Shu needling

十二刺之一。垂直刺入较深处候气,得气后缓慢退针,以治疗"气盛而热"的刺法。

6.2.46.3.8

短刺　Duan needling

十二刺之一。稍加摇动地将针刺入,深达骨部,并进行提插手法,以治疗骨痹的刺法。

6.2.46.3.9

浮刺　Fu needling

十二刺之一。从患处的侧旁进行浅刺,以治疗寒性肌肉痉挛的刺法。

6.2.46.3.10

阴刺　Yin needling

十二刺之一。针刺两侧太溪穴,以治疗寒厥的刺法。

6.2.46.3.11

傍针刺　Bangzhen needling

傍刺

十二刺之一。在患部直刺和旁刺各一针,以治疗慢性风湿病的刺法。

6.2.46.3.12

赞刺　Zan needling

十二刺之一。在患处将针直入直出,反复多次的浅刺,使患部出血,以治疗痈肿的刺法。

6.2.46.4

五刺　five needlings

五脏刺

半刺、豹文刺、关刺、合谷刺、输刺等五种刺法的合称。

6.2.46.4.1

半刺　Ban needling

五刺之一。浅刺皮肤、快速出针的刺法。

6.2.46.4.2

豹文刺　Baowen needling

五刺之一。于患处前后左右针刺,刺中血络,使之出血的刺法。

6.2.46.4.3

关刺　Guan needling

五刺之一。直接针刺四肢关节周围肌肉附着部位的刺法。

6.2.46.4.4

合谷刺　Hegu needling

合刺

五刺之一。在肌肉较丰厚处进针,退至浅层又依次再向两旁斜刺的刺法。

6.2.46.4.5

输刺　Shu needling

五刺之一。针刺时直入直出,深内至骨,以治疗骨痹的刺法。

6.2.46.5

留气法 retaining-qi method

由徐疾和提插组合而成,进针后刺入中层,得气后再施行补法,然后将针直插至深层,再提针回原处,使气留针下而消积聚。

6.2.46.6

子午捣臼法 Ziwudaojiu method

一种捻转提插相结合的针刺手法。针得气后,先紧按慢提九数,再紧提慢按六数,同时结合左右捻转,反复施行。

6.2.46.7

滞针法 needle-stuck method

当针刺入机体一定深度得气后,人为地使针体出现滞而不动现象的一种针刺方法。

6.3 灸法

6.3.1

艾绒 moxa floss

艾叶经加工制成的淡黄色细软绒状物。

6.3.2

壮 cone

艾炷灸时计数的单位。每燃一个艾炷,称灸一壮。

6.3.3

灸量 amount of moxibustion

施灸的剂量,由包括施灸材料、施灸方法、艾炷大小及施灸的时间等多种因素组成。

6.3.4

顿灸 draught of moxibustion

一次灸完规定壮数的灸法。

6.3.5

报灸 repeated moxibustion

多次或多壮反复灸治的方法。

6.3.6

随年壮 number of ignited mugwort cones varying with age

随年龄的大小决定施灸的壮数。

6.3.7

艾灸 moxa floss moxibustion

以艾绒为主要材料制成艾炷或艾条,点燃后熏熨或温灼体表腧穴的灸法。

6.3.8

艾炷 moxa cone

用艾绒制成的小圆柱或圆锥体。

6.3.9

艾炷灸法 moxa cone moxibustion

将艾炷直接或间接置于施灸部位上的灸法。

6.3.9.1

大炷灸 large cone moxibustion

用较大艾炷施灸,艾炷底部直径不小于1厘米。

6.3.9.2

小炷灸　small cone moxibustion

用较小艾炷施灸,艾炷底部直径约 0.3 厘米,如麦粒大。

6.3.9.3

麦粒灸　wheat-grain size cone moxibustion

用麦粒大小的艾炷施灸。

6.3.10

直接灸　direct moxibustion

着肤灸

明灸

将艾炷直接置放在皮肤上施灸的方法。根据对皮肤刺激程度不同,分为化脓灸法和非化脓灸法。

6.3.10.1

瘢痕灸　scarring moxibustion

化脓灸

将艾炷直接置于施灸部位上点燃施灸,以使局部皮肤起泡,化脓,形成永久性瘢痕的直接灸法。

6.3.10.2

无瘢痕灸　non-scarring moxibustion

非化脓灸

将艾炷直接置于施灸部位上点燃施灸,但不灼伤皮肤,不使局部皮肤起泡化脓,不留瘢痕的直接灸法。

6.3.11

间接灸　indirect moxibustion

隔物灸

艾炷与施灸部位皮肤之间衬隔物品的灸法。

6.3.11.1

隔姜灸　ginger interposed moxibustion

在艾炷与皮肤之间隔以生姜片施行的隔物灸法。

6.3.11.2

隔蒜灸　garlic interposed moxibustion

在艾炷与皮肤之间隔以蒜片或蒜饼施行的隔物灸法。

6.3.11.3

隔盐灸　salt interposed moxibustion

在艾炷与皮肤之间隔以食盐施行的隔物灸法。

6.3.11.4

隔附子饼灸　monkshood cake interposed moxibustion

附子灸

隔附子灸

在艾炷与皮肤之间隔以附子饼施行的隔物灸法。

6.3.11.5

熏脐灸　indirect moxibustion on navel

熏脐法

将药末敷在脐部,再于其上施行艾灸的隔物灸法。

6.3.11.6

长蛇灸　snake-like moxibustion

铺灸

将大蒜或生姜适量，去皮捣成泥糊状，平铺于脊柱(从大椎至腰俞)上，宽厚各约 6 mm，上置艾炷或艾绒，点燃施灸的方法。

6.3.12

艾条　moxa stick

用艾绒为主要成分卷成的圆柱型长条。

6.3.13

纯艾条　pure moxa stick

清艾条

仅用艾绒制成的艾条。

6.3.14

药艾条　medicinal moxa stick

艾绒中掺有药末的艾条。

6.3.15

艾条灸法　moxa stick moxibustion

艾卷灸

用艾条在施灸部位或病变部位施行的灸法。

6.3.15.1

悬起灸　suspended moxibustion

悬灸

将艾条悬于腧穴上方施行的灸法。

6.3.15.2

温和灸　gentle moxibustion

将艾条点燃的一端与施灸部位的皮肤保持一定距离，使患者有温热感而无灼痛的悬起灸。

6.3.15.3

回旋灸　circling moxibustion

施灸时，艾条点燃的一端与施灸部位的皮肤保持一定距离，左右移动、反复旋转的悬起灸。

6.3.15.4

雀啄灸　sparrow pecking-like moxibustion

将艾条点燃一端接近施灸部位，待其有灼痛感后迅速提起，如此一上一下如同雀啄的悬起灸。

6.3.15.5

实按灸　pressing moxibustion

药物艾条实按灸

施灸时，先在施灸部位垫上布或纸数层，然后将药物艾条的一端点燃，趁热按到施灸部位上，使热力透达深部的艾条灸。

6.3.15.6

雷火神针　thunder-fire wonder moxibustion

雷火针

用含有沉香、木香、乳香、茵陈、羌活、干姜、穿山甲、麝香等药末的艾条施实按灸。

6.3.15.7

太乙神针 Taiyi moxa stick moxibustion

太乙针

用含有檀香、山柰、羌活、桂枝、木香、雄黄、白芷、细辛等药末的艾条施实按灸。

6.3.15.8

药笔灸 medicine-pen moxibustion

在雷火针与阳燧锭的基础上改进应用的灸法。它将雷火针的隔布法改为隔药纸法，又将阳燧锭用中药制成笔状用以点灸。

6.3.16

温针灸 warming needling

温针

温针疗法

毫针留针时在针柄上置以艾绒(艾团或艾条段)施灸，为针刺与艾灸结合应用的方法。

6.3.17

温灸器 moxa burner

灸疗器

由手柄和布满小孔的金属筒体组成，专门用于施灸的器具。

6.3.18

温灸器灸 moxa burner moxibustion

在温灸器中放入艾绒点燃后施行的艾灸法。

6.3.19

温筒灸 moxibustion with moxa tube

将艾绒点燃，放在由金属制成的筒状灸治器械内，在施灸部位上来回滚动温熨的灸法。

6.3.20

苇管灸 moxibustion with moxa floss reed-stem

将内含点燃艾绒的苇管插入外耳道内施灸的方法。

6.3.21

逆灸 preventive moxibustion

无病而灸，以预防疾病和增强抗病能力。

6.3.22

保健灸 health protection moxibustion

以养生保健延年益寿为目的而施行的灸法。

6.3.23

灸疮 moxibustion sore

灸疱

直接灸后，局部因灼伤产生无菌性炎症而形成的疮肿。

6.3.24

灸瘢 moxibustion scar

灸治造成的瘢痕。

6.3.25

灸法补泻 reinforcing and reducing with moxibustion

艾灸补泻

艾灸时以火力的大小区分补泻的方法。

6.3.25.1

以火补之　reinforcing with ignited moxa

用艾火补虚时，勿吹其火，使其缓慢燃烧，待其自灭。

6.3.25.2

以火泻之　reducing with ignited moxa

用艾火泻实时，急吹其火，使其急燃，待其自灭。

6.3.26

晕灸　fainting during moxibustion treatment

患者在接受灸疗过程中发生晕厥的现象。

6.3.27

灸禁　moxibustion contraindication

灸忌

灸疗的禁忌。

6.3.28

热灸　heat moxibustion

利用各种热源进行灸疗的方法。

6.3.29

药捻灸　medicated-twist moxibustion

用棉纸紧裹药末捻成细条，剪成小段，贴于穴位上施灸的方法。

6.3.30

药锭灸　ingot-shaped tablet moxibustion

阳燧锭灸

将多种药物研末，与硫黄一起熔化，制成药锭，置于穴位上施灸的方法。

6.3.31

硫磺灸　sulphur cauterization

将硫磺置于疮面上点燃施灸，灸至脓水干的方法。

6.3.32

桑枝灸　mulberry-twig moxibustion

将桑木条点燃后熏灸患处的方法。

6.3.33

灯火灸　juncibustion

灯草灸

焠法

用灯心草蘸油燃火在施术部位直接点灼的灸法。

6.3.34

线香灸　incense thread moxibustion

用线香点燃后，快速按在穴位上进行焠烫的方法。

6.3.35

药线灸　medicine-thread moxibustion

采用经过药物溶液浸泡的苎麻线，点燃后直接烧灼腧穴或一定部位以治疗疾病的灸法。

6.3.36

黄蜡灸　yellow-care moxibustion

用湿面团沿着疮疡肿根围成一圈，圈外围布数层，圈内放入蜡片，随后以铜勺盛灰火在蜡上烘烤，使黄蜡熔化施灸的方法。

6.3.37

熨灸　hot compress

熨法

以温热的物体直接或间接地熨烫皮肤治疗疾病的方法。

6.3.38

熏灸　smoking moxibustion

水煮艾或其他药物以其热气熏患处，或用火点燃后以其烟熏患处的方法。

6.3.39

烟熏灸　moxa-fuming moxibustion

将艾绒点燃，使热烟熏灸一定部位的方法。

6.3.40

红外线灸　infrared moxibustion

红外线穴位照射疗法

利用红外线辐射器在人体身上照射，使经穴产生温热效应，以疏通经络，宣导气血，扶正祛邪的方法。

6.3.41

电灸器　electric moxibustion machine

利用电热作为热源进行灸治的器具。

6.3.42

电灸　electrical moxibustion

电热灸

利用电能发热代替燃艾施灸的方法。

6.3.43

药物发泡灸　blistering moxibustion

发泡疗法

天灸

将某些对皮肤有刺激作用的药物涂敷于腧穴或患处，使局部充血潮红，皮肤起泡，以治疗疾病的灸法。

6.3.43.1

蒜泥灸　grinded garlic moxibustion

将蒜泥直接涂敷于患处或穴位治疗疾病的方法。

6.3.43.2

斑蝥灸　cantharis moxibustion

将斑蝥研末敷贴于施灸部位使之发泡的方法。

6.3.43.3

白芥子灸　bloistering moxibustion with white mustard seed

将白芥子研末调敷于穴位上，使之发泡的方法。

6.3.44

敷脐疗法　therapy of medicinal application on navel

将药物做成适当剂型（糊、散、丸、膏等）敷于脐部，或在脐部给予某些物理刺激（艾灸、针刺、热熨、拔罐等）以治疗疾病的方法。

6.3.45

药物贴敷疗法　plaster therapy

穴位敷药疗法

腧穴贴敷疗法

在穴位上贴敷某些药物的以治疗疾病的方法。

6.4　针灸其他疗法

6.4.1

玻璃罐　glass cup

用玻璃制成的拔罐用具。

6.4.2

竹罐　bamboo cup

用竹筒制成的拔罐用具。

6.4.3

陶罐　pottery cup

以陶土烧制成的拔罐用具。

6.4.4

抽气罐　suction cup

罐底有橡皮活塞,可接通吸引器造成负压的拔罐用具。

6.4.5

拔罐疗法　cupping therapy

利用罐内的负压,使罐吸附于施术部位,引起局部皮肤充血或瘀血,以治疗疾病的方法。

6.4.5.1

火罐法　fire cupping method

利用点火燃烧排除罐内空气造成负压的拔罐疗法。

6.4.5.1.1

火罐投火法　fire throwing cupping method

用小纸片点燃后投入罐内,纸片烧尽时,迅速将火罐扣下,使其吸拔于施术部位的拔罐法。

6.4.5.1.2

火罐闪火法　flash-fire cupping method

用镊子夹住酒精棉球,点燃后迅速伸入罐内片刻,随即退出,迅速将火罐扣下,使其吸拔于施术部位的拔罐方法。

6.4.5.1.3

火罐贴棉法　cotton-adhibiting method

贴棉法

将大小适宜的酒精棉贴在罐内壁下1/3处,点燃酒精棉后,迅速扣在施术部位的拔罐方法。

6.4.5.1.4

火罐滴酒法　alcohol cupping method

将95%酒精滴入罐内1滴～3滴,沿罐内壁摇匀,用火点燃后,迅速将罐扣下的拔罐方法。

6.4.5.1.5

火罐架火法　alcohol fire-separated method

将酒精棉球置于不易燃烧、传热的物体内,如瓶盖、小酒盅等,然后置于施术部位上,点燃酒精棉球后,将罐迅速扣下的拔罐方法。

6.4.5.1.6

闪罐法　flash cupping method

当火罐吸着体表后，立刻除去，随拔随除，反复吸拔多次，直至皮肤潮红的拔罐方法。

6.4.5.1.7

走罐法　slide cupping method

推罐法

行罐法

在罐口及施术部位涂以适量润滑剂，吸拔后用手推动罐体来回滑动，使皮肤产生潮红或瘀血现象，以防治疾病的方法。

6.4.5.1.8

留罐法　retained cupping method

坐罐

拔罐后根据病情需要将罐留置一定时间的方法。

6.4.5.1.9

刺络拔罐法　pricking-cupping bloodletting method

刺血拔罐法

用皮肤针叩刺患处，再在局部拔罐，以治疗疾病的方法。

6.4.5.2

水罐法　boiling water cupping method

水煮法

竹罐用水煮沸后，用镊子夹出，甩去罐内沸水，并用湿毛巾紧扪罐口，趁热扣在施术部位上的拔罐方法。

6.4.5.3

药罐法　medicated cupping method

煮药罐法

先将罐体(竹罐)放在药液中煮沸后再行拔罐的方法。

6.4.5.4

抽气罐法　suction cupping method

用特制的罐，利用罐底的橡皮活塞接通吸引器，抽去罐内空气，形成负压，使罐吸附于皮肤上的拔罐方法。

6.4.5.5

针罐法　needling associated with cupping

针刺留针时，在针刺部位配合拔罐的方法。

6.4.5.6

贮药罐法　cupping with medicinal liquid inside

拔罐前在罐内贮放一定的药液，然后使罐吸拔于所选部位的拔罐方法。

6.4.5.7

针药罐法　needle-medicated cupping method

针罐法和药罐法结合运用以治疗疾病的拔罐方法。

6.4.6

起罐法　cup removing method

拔罐后，将罐从吸拔部位取下的方法。

6.4.7

晕罐　fainting during cupping treatment

拔罐过程中发生晕厥的现象。

6.4.8

拔罐禁忌　cupping contraindication

在人体某些特殊部位、特殊疾病及特殊情况下不宜采用拔罐情况。

6.4.9

三棱针　three-edged needle

针体呈三棱形，尖端三面有利刃的金属针具。

6.4.10

三棱针疗法　three-edged needle therapy

刺血疗法

刺络法

用三棱针刺破皮肤浅表部或小静脉，使之少量出血以治疗疾病的方法。

6.4.10.1

刺络　pricking bloodletting

用三棱针或皮肤针等在浅表脉络上点刺或散刺，以放出适量血液。

6.4.10.2

三棱针点刺法　pricking with three-edged needle method

用三棱针在人体皮肤表面或关节周围、脊柱两旁进行快速浅刺出血的方法。

6.4.10.3

三棱针散刺法　scattered needling with three-edged needle method

在穴位及其周围进行多点浅刺的三棱针针刺方法。

6.4.10.4

三棱针挑刺法　piercing with three-edged needle method

浅刺皮肤，挑断纤维，放出少量血液或组织液以治疗疾病的三棱针针刺方法。

6.4.10.5

三棱针围刺法　encircling needling with three-edged needle method

围绕病变部位进行多点针刺的三棱针针刺方法。

6.4.10.6

三棱针泻血法　blood-letting with three-edged needle method

泻血法

针刺前在针刺部位近心端结扎，以三棱针刺入针刺部位静脉，迅速退出，使其流出多量血液的三棱针针刺方法。

6.4.10.7

三棱针刺络法　pricking blood-letting with three-edged needle method

用三棱针刺破人体特定部位的血络，放出适量血液的方法。

6.4.11

皮肤针　dermal needle

多枚不锈钢短针集束固定，用以浅刺皮肤的针具。

6.4.12

皮肤针疗法　cutaneous needle therapy

用皮肤针叩打浅表皮肤以治疗疾病的方法。

6.4.12.1

叩刺　knock needling

运用腕力,使针尖刺到皮肤后迅速弹起的刺法。

6.4.12.2

局部叩刺　local knock needling

由患处周围向中心叩刺的方法。

6.4.12.3

循经叩刺　knock needling along the meridian

按经脉辨证,沿经脉循行路线叩刺的方法。

6.4.13

七星针　seven-star needle

集针七枚,如七星攒聚的皮肤针。

6.4.14

七星针疗法　seven-star needle therapy

运用七星针进行浅刺、速刺等以治疗疾病的方法。

6.4.15

梅花针　plum-blossom needle

针头由五枚细针组成,形如梅花的皮肤针。

6.4.16

梅花针疗法　plum blossom needle therapy

用梅花针叩刺人体穴位或患部,以治疗疾病的方法。

6.4.17

电梅花针疗法　electric plum-blossom needle therapy

用电梅花针叩刺人体穴位或患部,以治疗疾病的方法。

6.4.18

罗汉针　arhat needles

嵌有18支针的皮肤针。

6.4.19

皮内针　intradermal needle

浅刺皮下留针的专用小型针具。

6.4.19.1

揿针型皮内针　thumbtack intradermal needle

揿针

图钉型皮内针

尾部绕成圆形,状如图钉,长0.1～0.2寸的皮内针。

6.4.19.2

颗粒型皮内针　granular intradermal needle

麦粒型皮内针

粗细如毫针,针尾呈椭圆颗粒状的皮内针。

6.4.20

皮内针疗法　intradermal needle therapy

埋针疗法

将皮内针刺入腧穴皮内或皮下并留置较长时间以治疗疾病的方法。

6.4.21

电针仪　electroacupuncture apparatus

电针机

能够输出脉冲电流，并满足电针疗法要求的电子仪器，包括主机、电极线、电源适配器等附件。

6.4.22

脉冲电针机　electroacupuncture device

利用电脉冲与针刺相结合以治疗疾病的针灸仪器。

6.4.23

电针疗法　electroacupuncture therapy

脉冲电针疗法

在毫针针刺得气的基础上，应用电针仪输出脉冲电流，通过毫针作用于人体一定部位以达到防治疾病的一种针刺疗法。

6.4.23.1

电针输出强度　the strength of electroacupuncture

单位时间内输入人体组织的脉冲能量，单位为焦耳/秒(J/s)或瓦特(W)。

6.4.23.2

电针刺激量　stimulus quantity of electroacupuncture

电针刺激强度与刺激时间的乘积，单位为焦耳(J)。

6.4.23.3

电针适应性　adaptability of electroacupuncture

电针治疗过程中，由于反复电刺激而产生的机体对其敏感性降低的现象。

6.4.24

电热针疗法　electrothermal needle therapy

用焠刺理论结合现代电子技术研制而成的电热针，综合针刺、火针、灸疗作用以治疗疾病的方法。

6.4.25

声电针疗法　sound-electric needle therapy

将声电波发声器产生的各种声源，通过刺入人体的针，将声电波导入人体产生刺激，以治疗疾病的方法。

6.4.26

穴位注射疗法　acupoint injection therapy

水针法

选用药物注入穴位，利用针刺与药物的双重作用以治疗疾病的方法。

6.4.27

穴位封闭疗法　acupoint blocking therapy

将麻醉剂或镇静止痛剂注入人体穴位以治疗疾病的方法。

6.4.28

自血疗法　self-blood injection therapy

将患者静脉抽出的血液重新注入其腧穴中，以防治疾病的方法。

6.4.29

针挑疗法　piercing therapy

挑治疗法

在一定部位皮肤上，用三棱针等挑断皮下纤维组织或挑刺挤压出血，以治疗疾病的方法。

6.4.30

芒针 awn-like needle

由古代九针之一的长针发展演变而来的特制长针。用富有弹性的不锈钢丝加工而成,形如麦芒。

6.4.31

芒针疗法 awn-like needle therapy

芒刺针法

用芒针深刺穴位的治疗方法。

6.4.32

火针 fire needle

燔针

焫针

用耐受高温并对人体无损伤的金属材料为针体,专用于烧红针体后刺入人体的针具。

6.4.33

火针疗法 fire needling therapy

将火针加热至针体通红,按一定刺法迅速刺入人体选定部位的治疗方法。

6.4.33.1

火针快针法 swift fire needling method

劫刺

用火针速刺即出的刺法。

6.4.33.2

火针慢针法 slow fire needling method

将火针刺入后停留短暂时间出针的方法。

6.4.33.3

火针围刺法 surrounding fire needling method

以火针围绕病灶周围施行针刺的方法。

6.4.33.4

火针散刺法 scattered fire needling method

以火针疏散地刺在病灶部位上的方法。

6.4.33.5

火针密刺法 serried fire needling method

用火针密集地刺激病灶局部的方法。

6.4.34

小针刀 acupotome

兼有针和刀两种治疗性能的一类医疗器械。

6.4.35

小针刀疗法 acupotome therapy

将西医外科手术和中医针刺疗法相结合,采用特制的小针刀治疗疾病的方法。

6.4.36

蜂针 bee needle

活体蜂尾部的针,用以治疗疾病。

6.4.37

蜂针疗法 bee sting and verom therapy

利用蜂螯穴位产生的机械刺激作用和蜂毒药理作用治疗疾病的方法。

6.4.38

小宽针　broad needle

在锋针、铍针、长针、大针等形状、规格及大小的基础上改革创新，形成的一类剑形不锈钢针。

6.4.39

小宽针综合疗法　broad needle complex therapy

以小宽针针刺配合拔罐、推拿治疗疾病的方法。

6.4.40

陶针　pottery needle

用陶瓷片制成的针具。

6.4.41

陶针疗法　pottery needle therapy

采用消毒的陶瓷片刺激人体不同部位，以防治疾病的方法。

6.4.42

指针疗法　finger pressure therapy

以手指代针，对腧穴进行按压以治疗疾病的方法。

6.4.43

长针疗法　long needle therapy

用长针作为针刺工具治疗疾病的方法。

6.4.44

巨针　long stick needle

形状与毫针相似，针体较粗而长的金属针具。

6.4.45

巨针疗法　long stick needle therapy

运用巨针治疗疾病的方法。

6.4.46

镵针疗法　arrowhead-like needle therapy

用特制的镵针样的针具划割穴位及反应点以治疗疾病的方法。

6.4.47

铍针疗法　stiletto needle therapy

用特制的铍针样针具割治患部以治疗疾病的方法。

6.4.48

鍉针疗法　spoon-like needle therapy

用鍉针按压腧穴以防治疾病的方法。

6.4.49

新员针疗法　new round-sharp needle therapy

用特制的新型员针按摩腧穴以治疗疾病的方法。

6.4.50

锋勾针　hooked lance needle

将古代锋针与民间流传的勾针结合而成的针具，针体中间较粗，两端渐细，形成针头回勾，锋利且三边有刃。

6.4.51

锋勾针疗法　hooked lance needle manipulation

用锋勾针作为针具勾割腧穴以治疗疾病的方法。

6.4.52

棒针疗法　stick needle therapy

用特制的棒状工具在皮肤表面进行循经点压、拨筋、推、按、刮、揉等以防治疾病的方法。

6.4.53

砭石　stone needle

针石

有锋或刃，用于刺割等治疗的古代石制针具。

6.4.54

砭石疗法　stone needle therapy

以砭石为针刺工具，砭刺患处治疗各种疼痛和排脓放血。

6.4.55

冷冻针灸疗法　freezing acupuncture therapy

运用电子冷热针灸仪在穴位上给予寒冷刺激以治疗疾病的方法。

6.4.56

滚刺筒　roller needle

滚针筒

用金属制成的筒状皮肤针，筒壁密布短针，使用时可在选定部位来回滚动。

6.4.57

滚刺疗法　roller needle therapy

利用滚刺筒进行针刺，以治疗疾病的方法。

6.4.58

刮痧板　scraping bar

刮痧的主要工具，由牛角、砭石、玉石等质地坚硬的材质制成。

6.4.59

刮痧疗法　scraping therapy

用刮痧板，蘸刮痧油等介质在体表部位进行反复刮拭，以治疗疾病的方法。

6.4.60

撮痧疗法　pinching ecchymosis therapy

抓痧疗法

在患者一定部位或穴位，以手指撮捏，使局部皮肤充血，以治疗疾病的方法。

6.4.61

穴位磁疗法　acupoint magnetic therapy

磁穴疗法

以磁场作用于人体腧穴或患病部位来治疗疾病的方法。

6.4.62

穴位激光照射疗法　laser irradiation therapy of point

激光穴位照射法

激光针疗法

应用医用激光仪输出的低功率激光束直接照射穴位以治疗疾病的方法。

6.4.63

紫外线穴位照射疗法　ultraviolet irradiation therapy of point

利用人工紫外线照射人体腧穴以治疗疾病的方法。

6.4.64

穴位埋线疗法　point catgut-embedding therapy

埋线法

将羊肠线埋入穴位，利用其对穴位的持续刺激作用以治疗疾病的方法。

6.4.64.1

穿刺针埋线法　catgut-embedding with lumbar puncture needle

用经改制的腰椎穿刺针为工具，将羊肠线埋入穴位皮下组织或肌层以治疗疾病的方法。

6.4.64.2

切开埋线法　catgut-embedding by incision

切开皮肤后，将羊肠线埋入穴位以治疗疾病的方法。

6.4.64.3

三角针埋线法　catgut-embedding with suture needle

用三角缝针将羊肠线埋植穴位皮下组织或肌层以治疗疾病的方法。

6.4.65

经皮电刺激疗法　transcutaneous electrical stimulation

TENS 疗法

用 TENS 器输出的高频脉冲经皮刺激而达到镇痛效果的方法。

6.4.66

福尔电针疗法　electroacupuncture of Voll（EAV）

弛张振荡疗法

在穴位上贴以刺激电极，应用低频电脉冲（弛张振荡）以治疗疾病的方法。

6.4.67

微波针疗法　microwave acupuncture therapy

应用微波针治疗仪输出的微波，通过特制的辐射器与刺入人体穴位的毫针连接，将针刺和微波的热效应结合起来以治疗疾病的方法。

6.4.68

臭氧针刺疗法　oxone point-injection therapy

将臭氧注入相应穴位以治疗疾病的方法。

6.4.69

割治疗法　incision therapy

在一定的穴位或部位上切开皮肤，摘出少量脂肪组织，并在局部施行刺激，以治疗疾病的方法。

6.4.70

割点疗法　point-incised therapy

用手术刀切开穴位后，配合外用药物以治疗疾病的方法。

6.4.71

体针疗法　body acupuncture therapy

针刺身体各部位经脉、穴位的针刺疗法。

6.4.72

头针疗法　scalp acupuncture therapy

头皮针

颅针疗法

针刺头皮上特定刺激区，以治疗疾病的方法。

6.4.73

面针疗法　face acupuncture therapy

针刺面部特定穴位，以治疗疾病的方法。

6.4.74

眼针疗法　eye acupuncture therapy

针刺眼眶内外穴位，以治疗疾病的方法。

6.4.75

耳针疗法　ear acupuncture therapy

耳穴疗法

耳针

以毫针、皮内针、艾灸、激光照射等器具，通过对耳廓穴位的刺激以防治疾病的方法。

6.4.75.1

耳穴毫针法　ear point filiform needle method

以毫针刺激耳廓穴位以防治疾病的方法。

6.4.75.2

耳穴夹法　ear point clamp method

用耳夹夹在选好的耳穴上，以治疗疾病的方法。

6.4.75.3

耳穴药物注射法　ear point injection method

耳穴水针法

选用无腐蚀性、易吸收的药物，进行耳穴注射，以治疗疾病的方法。

6.4.75.4

耳穴激光法　ear point laser method

用小功率激光器发射激光束照射耳穴，以治疗疾病的方法。

6.4.75.5

耳穴埋针法　ear point needle-embedding method

用消毒好的皮内针或28号～34号毫针制成的三角形埋针，将针刺入耳穴，用胶布固定以治疗疾病的方法。

6.4.75.6

耳穴电针法　ear point electroneedling method

将消毒好的耳针刺入耳穴，用电针仪接在耳毫针上，以治疗疾病的方法。

6.4.75.7

耳穴磁疗法　ear point magnetic method

耳磁法

将磁珠或小磁片用胶布贴敷在耳廓穴位上，使磁场作用于耳穴以治疗疾病的方法。

6.4.75.8

耳穴放血法　ear point blood-letting method

耳穴点刺法

使用一定针具点刺耳穴出血以防治疾病的一种方法。

6.4.75.9

耳穴贴膏法　ear point plaster method

将有一定刺激性的橡皮膏贴于耳穴以治疗疾病的方法。

6.4.75.10

耳压疗法　ear point pressing therapy

耳穴压丸法

在耳穴表面贴敷颗粒状药物、磁珠或菜籽等物，刺激耳穴，以防治疾病的方法。

6.4.75.11

耳穴综合疗法　complex ear point therapy

将患者耳背小动脉切断后放出的血注入患者自身的穴位内以治疗疾病的方法。

6.4.76

鼻针疗法　nose needle therapy

针刺鼻部范围内的特定穴位，以治疗疾病的方法。

6.4.77

舌针疗法　tongue needle therapy

针刺舌体上特定的穴位以治疗疾病的方法。

6.4.78

口针疗法　mouth needle therapy

针刺口腔粘膜上的穴位或特定分区以治疗疾病的方法。

6.4.79

唇针疗法　lip needle therapy

针刺唇部特定穴位以治疗疾病的方法。

6.4.80

腹针疗法　abdomen needle therapy

针刺腹部特定穴位以治疗全身疾病的方法。

6.4.81

手针疗法　hand needle therapy

针刺手部特定穴位，以治疗疾病的方法。

6.4.82

足针疗法　foot needle therapy

针刺足部特定穴位，以治疗疾病的方法。

6.4.83

腕踝针疗法　wrist-ankle needle therapy

腕踝针

在腕踝部选取特定的针刺点，用毫针循肢体纵轴沿真皮下刺入一定长度以治疗疾病的方法。

6.4.84

金针　gold needle

用金质材料制成的针具。

6.4.85

银针　silver needle

用银质材料制成的针具。

6.4.86

合金针　alloy needle

用合金材料制成的针具。

6.4.87

新九针 new nine kinds of needles

根据古代“九针”而创制的新型针具。

6.4.88

进针器 needle ejector

利用弹簧的弹力将针快速刺入皮下，以减轻进针疼痛的针刺辅助器具。

6.4.89

激光针灸仪 laser acupuncture apparatus

通过激光产生的微热、压力和力磁波来刺激人体穴位并输入能量的针灸仪器。

6.4.90

微波针灸仪 microwave acumoxa apparatus

由主机和辐射器组成，利用特制的毫针向穴位注入微波以治疗疾病的针灸仪器。

6.4.91

电热针 electrothermic needle

利用直流电通过特制的针具产生热量以治疗疾病的针灸仪器。

6.4.92

特定电磁波谱仪 specific electromagnetic wave spectrum

神灯

TDP

在热、电的作用下，辐射出与生物体辐射波波长相近的特定电磁波以治疗疾病的治疗仪器。

6.4.93

探穴测温仪 point thermodetector

探找人体穴位和测量穴位温度，用于穴位诊断疾病和经络穴位研究的仪器。

6.4.94

耳穴探测仪 ear point detector

通过测定耳廓皮肤电阻确定耳穴位置的针灸仪器。

6.4.95

子午流注推转盘 rotator for Ziwuliuzhu

用于子午流注针法开穴的速查表盘。

6.4.96

针灸铜人 bronze model of meridian and acupoint

体表刻有经脉线和腧穴名称，胸腹腔内藏有脏器的铜铸针灸人体模型。

6.4.97

针灸经穴模型 meridian and point model

用塑料或石膏制作的标示体表经络循行路线和经穴位置的针灸人体模型。

6.4.98

耳穴模型 ear point model

用塑料或乳胶等材料制成，其上标示耳穴位置的针灸教具。

7 针灸治疗

7.1

调和阴阳 harmonizing yin-yang

应用针灸纠正人体阴阳的偏胜偏衰，使之恢复相对平衡协调的针灸治疗原则。

7.2

扶正祛邪 reinforcing the healthy qi to eliminate the pathogenic factors

扶助正气、驱除病邪，使疾病趋向良性转归的针灸治疗原则。

7.3

疏通经络 unblocking the meridian and collateral

通过经络、腧穴和针灸手法的作用，使经络通畅、气血运行正常，以治疗经络阻塞的针灸治疗原则。

7.4

盛则泻之 treating excess with expelling

邪气壅盛、正气未衰，属实证者，针刺可用泻的方法治疗。

7.5

虚则补之 treating deficiency with reinforcement

正气虚弱、体质较差者，针刺可用补的方法治疗。

7.6

不盛不虚以经取之 treating inapparent asthenia and sthenia with point on the meridian

非他经所犯而本经有病，且虚实不显著者，按本经循经取穴的方法治疗。

7.7

热则疾之 quick needling for heat

热病应当用浅刺、疾刺、不留针或以三棱针点刺出血的方法治疗。

7.8

寒则留之 retained needling for cold

寒证应当用深刺而久留针的方法治疗。

7.9

陷下则灸之 moxibustion for sunken pulse condition

阳气不足而脉陷下者，用灸法治疗。

7.10

菀陈则除之 bloodletting for chronic blood stasis

凡气血郁久不散，积于脉络所引起的疾病，以祛除瘀滞的方法治疗。

7.11

随变而调气 regulating qi according to changes

根据病变部位的深浅和病情的轻重等情况，分别采用适当的针灸治法以调气。

7.12

从阳引阴 treating yin for yang disorder

阴病从阳而治。

7.13

从阴引阳 treating yang for yin disorder

阳病从阴而治。

7.14

上病下取　treating upper disorder with lower point

上病取下

上部的病症选取下部腧穴。

7.15

下病上取　treating lower disorder with upper point

下病取上

下部的病症选取其高位的腧穴。

7.16

以左治右　treating right disease with left point

右侧病变针刺左侧的腧穴。

7.17

以右治左　treating left disease with right point

左侧病变针刺右侧的腧穴。

7.18

实则泻其子　reducing child-element in excess condition

实证,泻其所属的子经或子穴的方法。

7.19

虚则补其母　reinforcing mother-element in deficiency condition

虚证,补其所属的母经或母穴的方法。

7.20

脏病取原　selection of source point for zang-viscus disease

五脏有病取其原穴进行治疗。

7.21

泻南补北法　reducing south and reinforcing north method

根据五行的生克关系,对肝实肺虚的病症,用泻心火补肾水的方法。

7.22

选穴法　point selection

取穴法

腧穴取穴

根据病情选取有效穴位进行治疗的方法。

7.22.1

局部选穴法　local point selection

局部取穴

按患病所在部位选取本经或邻经穴位治疗的选穴方法。

7.22.2

邻近选穴法　adjancent point selection

近取法

在靠近病变部位的周围选取有关穴位治疗的选穴方法。

7.22.3

远道选穴法　distant point selection

远取法

在远离患病部位的经络上选取穴位治疗的选穴方法。

7.22.4

循经选穴法　point selection along the meridian

本经取穴法

本经脉、脏腑的病变，选本经穴位治疗的选穴方法。

7.22.5

同经相应选穴法　point selection according to corresponding portion of same name meridian

选取手足经脉名称相同，部位相应，功能相近的腧穴治疗的选穴方法。

7.22.6

异经选穴法　other meridian point selection

他经选穴法

本经患病而取用他经穴位治疗的选穴方法。

7.22.7

对症选穴法　point selection according to symptom

随症选穴法

根据症状表现，直接取用对某些症状有特殊疗效的穴位以治疗疾病的选穴方法。

7.22.8

表里选穴法　exterior-interior meridian points selection

在表里相合的经脉上选穴用以治疗本脏本腑有关疾病的选穴方法。

7.22.9

对应取穴法　point selection according to corresponding portion

在与病痛部相对应的远部选取穴位治疗的选穴方法。包括前后对应、上下对应、手足对应、左右对应等。

7.22.10

辨证选穴法　point selection according to syndrome differentiation

对证选穴

根据辨证施治的原则，分析病证与脏腑、经络之间的关系，选取有关穴位治疗的选穴方法。

7.22.11

交叉选穴法　contralateral meridian point selection

交叉取穴法

根据经脉相互交贯的理论取用健侧的穴位以治疗疾病的选穴方法。

7.22.12

交会选穴法　crossing point selection

交会取穴法

选用交会穴治疗的选穴方法。

7.22.13

以痛为输　tender point selection

以疼痛局部或压痛点作为腧穴以治疗疾病的选穴方法。

7.23

配穴法　points combination

配穴

按照辨证论治法则，根据经络腧穴的特性，在临床中应用腧穴配伍的一般规律。

7.23.1

本经配穴法　same meridian points combination

选取同一条经脉的穴位的配穴方法。

7.23.2

表里经配穴法　exterior-interior meridian points combination

表里配穴法

除选取本经腧穴外，再选取与本经表里相合经脉的腧穴组成配穴，治疗本经本脏病及与其有关疾病的配穴方法。

7.23.3

原络配穴法　source-connecting points combination

主客配穴法

主客原络配穴法

以本经原穴与其表里经的络穴相配合，用以治疗本脏本腑有关疾病的方法。

7.23.4

同名经配穴法　same name meridian points combination

手足同名经所属腧穴配合同用的配穴法之一。

7.23.5

子母配穴法　mother-son points combination

子母补泻法

脏腑、经络发生病变时，视病情之虚实，予以补母或泻子的配穴方法。

7.23.6

交会经配穴法　crossing meridian points combination

选取与本经交会的经脉上的穴位治疗疾病的配穴方法。

7.23.7

阴阳配穴法　yin-yang points combination

阴经穴与阳经穴配伍使用的配穴方法。

7.23.8

上下配穴法　upper-lower points combination

将上肢、下肢或头面、四肢的穴位上下相配，用以治疗同一病症的配穴法。

7.23.9

前后配穴法　anterior-posterior points combination

腹背配穴法

腹背阴阳配穴法

胸腹、背腰前后穴位相配，治疗疾病的方法。

7.23.10

左右配穴法　left-right points combination

以经络循行交叉的特点为取穴依据而进行左右相配的配穴方法。

7.23.11

内外配穴法　medial-lateral points combination

选取内侧穴位与外侧穴位进行配伍的方法。内为阴，外为阳，此法是以调整内外阴阳为主的方法。

7.23.12

远近配穴法　distant-local points combination

病变局部穴位与远隔穴位相配，用以提高治疗效果的配穴方法。

7.23.13

主应配穴法　corresponding master points combination

以远离病痛部位的穴为“主”，邻近病痛部位的穴为“应”的配穴方法。

7.23.14

五输配穴法　five transport points combination

五输穴配穴法

根据五输穴主治特性选配应用的方法。

7.23.15

俞募配穴法　back-shu and front-mu points combination

以背俞与募穴相配用以治疗本脏或本腑有关疾病的方法。

7.23.16

俞原配穴法　back-shu and source points combination

脏腑所属的背俞穴与其相应的本经原穴相配，用以治疗本脏腑疾病的配穴方法。

7.23.17

募合配穴法　front-mu and he-sea points combination

将六腑所属之募穴与其相应的下合穴相配，用以治疗本腑疾病的配穴方法。

7.23.18

郄会配穴法　eight meeting and cleft points combination

郄穴与八会穴相配，用以治疗本脏腑与本经及其有关疾病的配穴方法。

7.23.19

八脉八穴配穴法　eight confluence points combination

选取四肢部与奇经八脉相交的八个穴位，上下相应配伍治疗疾病的方法。

7.23.20

通经接气配穴法　connecting meridian qi points combination

针刺得气后，气行未达病所，即循经感传较近时，则在本经相连穴位依序而刺，使经气运行得以相互衔接，使感传循经继续传导的配穴方法。

7.23.21

接经法　same meridian adjacent points combination

同一条经脉上选用相近的几个穴位，相互连接以加强治疗作用的配穴方法。

7.23.22

大接经法　jing-well points combination according to meridian qi circulation

按顺序选取井穴配合应用以治疗中风偏枯的配穴方法。

7.24

子午流注　Ziwuliuzhu

气血按一定时辰流注某些穴位。

7.25

子午流注法　Ziwuliuzhu point selection

子午流注针法

以井、荥、输、经、合五输穴配合阴阳五行为基础，运用干支配合脏腑、干支计年计月计日计时，以推算经气流注盛衰开合，按时开穴的一种治疗方法。

7.25.1

子午流注纳甲法　Ziwuliuzhunajia method

纳干法

子午流注开穴法之一。十二经配十干支按日逐时开取某经五腧穴的子午流注开穴法。

7.25.2

子午流注纳子法　Ziwuliuzhunazi method

纳支法

子午流注开穴法之一。十二经配十二地支依疾病虚实而择时补泻的子午流注开穴法,泻当乘其盛,补当顺其去。

7.26

灵龟八法　Lingguibafa

奇经纳卦法

以奇经八脉的八穴为基础,配合八卦、九宫和天干、地支的变易,进行选配八脉交会穴防治疾病的方法。

7.27

飞腾八法　Feitengbafa

以奇经八脉的八穴为基础,仅以日干选取八脉交会穴防治疾病的方法。

8　实验针灸

8.1

穴位病理反应　pathological reaction of acupoint

脏腑器官疾病通过经络的作用,在体表某些穴位出现的各种异常变化。

8.2

知热感度变化　variation of heat sensitivity

脏腑病变时相应经脉的井穴或原穴对热的敏感度发生变化。

8.3

良导点　ryodo points

皮肤上导电量较高的点。

8.4

良导络　ryodoraku

在皮肤的某一点出现电流易于通过的良导点部位,将多个良导点连接出现的数条连线。

8.5

穴位肌电　acpoint myoelectricity

针刺时,由穴位处引导的肌电信号。

8.6

经穴-脏腑相关　correlation between meridian point and viscera

内脏器官生理或病理性的改变,可在体表有所反应;反之,外界环境改变或人为地刺激体表某些部位或穴位,也能引起相关内脏功能的改变,从而起到治疗和调整作用。

8.7

经络现象　meridian and collateral phenomenon

人体能够客观检查到的和主观感觉到的,着经络循行路线而出现的各种生理、病理现象的总称。

8.7.1

循经感传　propagated sensation along channel (PSC)

刺激穴位时,有酸、麻、胀、重的感觉,从被刺激的穴位开始沿经络循行路线进行传导的现象。

8.7.2

感传路线　routes of propagated sensation along channel

刺激穴位时,得气感觉扩散传导的路线。

8.7.3

感传性质　nature of propagated sensation along channel

循经感传出现的各种感觉特性。

8.7.4

感传速度　speed of propagated sensation along channel

单位时间内循经感传的距离,一般为 10 cm/s～20 cm/s。

8.7.5

感传宽度　width of propagated sensation along channel

循经感传路线的宽度,通常呈带状,一般约 0.5 cm～5 cm 宽。

8.7.6

感传深度　depth of propagated sensation along channel

循经感传在循行部位所处的组织层次。

8.7.7

感传方向　direction of propagated sensation along channel

刺激穴位时产生的得气感觉扩散传导的方向。

8.7.8

感传接力　relay of propagated sensation along channel

对于短程感传,在其终止部位继续施加刺激,常可使感传继续接力前进。

8.7.9

感传效应　effect of propagated sensation along channel

感传能引起相关脏腑的内脏效应。

8.7.10

感传激发　induction of propagated sensation along channel

应用不同方法,使循经感传从无到有,从弱到强,或促进气至病所等。

8.7.11

循经扩布　spread along channel

感传路线与十二经脉、奇经八脉大致相同。

8.7.12

感传双向性　bidirection of propagated sensation along channel

在躯体上任何一穴给予刺激时,一般均可自该穴发生两个相反方向的感传。

8.7.13

感传回流性　reflux of propagated sensation along channel

当感传发生后,传到任何一方向的终点,均发生回流感觉,这种回流感走到原刺激点时即自行消失。

8.7.14

感传趋病性　illness oriented spread of propagated sensation along channel

当感传自四肢发生后,进入躯体有趋病性,即所谓"气至病所"。

8.7.15

感传可阻性　blockage of propagated sensation along channel

当感传自刺激点双向传导时,对任何方向一点施加压力,多数可阻断感传自压迫点继续前进。

8.7.16

感传停顿性　pause of propagated sensation along channel

当感传行进时，不是匀速行走，而是存在多个停顿点，即停顿后再向前行走的特性。

8.7.17

循经性皮肤病　dermatosis along meridian

病理状态下自发出现的沿经络路线分布的呈带状的皮肤病。

8.7.18

声测经络　sound detection of meridian

在人体经穴输入低频声波，用声电传感器在穴位所在经其他处可以记录到较经外更强的声信号。

8.8

经络实质　essence of meridian and collateral

经络的物质基础。

8.9

针刺镇痛　acupuncture analgesia

以针刺的方法，明显地使患者产生耐受疼痛的能力，即痛阈提高。

8.10

针刺耐受　needling endurance

针刺较长时间，镇痛效果逐渐减弱的现象。

8.11

针刺麻醉　acupuncture anesthesia

根据针刺镇痛和经络原理，按手术要求循经取穴，辨证运用针刺手法产生类似麻醉作用的方法。

8.12

针麻诱导期　induction period of acupuncture anesthesia

针麻手术前，预先对机体进行针刺使机体逐步进入适应和麻醉状态的一段时间。

8.13

针药复合麻醉　compound acupuncture and medicine anesthesia

针刺穴位合并应用某一药物的麻醉方法。

8.14

针麻术前测痛　pain-test before acupuncture anesthesia

针麻手术前，在患者身上测试痛阈的变化，以此考虑调整穴位配方，并可预测针麻效果。

8.15

针麻术后效应　postoperative effect of acupuncture anesthesia

针麻手术后尚能持续存在一段时间的针刺麻醉效应。

8.16

腧穴特异性　point specificity

腧穴在形态结构、生理物理、病理反应、刺激效应等方面与其周围的非腧穴或与其他腧穴比较而具有的特异性。

8.17

穴位功能特异性　point functional specificity

穴位与非穴位、穴位与穴位之间在功能作用上所存在的差异。

8.18

穴位探测　point detection

根据腧穴特异性而发展起来的一种客观显示穴位、辅助诊断疾病的技术。

8.19

穴位影像显示　image display of point

用影像技术显示穴位的方法，包括热象显示和化学显示。

8.20

穴位红外热象显示　infrared imaging display of point

利用红外辐射照相原理，对人体的红外辐射热在体表尤其是穴区的分布状况以图形方式显示或描记，用以研究针灸原理和经络腧穴特性的一种方法。

8.21

穴位液晶热象显示　liquid crystal thermal imaging display of point

在表面上喷涂液晶物质的方法或直接在表面上贴敷塑料膜封装的液晶来作皮肤表面温度探测及显示。

参 考 文 献

[1] 灵枢.明·赵府居敬堂本.北京:人民卫生出版社,1956年影印本

[2] 素问.明·顾从德本.北京:人民卫生出版社,1956年影印本

[3] 黄帝明堂经.黄龙祥辑校本.北京:中国医药科技出版社,1987

[4] 晋·皇甫谧.针灸甲乙经.黄龙祥新校本.北京:中国医药科技出版社,1990

[5] 晋·葛洪.肘后备急方.尚志均补辑本.合肥:安徽科学技术出版社,1983

[6] 唐·孙思邈.备急千金要方.北京:人民卫生出版社,1955年影印江户医学本

[7] 唐·孙思邈.千金翼方.北京:人民卫生出版社,1955年影印江户医学本

[8] 宋·闻人耆年.备急灸法.上海:上海科学技术出版社,1986

[9] 宋·许叔微.普济本事方.上海:上海科技出版社,1959年排印本

[10] 宋·王执中.针灸资生经.北京:中国书店,1987年影印本

[11] 金·窦杰.针经指南.北京:人民卫生出版社,1983年铅印本

[12] 元·滑寿.十四经发挥.上海:上海科技卫生出版社,1956年铅印本

[13] 西方子.西方子明堂灸经.清·钱塘丁氏据山西平阳府本重校刊本,1884

[14] 元·杜思敬.针经摘英集.北京:中国书店,1987年影印本

[15] 元·王国瑞.针灸玉龙经.北京:中医古籍出版社,1990年排印本

[16] 明·徐凤.针灸大全.北京:人民卫生出版社,1958

[17] 明·高武.针灸聚英.上海:上海科技出版社,1978年排印本

[18] 明·杨继洲.针灸大成.北京:人民卫生出版社,1955年影印明刻本

[19] 明·吴崑.针方六集.北京:中国医药科技出版社,1991

[20] 清·李学川.针灸逢源.上海:上海科学技术出版社,1987

[21] 中医药学名词审定委员会.中医药学名词.北京:科学出版社,2005

[22] 凌耀星.难经校释.北京:人民卫生出版社,1991

[23] 魏稼.各家针灸学说.上海:上海科学技术出版社,1996

[24] 李鼎.子午流注针经　针经指南合注.上海:上海科学技术出版社,1998

[25] 黄龙祥.针灸名著集成.北京:华夏出版社,1997

[26] 黄龙祥.中国针灸学术史大纲.北京:华夏出版社,2001

[27] 黄龙祥.中国针灸刺灸法通鉴第2版.青岛:青岛出版社,2004

[28] 陆寿康.针刺手法一百种.北京:中国医药科技出版社,1987

[29] 陆寿康.针刺手法百家集成.北京:中国中医药出版社,1995

[30] 陆寿康.刺法灸法学.北京:中国中医药出版社,2003

[31] 奚永江.刺法灸法学.上海:上海科学技术出版社,1985

[32] 程莘农.中国针灸学第4版.北京:人民卫生出版社,2000

[33] 江苏新医学院主编.针灸学.上海:上海人民出版社,1973

[34] 南京中医学院主编.针灸学.上海:上海科学技术出版社,1979

[35] 邱茂灸主编.针灸学.上海:上海科学技术出版社,1985

[36] 石学敏主编.针灸学.北京:中国中医药出版社,2002

[37] 孙国杰.针灸学.北京:人民卫生出版社,2000

[38] 裘沛然,陈汉平.新编中国针灸学.上海:上海科学技术出版社,1995

[39] 王雪苔.中国医学百科全书·针灸学.上海:上海科学技术出版社,1989

[40] 孙启凤.中国特种针法.北京:中国医药科技出版社,1994

[41] 梁繁荣.中国民间奇特针法.上海:上海科学技术出版社,1999
[42] 石学敏.中国针灸奇术.天津:天津科技翻译出版公司,1992
[43] 刘冠军.中医针法集锦第2版.南昌:江西科学技术出版社,1997
[44] 张奇文.中国灸法大全.天津:天津科学技术出版社,1993
[45] 甘笃,杨华元,曹炀.现代针灸器材与特种疗法.北京:中医古籍出版社,2004
[46] 杨兆民.刺法灸法学导读.北京:中国中医药出版社,1992
[47] 郭霭春.中国针灸荟萃·现存针灸医籍.长沙:湖南科学技术出版社,1993
[48] 中医研究院,广东中医学院.中医名词术语选释.北京:人民卫生出版社,1973
[49] 《中医大辞典》编辑委员会.简明中医辞典.北京:人民卫生出版社,1986
[50] 李经纬.简明中医辞典.北京:中国中医药出版社,2001
[51] 成都中医学院.中医学常用名词解释.成都:四川科学技术出版社,1986
[52] 王俭编.中医学常用名词解释.兰州:甘肃人民出版社,1979
[53] 朱文锋.实用中医词典.西安:陕西科学技术出版社,1992
[54] 刘占文.汉英中医药学词典.北京:中医古籍出版社,1994
[55] 《实用针灸辞典》编委会.实用针灸词典.北京:知识出版社,1990
[56] 程宝书.简明针灸辞典.北京:中医古籍出版社,1989
[57] 程宝书.新编针灸大辞典.北京:华夏出版社,1995
[58] 程宝书.针灸大辞典.北京:北京科学技术出版社,1987
[59] 李僖如,董润生,朱现民.针灸新知识辞典.北京:人民卫生出版社,1996
[60] 张大千.中国针灸大辞典.北京:北京体育学院出版社,1988
[61] 高希言.中国针灸辞典.郑州:河南科学技术出版社,2002
[62] 高希言,饶洪.实用汉英针灸辞典.北京:中国医药科技出版社,2004
[63] 徐元贞,曹健生,赵法新等.中医词释.郑州:河南科学技术出版社,1984
[64] 成都中医学院.中医常用名词简释.成都:四川人民出版社,1959
[65] 石学敏.汉英双解针灸大辞典.北京:华夏出版社,1998
[66] 李振吉.中医药常用名词术语辞典.北京:中国中医药出版社,2001
[67] 李经纬.中医大辞典第2版.北京:人民卫生出版社,2005
[68] 李经纬.中医名词术语精华辞典.天津:天津科学技术出版社,1996
[69] 李剑,曾召.中国中医药学术语集成—治则治法与针灸学.北京:中国古籍出版社,2006

索　　引

汉语拼音索引

Y

笔画索引

一画

二画

三画

四画

五画

九画

十画

十一画

十二画

十二画以上

英文对应词索引

A

H

Q

S

T

ICS 11.020
C 10

GB

中华人民共和国国家标准

GB/T 30233—2013

腧穴主治

Indications of acupuncture points

2013-12-31 发布　　2014-12-01 实施

中华人民共和国国家质量监督检验检疫总局
中国国家标准化管理委员会　发布

前　言

本标准按照 GB/T 1.1—2009 给出的规则起草。

本标准由国家中医药管理局提出。

本标准由全国针灸标准化技术委员会(SAC/TC 475)归口。

本标准起草单位:中国中医科学院针灸研究所。

本标准主要起草人:邓良月、黄龙祥。

本标准参加起草人:黄幼民、武晓冬、赵京生、岗卫娟、李素云、王勇、韩钟。

腧穴主治

1 范围

本标准确定了GB/T 12346—2006《腧穴名称与定位》362个经穴中360穴以及48个经外奇穴中23穴的常用适应症。本标准所确定的腧穴主治为基础主治，不包括基于特殊针灸法、特殊操作的腧穴治疗病症。

本标准适用于针灸腧穴的医疗、教学、科研等。

2 术语与定义

GB/T 12346—2006确立的术语和定义适用于本文件。

3 腧穴主治的说明

3.1 关于确定腧穴主治的依据、方法，见附录A。

3.2 关于腧穴主治的界定，见附录B。

3.3 关于腧穴主治的规范化表述，见附录C。

4 十四经穴主治

4.1 手太阴肺经穴

4.1.1 中府 Zhōngfǔ(LU1)

肺之募穴。常用于咳嗽，气喘，胸痛，胸满；肩痛。

4.1.2 云门 Yúnmén(LU2)

常用于咳嗽，气喘，胸满，胸痛；肩臂痛。

4.1.3 天府 Tiānfǔ(LU3)

常用于鼻衄，咳嗽，气喘；瘿瘤；上臂痛。

4.1.4 侠白 Xiábái(LU4)

常用于心痛、干呕、烦满；咳嗽，气喘；上臂痛。

4.1.5 尺泽 Chǐzé(LU5)

手太阴经合穴。常用于咳嗽，气喘，胸满，咳血，咽喉肿痛，上肢痛；小儿惊风；干呕，泄泻。

4.1.6 孔最 Kǒngzuì(LU6)

手太阴经郄穴。常用于发热无汗；咳嗽，气喘，咳血，咽喉肿痛；肘臂痛。

4.1.7 列缺 Lièquē(LU7)

手太阴经络穴。常用于咳嗽,气喘;半身不遂、口眼㖞斜、手腕无力或疼痛;头痛、颈项强痛;齿痛。

4.1.8 经渠 Jīngqú(LU8)

手太阴经经穴。常用于咳嗽,气喘,胸痛,咽喉肿痛;手腕痛或无力。

4.1.9 太渊 Tàiyuān(LU9)

手太阴经输穴、原穴,八会穴之脉会。常用于咳嗽,气喘,咳血,咽喉肿痛;手腕痛或无力。

4.1.10 鱼际 Yújì(LU10)

手太阴经荥穴。常用于咳嗽、咳血,咽干,咽喉肿痛;发热,头痛;乳痈。

4.1.11 少商 Shàoshāng(LU11)

手太阴经井穴。常用于咽喉肿痛,咳嗽,气喘;鼻衄;高热神昏,小儿惊风;癫狂;手指挛痛。

4.2 手阳明大肠经穴

4.2.1 商阳 Shāngyáng(LI1)

手阳明经井穴。常用于咽喉肿痛;颊肿,齿痛;耳鸣,耳聋;发热无汗、神昏。

4.2.2 二间 Èrjiān(LI2)

手阳明经荥穴。常用于齿痛,视物不清,鼻衄,咽喉肿痛;口眼㖞斜;热病;肩痛。

4.2.3 三间 Sānjiān(LI3)

手阳明经输穴。常用于目痛,齿痛,咽喉肿痛;肩痛,手背及手指肿痛;胸满,发热,气喘。

4.2.4 合谷 Hégǔ(LI4)

手阳明经原穴。常用于齿痛,目赤肿痛,鼻衄,咽喉肿痛,口眼㖞斜,口噤,头痛,耳聋;中风失语、上肢不遂;恶寒发热,无汗,多汗;癫狂;痛经,闭经,难产。

4.2.5 阳溪 Yángxī(LI5)

手阳明经经穴。常用于目赤肿痛,齿痛,咽喉肿痛,耳鸣,耳聋,头痛;手腕肿痛或无力。

4.2.6 偏历 Piānlì(LI6)

手阳明经络穴。常用于齿痛,鼻衄,咽喉肿痛,耳鸣,耳聋;水肿;疔疮。

4.2.7 温溜 Wēnliū(LI7)

手阳明经郄穴。常用于头痛,面肿,咽喉肿痛;肠鸣,腹痛;肩背痛。

4.2.8 下廉 Xiàlián(LI8)

常用于肘臂肿痛或挛急;眩晕;目痛。

4.2.9 上廉 Shànglián(LI9)

常用于肩臂痛或麻木;头痛。

4.2.10 手三里 Shǒusānlǐ(LI10)

常用于肘臂痛或不遂,肩背痛;齿痛。

4.2.11 曲池 Qūchí(LI11)

手阳明经合穴。常用于手臂痛,上肢不遂;瘾疹,湿疹,瘰疬;咽喉肿痛,齿痛,目疾;热病,狂,痫。

4.2.12 肘髎 Zhǒuliáo(LI12)

常用于肘臂痛,麻木,挛急。

4.2.13 手五里 Shǒuwǔlǐ(LI13)

常用于肘臂痛;瘰疬。

4.2.14 臂臑 Bìnào(LI14)

常用于肩臂痛、活动受限;瘰疬。

4.2.15 肩髃 Jiānyú(LI15)

常用于上肢不遂,肩臂痛;风疹。

4.2.16 巨骨 Jùgǔ(LI16)

常用于肩背痛、活动受限。

4.2.17 天鼎 Tiāndǐng(LI17)

常用于咽喉肿痛,失音,呃逆。

4.2.18 扶突 Fútū(LI18)

常用于咽喉肿痛,失音;呃逆;咳嗽,气喘;瘿瘤。

4.2.19 口禾髎 Kǒuhéliáo(LI19)

常用于鼻塞,鼻衄;口眼㖞斜,口噤。

4.2.20 迎香 Yíngxiāng(LI20)

常用于鼻渊,鼻衄;口眼㖞斜;面痒,面肿。

4.3 足阳明胃经穴

4.3.1 承泣 Chéngqì(ST1)

常用于目赤肿痛,流泪,夜盲,近视;眼睑瞤动,口眼㖞斜。

4.3.2 四白 Sìbái(ST2)

常用于目翳,目赤痛痒,流泪;口眼㖞斜,眼睑瞤动,面肌抽搐;头痛,眩晕。

4.3.3 巨髎 Jùliáo(ST3)

常用于青盲,目翳;眼睑瞤动,口眼㖞斜,面肿。

4.3.4 地仓 Dìcāng(ST4)

常用于口眼㖞斜、语言蹇涩、口角流涎。

4.3.5 大迎 Dàyíng(ST5)

常用于口眼㖞斜,面肌抽搐,口噤;面肿,齿痛。

4.3.6 颊车 Jiáchē(ST6)

常用于牙关开合不利、疼痛,颊肿,齿痛;口眼㖞斜。

4.3.7 下关 Xiàguān(ST7)

常用于下颌关节脱位,面肿,齿痛;耳聋,耳鸣;口眼㖞斜。

4.3.8 头维 Tóuwéi(ST8)

常用于头痛,目痛,流泪,视物不清,眼睑瞤动。

4.3.9 人迎 Rényíng(ST9)

常用于气喘;头痛,眩晕;咽喉肿痛;瘰疬,瘿瘤;高血压。

4.3.10 水突 Shuǐtū(ST10)

常用于咳嗽,气喘;咽喉肿痛。

4.3.11 气舍 Qìshè(ST11)

常用于咳嗽,气喘;咽喉肿痛;瘿瘤,瘰疬;颈项强痛。

4.3.12 缺盆 Quēpén(ST12)

常用于咳嗽,气喘;咽喉肿痛;瘰疬;肩痛,项强。

4.3.13 气户 Qìhù(ST13)

常用于咳嗽,气喘,胸痛,胸胁胀满。

4.3.14 库房 Kùfáng(ST14)

常用于胸胁胀满,咳嗽,气喘,咳唾脓血。

4.3.15 屋翳 Wūyì(ST15)

常用于咳嗽,气喘,胸满;乳痈。

4.3.16 膺窗 Yīngchuāng(ST16)

常用于胸满,气短;乳痈。

4.3.17 乳中 Rǔzhōng(ST17)

注：此穴现一般不针灸，用作取穴的体表标志。

4.3.18 乳根 Rǔgēn(ST18)

常用于乳痈，乳癖，产后缺乳；胸满，胸痛，咳嗽，气喘；呃逆。

4.3.19 不容 Bùróng(ST19)

常用于胸痛引背，腹满，胁下痛；呕吐，不思饮食。

4.3.20 承满 Chéngmǎn(ST20)

常用于肠鸣，腹痛，腹胀，噎膈；气喘，吐血。

4.3.21 梁门 Liángmén(ST21)

常用于腹胀，腹痛，泄泻，不思饮食。

4.3.22 关门 Guānmén(ST22)

常用于腹胀，腹痛，肠鸣，泄泻；水肿；遗尿。

4.3.23 太乙 Tàiyǐ(ST23)

常用于腹痛，腹胀；癫痫、吐舌。

4.3.24 滑肉门 Huáròumén(ST24)

常用于腹痛，腹胀；癫痫、吐舌。

4.3.25 天枢 Tiānshū(ST25)

大肠募穴。常用于腹痛，腹胀，肠鸣，泄泻，便秘；月经不调，痛经。

4.3.26 外陵 Wàilíng(ST26)

常用于腹痛，腹胀。

4.3.27 大巨 Dàjù(ST27)

常用于疝气，腹痛，腹胀；小便不利；遗精。

4.3.28 水道 Shuǐdào(ST28)

常用于阴中痛，小腹胀，小便不利；痛经。

4.3.29 归来 Guīlái(ST29)

常用于少腹痛；妇人阴冷，月经不调。

4.3.30 气冲 Qìchōng(ST30)

常用于前阴痛；月经不调，不孕。

4.3.31 髀关 Bìguān(ST31)

常用于下肢痿痹,屈伸不利。

4.3.32 伏兔 Fútù(ST32)

常用于下肢痿痹,膝冷。

4.3.33 阴市 Yīnshì(ST33)

常用于腰痛引膝;下肢痿痹,屈伸不利。

4.3.34 梁丘 Liángqiū(ST34)

足阳明经郄穴。常用于乳痈,乳痛;胃脘痛;膝肿痛,下肢不遂。

4.3.35 犊鼻 Dúbí(ST35)

常用于膝肿痛、屈伸不利。

4.3.36 足三里 Zúsānlǐ(ST36)

足阳明经合穴、胃腑下合穴。常用于胃脘痛,呕吐,呃逆,腹胀,腹痛,肠鸣,泄泻,便秘;发热,癫狂;乳痈;脚膝肿痛;虚劳诸症。强壮保健要穴,常用于保健灸。

4.3.37 上巨虚 Shàngjùxū(ST37)

大肠下合穴。常用于肠鸣,腹痛,泄泻,便秘,肠痈;气喘;下肢痿痹。

4.3.38 条口 Tiáokǒu(ST38)

常用于下肢痿痹。

4.3.39 下巨虚 Xiàjùxū(ST39)

小肠下合穴。常用于前阴痛,少腹痛,腰痛;乳痈;下肢痿痹。

4.3.40 丰隆 Fēnglóng(ST40)

足阳明经络穴。常用于腹痛,腹胀,便秘;头痛,眩晕,咳嗽,气喘,痰多;癫狂;胸痛;咽喉肿痛;下肢痿痹。

4.3.41 解溪 Jiěxī(ST41)

足阳明经经穴。常用于腹胀,便秘;癫狂;下肢痿痹;头痛,眩晕。

4.3.42 冲阳 Chōngyáng(ST42)

足阳明经原穴。常用于口眼㖞斜,面肿,齿痛;胃脘痛,腹胀;癫狂;足痿无力或肿痛。

4.3.43 陷谷 Xiàngǔ(ST43)

足阳明经输穴。常用于面肿,水肿,肠鸣,腹痛,足背肿痛。

4.3.44 内庭 Nèitíng(ST44)

足阳明经荥穴。常用于咽喉肿痛,鼻衄,齿痛;腹痛,腹胀,不思饮食,泄泻;足背肿痛;发热。

4.3.45 **厉兑 Lìduì(ST45)**

足阳明经井穴。常用于鼻衄,齿痛,面肿,咽喉肿痛,口眼㖞斜;热病神昏,癫狂,多梦,易惊。

4.4 足太阴脾经穴

4.4.1 **隐白 Yǐnbái(SP1)**

足太阴经井穴。常用于月经过多,便血,尿血,鼻衄;腹胀,泄泻,呕吐;神昏。

4.4.2 **大都 Dàdū(SP2)**

足太阴经荥穴。常用于腹胀,胃脘痛,呕吐,泄泻,便秘;发热无汗。

4.4.3 **太白 Tàibái(SP3)**

足太阴经输穴、原穴。常用于胃脘痛,呕吐,腹胀,肠鸣,泄泻,便秘;身重,关节疼痛。

4.4.4 **公孙 Gōngsūn(SP4)**

足太阴经络穴。常用于胃脘痛,腹痛,腹胀,泄泻,呕吐,心烦。

4.4.5 **商丘 Shāngqiū(SP5)**

足太阴经经穴。常用于腹胀,泄泻,便秘,痔疮;足踝痛。

4.4.6 **三阴交 Sānyīnjiāo(SP6)**

常用于月经不调,崩漏,带下,子宫脱垂,不孕,难产;腹胀,肠鸣,泄泻;遗精,阳痿,遗尿,小便不利,疝气;下肢痿痹。

4.4.7 **漏谷 Lòugǔ(SP7)**

常用于腹胀,肠鸣;小便不利,遗精,疝气;下肢痿痹。

4.4.8 **地机 Dìjī(SP8)**

足太阴经郄穴。常用于腹痛,泄泻;月经不调;疝气。

4.4.9 **阴陵泉 Yīnlíngquán(SP9)**

足太阴经合穴。常用于腹痛,腹胀,泄泻,水肿;妇人阴中痛,痛经;小便不利,遗尿,遗精;腰痛,膝肿。

4.4.10 **血海 Xuèhǎi(SP10)**

常用于崩漏,经闭;风疹,湿疹。

4.4.11 **箕门 Jīmén(SP11)**

常用于小便不利,遗尿;腹股沟肿痛。

4.4.12 **冲门 Chōngmén(SP12)**

常用于腹满,积聚疼痛;疝气,癃闭;难产。

4.4.13 府舍 Fǔshè(SP13)

常用于疝气,腹痛;积聚。

4.4.14 腹结 Fùjié(SP14)

常用于腹痛,泄泻。

4.4.15 大横 Dàhéng(SP15)

常用于腹痛,泄泻,便秘。

4.4.16 腹哀 Fùāi(SP16)

常用于下痢脓血,腹痛;消化不良,便秘。

4.4.17 食窦 Shídòu(SP17)

常用于胸满,胁痛。

4.4.18 天溪 Tiānxī(SP18)

常用于胸痛,咳嗽,气喘;乳痈。

4.4.19 胸乡 Xiōngxiāng(SP19)

常用于胸胁胀痛引背。

4.4.20 周荣 Zhōuróng(SP20)

常用于胸满,气喘,咳唾脓血。

4.4.21 大包 Dàbāo(SP21)

脾之大络。常用于胁痛,身痛,四肢倦怠。

4.5 手少阴心经穴

4.5.1 极泉 Jíquán(HT1)

常用于心痛,干呕,咽干;胁痛,肩臂痛;瘰疬。

4.5.2 青灵 Qīnglíng(HT2)

常用于肩臂痛,腋痛,瘿瘤。

4.5.3 少海 Shàohǎi(HT3)

手少阴经合穴。常用于心痛,呕吐;胁痛,腋痛,上肢痛;瘰疬。

4.5.4 灵道 Língdào(HT4)

手少阴经经穴。常用于心痛,悲恐;失音;肘臂筋挛。

4.5.5 通里 Tōnglǐ(HT5)

手少阴经络穴。常用于心悸,心痛,面赤无汗;咽喉肿痛,失音;肘臂痛。

4.5.6 阴郄 Yīnxì(HT6)

手少阴经郄穴。常用于心痛,心悸;咳血,骨蒸,盗汗;鼻衄。

4.5.7 神门 Shénmén(HT7)

手少阴经输穴、原穴。常用于心痛,心烦,惊悸,痴呆,健忘,失眠,癫,狂,痫。

4.5.8 少府 Shàofǔ(HT8)

手少阴经荥穴。常用于心悸,心烦,胸痛;肘臂痛,掌中热,手指拘挛。

4.5.9 少冲 Shàochōng(HT9)

手少阴经井穴。常用于心痛,心悸,心烦,高热神昏;胁痛。

4.6 手太阳小肠经穴

4.6.1 少泽 Shàozé(SI1)

手太阳经井穴。常用于乳痈,产后缺乳;头痛,颈项强痛,目翳,咽喉肿痛;高热神昏。

4.6.2 前谷 Qiángǔ(SI2)

手太阳经荥穴。常用于头痛,颈项强痛,目痛,耳鸣,咽喉肿痛;发热,癫狂;手指肿痛。

4.6.3 后溪 Hòuxī(SI3)

手太阳经输穴。常用于头痛,颈项强痛,耳聋,目赤,鼻衄;癫,狂,痫;疟疾;腰痛,肘臂痛。

4.6.4 腕骨 Wàngǔ(SI4)

手太阳经原穴。常用于头痛,颈项强痛,肩、臂、腕痛,活动受限;目翳,耳鸣;黄疸;发热,惊风、抽搐;疟疾。

4.6.5 阳谷 Yánggǔ(SI5)

手太阳经经穴。常用于头痛,眩晕,耳鸣,耳聋;发热,癫,狂,痫,抽搐;颈肿,颊肿,臂外侧痛,腕痛。

4.6.6 养老 Yánglǎo(SI6)

手太阳经郄穴。常用于肩臂痛、活动受限;视物不清。

4.6.7 支正 Zhīzhèng(SI7)

手太阳经络穴。常用于头痛,颈项强痛;发热,癫狂;肘臂痛,疣目。

4.6.8 小海 Xiǎohǎi(SI8)

手太阳经合穴。常用于头痛,颈项强痛;肘臂痛;癫痫。疝气。

4.6.9 肩贞 Jiānzhēn(SI9)

常用于肩痛,上肢不遂;瘰疬。

4.6.10 臑俞 Nàoshū(SI10)

常用于肩臂痛。

4.6.11 天宗 Tiānzōng(SI11)

常用于肩痛、活动受限。

4.6.12 秉风 Bǐngfēng(SI12)

常用于肩痛、活动受限。

4.6.13 曲垣 Qūyuán(SI13)

常用于肩痛。

4.6.14 肩外俞 Jiānwàishū(SI14)

常用于肩背痛,项强。

4.6.15 肩中俞 Jiānzhōngshū(SI15)

常用于恶寒发热,咳嗽,气喘;肩背痛;视物不清。

4.6.16 天窗 Tiānchuāng(SI16)

常用于耳聋,耳鸣;咽喉肿痛,失音;瘰疬;颈项强痛。

4.6.17 天容 Tiānróng(SI17)

常用于胸痛,气喘;耳聋;咽喉肿痛;瘿瘤;颈项强痛。

4.6.18 颧髎 Quánliáo(SI18)

常用于口眼㖞斜,眼睑瞤动;目赤,目黄;齿痛,颊肿。

4.6.19 听宫 Tīnggōng(SI19)

常用于耳鸣,耳聋,聤耳;癫,狂,痫。

4.7 足太阳膀胱经穴

4.7.1 睛明 Jīngmíng(BL1)

常用于目赤肿痛,流泪,目翳,视物不清,夜盲。

4.7.2 攒竹 Cuánzhú(BL2)

常用于头痛,眉头痛;眼睑瞤动,眼睑下垂,口眼㖞斜;视物不清,流泪,目赤肿痛。

4.7.3 眉冲 Méichōng(BL3)

常用丁头痛,鼻塞;癫痫。

4.7.4 曲差 Qūchā(BL4)

常用于头痛,鼻塞;视物不清。

4.7.5　五处　Wǔchù(BL5)

常用于头痛，头重，眩晕；癫痫，抽搐。

4.7.6　承光　Chéngguāng(BL6)

常用于头痛，眩晕；目翳。

4.7.7　通天　Tōngtiān(BL7)

常用于头痛，鼻塞，鼻衄；眩晕。

4.7.8　络却　Luòquè(BL8)

常用于头痛，眩晕，耳鸣；癫，狂。

4.7.9　玉枕　Yùzhěn(BL9)

常用于头痛，颈项强痛，目痛，鼻塞。

4.7.10　天柱　Tiānzhù(BL10)

常用于头痛，颈项强痛，眩晕，目痛，肩背痛；癫，狂，痫；发热。

4.7.11　大杼　Dàzhù(BL11)

八会穴之骨会。常用于咳嗽，气喘，发热，颈项强痛，肩背痛。

4.7.12　风门　Fēngmén(BL12)

常用于咳嗽、发热、头痛、鼻塞、鼻流清涕；颈项强痛，胸背痛。

4.7.13　肺俞　Fèishū(BL13)

肺之背俞穴。常用于咳嗽，气喘，咳血，潮热，盗汗。

4.7.14　厥阴俞　Juéyīnshū(BL14)

心包之背俞穴。常用于心痛，呕吐，胸闷，咳嗽。

4.7.15　心俞　Xīnshū(BL15)

心之背俞穴。常用于心痛；咳嗽，咳血，盗汗；惊悸，失眠，健忘，梦遗；癫痫。

4.7.16　督俞　Dūshū(BL16)

常用于心痛；腹痛，腹胀，肠鸣。

4.7.17　膈俞　Géshū(BL17)

八会穴之血会。常用于呕吐，呃逆，气喘；吐血。

4.7.18　肝俞　Gānshū(BL18)

肝之背俞穴。常用于胁痛，黄疸；目赤，视物不清，夜盲，流泪；癫，狂，痫；吐血。

4.7.19 胆俞 Dǎnshū(BL19)

胆之背俞穴。常用于呕吐，口苦，胁痛，黄疸。

4.7.20 脾俞 Píshū(BL20)

脾之背俞穴。常用于腹胀，呕吐，泄泻，水肿，黄疸。多食善饥、身体消瘦。

4.7.21 胃俞 Wèishū(BL21)

胃之背俞穴。常用于胃脘痛，腹胀，呕吐，肠鸣。多食善饥、身体消瘦。

4.7.22 三焦俞 Sānjiāoshū(BL22)

三焦之背俞穴。常用于腹胀，呕吐，肠鸣，泄泻；小便不利，水肿；腰背痛。

4.7.23 肾俞 Shènshū(BL23)

肾之背俞穴。常用于耳鸣，耳聋；腰痛，足寒，遗尿，尿频，遗精，阳痿，早泄；月经不调，带下，不孕。多食善饥、身体消瘦。

4.7.24 气海俞 Qìhǎishū(BL24)

常用于腰痛，痛经，痔疮。

4.7.25 大肠俞 Dàchángshū(BL25)

大肠之背俞穴。常用于腹胀，肠鸣，泄泻，便秘；腰痛。

4.7.26 关元俞 Guānyuánshū(BL26)

常用于腹胀，泄泻；腰骶痛，小便频数或不利，遗尿。

4.7.27 小肠俞 Xiǎochángshū(BL27)

小肠之背俞穴。常用于遗精，遗尿，尿血，小便痛，疝气；泄泻；带下；腰骶痛。

4.7.28 膀胱俞 Pángguāngshū(BL28)

膀胱之背俞穴。常用于小便不利，遗尿；泄泻，便秘；腰骶痛。

4.7.29 中膂俞 Zhōnglǚshū(BL29)

常用于腰骶痛；腹胀，痢疾。

4.7.30 白环俞 Báihuánshū(BL30)

常用于腰骶痛；遗尿，遗精；月经不调，带下。

4.7.31 上髎 Shàngliáo(BL31)

常用于前阴、腰骶部引痛；月经不调，带下，子宫下垂。

4.7.32 次髎 Cìliáo(BL32)

常用于前阴、腰骶部引痛，下肢痿痹；小便不利，遗精；月经不调，痛经，带下。

4.7.33 中髎 Zhōngliáo(BL33)

常用于腰骶痛;便秘,泄泻,小便不利;月经不调,带下。

4.7.34 下髎 Xiàliáo(BL34)

常用于前阴、小腹、腰骶部引痛;带下;便血。

4.7.35 会阳 Huìyáng(BL35)

常用于痔疮,大便脓血;阳痿,带下。

4.7.36 承扶 Chéngfú(BL36)

常用于痔疮,便秘,脱肛;腰、骶、臀、股部痛;小便不利。

4.7.37 殷门 Yīnmén(BL37)

常用于腰痛,下肢痿痹。

4.7.38 浮郄 Fúxì(BL38)

常用于股腘部疼痛,麻木;便秘。

4.7.39 委阳 Wěiyáng(BL39)

三焦下合穴。常用于腹满,小便不利;腰背痛,下肢挛痛。

4.7.40 委中 Wěizhōng(BL40)

足太阳经合穴、膀胱下合穴。常用于腰背痛,下肢痿痹;小腹痛,小便不利,遗尿。

4.7.41 附分 Fùfēn(BL41)

常用于肩背拘急,颈项强痛,肘臂麻木。

4.7.42 魄户 Pòhù(BL42)

常用于肺痨,咳嗽,气喘;颈项强痛,肩背痛。

4.7.43 膏肓 Gāohuāng(BL43)

常用于咳嗽,气喘,盗汗;遗精。保健灸的常用穴。

4.7.44 神堂 Shéntáng(BL44)

常用于咳嗽,气喘,胸闷;腰背痛。

4.7.45 譩譆 Yìxǐ(BL45)

常用于肩背拘急引胁;咳嗽,气喘;疟疾,热病。

4.7.46 膈关 Géguān(BL46)

常用于胸闷,呕吐,呃逆,嗳气;腰背痛。

4.7.47　魂门　**Húnmén**(BL47)

常用于胁痛,背痛;呕吐,泄泻。

4.7.48　阳纲　**Yánggāng**(BL48)

常用于食饮不下,肠鸣,泄泻,小便黄赤。

4.7.49　意舍　**Yìshě**(BL49)

常用于腹胀,泄泻;发热,消渴;目黄。

4.7.50　胃仓　**Wèicāng**(BL50)

常用于胃脘痛,腹胀,水肿,小儿食积;腰背痛。

4.7.51　肓门　**Huāngmén**(BL51)

常用于腹痛,产后诸症。

4.7.52　志室　**Zhìshì**(BL52)

常用于腰背痛;遗精,阳痿,小便不利。

4.7.53　胞肓　**Bāohuāng**(BL53)

常用于腰背痛;肠鸣,腹胀,便秘,癃闭。

4.7.54　秩边　**Zhìbiān**(BL54)

常用于腰骶痛,下肢痿痹;小便不利,前阴痛;便秘,痔疮。

4.7.55　合阳　**Héyáng**(BL55)

常用于腰背痛,下肢痿痹;疝气;崩漏。

4.7.56　承筋　**Chéngjīn**(BL56)

常用于腰背痛,小腿挛痛;痔疮。

4.7.57　承山　**Chéngshān**(BL57)

常用于腰背痛,小腿挛痛;痔疮,便秘。

4.7.58　飞扬　**Fēiyáng**(BL58)

足太阳经络穴。常用于头痛,眩晕,鼻衄;腰痛,腿软无力;痔疮。

4.7.59　跗阳　**Fūyáng**(BL59)

阳跷脉郄穴。常用于腰骶痛,下肢痿痹,足踝肿痛;头痛。

4.7.60　昆仑　**Kūnlún**(BL60)

足太阳经经穴。常用于头痛,目痛,鼻衄;颈项强痛,腰痛,足踝肿痛;癫痫;难产。

4.7.61 仆参 Púcān(BL61)

常用于腰痛，下肢痿痹，腿痛转筋，足跟痛；癫痫。

4.7.62 申脉 Shēnmài(BL62)

阳跷脉所生。常用于头痛，眩晕；癫，狂，痫；腰腿脚痛。

4.7.63 金门 Jīnmén(BL63)

足太阳经郄穴。常用于头痛，腰痛，下肢痿痹，足踝痛；小儿惊风。

4.7.64 京骨 Jīnggǔ(BL64)

足太阳经原穴。常用于头痛，颈项强痛，腰腿痛；癫痫；鼻衄。

4.7.65 束骨 Shùgǔ(BL65)

足太阳经输穴。常用于头痛，恶风，眩晕；颈项强痛，腰腿痛；癫狂。

4.7.66 足通谷 Zútōnggǔ(BL66)

足太阳经荥穴。常用于头痛，颈项强痛，鼻衄；癫狂。

4.7.67 至阴 Zhìyīn(BL67)

足太阳经井穴。常用于头痛，目痛，鼻塞，鼻衄；难产；足膝肿痛。

4.8 足少阴肾经穴

4.8.1 涌泉 Yǒngquán(KI1)

足少阴经井穴。常用于发热，足心热，心烦，惊风；咽喉肿痛，咳嗽，气喘；腰背痛，大便难，小便不利。

4.8.2 然谷 Rángǔ(KI2)

足少阴经荥穴。常用于咳血，咽喉肿痛；消渴，黄疸，泄泻；遗精，阳痿；月经不调，阴痒，子宫脱垂；小儿脐风；足跗肿痛。

4.8.3 太溪 Tàixī(KI3)

足少阴经输穴、原穴。常用于遗精，阳痿；咳嗽，气喘，咳血，胸痛；咽喉肿痛，齿痛；消渴，便秘；月经不调；腰背痛，下肢厥冷。

4.8.4 大钟 Dàzhōng(KI4)

足少阴经络穴。常用于腰背痛；癃闭，便秘；咳血，气喘；痴呆，嗜卧，心烦；足跟痛。

4.8.5 水泉 Shuǐquán(KI5)

足少阴经郄穴。常用于月经不调，痛经，子宫脱垂；小便不利；视物不清。

4.8.6 照海 Zhàohǎi(KI6)

阴跷脉所生。常用于目赤肿痛，咽干，咽痛；月经不调，赤白带下，子宫脱垂；疝气，癃闭；癫痫。

4.8.7 **复溜 Fùliū(KI7)**

足少阴经经穴。常用于腹痛，泄泻；水肿，多汗或少汗，小便不利；腰脊痛，下肢痿痹；脉微细时止。

4.8.8 **交信 Jiāoxìn(KI8)**

阴跷脉郄穴。常用于癃闭，疝气，前阴急痛引股膝内侧；月经不调；泄泻，便秘。

4.8.9 **筑宾 Zhùbīn(KI9)**

阴维脉郄穴。常用于癫痫、吐舌；呕吐；疝气；小腿内侧痛。

4.8.10 **阴谷 Yīngǔ(KI10)**

足少阴经合穴。常用于阳痿，小便不利；月经不调，崩漏；前阴、少腹、膝股内侧引痛。

4.8.11 **横骨 Hénggǔ(KI11)**

常用于疝气，少腹胀痛，小便不利；遗精，阳痿。

4.8.12 **大赫 Dàhè(KI12)**

常用于遗精，阴囊挛缩；子宫脱垂，带下。

4.8.13 **气穴 Qìxué(KI13)**

常用于月经不调，带下；腹痛引腰脊；不孕。

4.8.14 **四满 Sìmǎn(KI14)**

常用于月经不调，带下；腹中包块；遗精，遗尿；水肿，泄泻，腹痛。

4.8.15 **中注 Zhōngzhù(KI15)**

常用于便秘，腹痛。

4.8.16 **肓俞 Huāngshū(KI16)**

常用于便秘，腹痛。

4.8.17 **商曲 Shāngqū(KI17)**

常用于腹中包块，腹痛，泄泻，便秘。

4.8.18 **石关 Shíguān(KI18)**

常用于便秘，腹痛；多唾。

4.8.19 **阴都 Yīndū(KI19)**

常用于肠鸣，腹痛，腹胀。

4.8.20 **腹通谷 Fùtōnggǔ(KI20)**

常用于腹中包块，腹痛，腹胀，呕吐。

4.8.21 幽门 Yōumén(KI21)

常用于呃逆,呕吐,腹痛,腹胀,泄泻。

4.8.22 步廊 Bùláng(KI22)

常用于胸胁胀满,咳嗽,气喘。

4.8.23 神封 Shénfēng(KI23)

常用于胸胁胀满,咳嗽,气喘;乳痈。

4.8.24 灵墟 Língxū(KI24)

常用于胸胁胀满,咳嗽,气喘;呕吐,不思饮食。

4.8.25 神藏 Shéncáng(KI25)

常用于胸胁胀满,咳嗽,气喘;呕吐,不思饮食。

4.8.26 彧中 Yùzhōng(KI26)

常用于胸胁胀满,咳嗽,气喘,痰多。

4.8.27 俞府 Shūfǔ(KI27)

常用于咳嗽,气喘,胸痛,呕吐。

4.9 手厥阴心包经穴

4.9.1 天池 Tiānchí(PC1)

常用于咳嗽,气喘,痰多,胸闷,胸痛;腋下肿,瘰疬。

4.9.2 天泉 Tiānquán(PC2)

注:本穴主治症暂缺。

4.9.3 曲泽 Qūzé(PC3)

手厥阴经合穴。常用于心痛,心悸,善惊;胃脘痛,吐血,呕吐;发热,口干;肘臂痛。

4.9.4 郄门 Xìmén(PC4)

手厥阴经郄穴。常用于心痛,心悸,心烦,胸痛;咳血,吐血,衄血。

4.9.5 间使 Jiānshǐ(PC5)

手厥阴经经穴。常用于心痛,心悸,心烦;胃脘痛,呕吐;癫,狂,痫;失音;热病,疟疾。

4.9.6 内关 Nèiguān(PC6)

手厥阴经络穴。常用于心痛,心悸,胸闷;胃脘痛,呕吐,呃逆;癫,狂,痫;上肢痹痛。

4.9.7 大陵 Dàlíng(PC7)

手厥阴经输穴、原穴。常用于胸胁痛,心痛,心悸;胃脘痛,呕吐,吐血;癫,狂,痫;上肢痹痛。疮肿。

4.9.8 劳宫 Láogōng(PC8)

手厥阴经荥穴。常用于口疮,口臭;鹅掌风;癫,狂,痫;心痛,心烦;呕吐,吐血;热病,口渴。

4.9.9 中冲 Zhōngchōng(PC9)

手厥阴经井穴。常用于中风,舌强不语;神昏;心痛,心烦;中暑,热病;小儿惊风。

4.10 手少阳三焦经穴

4.10.1 关冲 Guānchōng(TE1)

手少阳经井穴。常用于头痛,耳鸣,耳聋,咽喉肿痛;目翳;热病,口渴,唇干。

4.10.2 液门 Yèmén(TE2)

手少阳经荥穴。常用于头痛,耳鸣,耳聋,目赤,咽喉肿痛;热病,疟疾;手臂肿痛。

4.10.3 中渚 Zhōngzhǔ(TE3)

手少阳经输穴。常用于头痛,目痛,耳鸣,耳聋,咽喉肿痛;肩背、肘臂痛,手指不能屈伸;热病。

4.10.4 阳池 Yángchí(TE4)

手少阳经原穴。常用于手腕痛,肩臂痛;疟疾;口干。

4.10.5 外关 Wàiguān(TE5)

手少阳经络穴。常用于耳鸣,耳聋;胸胁痛;上肢痹痛。

4.10.6 支沟 Zhīgōu(TE6)

手少阳经经穴。常用于耳鸣,耳聋,失音;瘰疬;胁肋痛;呕吐,便秘;热病。

4.10.7 会宗 Huìzōng(TE7)

手少阳经郄穴。常用于耳聋;癫痫。

4.10.8 三阳络 Sānyángluò(TE8)

常用于耳聋,失音,齿痛;上肢痹痛。

4.10.9 四渎 Sìdú(TE9)

常用于耳聋,齿痛;上肢痹痛。

4.10.10 天井 Tiānjǐng(TE10)

手少阳经合穴。常用于癫痫;瘰疬,瘿瘤;胸胁痛,肩臂痛。

4.10.11 清泠渊 Qīnglíngyuān(TE11)

常用于头痛;上肢痹痛。

4.10.12 消泺 Xiāoluò(TE12)

常用于头痛,颈项强痛;肩背痛。

4.10.13 臑会 Nàohuì(TE13)

常用于瘿瘤,瘰疬;上肢痹痛。

4.10.14 肩髎 Jiānliáo(TE14)

常用于肩痛、活动受限。

4.10.15 天髎 Tiānliáo(TE15)

常用于肩臂痛,颈项强痛。

4.10.16 天牖 Tiānyǒu(TE16)

常用于头痛,眩晕,颈项强痛;视物不清,耳聋,咽喉肿痛;瘰疬。

4.10.17 翳风 Yìfēng(TE17)

常用于耳鸣,耳聋;口眼㖞斜,口噤;颊肿,瘰疬;咽喉肿痛,音哑。

4.10.18 瘈脉 Chìmài(TE18)

常用于小儿惊风。

4.10.19 颅息 Lúxī(TE19)

常用于小儿惊风;耳鸣。

4.10.20 角孙 Jiǎosūn(TE20)

常用于齿痛,颊肿,目翳。

4.10.21 耳门 Ěrmén(TE21)

常用于耳鸣,耳聋,齿痛;颊肿,颈肿。

4.10.22 耳和髎 Ěrhéliáo(TE22)

常用于头痛,耳鸣,口噤。

4.10.23 丝竹空 Sīzhúkōng(TE23)

常用于头痛,眩晕,目赤肿痛,眼睑瞤动;癫痫、目上视。

4.11 足少阳胆经穴

4.11.1 瞳子髎 Tóngzǐliáo(GB1)

常用于头痛;目赤肿痛,内障,青盲,目翳,流泪。

4.11.2 听会 Tīnghuì(GB2)

常用于耳鸣,耳聋;齿痛;下颌关节脱位;口眼㖞斜。

4.11.3 上关 Shàngguān(GB3)

常用于耳鸣,耳聋,聤耳;齿痛;口眼㖞斜;张口困难,张口时有弹响。

4.11.4 颔厌 Hànyàn(GB4)

常用于偏头痛,目外眦痛;眩晕,耳鸣。

4.11.5 悬颅 Xuánlú(GB5)

常用于偏头痛,目外眦痛;齿痛。

4.11.6 悬厘 Xuánlí(GB6)

常用于偏头痛,目外眦痛。

4.11.7 曲鬓 Qūbìn(GB7)

常用于头痛,齿痛,颊肿,口噤。

4.11.8 率谷 Shuàigǔ(GB8)

常用于偏头痛,眩晕,呕吐;小儿惊风。

4.11.9 天冲 Tiānchōng(GB9)

常用于头痛,癫狂;齿痛。

4.11.10 浮白 Fúbái(GB10)

常用于齿痛,头痛,目痛。

4.11.11 头窍阴 Tóuqiàoyīn(GB11)

常用于头痛,颈项强痛。

4.11.12 完骨 Wángǔ(GB12)

常用于头痛,颈项强痛;咽喉肿痛,颊肿,齿痛;癫狂;中风、口眼㖞斜。

4.11.13 本神 Běnshén(GB13)

常用于头痛,颈项强痛,眩晕;小儿惊风,癫痫。

4.11.14 阳白 Yángbái(GB14)

常用于头痛,目痛,目痒,目翳。

4.11.15 头临泣 Tóulínqì(GB15)

常用于头痛,眩晕;目痛,流泪,目翳;鼻塞,鼻渊;小儿惊风、目上视。

4.11.16 目窗 Mùchuāng(GB16)

常用于近视,目痛;头痛,眩晕。

4.11.17 正营 Zhèngyíng(GB17)

常用于齿痛;偏头痛,眩晕。

4.11.18 承灵 Chénglíng(GB18)

常用于头痛、恶寒、鼻塞,鼻衄。

4.11.19 脑空 Nǎokōng(GB19)

常用于发热,头痛,颈项强痛;眩晕,目痛;鼻衄,鼻部疮疡;耳聋;癫痫。

4.11.20 风池 Fēngchí(GB20)

常用于中风,痫,癫,狂;眩晕,耳鸣,耳聋;目赤肿痛,视物不清;鼻衄;发热、头痛、鼻塞,颈项强痛。

4.11.21 肩井 Jiānjǐng(GB21)

常用于颈项强痛,肩背痛;中风、上肢不遂;瘰疬;难产,乳痈,产后缺乳。

4.11.22 渊腋 Yuānyè(GB22)

常用于胸胁胀痛,上肢痹痛,腋下肿。

4.11.23 辄筋 Zhéjīn(GB23)

常用于胸胁胀满、气喘、不能平卧。

4.11.24 日月 Rìyuè(GB24)

胆之募穴。常用于胁痛,多唾,吞酸,呃逆;黄疸。

4.11.25 京门 Jīngmén(GB25)

肾之募穴。常用于腰胁痛;肠鸣,泄泻,腹胀;小便不利,水肿。

4.11.26 带脉 Dàimài(GB26)

常用于月经不调,赤白带下;少腹疼痛,疝气,腰胁痛。

4.11.27 五枢 Wǔshū(GB27)

常用于疝气,少腹痛,腰胯痛;赤白带下,月经不调。

4.11.28 维道 Wéidào(GB28)

常用于腰腿痛;呕吐,不思欲食;水肿。

4.11.29 居髎 Jūliáo(GB29)

常用于疝气,腰痛引小腹;腰腿痛。

4.11.30 环跳 Huántiào(GB30)

常用于腰胯痛,下肢痿痹、麻木,半身不遂。

4.11.31 风市 Fēngshì(GB31)

常用于半身不遂,腰腿痛,下肢痿痹;瘙痒。

4.11.32 中渎 Zhōngdú(GB32)

常用于半身不遂,下肢痿痹。

4.11.33 膝阳关 Xīyángguān(GB33)

常用于膝腘肿痛、挛急,小腿麻木。

4.11.34 阳陵泉 Yánglíngquán(GB34)

足少阳经合穴、胆下合穴、八会穴之筋会。常用于胁痛,口苦,呕吐,吞酸;膝肿痛,下肢痿痹、麻木。

4.11.35 阳交 Yángjiāo(GB35)

阳维脉郄穴。常用于胸满;咽喉肿痛;下肢痿痹,转筋。

4.11.36 外丘 Wàiqiū(GB36)

足少阳经郄穴。常用于胸胁胀满,下肢痿痹;癫,狂,痫。

4.11.37 光明 Guāngmíng(GB37)

足少阳经络穴。常用于目痛,夜盲,近视,目翳;下肢痿痹。

4.11.38 阳辅 Yángfǔ(GB38)

足少阳经经穴。常用于咽喉肿痛,胸胁胀痛;腋下肿痛,瘰疬;腰痛,下肢痿痹、麻木、拘挛。

4.11.39 悬钟 Xuánzhōng(GB39)

八会穴之髓会。常用于腹满,不思饮食;半身不遂,下肢痿痹,足胫挛痛。

4.11.40 丘墟 Qiūxū(GB40)

足少阳经原穴。常用于胸胁痛,善太息,颈肿,腋下肿;疟疾;视物不清,目翳;小腿酸痛,外踝肿痛,足下垂。

4.11.41 足临泣 Zúlínqì(GB41)

足少阳经输穴。常用于偏头痛,眩晕;胁痛,瘰疬;膝痛,足痛;疟疾;月经不调,乳痈。

4.11.42 地五会 Dìwǔhuì(GB42)

常用于目赤肿痛;腋下肿;足背红肿;乳痈;咳血,皮肤不泽。

4.11.43 侠溪 Xiáxī(GB43)

足少阳经荥穴。常用于热病,头痛,眩晕,颊肿;耳聋,耳鸣,目赤肿痛;胁痛,膝股痛,足痛;乳痈。

4.11.44 足窍阴 Zúqiàoyīn(GB44)

足少阳经井穴。常用于头痛,目赤肿痛,胸胁痛;耳鸣,耳聋;足痛。

4.12 足厥阴肝经穴

4.12.1 大敦 Dàdūn(LR1)

足厥阴经井穴。常用于疝气,睾丸肿痛、前阴痛、少腹疼痛,遗尿,癃闭;月经不调,子宫下垂;小儿惊风，癫痫；神昏。

4.12.2 行间 Xíngjiān(LR2)

足厥阴经荥穴。常用于疝气，少腹疼痛、前阴痛，遗尿，癃闭；月经不调，带下；目赤肿痛，口干，口渴，咽喉肿痛；胁痛，善怒，太息；癫痫；脚膝肿痛。

4.12.3 太冲 Tàichōng(LR3)

足厥阴经输穴、原穴。常用于疝气，前阴痛、少腹肿，癃闭，遗尿；月经不调，难产；黄疸，胁痛，腹胀，呕逆；小儿惊风；目赤肿痛，咽干，咽痛；下肢痿痹，足跗肿痛。

4.12.4 中封 Zhōngfēng(LR4)

足厥阴经经穴。常用于疝气，腰痛、少腹痛，小便不利；遗精。

4.12.5 蠡沟 Lígōu(LR5)

足厥阴经络穴。常用于疝气，睾丸肿痛，小便不利，遗尿；月经不调，赤白带下，阴痒。

4.12.6 中都 Zhōngdū(LR6)

足厥阴经郄穴。常用于疝气，少腹痛；泄泻；崩漏，恶露不绝。

4.12.7 膝关 Xīguān(LR7)

常用于咽喉、少腹、膝内侧引痛；膝部肿痛。

4.12.8 曲泉 Qūquán(LR8)

足厥阴经合穴。常用于疝气，前阴痛、少腹痛，小便不利；遗精，阳痿；妇人腹中包块，月经不调，带下，子宫脱垂，阴痒；惊狂；膝肿痛，下肢痿痹。

4.12.9 阴包 Yīnbāo(LR9)

常用于腰骶、少腹引痛；月经不调；小便不利，遗尿。

4.12.10 足五里 Zúwǔlǐ(LR10)

常用于少腹痛，睾丸肿痛，小便不利；子宫脱垂。

4.12.11 阴廉 Yīnlián(LR11)

常用于月经不调，不孕；少腹痛。

4.12.12 急脉 Jímài(LR12)

常用于疝气，前阴痛、少腹痛。

4.12.13 章门 Zhāngmén(LR13)

脾之募穴，八会穴之脏会。常用于黄疸，胁痛，痞块；腹痛，腹胀，肠鸣，呕吐。

4.12.14 期门 Qīmén(LR14)

肝之募穴。常用于胁下积聚、气喘，呃逆，胸胁胀痛；呕吐，腹胀，泄泻；乳痈。

4.13 督脉穴

4.13.1 长强 Chángqiáng(GV1)

督脉络穴。常用于泄泻,便秘,便血,痔疮,脱肛;癫狂,小儿惊风;腰脊尾骶痛。

4.13.2 腰俞 YāoShū(GV2)

常用于腰背痛;月经不调;下肢痿痹。

4.13.3 腰阳关 Yāoyángguān(GV3)

常用于腰骶痛;月经不调;遗精,阳痿。

4.13.4 命门 Mìngmén(GV4)

常用于腰痛、少腹痛,脊强;赤白带下;阳痿,遗精,尿频。

4.13.5 悬枢 Xuánshū(GV5)

常用于腰脊痛,腹痛;泄泻。

4.13.6 脊中 Jǐzhōng(GV6)

常用于腰脊强痛;癫痫;黄疸;泄泻。

4.13.7 中枢 Zhōngshū(GV7)

常用于腰背痛。

4.13.8 筋缩 Jīnsuō(GV8)

常用于小儿惊风,抽搐;癫痫、目上视,脊强。

4.13.9 至阳 Zhìyáng(GV9)

常用于黄疸;四肢重痛;腰背痛。

4.13.10 灵台 Língtái(GV10)

常用于咳嗽,气喘;脊痛,颈项强痛。

4.13.11 神道 Shéndào(GV11)

常用于多愁善悲,惊悸,健忘;脊强、脊痛;小儿惊风。

4.13.12 身柱 Shēnzhù(GV12)

常用于发热,癫狂;小儿惊风;腰背痛;咳嗽,气喘。

4.13.13 陶道 Táodào(GV13)

常用于疟疾;骨蒸;颈项强痛。

4.13.14 大椎 Dàzhuī(GV14)

常用于热病,疟疾;咳嗽,气喘;骨蒸;颈项强痛。

4.13.15 哑门 **Yǎmén(GV15)**

常用于失音,舌缓或舌强不语;头痛,颈项强痛;鼻衄。

4.13.16 风府 **Fēngfǔ(GV16)**

常用于中风不语;癫狂;头痛,颈项强痛;咽喉肿痛,眩晕,鼻衄。

4.13.17 脑户 **Nǎohù(GV17)**

常用于癫,狂,痫;失音;眩晕;颈项强痛。

4.13.18 强间 **Qiángjiān(GV18)**

常用于癫,狂,痫;头痛,颈项强痛。

4.13.19 后顶 **Hòudǐng(GV19)**

常用于头痛,眩晕;癫,狂,痫;颈项强痛。

4.13.20 百会 **Bǎihuì(GV20)**

常用于头痛,目痛,眩晕,耳鸣,鼻塞;中风,神昏;癫,狂,痫,小儿惊风,痴呆;脱肛,子宫脱垂。

4.13.21 前顶 **Qiándǐng(GV21)**

常用于头痛,眩晕;小儿惊风;鼻渊,面肿。

4.13.22 囟会 **Xìnhuì(GV22)**

常用于头痛,眩晕;癫痫,小儿惊风;鼻塞,鼻衄。

4.13.23 上星 **Shàngxīng(GV23)**

常用于鼻渊,鼻衄;头痛,眩晕,目痛;癫狂;疟疾,热病。

4.13.24 神庭 **Shéntíng(GV24)**

常用于癫,狂,痫;头痛,眩晕,呕吐;鼻渊,鼻衄。

4.13.25 素髎 **Sùliáo(GV25)**

常用于鼻塞,鼻衄,鼻渊,鼻息肉,酒皶鼻。

4.13.26 水沟 **Shuǐgōu(GV26)**

常用于一切神昏之急救;口眼㖞斜、流涎,口噤;鼻塞,鼻衄;癫,狂,痫;水肿,消渴;腰脊强痛。

4.13.27 兑端 **Duìduān(GV27)**

常用于癫痫、呕沫,口噤;齿痛;口臭。

4.13.28 龈交 **Yínjiāo(GV28)**

常用于癫狂;牙龈肿痛、出血,鼻塞,鼻息肉;小儿面部疮癣。

4.13.29　印堂　Yìntáng(GV29)

常用于小儿惊风;头痛,眩晕;鼻衄,鼻渊;失眠。

4.14　任脉穴

4.14.1　会阴　Huìyīn(CV1)

任脉络穴。常用于大小便不利,阴痛,阴痒,阴肿;痔疮;遗精;月经不调。

4.14.2　曲骨　Qūgǔ(CV2)

常用于小便不利,遗尿,疝气,遗精,阳痿;月经不调,带下。

4.14.3　中极　Zhōngjí(CV3)

膀胱募穴。常用于月经不调,崩漏,子宫脱垂,阴痒,不孕,恶露不尽,带下;遗尿,小便不利,疝气,遗精,阳痿。

4.14.4　关元　Guānyuán(CV4)

小肠募穴。常用于疝气,少腹疼痛;癃闭,尿频,遗精,阳痿;月经不调,痛经,带下,子宫脱垂,恶露不尽,不孕;泄泻;虚劳。保健灸的常用穴。

4.14.5　石门　Shímén(CV5)

三焦募穴。常用于小便不利,遗精,阳痿;妇人腹中包块,月经不调,恶露不尽;水肿,泄泻;疝气,腹痛。

4.14.6　气海　Qìhǎi(CV6)

肓之原穴。常用于虚脱,泄泻,虚劳羸瘦;疝气,腹痛;小便不利,遗尿,遗精,阳痿;月经不调,带下,子宫脱垂,恶露不尽。保健灸的常用穴。

4.14.7　阴交　Yīnjiāo(CV7)

常用于疝气、腹痛;月经不调,带下,不孕,产后诸症;水肿、小便不利。

4.14.8　神阙　Shénquè(CV8)

常用于脐周痛,腹胀,肠鸣,泄泻;水肿,小便不利;中风脱证。

4.14.9　水分　Shuǐfēn(CV9)

常用于腹痛、胀满坚硬、不思饮食;水肿,小便不利。

4.14.10　下脘　Xiàwǎn(CV10)

常用于呕吐、食入即出;腹满、腹硬、腹中包块、不思饮食、消瘦。

4.14.11　建里　Jiànlǐ(CV11)

常用于胃脘痛,呕吐,不思饮食;腹胀,腹痛,肠鸣;身肿。

4.14.12　中脘　Zhōngwǎn(CV12)

胃之募穴,八会穴之腑会。常用于胃脘痛,腹胀,腹中包块,泄泻,便秘,不思饮食,呕吐;黄疸。

4.14.13 上脘 Shàngwǎn(CV13)

常用于胃脘痛,呕吐,呕血,呃逆,不思饮食,腹胀,腹中包块;癫痫。

4.14.14 巨阙 Jùquè(CV14)

心之募穴。常用于胸痛,气喘,心烦,心悸;腹痛,呕吐,吞酸;癫,狂,痫。

4.14.15 鸠尾 Jiūwěi(CV15)

任脉络穴,膈之原穴。常用于胸痛,气喘;腹胀,呃逆;癫,狂,痫。

4.14.16 中庭 Zhōngtíng(CV16)

常用于胸胁胀满;噎膈,呕吐。

4.14.17 膻中 Dànzhōng(CV17)

心包募穴,八会穴之气会。常用于胸闷,心痛;咳嗽,气喘;噎膈;产后缺乳。

4.14.18 玉堂 Yùtáng(CV18)

常用于咳嗽,气喘;胸闷,胸痛,乳房胀痛;呕吐。

4.14.19 紫宫 Zǐgōng(CV19)

常用于胸痛,咳嗽,气喘。

4.14.20 华盖 Huágài(CV20)

常用于胸胁痛,咳嗽,气喘。

4.14.21 璇玑 Xuánjī(CV21)

常用于咳嗽,气喘,胸痛;咽喉肿痛。

4.14.22 天突 Tiāntū(CV22)

常用于咳嗽,气喘,胸痛,咳血;咽喉肿痛,失音;瘿瘤;噎膈。

4.14.23 廉泉 Liánquán(CV23)

常用于中风失语、吞咽困难、舌缓、流涎;舌下肿痛,咽喉肿痛。

4.14.24 承浆 Chéngjiāng(CV24)

常用于口眼㖞斜,口噤,齿龈肿痛;失音;癫,狂,痫;消渴多饮;头项强痛。

5 经外奇穴主治

5.1 头颈部穴

5.1.1 四神聪 Sìshéncōng(EX-HN1)

常用于头痛、眩晕;失眠,健忘;癫痫。

5.1.2 鱼腰 **Yúyāo(EX-HN4)**

常用于目赤肿痛,目翳;眼睑瞤动或下垂,口眼㖞斜。

5.1.3 太阳 **Tàiyáng(EX-HN5)**

常用于头痛;目赤肿痛,目涩;口眼㖞斜。

5.1.4 耳尖 **Ěrjiān(EX-HN6)**

常用于目疾;头痛;咽喉肿痛;发热。

5.1.5 金津 **Jīnjīn(EX-HN12)**

常用于舌肿,失语;消渴,口疮;咽喉肿痛。

5.1.6 玉液 **Yùyè(EX-HN13)**

常用于舌肿,失语;消渴,口疮;咽喉肿痛。

5.1.7 颈百劳 **Jǐngbǎiláo(EX-HN15)**

常用于颈项强痛,瘰疬。

5.2 胸腹部穴

5.2.1 子宫 **Zǐgōng(EX-CA1)**

常用于月经不调,痛经,不孕,子宫脱垂。

5.3 背部穴

5.3.1 定喘 **Dìngchuǎn(EX-B1)**

常用于气喘,咳嗽。

5.3.2 夹脊 **Jiájǐ(EX-B2)**

上胸部夹脊穴常用于心肺、上肢病症;下胸部夹脊穴常用于肝、胆、脾、胃肠病症;腰部夹脊穴常用于腰腹及下肢病症。

5.3.3 胃脘下俞 **Wèiwǎnxiàshū(EX-B3)**

常用于消渴、咽干,胃脘痛。

5.3.4 痞根 **Pǐgēn(EX-B4)**

常用于痞块。

5.3.5 腰眼 **Yāoyǎn(EX-B7)**

常用于腰痛。

5.3.6 十七椎 **Shíqīzhuī(EX-B8)**

常用于腰骶痛,下肢瘫痪;月经不调。

5.4 上肢穴

5.4.1 肘尖 **Zhǒujiān(EX-UE1)**

常用于瘰疬,痈疽。

5.4.2 二白 **Èrbái(EX-UE2)**

常用于痔疮、便血、脱肛。

5.4.3 中魁 **Zhōngkuí(EX-UE4)**

常用于牙痛;呃逆。

5.4.4 腰痛点 **Yāotòngdiǎn(EX-UE7)**

常用于急性腰扭伤。

5.4.5 四缝 **Sìfèng(EX-UE10)**

常用于小儿疳疾;百日咳。

5.4.6 十宣 **Shíxuān(EX-UE11)**

常用于神昏,发热。

5.5 下肢穴

5.5.1 鹤顶 **Hèdǐng(EX-LE2)**

常用于膝肿痛,足胫无力。

5.5.2 胆囊 **Dǎnnáng(EX-LE6)**

常用于急、慢性胆囊炎,胆石症,胆道蛔虫症。

5.5.3 阑尾 **Lánwěi(EX-LE7)**

常用于急性或亚急性阑尾炎;下肢瘫痪。

附 录 A
（规范性附录）
确定腧穴主治的依据、方法

A.1 确定腧穴主治的依据

以历代针灸文献为主要依据。古今针灸文献的选择以腧穴文献为主，治疗文献为辅。

通过研究将传世古代腧穴文献按其传承关系划分为四大分支，即“黄帝明堂经”系列、“甄权等诸家明堂”系列、“窦太师针灸”系列、《针灸聚英》系列。每一支文献均以源头文献为主要依据。

现代腧穴文献，选用1-7版高等中医院校统编教材《针灸学》及对外培训教材《中国针灸学》为代表。

古代治疗文献以单穴方与其加减方为主，多穴方为辅；现代临床应用文献，选用单穴为主，或辅以1～2个配穴，有明确的治疗病症、操作方法和疗程，且有较多的病例数和客观的疗效分析。

A.2 确定腧穴主治的方法

综合考察古今文献，进行正误、取精、补缺、规范的整理研究。当历代文献关于腧穴主治的记载有分歧时，注重多种方法的综合应用与多种文献的综合利用。基本思路为：考察单一腧穴时，注意与相关腧穴加以比较；考察文献时，既注重腧穴“主治”内容，又注意考察与主治直接或间接相关的所有方面。

附　录　B
（资料性附录）
腧穴基础主治的界定

针灸效应的产生取决于穴位和刺激两个方面。严格地说，还应当包括机体的反应性这一因素。从刺激方面来分析，同一穴位，如果采用不同的针法、不同的针刺层次、不同的刺激量，会产生不同的效应。以往的实验结果提示：针灸穴位在不同的刺激条件下可通过不同的机制表现出特异性与非特异性两种不同的效应。

腧穴主治的特异性主要取决于腧穴所在的部位，所有腧穴都可以治疗其所在部位及其相邻近部位的病症，因此位于不同区域腧穴的主治病症不同；另一方面四肢肘膝以下的特定穴除了上述近治作用外，还可治疗相关经脉、络脉及其所属脏腑的病症，表现出腧穴主治的经络特异性。

将针灸效应中主要由腧穴起作用的主治称为“基础主治”，并将其条件定义为：以普通针法、常规刺激量与刺激时间、针灸单个穴位，针对一般敏感程度的人体所产生的治疗作用。本标准所规定的腧穴主治为基础主治，不包括基于特殊针灸法、特殊操作的腧穴治疗病症。

附 录 C
（规范性附录）
腧穴主治规范化表述

C.1 腧穴主治的表述体例

C.1.1 以“常用于……”的表述形式概括腧穴的治疗、保健方面的应用。

C.1.2 主治病症按其内在联系分为若干组，不同组主治病症间用分号隔开，同一组主治病症间用逗号隔开，相关联症状（多为症候群）间用顿号隔开。新增的主治病症置于最后，之前用句号与其他主治病症相隔。

C.1.3 从古代文献筛选出的病症采用中医病名、症状名，但对于某些用现代医学病名表述更明确者，或基于现代针灸临床新总结的治疗病症，则采用现代医学病名。

C.1.4 古代针灸文献对于腧穴主治的表述，以症状描述为主，而目前关于症状名，还没有相应的国家标准或行业标准，此次腧穴主治病症的表述，优先采用国家有关诊疗标准术语的相关条目，现行标准没有收录的病症名称，参考各版高等中医院校统编《针灸学》教材确定。

C.1.5 十二经之五输穴、络穴，五脏六腑之俞、募穴，六腑下合穴等特定穴下，皆注明其特定属性，以反映其与腧穴主治的相关性联系。

C.2 腧穴主治表述体例的说明

古代针灸腧穴文献对腧穴主治的描述多为症状，而不是具体的病。即使某些腧穴的主治中出现病名，也多伴随具有辨证意义的特异性症状。古代医家总是不断地从对不同病的针灸治疗中概括、提炼出相关腧穴的特异性主治症。腧穴主治的演变遵循“从具体到一般”的总规律，即不断地从对所主治的一个个具体病中提炼出共通的基础症状或特异性症状，不论什么病只要见此症状，即可取此穴。即“有是症用是穴”。因此对于那些临床应用较广的腧穴，力求提炼出基础症状，而尽可能淡化具体病的列举。然而具体到每一个腧穴，因其主治范围大小不一，临床应用的频度不同，人们对其主治特点把握的程度也就不同，难以通过一次研究就达到理想状态。

同一个腧穴的临床应用，除了用于病症的治疗外，还用于疾病的预防以及保健、强身，这些正是针灸的优势所在，应加以总结并恰当地反映，因此在表述上不用“主治××病症”，而采用“常用于××”来涵盖腧穴治疗与保健的双重应用。腧穴的保健作用一般只列举应用最广的，而针灸腧穴所产生的疾病预防作用一般与其所治疗的作用相对应，因此不专门列举腧穴的预防病症。

参 考 文 献

［1］ 黄龙祥.黄帝明堂经辑校.北京:中国医药科技出版社,1988.

［2］ 皇甫谧.针灸甲乙经//黄龙祥.针灸名著集成.北京:华夏出版社,1996.

［3］ 王惟一.铜人腧穴针灸图经. //黄龙祥.针灸名著集成.北京:华夏出版社,1996.

［4］ 王怀隐,等.太平圣惠方(卷90-100).铅印本.北京:人民卫生出版社,1959.

［5］ 窦太师.窦太师针经.佚名氏编,明代佚名氏重编补注//黄龙祥.元代珍稀针灸三种.北京:人民卫生出版社,2008.

［6］ 吴崑.针方六集.//黄龙祥.针灸名著集成.北京:华夏出版社,1996.

［7］ 严振.循经考穴编.//黄龙祥.针灸名著集成.北京:华夏出版社,1996.

［8］ 国家技术监督局.GB/T 12346—2006 腧穴名称与定位.北京:中国标准出版社,2006.

［9］ 国家技术监督局.GB/T 16751.1—1997 中医临床诊疗术语——疾病部分.北京:中国标准出版社,1997.

［10］ 国家中医药管理局.ZY/T 001.1～001.9-94 中医病证诊断疗效标准.南京:南京大学出版社,1994.

［11］ 黎敬波,马力.中医临床常见症状术语规范.北京:中国医药科技出版社,2005.

［12］ 江苏省中医学校针灸教研组.针灸学.南京:江苏人民出版社,1957.

［13］ 南京中医学院针灸教研组.针灸学讲义.北京:人民卫生出版社,1961.

［14］ 南京中医学院.针灸学讲义.上海:上海科学技术出版社,1964.

［15］ 江苏新医学院.针灸学.上海:上海人民出版社,1973.

［16］ 南京中医学院. 针灸学. 上海:上海科学技术出版社,1979.

［17］ 邱茂良.针灸学. 上海:上海科学技术出版社,1985.

［18］ 孙国杰.针灸学. 上海:上海科学技术出版社,1997.

［19］ 石学敏.针灸学.北京:中国中医药出版社,2002.

索　引

十四经穴名称索引

E

F

G

H

J

P

Q

R

S

T

W

Z

经外奇穴名称索引

S

T

W

Y

Z

ICS 01.140
A 16

中华人民共和国国家标准

GB/T 30234—2013

文物展品标牌

Description plates for cultural relics on display

2013-12-31 发布　　　　2014-12-01 实施

中华人民共和国国家质量监督检验检疫总局
中国国家标准化管理委员会　发布

前　言

本标准按照 GB/T 1.1—2009 给出的规则起草。

本标准由国家文物局提出。

本标准由全国文物保护标准化技术委员会(SAC/TC 289)归口。

本标准负责起草单位:河南博物院。

本标准参与起草单位:浙江省自然博物馆。

本标准主要起草人:田凯、徐雷、谭淑琴、陈水华、李宏。

文物展品标牌

1 范围

本标准规定了各种类型的陈列展览中文物展品的标牌内容及其平面设计、制作规格、摆放等要求。

本标准适用于文物展品标牌的设计制作、摆放等，其他相关展品参照此标准执行。

2 规范性引用文件

下列文件对于本文件的应用是必不可少的。凡是注日期的引用文件，仅注日期的版本适用于本文件。凡是不注日期的引用文件，其最新版本（包括所有的修改单）适用于本文件。

GB/T 15834　标点符号用法

GB/T 15835—2011　出版物上数字用法

GB/T 17693.1—2008　外语地名汉字译写导则　英语

WW/T 0017—2008　馆藏文物登录规范

《简化字总表》，中国文字改革委员会，1986年编印

《印刷通用汉字字形表》，文化部和中国文字改革委员会公布，1965年1月

《第一批异体字整理表》，文化部和中国文字改革委员会公布，1955年12月

《汉语拼音方案》，第一届全国人民代表大会批准公布，1958年2月11日

3 术语和定义

下列术语和定义适用于本文件。

3.1

文物展品标牌　description plates for cultural relics on display

布置在文物展品（以下简称“展品”）的附近，帮助观众对展品进行解读的说明牌。

3.2

主项　main items

提供给观众的展品的基本信息，主要包括名称、时代、质地、著作权人、来源、收藏等要素。标牌主项内容的选择由展品的种类和陈列展览的性质决定。

3.3

副项　secondary items

展品名称的补充要素，主要包括名称副标题、展品用途、性质及完残情况等。

3.4

辅助项　supplemental items

在主项和副项的基础上，对展品更深入的解读，包括说明、配图等。

3.4.1

说明　explanations

在主项、副项之外，对展品更深入、更详细的文字介绍。

3.4.2

配图　illustrations

用于说明展品的线描图、原理示意图、结构图、照片、拓片或其他辅助说明图等。

3.5

类目项　category references

提供展品导览配置工具指示图标及相对应的编号，帮助观众使用导览配置工具。

3.6

替代品　replica exhibits

文物的复制品、仿制品、摹本、拓本、印刷品等。

3.7

普通标牌　description plates for minor exhibits

只包含主项、副项的展品标牌。

3.8

重点标牌　description plates for major exhibits

包含有主项、副项、辅助项，对展品有简要说明或配图的展品标牌。

3.9

组类展品标牌　description plates for group exhibits

陈列展览中，互有关联因素的多件展品在一起展出时的说明标牌。

4　展品标牌内容

4.1　概述

展品标牌内容的构成应包括主项、副项、辅助项及类目项。这些文字说明以标牌的形式置于文物附近，通过科学真实、具体可靠的语言和配图为观众提供展品所蕴含的信息，帮助观众使用展品的相关配置工具。标牌的语言文字，如汉语中的简化字、异体字、碑别字、古文字及注音，少数民族语言文字、英语及其他语种的使用都有相应的要求和标准。

4.2　主项

4.2.1　名称

展品的规范化名称见 WW/T 0017—2008。

4.2.2　年代

年代表述按照展品性质应采用地质纪年、考古学年代、历史纪年表述。地质纪年及考古学年代在后面应括注距今年代。历史纪年的展品，在年代表述后应括注公元纪年。公元前的年代表述应在阿拉伯数字前加“公元前”，公元后的年代表述根据习惯应省略“公元”二字。当表示的年代跨度在公元纪年前后时，应在公元前的年代前加“公元前”，在公元后的年代前不应省略“公元”二字。夏历和中国清代以前的历史纪年、各民族的非公历纪年的年代数字用汉字，中华民国纪年及公元纪年均应使用阿拉伯数字。

示例 1：新石器时代裴李岗文化(距今约 8700—6800 年)

示例 2：战国(公元前 475—前 221 年)

示例 3：西汉(公元前 202—公元 8 年)

示例 4：西夏显道二年(1033 年)

示例 5：中华民国 38 年(1949 年)

4.2.3 质地

一般情况下，文物质地在文物名称和陈列展览标题中表述。按照习惯用法在文物名称和陈列展览标题中不显示质地，而构成文物的材料是文物价值重要载体的展品，应在文物名称和年代后注明展品的质地。书画类展品应按习惯在质地后注明画种或技法。

示例1：高逸图卷　绢本设色

示例2：李鸿章肖像　布面油画

4.2.4 来源

4.2.4.1 出土

通过考古发掘的出土文物应标明出土时间、地点。出土地点应按行政区划，标明省、市(或县)，并在行政地域后加墓葬、房基、窖穴等遗迹名称。如果是多个国家展品组合的陈列展览，地域前应加国别。行政区划地点应以原出土时行政区划名称定名，如果地名有变动，应在原地名后括注现地名。

示例1：1936年河南省辉县(现辉县市)琉璃阁村甲墓出土

示例2：1879年意大利庞贝奥古斯都·福耳图纳神庙壁龛出土

4.2.4.2 出水

通过考古发掘的出水文物应标明出水时间、地点。出水地点应按行政区划，标明具体的省份及所属海域和沉船的名称。

示例1：1998年海南省西沙群岛华光礁海域出水

示例2：2011年广东省阳江海域“南海1号”出水

4.2.4.3 采集

通过科学调查从原藏地获得的文物应标明采集。采集得到的展品应标明采集时间、地点。

示例1：尖状石器　1995年新疆吐鲁番市交河故城沟西采集

示例2：对马图岩画　1985年内蒙古巴彦淖尔市五原县韩乌拉山采集

4.2.4.4 捐赠

个人或集体捐赠的展品应标明捐赠。捐赠得到的展品应标明捐赠的时间和捐赠者(捐赠者同意公开其姓名)。

示例1：1996年徐展堂捐赠

示例2：2001年李伯安家属捐赠

4.2.4.5 征集

从各种渠道购买、国家有关机构移交等形式得到的展品统一标明征集。征集得到的展品应标明征集时间和地点。

示例：1998年河南省南阳市征集

4.2.5 收藏

引进展览或借用展品应标明展品收藏机构或收藏者。文物的替代品应标明文物现藏机构或所有者。

示例1：南京博物院收藏

示例2：栗晓峰收藏

示例3：玉龙(复制品)原件藏中国国家博物馆

4.2.6 著作权人

著作权人要在姓名前加“作者”或“制作者”,并用冒号相隔。不明作者注“佚名”。

示例1:韩熙载夜宴图　五代(907—960年)　作者:顾闳中

示例2:出水芙蓉图　北宋(960—1127年)　作者:佚名

示例3:德化窑达摩坐像　明代(1368—1644年)　制作者:何朝宗

4.2.7 主项内容的省略

陈列展览中所有展品的某一主项或多个主项内容相同,并且在展览名称或前言中已经说明,展品标牌中的此项内容可省略。

4.3 副项

4.3.1 文物的残缺

对不完整或残缺的文物,应在标牌名称后注明。

示例1:女史箴图(局部)

示例2:毛泽东撰写的评论(首页)

4.3.2 文物用途

不易辨别使用功能的文物应注明用途。

示例1:鱼形铜片(棺饰)

示例2:铜銮铃(车器)

4.3.3 替代品标注

文物替代品应在展品名称后括注替代品性质,并标明文物原存地或收藏机构(见4.2.5)。

示例1:清明上河图(仿制品)原件藏故宫博物院

示例2:大秦景教流行中国碑(拓片)原碑藏陕西西安碑林博物馆

示例3:李大钊手稿(复制品)原件藏中国国家博物馆

4.3.4 展品名称的副标题

是对展品名称的补充和注解,可突出强调展品的某一重要价值或重要特性。名称副标题非必备补充要素,可根据展品具体情况添加。

示例1:玉柄铁剑——我国最早的人工冶铁制品

示例2:骨笛——中华音乐的奇迹

4.3.5 组类展品的数量和附件

组类展品标牌共有的名称后应括注展品的数量。展品的附属品和展品同时陈列展览时应在展品名称后括注附属品的名称。

示例1:“王孙诰”铜编钟(26枚)

示例2:“王子午”铜鼎(附铜匕)

示例3:“五四运动”纪念章(9枚)

4.4 辅助项

4.4.1 说明

说明文字一般直接附在展品标牌的主项后。说明文字应简洁明了(参见附录A的图A.3和图A.4)。

4.4.2 配图

配图应标明配图名称，可与标牌说明文字组合在一起，也可另立配图标牌(参见附录A的图A.3)。

4.5 类目项

4.5.1 展品导览标识

有语音、视频等导览配置工具的展品，应在展品标牌上设计配置工具图标及相对应编号(参见附录A的A.3、A.4、A.6)，有条件的陈列展览可使用展品多维编码。

4.5.2 组类展品编号

组类展品在陈列展览中，观众不易辨识或展品附近不便于摆放标牌的情况下，应在展品附近和标牌上设置相对应的展品编号。

示例1：陶动物俑(1组7件) ①②陶鸡 ③④陶狗 ⑤陶羊 ⑥陶猪 ⑦陶鹤 隋开皇15年(595年) 1959年河南省安阳市张盛墓出土

注：此为组类展品有相同主项内容的展品编号。

示例2：

① 青玉蝉
汉(公元前202—公元220年)
1967年河南省郑州市征集

② 白玉蝉
商(公元前1600—前1046年)
1986年河南省郑州市商城遗址出土

③ 玉猪
汉(公元前202—公元220年)
1956年河南省新乡市征集

注：此为组类展品主项内容不相同的展品编号。

4.6 语言文字

4.6.1 要求

展品标牌语言文字应使用汉语、外国语言和少数民族语言。汉语是所有展品标牌都应使用的标准语言文字；少数民族语言文字的使用应遵照国家法律、法规执行；英语一般情况下作为第一外国语种使用；其他外国语言可根据陈列展览需要自定。中文、外文及少数民族语言文字的书写、语法和标点符号都应规范，符合相关国家标准，如汉语标点符号用法应按照GB/T 15834，数字的用法应按照GB/T 15835—2011。

4.6.2 汉语

4.6.2.1 简化字

简化字是现代中文的法定标准汉字，是展品标牌中的标准语言文字，一般作为第一语言文字使用。标牌用字应以现行简化字为标准用字，以国家公布的《简化字总表》《印刷通用汉字字形表》为准。

4.6.2.2 异体字、碑别字、古文字

标牌上一般不使用异体字形，以国家公布的《第一批异体字整理表》为准。在历史文化陈列展览中，

标牌中的姓氏用字和专有名词可使用被淘汰的异体字或原文用字,如:升(昇)、坤(堃)、奔(犇)等。碑版中的别字,在标牌中应避免出现,应充分利用前人的研究成果,如秦公辑《碑别字新编》,改为现在通用的规范汉字。标牌文字使用古文字,应根据观众需要和研究成果引用,如甲骨文、金文、篆书等。

4.6.2.3 注音

在中文语言说明中,对于观众不易识读的异体字、古文字、生僻字和多音字应标注读音。汉语拼音以国家公布的《汉语拼音方案》为准。

示例:兽面纹铜盉(hé)

4.6.3 少数民族文字

在中华人民共和国境内少数民族自治地方举办的陈列展览,展品标牌文字的撰写应按照《中华人民共和国国家通用语言文字法》和《中华人民共和国民族区域自治法》执行。少数民族的称谓和地名应用适当的名称,符合相关国家政策,如《关于处理带有歧视或侮辱少数民族性质的称谓、地名、碑碣、匾联的指示》。语法与读音应符合中华人民共和国境内各少数民族文字相关标准,如《少数民族语地名汉语拼音字母音译转写法》。

4.6.4 英语

非特殊内容或行业的常设陈列均应使用英语作为展品说明的第二语言文字。临时展览可根据需要使用英语。英语的翻译应符合中华人民共和国境内相关标准,如外国地名翻译应按照 GB/T 17693.1—2008。

5 展品标牌形式设计

5.1 要求

展品标牌形式设计应与陈列展览形式设计风格相统一,同一陈列展览的展品标牌应有统一的形式。标牌形状应以长方形为基本形式。展品标牌设计不宜过度艺术化和个性化,设计应简洁明了,便于观众阅读,不影响展品内容的表达和展示。

5.2 规格

5.2.1 普通标牌

普通标牌规格建议不小于横长 120 mm,竖宽 80 mm,参考长宽比例为 1.5∶1～2∶1,在此比例基础上可根据展品文字内容多少、展品大小以及与观众距离远近灵活设计。

5.2.2 重点与组类标牌

重点和组类带辅助项说明的展品标牌可根据文字设计的需要,展品标牌竖宽与普通标牌竖宽相同,横长可适当加长,与普通标牌的设计风格一致(参见附录 A 图 A.9)。说明文字较多和带配图的标牌,以及特殊大型展品的标牌可根据展品实际尺寸和布展需要加大标牌尺寸规格,制作成背板形式(参见附录 A 的 A.3 、A.4)。

5.3 格式

5.3.1 主项格式

标牌主项内容按照展品的名称、年代、质地、著作权人、来源、收藏机构或收藏者等先后顺序排列。替代品中原件收藏机构的排序应参照主项中收藏机构的排序位置排列。主项内容有省略的,应按省略后原有顺序排列。每项单列一行(参见附录 A)。

5.3.2 副项格式

凡属副项的内容一般是在名称后加括号注明。名称的副标题应在名称后加破折号(参见 4.3.4 和附录 A 的图 A.2、图 A.3)。

5.3.3 辅助项格式

辅助项中说明文字附在主项之后(参见附录 A 的图 A.2、图 A.3、图 A.4)。文字较多的说明或较大配图可单独制作标牌。

5.3.4 类目项格式

类目项中语音导览标识在标牌右上角(参见附录 A 的 A.3、图 A.4、图 A.6)。组类展品编号应用阿拉伯数字加圈标识在名称前(参见 4.5.2)。

5.4 字体

5.4.1 中文字体

展品名称标准字体宜采用黑体,其他字体宜采用宋体或楷体,不宜过度艺术化。

5.4.2 其他字体

少数民族语言文字、外文及阿拉伯数字应选用与中文标准字体风格一致的字体。如英语宜采用与中文字体黑体和宋体相对应的等线体和罗马体。

5.5 字号

展品标牌字号应根据观众观看距离自定。同类标牌应采用相同的字体和字号。展品名称字号应比其他内容大一级以上字号。

5.6 排版

5.6.1 排版格式

文字排版格式分横版和竖版两种。语言文字排列格式一般应为横版格式,主次顺序依自上而下排列。特殊情况下及少数民族语言文字可根据具体情况及语言文字特点竖版排列。

5.6.2 边距

指文字周边空距。对边空距之和应以对边直线长度的 1/5 为参照标准。上下边空距中上边距大于下边距,比例约为 6∶4。

5.6.3 字距

指文字排列中字与字之间的距离。一般段落文字的字间距以字宽的 1/10～1/5 为标准。标题文字可适当加宽,但一般不超过自宽的 100%,特殊情况可酌情处理。

5.6.4 行距

指文字的行间距。行距以字高的 1/2～2 倍为参照,通常采用 1.5 倍为标准。标题与其他主项内容之间、主项与辅助项之间、不同语言文字之间的距离,应大于行距。

5.6.5 对齐

指文字的字对齐、行对齐、段对齐。总体版式通常采用左对齐。汉语说明文字首行缩进两个汉字。非中文语言，按照具体语种的排版要求正确应用(参见附录A)。

5.7 色彩

标牌色彩可根据设计需要具体制定，原则上采用单色。但字色与底色要有足量对比度。黑色为常用色，与白色或综合灰度小于30%的色彩对比使用。白色为常用色，与黑色或综合灰度大于70%的色彩对比使用。

5.8 材质

展品标牌材料可根据陈列展览风格选定。一般使用轻便、薄质的阻燃材料，表面无纹理或纹理较细的亚光材料。

5.9 摆放

标牌摆放以便于阅读、不影响对展品的观赏为原则，条件允许的情况下，标牌摆放可充分考虑儿童和特殊观众需求。标牌摆放高度一般不超过90 cm。展柜内的普通标牌一般摆放在展品正前方台面上，与台面斜角不超过30°。如台面有斜坡可置于斜坡上。组类和重点标牌中较大的说明牌可固定在展品后面的背板上。露置展品标牌可做支架置于展品正前方或展品左侧。

附　录　A
（资料性附录）
文物展品标牌范例

A.1　普通标牌范例

图 A.1、图 A.2 提供了 2 个普通标牌、主项完整的图示范例。

图 A.1　普通标牌范例 1

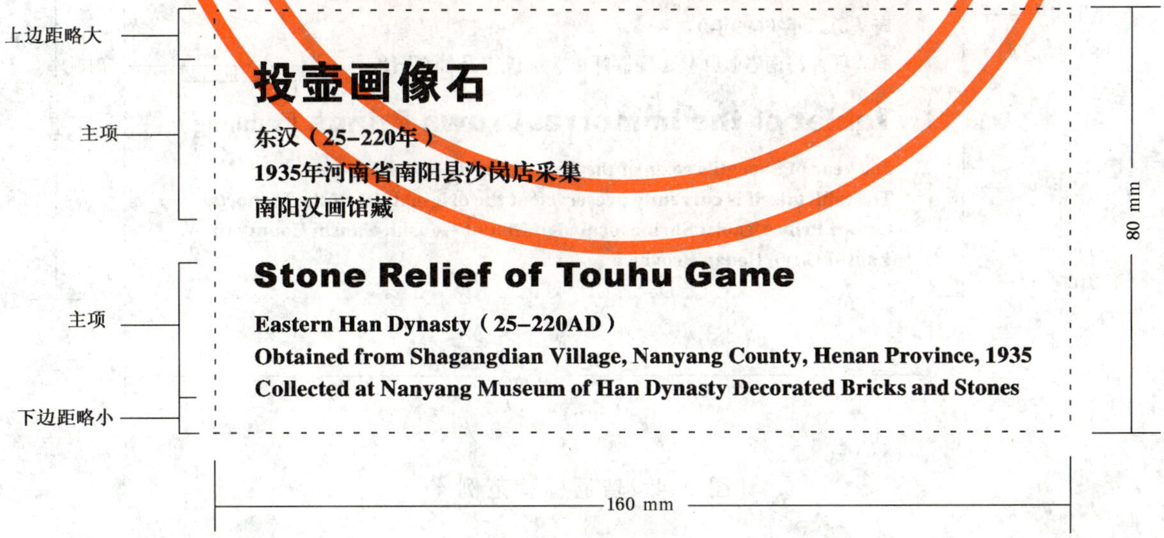

图 A.2　普通标牌范例 2

图 A.3、图 A.4 提供了 2 个普通标牌、文物展品为替代品的图示范例。

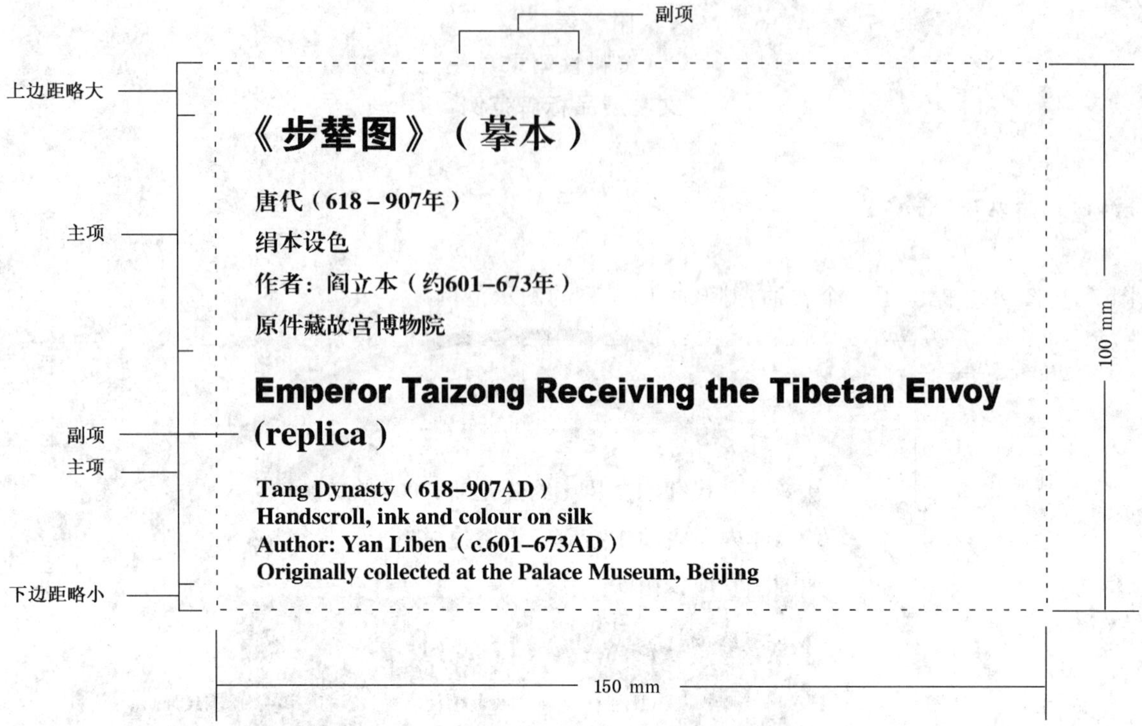

图 A.3　普通标牌范例 3

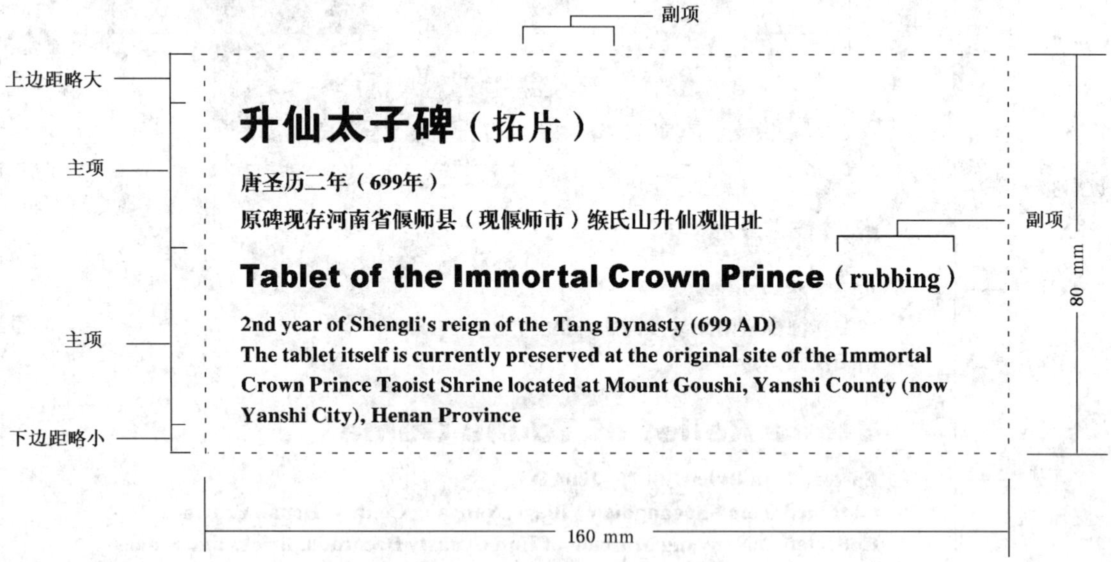

图 A.4　普通标牌范例 4

A.2 重点标牌范例

图 A.5 提供了一个重点标牌，主项有省略并含有副项、辅助项的图示范例。

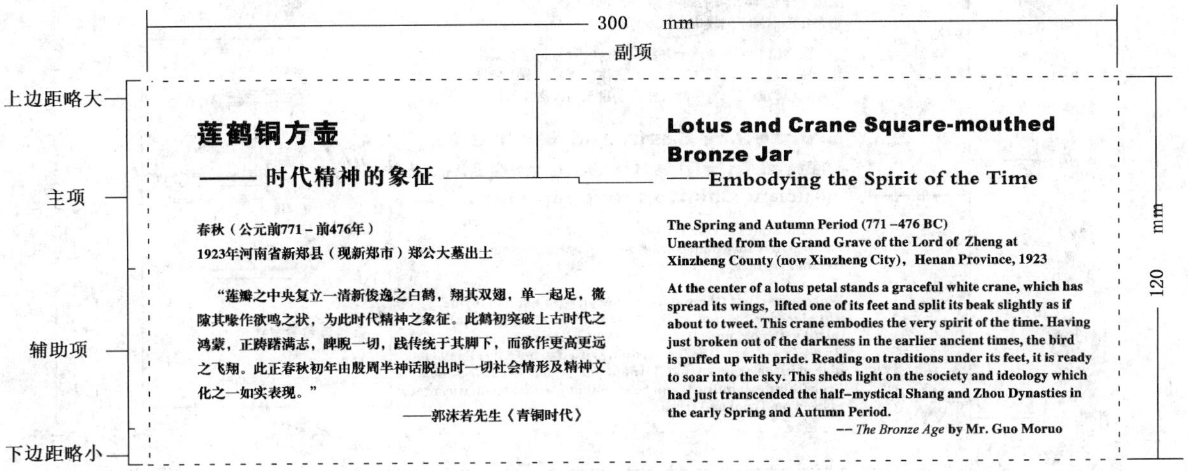

图 A.5 重点标牌范例 1

图 A.6 提供了一个重点展品加长型、现代文物标牌的图示范例，此标牌因有主项多项内容的省略，标牌有足够的空间容纳辅助项说明文字。

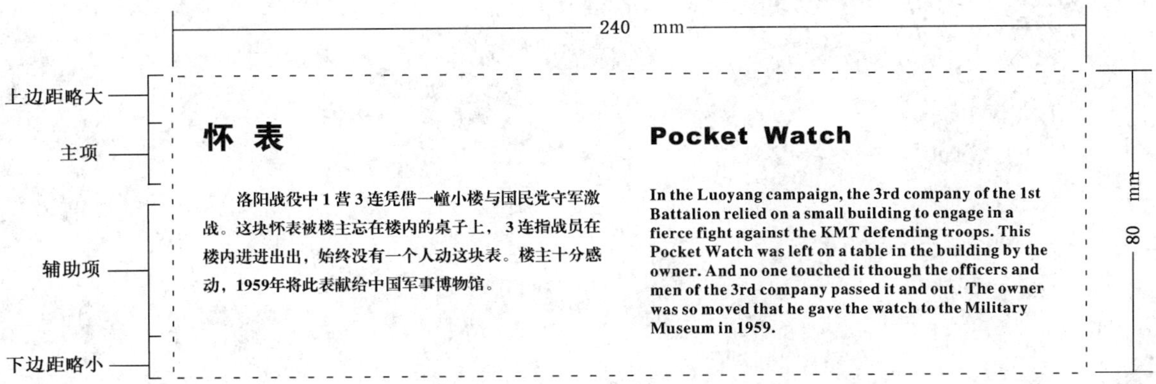

图 A.6 重点标牌范例 2

A.3 组类、重点标牌范例

图 A.7、图 A.8 提供了 2 个组类、重点标牌，主项有省略，含副项、辅助项和类目项的图示范例。

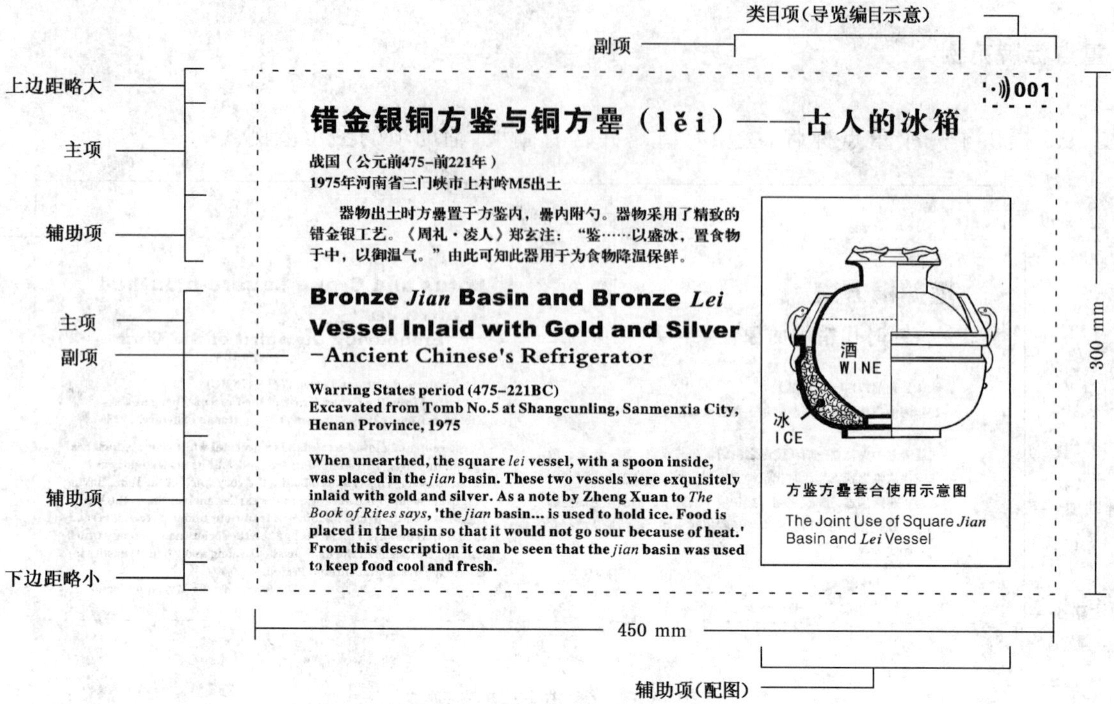

图 A.7 组类、重点标牌范例 1

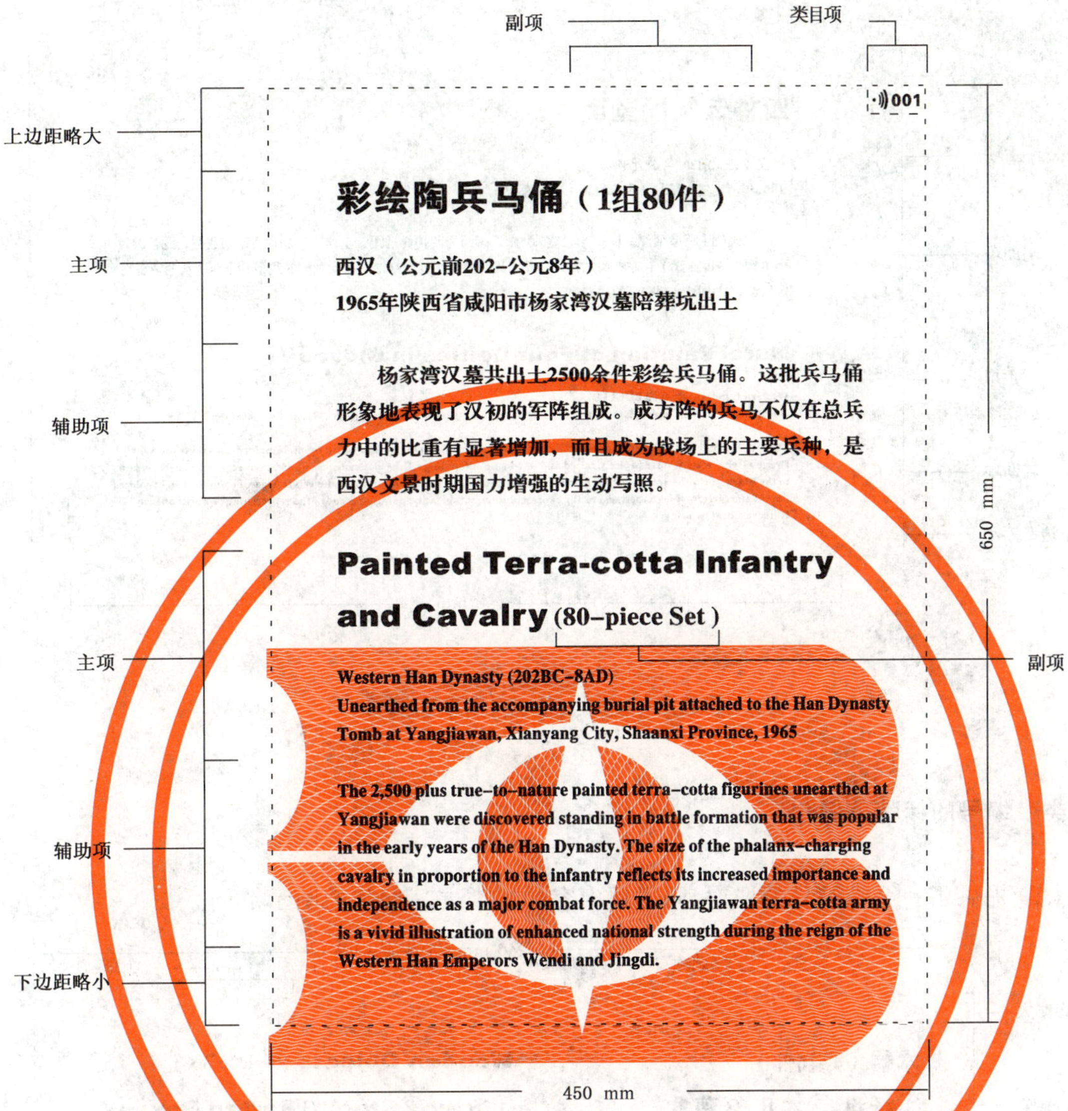

图 A.8　组类、重点标牌范例 2

图 A.9 提供了一个组类、重点标牌，主项有省略，含有辅助项和类目项的图示范例。

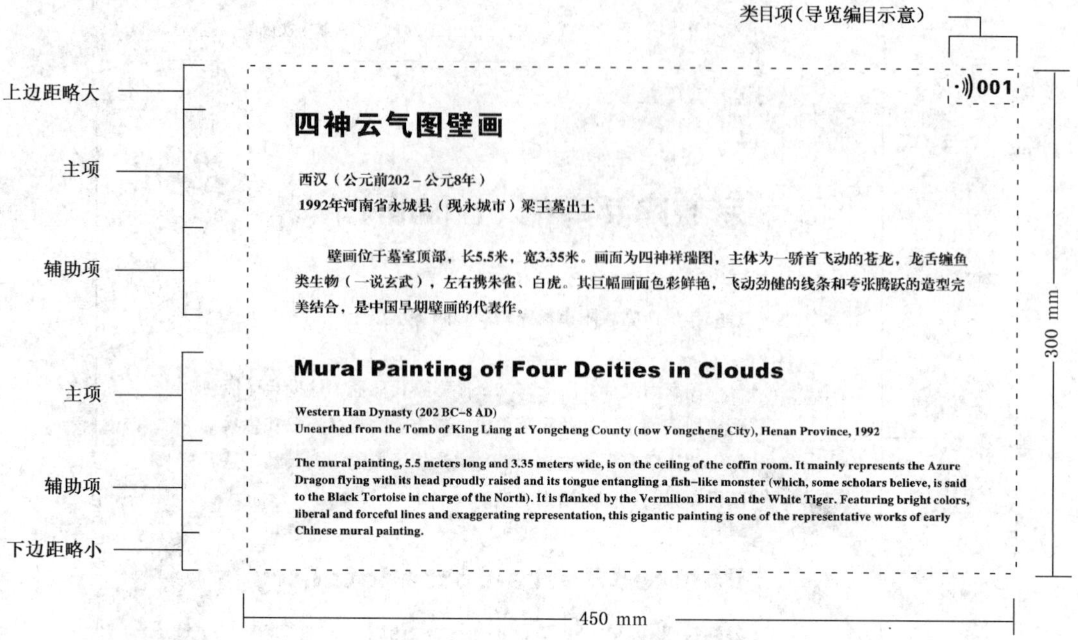

图 A.9　组类、重点标牌范例 3

A.4　组类带编号的标牌范例

图 A.10 提供了一个带编号的、有相同主项内容的组类展品标牌的图示范例。

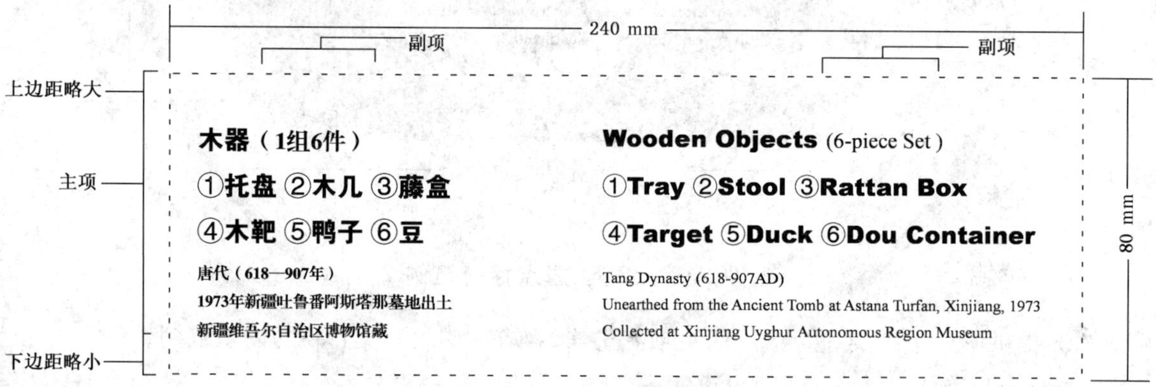

图 A.10　组类带编号标牌范例

参 考 文 献

[1] 中华人民共和国文物保护法.2002年10月28日,2007年12月29日修订.
[2] 国家文物局.馆藏珍贵文物数据采集指标项及著录规则.2009年.
[3] 秦公辑.碑别字新编.北京:文物出版社.1985年7月.
[4] 中国文字改革委员会.少数民族语地名汉语拼音字母音译转写法.1965年发布,1976年修订.
[5] 中华人民共和国国家通用语言文字法,2000年10月31日通过.2001年1月1日实施.
[6] 中华人民共和国民族区域自治法,1984年5月31日通过,2001年2月28日修订.
[7] 内蒙古自治区政府.内蒙古自治区社会市面蒙汉两种文字并用管理办法.1996年4月.
[8] 政务院.关于处理带有歧视或侮辱少数民族性质的称谓、地名、碑碣、匾联的指示.1951年.

ICS 01.140.20
A 16

中华人民共和国国家标准

GB/T 30235—2013

古代壁画保护修复档案规范

Specification for archives of conservation and restoration of ancient wall painting

2013-12-31 发布　　　　2014-12-01 实施

中华人民共和国国家质量监督检验检疫总局
中国国家标准化管理委员会　发布

前　言

本标准按照 GB/T 1.1—2009 给出的规则起草。

请注意本文件的某些内容可能涉及专利。本文件的发布机构不承担识别这些专利的责任。

本标准由国家文物局提出。

本标准由全国文物保护标准化技术委员会(SAC/TC 289)归口。

本标准起草单位:敦煌研究院。

本标准主要起草人:陈港泉、王小伟、樊再轩、孙胜利、柴勃隆、徐淑青、苏伯民、汪万福、王旭东。

古代壁画保护修复档案规范

1 范围

本标准规定了古代壁画保护修复的档案构成、记录方法、记录格式。

本标准适用于石窟寺壁画、古墓葬壁画、建筑壁画、馆藏壁画保护修复技术资料的记录与归档。

2 规范性引用文件

下列文件对于本文件的应用是必不可少的。凡是注日期的引用文件，仅注日期的版本适用于本文件。凡是不注日期的引用文件，其最新版本（包括所有的修改单）适用于本文件。

GB/T 11821—2002 照片档案管理规范

GB/T 11822—2008 科学技术档案案卷构成的一般要求

GB/T 18894—2002 电子文件归档与管理规范

WW/T 0006—2007 古代壁画现状调查规范

WW/T 0024—2010 文物保护工程文件归档整理规范

3 术语和定义

WW/T 0006—2007 界定的以及下列术语和定义适用于本文件。

3.1

保护修复档案 archives of conservation and restoration

文物保护修复工作中直接形成的有价值文件、记录数据、影像等各种形式的资料。

注：改写 WW/T 0015—2008，定义 3.10。

4 档案构成

4.1 基本信息

基本信息内容应包括：保护单位名称（或其单体名称）、保存地点、时代、面积、制作材料与工艺、干预历史、照片、壁画内容描述、价值简述等。原地保存的墓葬壁画基本信息应包括发掘时间、发掘时状况等信息。馆藏壁画还应包括：收藏单位、编号、来源、收集时间、重量、级别、支撑体类别以及收集时的其他相关信息等。记录格式参照附录 A 中的表 A.1。

4.2 现状调查资料

按照 WW/T 0006—2007 要求的内容、格式做出的现状调查报告。现状调查报告各类技术资料汇总记录格式参见附录 A 中的表 A.2。

4.3 病害研究技术资料

包括古代壁画病害研究涉及的分析检测、模拟实验等相关数据、照片、结论等资料。病害研究报告的汇总记录格式参见附录 A 中的表 A.2。

4.4 保护修复材料和工艺筛选技术资料

包括保护修复材料的性能试验、材料筛选试验,与材料相适应的保护修复工艺筛选试验相关数据、照片、模拟实验、结论等。保护修复材料和工艺筛选报告的记录格式参见附录A中的表A.2。

4.5 设计(修复)方案资料

记录保护设计(修复)方案正式文本、保护设计(修复)方案的批复文件。汇总记录格式参见附录A中的表A.3。

4.6 保护修复日志

4.6.1 应对保护修复全过程作详细记录。主要包括文物保护单位名称或其单体名称、编号、保护修复人员、修复日期、工作区域、工作内容、使用材料、工艺、操作条件、现状描述、工作小结、存在问题、保护修复照片等。由保护修复人员根据实际工作情况填写,可连续单独附加多页。

4.6.2 使用材料主要记录主要成分、商品名称、生产商、生产时间、特性、用途和曾经使用过的实例;工艺主要记录技术方法和操作步骤;操作条件主要记录仪器设备和操作环境的温度、湿度等。

4.6.3 在保护修复过程中,如遇到方案设计时需技术变更的情况,应详细记录其现象和原因。

4.6.4 记录格式参见附录A中的表A.4。

4.7 绘图资料

4.7.1 按照WW/T 0006—2007中4.4的要求绘制的平、纵(横)剖面测绘图以及壁画所依托的各壁面展开图。

4.7.2 按照WW/T 0006—2007中4.6的要求绘制的壁画病害图。

4.7.3 汇总记录格式参见附录A中的表A.5。

4.8 影像资料

4.8.1 记录在壁画保护修复工作中对清理、加固、脱盐、粘接、灌浆及锚固补强、支撑体更换等技术实施过程,以及修复前原状与修复后现状所采集的影像资料。包括视频、照片等。

4.8.2 影像资料可以数字载体形式提供,并注明格式和调取方法。

4.8.3 汇总记录格式参见附录A中的表A.6。

4.9 验收资料

包括工作报告、技术报告、自评估报告、验收意见(含验收专家组名单)。汇总记录格式参见附录A中的表A.7。

4.10 其他相关资料

应记录与古代壁画的保护修复、试验、监测以及施工质量控制文件、保护修复工程监理等相关资料,汇总记录格式参见附录A中的表A.8。

5 记录使用材料与形式

5.1 纸质文件

5.1.1 记录用纸的幅面为A4。

5.1.2 图表和数据资料等应按顺序附在记录文本的相应位置,或另行整理装订成册并加以编号。

5.1.3　档案各项记录内容应保持完整，不应缺页或挖补；如有缺页、漏页，应详细说明原因。

5.2　电子文件

使用数码相机、数码摄像机、三维数字扫描仪等电子设备所得到的照片、图纸和相关资料的电子数据，应编制索引目录，注明电子资料的编号。

6　书写要求

6.1　书写内容

保护修复档案各项记录内容要详细、清楚、真实地记录古代壁画现状调查、保护修复的全过程。

6.2　书写方式

采用横写方式，书写应工整。文件材料的编号项、时间项、分类项填写应采用阿拉伯数字。

6.3　书写材料

书写材料及工具，应符合耐久性要求，不应使用热敏纸、复写纸、铅笔、圆珠笔、红墨水、纯蓝墨水等易变色或褪色的书写材料。

6.4　书写文字

记录用文字应是规范的简化汉字，少数民族文字及外文应依其书写规则。中文名称缩写首次出现时，应注明全称。常用的外文缩写应符合规范，首次出现时应注明外文原文，并加以中文注释。属译文的应注明其外文名称。多种文字对照的保护修复记录，采用汉字记录的同时，按文物收藏单位的规定确定其他记录用文字。

6.5　术语及计量单位

保护修复记录应使用规范的专业术语，凡涉及计量单位的记录项目应使用 GB 3101、GB 3102 规定的法定计量单位。

6.6　书写修改

当记录需要修改时，可在修改处划一斜线，确保修改前的记录能够辨认，并由修改人签字、注明修改时间及原因。

7　归档

保护修复项目验收工作完成后，应按 GB/T 11822—2008、WW/T 0024—2010 的要求将记录文件分类整理归档。照片资料的保存应符合 GB/T 11821—2002 的要求。纸质文件转化为电子文档或电子文档归档时，按 GB/T 18894—2002 的有关规定执行。

8　古代壁画保护修复档案封面格式

古代壁画保护修复档案封面格式按附录 B 执行。

附 录 A
(资料性附录)
古代壁画保护修复档案记录格式

A.1 基本信息记录表格式

表 A.1 提供了一种古代壁画基本信息表填写的格式。

表 A.1 古代壁画保护修复基本信息记录表

保护单位名称 (或其单体名称)		保存地点	
壁画类型	石窟寺壁画□ 建筑壁画□ 馆藏壁画□ 古墓葬壁画□	保存方式	原地保存□ 异地室内保存□
收藏(管理) 单位		文物编号	
时 代		面积/m^2	
形制、结构		重量/kg (馆藏壁画)	
来源、收集时间 (馆藏壁画)		(价值)级别	
制作材料和工艺		记录时间	
保存现状简述	壁画病害,支撑体类别,壁画保存状态,赋存环境描述,管理现状描述等。原地保存的墓葬壁画的发掘时间、发掘时状况等信息		
照片说明	(照片附后)		
干预历史	主要从干预时间、材料、工艺、效果等方面简述		
壁画内容描述			
价值简述			
备 注			

校核人: 记录人:

A.2 古代壁画现状调查和研究报告汇总记录表格式

表 A.2 提供了一种古代壁画现状调查和研究报告汇总记录表的格式。

表 A.2 古代壁画现状调查和研究报告汇总记录表

保护修复对象名称： 文物编号：

序号	报告名称	内容简述	完成单位	主要完成人	提交时间

校核人： 记录人：

A.3 古代壁画保护设计(修复)方案汇总记录表格式

表 A.3 提供了一种古代壁画保护设计(修复)方案汇总记录表的格式。

表 A.3　古代壁画保护设计(修复)方案汇总记录表

保护修复对象名称：　　　　　　　　　　文物编号：

序号	资料名称	内容简述	项目负责人	主要完成人	完成单位/批复单位	完成时间/批复时间	批复文号

校核人：　　　　　　　　　　记录人：

A.4　古代壁画保护修复日志格式

表 A.4 提供了一种古代壁画保护修复日志的格式。

表 A.4　古代壁画保护修复日志

保护修复对象名称：　　　　　　　　　　　　　　　　文物编号：

保护修复日志			
保护修复人员		修复地点和日期	
工作区域			
操作条件			
使用材料			
影像资料说明			
工作内容简述（工艺步骤、现状描述、工作小结、存在问题等），可连续单独附加多页			
技术变更			
变更原因和变更后的方案			
技术变更提出人、时间		现场负责人、时间	
项目负责人意见及签名、时间			

校核人：　　　　　　　　　　　　　　　　记录人：

A.5 古代壁画保护修复绘图资料汇总记录格式

表 A.5 提供了一种古代壁画保护修复绘图资料汇总记录表的格式。

表 A.5 古代壁画保护修复绘图资料汇总记录表

保护修复对象名称： 文物编号：

图纸编号	图纸类别	内容简述(图纸名称、绘制内容、比例尺等)	绘图人	绘图时间

校核人： 记录人：

A.6 古代壁画保护修复影像资料记录表格式

表 A.6 提供了一种古代壁画保护修复影像资料记录表的格式。

表 A.6 古代壁画保护修复影像资料记录表

保护修复对象名称： 文物编号：

编号	影像类别（照片、视频）	内容简述	记录介质	记录格式	时长 min	提交人	采集时间

校核人： 记录人：

A.7 古代壁画保护修复验收资料汇总记录表格式

表 A.7 提供了一种古代壁画保护修复验收资料汇总记录表的格式。

表 A.7 古代壁画保护修复验收资料汇总记录表

保护修复对象名称： 文物编号：

序号	资料名称	完成单位/ 验收组织单位	项目负责人/ 验收专家组组长	主要编写人/ 验收专家组成员	完成时间/ 验收时间

校核人： 记录人：

A.8 古代壁画保护修复其他相关资料汇总记录表格式

表 A.8 提供了一种古代壁画保护修复其他相关资料汇总记录表的格式。

表 A.8 古代壁画保护修复其他相关资料汇总记录表

保护修复对象名称：　　　　　　　　　　　　文物编号：

编号	资料名称	完成单位	负责人及主要参加人	通信地址和联系方式	记录时间

校核人：　　　　　　　　　　　　记录人：

附　录　B
（规范性附录）
古代壁画保护修复档案封面格式

图 B.1 规定了古代壁画保护修复档案封面的格式。

编号：

古代壁画保护修复档案

项 目 名 称：____________________

文 物 编 号：____________________

编 写 单 位：____________________

审　核　人：____________________

项目负责人：____________________

××××年××月

中华人民共和国国家文物局制

图 B.1　古代壁画保护修复档案封面格式

参 考 文 献

[1] WW/T 0010—2008 馆藏金属文物保护修复档案记录规范

[2] WW/T 0011—2008 馆藏出土竹木漆器类文物保护修复档案记录规范

[3] WW/T 0012—2008 石质文物保护修复档案记录规范

[4] WW/T 0015—2008 馆藏丝织品保护修复档案记录规范

ICS 01.140.20
A 16

中华人民共和国国家标准

GB/T 30236—2013

古代壁画保护修复方案编制规范

Specification for compilation of conservation and restoration plan of ancient wall painting

2013-12-31 发布　　2014-12-01 实施

中华人民共和国国家质量监督检验检疫总局
中国国家标准化管理委员会　发布

前　言

本标准按照 GB/T 1.1—2009 给出的规则起草。

请注意本文件的某些内容可能涉及专利。本文件的发布机构不承担识别这些专利的责任。

本标准由国家文物局提出。

本标准由全国文物保护标准化技术委员会(SAC/TC 289)归口。

本标准负责起草单位:敦煌研究院。

本标准主要起草人:汪万福、马赞峰、赵林毅、樊再轩、李波、于宗仁、张国彬、裴强强、孙胜利。

古代壁画保护修复方案编制规范

1 范围

本标准规定了古代壁画保护修复方案编制的文本内容和格式。

本标准适用于石窟寺壁画、古墓葬壁画、建筑壁画、馆藏壁画保护修复方案的编制。

2 规范性引用文件

下列文件对于本文件的应用是必不可少的。凡是注日期的引用文件，仅注日期的版本适用于本文件。凡是不注日期的引用文件，其最新版本(包括所有的修改单)适用于本文件。

GB 12268—2012 危险货物品名表

GB 12463—2009 危险货物运输包装通用技术条件

GB/T 30237—2013 古代壁画病害与图示

WW/T 0006—2007 古代壁画现状调查规范

3 保护修复方案文本内容

3.1 概述

记述任务来源、立项过程、目的意义、任务要求等方面的内容。

3.2 基本信息

3.2.1 古代壁画所处地理位置及气候环境等方面的资料；

3.2.2 古代壁画的文献调研资料；

3.2.3 古代壁画的保护修复史调查资料。

3.3 价值评估

评估古代壁画的历史价值、艺术价值和科学价值。评估应按照 WW/T 0006—2007 的 4.1 规定进行。

3.4 前期调查与研究

3.4.1 环境调查

调查古代壁画所处的保存环境及诸因素对壁画的影响。保存环境应包括光、大气、水、土壤、浮尘、生物等。监测壁画所处环境的温度、湿度、降雨、风向及风速等的变化与壁画保存关系及现存或潜在的隐患。评估壁画所处的环境是否有利于壁画的保存。

3.4.2 壁画病害调查与评估

按照 GB/T 30237—2013 对壁画病害进行分类统计，并按照 WW/T 0006—2007 的规定绘制病害现状调查图。

从壁画保存环境、支撑体稳定性、地仗及颜料层病害等方面对壁画进行安全评估，确定古代壁画存在的主要问题。

3.4.3 制作材料及工艺分析

分析研究壁画结构、制作材料及工艺。

3.4.4 病害研究

确定病害类型，分析病害产生的原因。

3.4.5 修复材料及工艺筛选

确定病害治理原则，筛选保护修复材料及工艺。

3.5 保护修复工作目标

从修复加固后壁画的整体稳定性、环境协调性、保护修复效果等方面提出工作目标。

3.6 保护修复技术路线及工艺措施

根据前期调查与研究结果、保护工作目标，拟订技术路线，列出治理各类病害的具体工艺措施。

3.7 施工安全措施

3.7.1 制定施工过程中有关文物的安全防护措施。
3.7.2 参照《2008年最新建筑工程安全生产国家强制性标准与现场施工人员安全技术操作规范实施手册》制定施工过程中有关人员的安全防护措施。
3.7.3 按照 GB 12268—2012 及 GB 12463—2009 中的有关规定，制定施工过程中危险品使用与运输安全防护措施。

3.8 工作量与进度安排

3.8.1 保护修复工作量的测算。
3.8.2 根据保护修复工作量及人员组成等条件，编制工期进度安排(年、月、星期、天均可)。

3.9 经费预算

严格按照国家有关规定编制经费预算及预算说明。

3.10 保存条件建议

应对保护修复对象的环境保存条件和日常维护条件提出建议。

3.11 信息资料管理

包括资料收集，保护干预、保护工程、灾害及险情影响，环境变化等相关资料的记录与整理。

3.12 方案委托及编制单位基本信息

按照附录 A 中的表 A.1，列表说明方案编制的基本信息。

3.13 各方签章

各方签章应遵照附录 B 的格式。

4 保护修复方案文本格式

4.1 幅面尺寸

幅面尺寸为 A4。

4.2 封面格式

封面一应遵照附录 C 中图 C.1 的格式。封面二应遵照附录 C 中图 C.2 的格式。

4.3 文本格式

方案名称一律为黑体三号字,正文字体一律为宋体小四号字。方案一级标题采用 1、2、3 等编号,宋体小三号粗体字;二级标题采用 1.1、1.2、1.3 等编号,宋体四号粗体字;三级标题采用 1.1.1、1.1.2、1.1.3 等编号,宋体小四号字,标题一般为三级。标题置于行首,无缩进。行距为 1.5 倍。目录采用两级标题。

4.4 图表格式

按照 WW/T 0006—2007 要求绘制或拍摄相关图件。图应有编号、图题,图题位于编号之后,二者均置于图下。采用段落居中样式。图题字体为黑体五号字。

表格应有编号、表题,表题位于编号之后,二者均置于表上。采用段落居中样式。表题字体为黑体五号字,表格内容的字体为宋体五号字。

4.5 电子文档

电子文档递交格式为 pdf 格式。

附　录　A
（规范性附录）
古代壁画保护修复方案基本信息表的格式

表 A.1 给出了一种古代壁画基本信息表的格式。

表 A.1　古代壁画保护修复方案基本信息表

<table>
<tr><td>方案名称</td><td colspan="8"></td></tr>
<tr><td rowspan="5">方案委托单位</td><td>名称</td><td colspan="7"></td></tr>
<tr><td>单位所在地</td><td colspan="7"></td></tr>
<tr><td rowspan="2">通讯地址</td><td rowspan="2" colspan="5"></td><td>邮编</td><td></td></tr>
<tr><td>编号</td><td></td></tr>
<tr><td>主管部门</td><td colspan="5"></td><td>代码</td><td></td></tr>
<tr><td rowspan="5">方案编制单位</td><td>名称</td><td colspan="7"></td></tr>
<tr><td>单位所在地</td><td colspan="7"></td></tr>
<tr><td>通讯地址</td><td colspan="5"></td><td>邮编</td><td></td></tr>
<tr><td>资质证书</td><td colspan="5"></td><td>编号</td><td></td></tr>
<tr><td>主管部门</td><td colspan="5"></td><td>代码</td><td></td></tr>
<tr><td rowspan="4">其他主要参加单位</td><td>序号</td><td colspan="7">单位名称</td></tr>
<tr><td>1</td><td colspan="7"></td></tr>
<tr><td>2</td><td colspan="7"></td></tr>
<tr><td>3</td><td colspan="7"></td></tr>
<tr><td rowspan="4">编制负责人</td><td>姓名</td><td></td><td>性别</td><td colspan="2">□男　□女</td><td colspan="2">出生年月</td><td></td></tr>
<tr><td>学历</td><td colspan="7">□研究生　□大学　□大专　□中专　□其他</td></tr>
<tr><td>职称</td><td colspan="7">□高级　□中级</td></tr>
<tr><td>联系电话</td><td colspan="3"></td><td>E-mail</td><td colspan="3"></td></tr>
<tr><td rowspan="3">方案审核人</td><td>姓名</td><td></td><td>性别</td><td colspan="2">□男　□女</td><td colspan="2">出生年月</td><td></td></tr>
<tr><td>职称</td><td colspan="7">□高级　□中级</td></tr>
<tr><td>所在单位</td><td colspan="7"></td></tr>
</table>

表 A.1（续）

<table>
<tr><td rowspan="6">方案主要编制人员</td><td>姓名</td><td></td><td>职称</td><td>□高级 □中级 □初级</td></tr>
<tr><td>所在单位</td><td colspan="3"></td></tr>
<tr><td>编制范围</td><td colspan="3"></td></tr>
<tr><td>姓名</td><td></td><td>职称</td><td>□高级 □中级 □初级</td></tr>
<tr><td>所在单位</td><td colspan="3"></td></tr>
<tr><td>编制范围</td><td colspan="3"></td></tr>
<tr><td>主要目标
（200 字以内）</td><td colspan="4"></td></tr>
<tr><td>技术路线概述
（300 字以内）</td><td colspan="4"></td></tr>
<tr><td>方案计划进度</td><td colspan="4">年 月至 年 月</td></tr>
<tr><td>方案经费预算</td><td colspan="4">总经费： 万元；申请国拨经费： 万元</td></tr>
<tr><td>风险分析</td><td colspan="4"></td></tr>
<tr><td>备注</td><td colspan="4"></td></tr>
</table>

附 录 B
（规范性附录）
古代壁画保护修复方案各方签章的格式

图 B.1 规定了古代壁画保护修复方案各方签章的格式。

方案委托单位(甲方)：	
负责人(签章)	(公章)
	年　　月　　日
方案编制单位(乙方)：	
负责人(签章)	(公章)
	年　　月　　日
方案编制负责人(签章)：	
	年　　月　　日
方案编制参与单位(乙方)：	
负责人(签章)	(公章)
	年　　月　　日
方案审核人(签章)	
	年　　月　　日

图 B.1　古代壁画保护修复方案各方签章的格式

附　录　C
（规范性附录）
古代壁画保护修复方案封面的格式

图 C.1 规定了古代壁画保护修复方案封面一的格式。

古代壁画保护修复方案

方 案 名 称 ____________________

方案委托单位____________________

联系人及电话____________________

方案编制单位____________________

联系人及电话 ____________________

××××年××月

中华人民共和国国家文物局制

图 C.1　古代壁画保护修复方案封面一的格式

图 C.2 规定了古代壁画保护修复方案封面二的格式。

文物保护工程勘察设计资质

资质等级：

证书编号：

方 案 名 称

方案编制单位：

单位法人：

方案审核人：

方案编制负责人：

方案编制单位

20××年××月

图 C.2 古代壁画保护修复方案封面二的格式

参 考 文 献

[1] WW/T 0007—2007 石质文物保护修复方案编写规范

[2] WW/T 0008—2007 馆藏出土竹木漆器类文物保护修复方案编写规范

[3] WW/T 0009—2007 馆藏金属文物保护修复方案编写规范

[4] WW/T 0014—2008 馆藏丝织品保护修复方案编写规范

[5] 本书编委会.2008年最新建筑工程安全生产国家强制性标准与现场施工人员安全技术操作规范实施手册.北京:建筑科技文化出版社,2008.

ICS 01.080.99
A 16

中华人民共和国国家标准

GB/T 30237—2013

古代壁画病害与图示

Ancient wall painting deterioration and legends

2013-12-31 发布　　2014-12-01 实施

中华人民共和国国家质量监督检验检疫总局
中国国家标准化管理委员会　发布

前　言

本标准按照 GB/T 1.1—2009 给出的规则起草。

请注意本文件的某些内容可能涉及专利。本文件的发布机构不承担识别这些专利的责任。

本标准由国家文物局提出。

本标准由全国文物保护标准化技术委员会(SAC/TC 289)归口。

本标准起草单位:敦煌研究院。

本标准主要起草人:苏伯民、陈港泉、王旭东、樊再轩、徐淑青、段修业、汪万福、王小伟、王进玉、范宇权。

古代壁画病害与图示

1 范围

本标准规定了古代壁画相关术语和病害的类型，以及与病害相对应的图示。

本标准适用于我国石窟寺壁画、古墓葬壁画、建筑壁画的病害调查、记录，以及壁画保护研究工作和壁画修复工程。

2 术语和定义

下列术语和定义适用于本文件。

2.1

壁画结构　wall painting stratigraphy

从里向外，通常由支撑体、地仗层、底色层、颜料层等组成。

2.2

支撑体　support

壁画附着的基体。一般有岩石(体)、木(竹)板、砖、土墙等。

2.3

地仗层　plaster layer，rendering

地仗

绘制壁画的泥层、灰层。泥层一般由粗泥层和细泥层组成。

2.4

粗泥层　coarse plaster

地仗层中为与支撑体紧密结合并起找平作用的含较粗纤维(麦草、粗麻等)或较大粒径沙砾的黏土质结构层。

2.5

细泥层　fine plaster

地仗层中的粗泥层表面含有较细纤维(细麻、棉、毛、纸筋等)的平整的便于做画的黏土质结构层。

2.6

底色层　ground layer

粉底层

为了衬托壁画主体色彩而在地仗表面所涂的底层。底色层常用的材料有熟石灰、石膏、高岭土、土红、石绿等。

2.7

颜料层　paint layer

画层

由各种颜料绘制而成的壁画画面层。

2.8

表面涂层　surface coating

为渲染、增强画面效果，或保护壁画，在画面上涂刷的透明涂层。

2.9

胶结材料　bonding media

添加于颜料中用于增强颜料附着力的材料。

2.10

重层壁画　multi-layered wall painting

在同一位置不同时期分别绘制的两层及两层以上的壁画。包括颜料层重层和带地仗壁画的重层。

2.11

壁画病害　wall painting deterioration

壁画制作材料或结构受环境、人为等因素的影响发生变化的总称。

3　病害类型

3.1

龟裂　craquelure

壁画表面微小的网状开裂现象。参见图 A.1。

3.2

起甲　flaking

壁画的底色层、颜料层或表面涂层发生龟裂，进而呈鳞片状卷翘的现象。分为表面涂层起甲、颜料层起甲(参见图 A.2)和颜料层粘附地仗土起甲(参见图 A.3)。

3.3

泡状起甲　blistering

壁画颜料层、底色层呈气泡状鼓起、破裂和卷曲起翘的现象。参见图 A.4。

3.4

粉化　powdering

壁画颜料层由于胶结材料老化，呈粉状或细颗粒状脱落的现象。

3.5

颜料层脱落　paint loss

颜料层脱离底色层或地仗层的现象。参见图 A.5。

3.6

点状脱落　punctate loss

底色层脱离地仗层或颜料层脱离底色层呈点状(直径不大于 2 mm)脱落的现象。参见图 A.6。

3.7

疱疹　crater eruption

可溶盐在地仗层中，或地仗层和颜料层间富集，并推顶颜料层/底色层/地仗层呈疱状突起的现象。参见图 A.7。

3.8

疱疹状脱落　crater eruption loss

疱疹病害发生后，形成的疱状突起产生脱落的现象。

3.9

裂隙　cracks

壁画错位、开裂的现象。参见图 A.8。

3.10

叠压　overlapping

同一层位的壁画相互重叠的现象。

3.11

划痕　scratch marks

画面受外力刻划留下的痕迹。参见图 A.9。

3.12

覆盖　overlay

画面被其他材料所涂刷、遮盖。

3.13

涂写　graffiti

画面上人为书写或涂抹。

3.14

烟熏　soot

画面被烟火或香火熏污的痕迹。参见图 A.10。

3.15

盐霜　salt efflorescence

画面表面盐结晶。俗称"白霜"。参见图 A.11。

3.16

酥碱　plaster disruption

由于可溶盐作用导致壁画地仗层产生的疏松状态。参见图 A.12。

3.17

空鼓　plaster detachment

地仗层局部脱离支撑体，但脱离部分的周边仍与支撑体连接的现象。参见图 A.13。包括重层壁画的上层壁画局部脱离下层壁画的现象。

3.18

地仗脱落　deep loss

地仗层脱离支撑体而掉落的现象。参见图 A.14。

3.19

褪色　color fading

壁画颜料色彩饱和度逐渐降低，颜色由鲜明变暗淡、由深变浅的现象。

3.20

变色　color alteration

壁画颜料色相的改变的现象。参见图 A.15。

3.21

水渍　water stain

因水侵蚀而在壁画表面留下的痕迹。

3.22

泥渍　mud stain

泥浆在壁画上留下的痕迹。

3.23

凝结水　condensation

水蒸气在壁画表面冷却凝结的现象。

3.24

钙化土垢　calcification scale

壁画表面形成的难以去除的坚硬钙质土。

3.25

动物损害　damage by animals

动物活动对壁画造成的各种破坏。参见图 A.16。

3.26

植物损害　damage by plant

植物的根系、枝条对壁画结构造成的破坏。

3.27

微生物损害　damage by microorganism

微生物滋生对壁画产生的伤害。包括“霉变”“菌害”等。参见图 A.17。

3.28

低等植物损害　damage by lower plants

低等植物(如地衣)在壁画表面生长对壁画产生的伤害。

4　病害图示

4.1　应按照表 1 的要求,对古代壁画病害保存现状作记录。有明显边界的壁画病害应加边界线。为清晰表示病害类型,每种病害可单独成图。附录 B 列出了一种绘制古代壁画病害现状调查图的示例。

4.2　图示清晰,线条宽度以 0.3 mm 为宜。

4.3　符号或线条之间的距离间隔应适度,见表 1 说明。

4.4　没有图示的壁画病害应以文字进行说明。

表 1　壁画病害图示

编号	图示	名称	说明
01	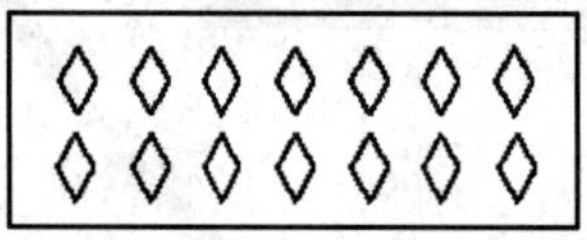	龟裂	单个符号大小以 4 mm^2 为宜,间隔不小于 1 mm
02	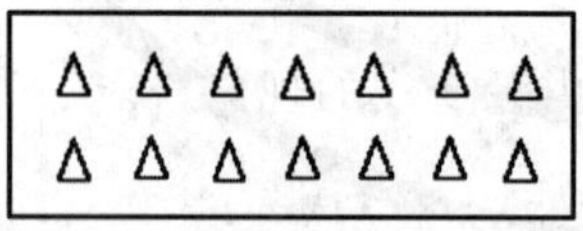	起甲	单个符号大小以 4 mm^2 为宜,间隔不小于 1 mm
03	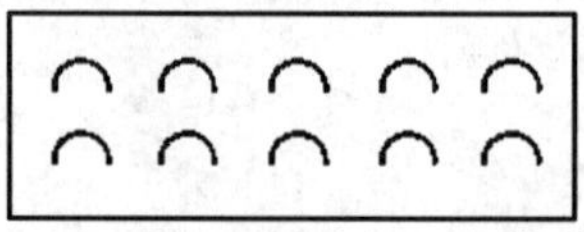	泡状起甲	单个符号大小以 4 mm^2 为宜,间隔不小于 1 mm
04	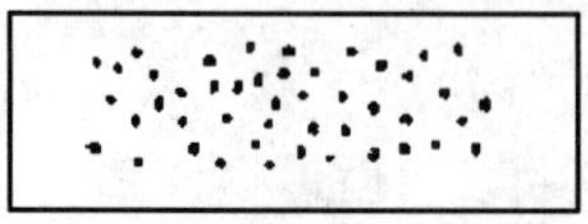	粉化	黑点直径以 0.5 mm 为宜
05	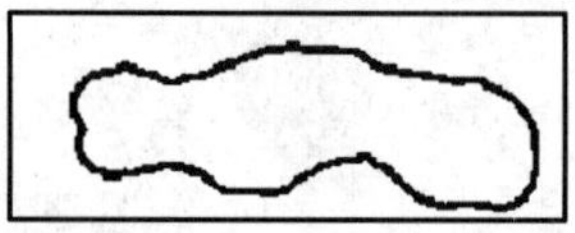	颜料层脱落	闭合曲线

表 1（续）

编号	图示	名称	说明
06	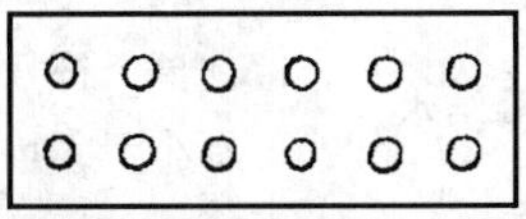	点状脱落	圆圈直径以 2 mm 为宜，间隔不小于 1 mm
07	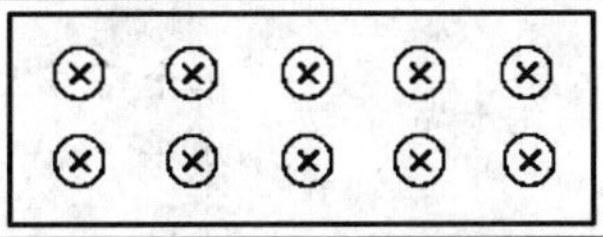	疱疹和疱疹状脱落	单个符号大小以 4 mm^2 为宜，间隔不小于 1 mm
08	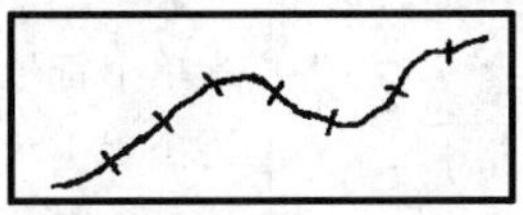	裂隙	长线随裂隙走向表示。短线以长 2 mm、相隔 5 mm 为宜
09	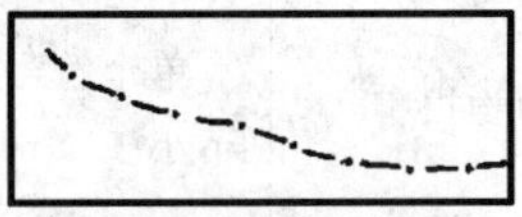	划痕	线段长 5 mm，黑点直径与线段宽度一致。随划痕走向表示
10	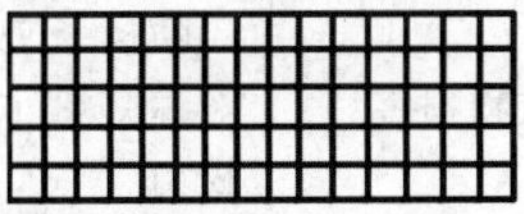	覆盖	平行线间隔以 3 mm～5 mm 为宜
11	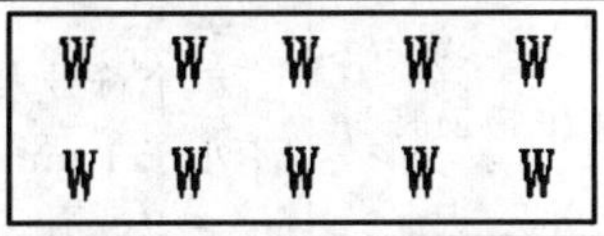	涂写	单个符号大小以 10 mm^2 为宜，间隔不小于 1 mm
12	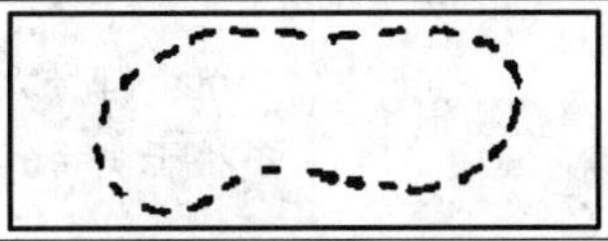	烟熏	为 2 mm 线段的闭合虚线
13		盐霜	单个符号大小以 4 mm^2 为宜，间隔不小于 1 mm
14	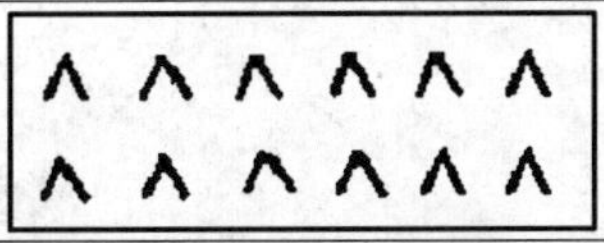	酥碱	单个符号大小以 4 mm^2 为宜，间隔不小于 1 mm
15	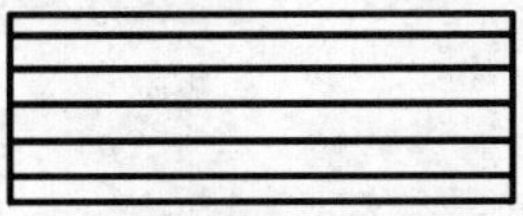	空鼓	平行线间隔以 3 mm～5 mm 为宜
16		地仗脱落	平行线间隔以 3 mm～5 mm 为宜
17	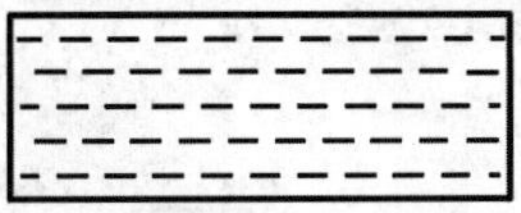	水渍	线段长以 2 mm、平行间隔以 3 mm～5 mm 为宜
18	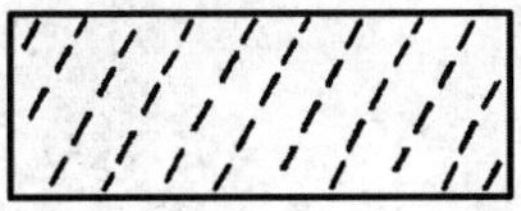	泥渍	线段长以 2 mm、平行间隔以 3 mm～5 mm 为宜

表 1（续）

编号	图示	名称	说明
19	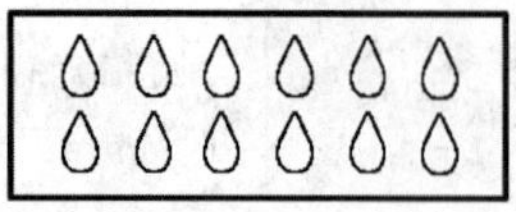	凝结水	单个符号大小以 4 mm^2 为宜，间隔不小于 1 mm
20	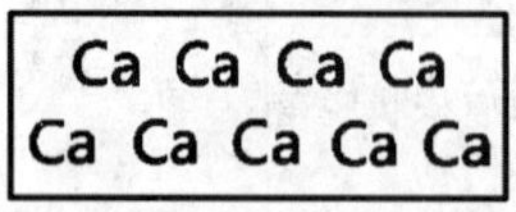	钙化土垢	单个符号大小以 4 mm^2 为宜，间隔不小于 1 mm
21	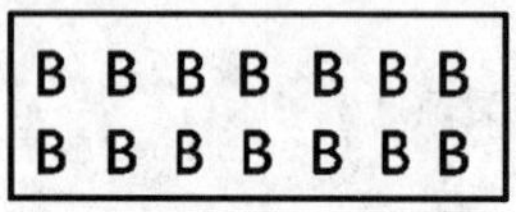	变色	单个符号大小以 4 mm^2 为宜，间隔不小于 1 mm
22	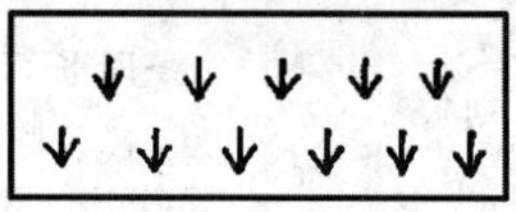	动物损害	单个符号大小以 4 mm^2 为宜，间隔不小于 1 mm
23	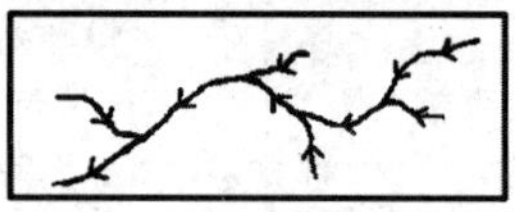	植物损害	随枝条或根系的走向、分布表示。对称短线长度以 1 mm 为宜，分布均匀
24		微生物损害	单个符号大小以 4 mm^2 为宜，间隔不小于 1 mm
25	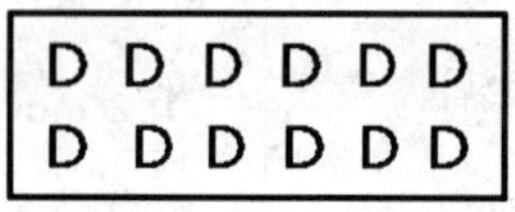	低等植物损害	单个符号大小以 4 mm^2 为宜，间隔不小于 1 mm

附　录　A
（资料性附录）
古代壁画病害照片示例

图 A.1 至 A.17 列出了几种古代壁画病害照片示例。

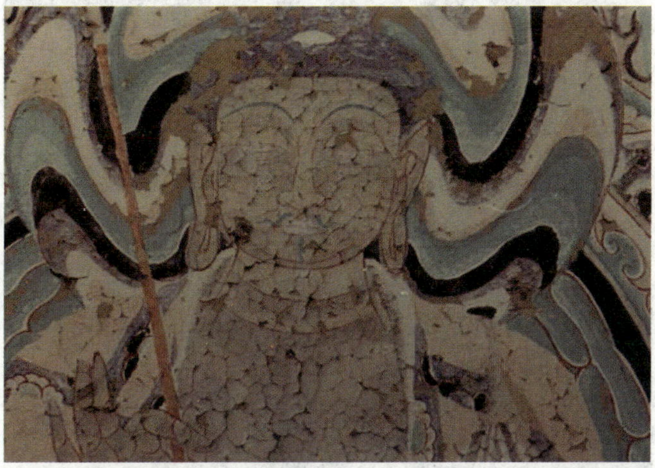

图 A.1　龟裂

图 A.2　颜料层起甲

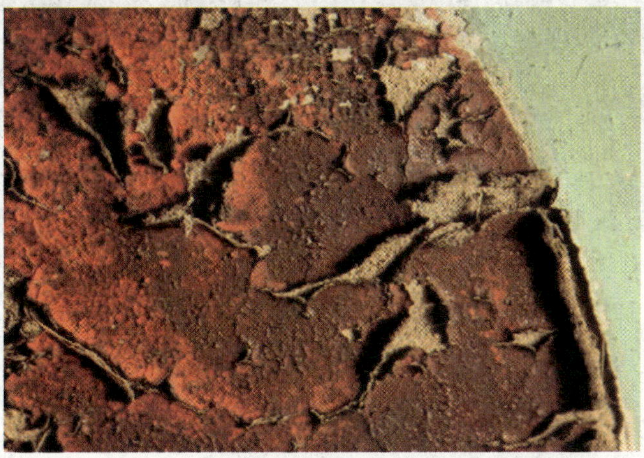

图 A.3　颜料层粘附地仗土的起甲

图 A.4 泡状起甲

图 A.5 颜料层脱落

图 A.6 点状脱落

图 A.7 疱疹

图 A.8 裂隙

图 A.9 划痕

图 A.10　烟熏

图 A.11　盐霜

图 A.12　酥碱

图 A.13 空鼓

图 A.14 地仗脱落

图 A.15 壁画变色

图 A.16 动物损伤

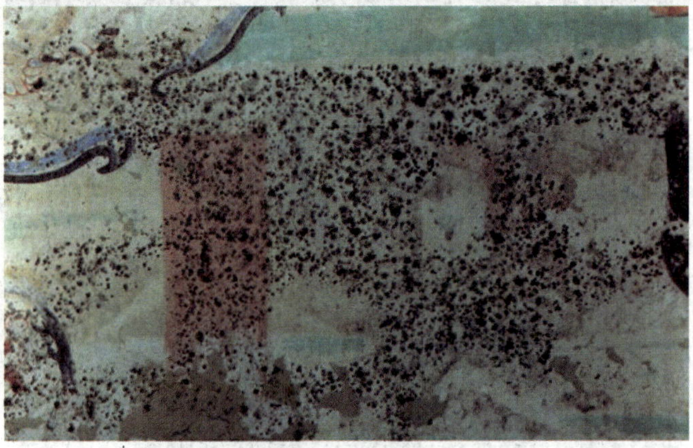

图 A.17 微生物损害

附　录　B
（资料性附录）
古代壁画病害现状调查图示例

图 B.1 列出了一幅根据本标准规定的病害图示符号绘制的古代壁画病害现状调查图。

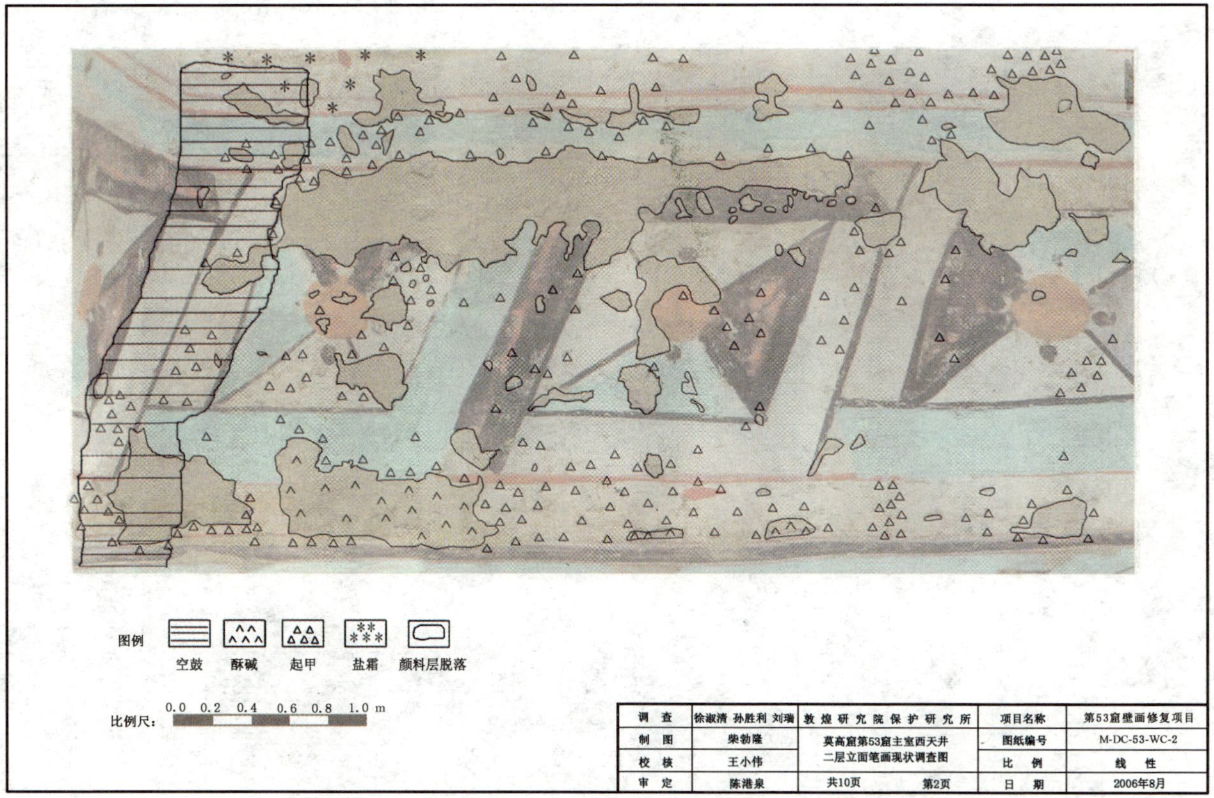

图 B.1　古代壁画病害现状调查图示例

ICS 71.040.10
A 16

中华人民共和国国家标准

GB/T 30238—2013

可移动文物保护修复室规范化建设与仪器装备基本要求

Normalization construction and basic requirements of instruments and equipments of conservation and restoration laboratory of Movable Cultural Relics

2013-12-31 发布 2014-12-01 实施

中华人民共和国国家质量监督检验检疫总局
中国国家标准化管理委员会 发布

前　言

本标准按照 GB/T 1.1—2009 给出的规则起草。

本标准由国家文物局提出。

本标准由全国文物保护标准化技术委员会(SAC/TC 289)归口。

本标准起草单位:中国国家博物馆。

本标准主要起草人:铁付德、胥谞、高峰、吴顺清。

可移动文物保护修复室规范化建设与仪器装备基本要求

1 范围

本标准规定了从事可移动文物保护修复工作单位所设立的保护修复室的任务、能力、人员等规范化建设以及对场所、环境条件和仪器装备(不包含常用保护修复手工工具)的基本要求。

本标准适用于可移动文物保护修复室的建设和达标验收。

2 规范性引用文件

下列文件对于本文件的应用是必不可少的。凡是注日期的引用文件,仅注日期的版本适用于本文件。凡是不注日期的引用文件,其最新版本(包括所有的修改单)适用于本文件。

GB 50016—2006 建筑设计防火规范

GB 50348—2004 安全防范工程技术规范

GA 27—2002 文物系统博物馆风险等级和安全防护级别的规定

3 术语和定义

下列术语和定义适用于本文件。

3.1

可移动文物保护修复 conservation and restoration of movable cultural relics

对可移动文物的技术保护和修复处理工作。

3.2

文物保护修复网络体系 network of conservation and restoration of cultural relics

围绕可移动文物保护修复规划建设的,包含文物保护修复综合技术中心、文物保护修复区域技术中心和文物保护修复科技工作站的三级网络体系。

3.3

综合技术中心 complex centre of conservation

具有较强综合实力的可移动文物保护修复工作单位。综合技术中心,具有较强的研究基础、研究能力、较高的装备水平和较为全面的文物保护修复能力,围绕可移动文物保护修复的重大需求,具有开展基础性、前瞻性、战略性的创新活动和承担重大科学研究任务的能力。

3.4

区域技术中心 regional centre of conservation

具有重点发展、兼顾一般特色的可移动文物保护修复工作单位。区域技术中心,在1～2个重点发展方向上,具有较强的研究基础、装备水平和保护修复能力,同时也能兼顾其他文物保护修复以及科学研究的需求。在重点方向上,具有开展文物保护修复技术科研攻关能力。

3.5

科技工作站 workstation of conservation

依托综合中心和区域中心,承办文物保护科技信息的收集、整理和发布工作,承办文物保护技术交流、科技培训、技术推广和应用示范等活动的基层文物保护修复工作单位;具有承担可移动文物日常养护、文物环境监控、文物保护修复档案管理的能力。

3.6

保护修复室　conservation and restoration laboratory

保护修复可移动文物的特定工作机构或工作场所,包括办公室、设备室、实验室、修复室等工作区域和工作空间。

3.7

环境条件　environmental condition

保护修复室地面、门窗、水、电、通风、采光、温湿度、污物处理、排放、安全和消防、室内装饰材料以及对环境有特殊要求的仪器设备所需要的条件。

4　任务

4.1　概述

可移动文物保护修复网络体系包含的文物保护修复综合技术中心、文物保护修复区域技术中心和文物保护修复科技工作站设立的文物保护修复室,分别为综合中心保护修复室、区域中心保护修复室和工作站保护修复室。三级保护修复室按照其定位和职能分别承担以下任务。

4.2　综合技术中心保护修复室任务

综合技术中心保护修复室主要承担和完成以下任务:

——文物保护科技战略规划研究;

——文物保护修复基础科学研究;

——文物保护修复重大科研项目攻关;

——文物保护修复技术研发;

——文物本体的保护修复;

——文物保护修复效果评价;

——文物保护方案制定;

——文物保护修复数据库建设;

——文物保护修复档案的建立;

——文物保护修复技术标准的制定;

——文物保护修复技术和成果推广;

——文物的日常养护;

——文物环境监控。

4.3　区域技术中心保护修复室任务

区域技术中心保护修复室主要承担和完成以下任务:

——重点方向上文物保护修复基础科学研究;

——重点方向上文物保护修复重点科研项目攻关;

——文物保护修复技术研发;

——文物本体的保护修复;

——文物保护方案制定;

——文物保护修复数据库建设；
——文物保护修复档案的建立；
——文物保护修复技术标准的制定；
——文物保护修复技术和成果推广；
——文物的日常养护；
——文物环境监控。

4.4 科技工作站保护修复室任务

科技工作站保护修复室主要承担和完成以下任务：
——文物保护修复科技信息的收集、整理和发布；
——文物保护修复技术交流；
——科技培训、技术推广和应用示范；
——文物的日常养护；
——文物环境监控；
——文物保护修复档案的管理。

5 能力

5.1 概述

综合中心保护修复室应主要具有综合的基础能力、承担重大科学研究项目的能力和较强的保护修复专业能力。区域中心保护修复室针对重点发展方向，应主要具有较强的基础能力、开展科研攻关的能力和较强的保护修复专业能力。工作站保护修复室应主要具有科技推广、咨询培训和应用示范的基础能力以及文物日常养护的专业能力。

5.2 综合技术中心保护修复室能力

5.2.1 基础能力

综合技术中心保护修复室应具备进行以下分析检测基础能力：
——显微组织分析；
——化学成分分析；
——物质结构分析；
——微观形貌分析；
——无损探伤分析；
——图像数据分析；
——材料性能研究；
——文物环境监测；
——影像文字记录与编辑。

5.2.2 专业能力

综合中心保护修复室应具备以下保护修复专业能力：
——文物本体有害物质处理；
——断裂文物的粘接；

——文物缺失部位的补配；
——变形文物的矫形；
——脆弱文物的渗透加固；
——文物的表面封护；
——文物环境监控。

5.3 区域技术中心保护修复室能力

5.3.1 基础能力

区域技术中心保护修复室应具备以下分析检测基础能力：
——显微组织分析；
——化学成分分析；
——物质结构分析；
——微观形貌分析；
——无损探伤分析；
——图像数据分析；
——文物环境监测；
——影像文字记录与编辑。

5.3.2 专业能力

区域技术中心保护修复室应具备以下保护修复专业能力：
——文物本体有害物质处理；
——断裂文物的粘接；
——文物缺失部位的补配；
——变形文物的矫形；
——脆弱文物的渗透加固；
——文物的表面封护；
——文物环境监控。

5.4 科技工作站保护修复室能力

5.4.1 基础能力

科技工作站保护修复室应具备以下基础能力：
——信息收集、整理和发布；
——技术培训；
——技术交流和成果推广。

5.4.2 专业能力

科技工作站保护修复室应具备以下专业能力：
——文物的日常养护；
——文物环境监控；
——文物保护修复档案的管理。

6 人员配备

6.1 综合技术中心人员

综合技术中心保护修复室专业保护修复人员配备适用《可移动文物修复资质管理办法(试行)2007》。综合技术中心专业技术人员需具备本科及以上学历,应具有坚实的学科基础知识并具有解决文物保护实际技术问题的能力,其中高级职称人员不低于40%。

6.2 区域技术中心人员

区域技术中心保护修复室专业保护修复人员配备适用《可移动文物修复资质管理办法(试行)2007》。区域技术中心专业技术人员需具备本科及以上学历,应具有坚实的学科基础知识并具有解决文物保护实际技术问题的能力,其中高级职称人员不低于30%。

6.3 工作站人员

根据所承担的任务和工作适当配备专业技术人员。

7 工作场所面积及环境条件

7.1 工作场所面积

根据可移动文物保护修复室的工作任务,综合技术中心保护修复室用房面积参考值不低于1 500 m^2,区域技术中心保护修复室用房面积参考值不低于800 m^2,科技工作站保护修复室用房面积参考值不低于200 m^2,具体参考值见表1。

表1中,文物保护修复操作室分为金属、陶瓷、石质、纺织品、纸张书画、壁画和漆木器等7类文物保护修复操作室。

表1 文物保护修复室用房及面积参考表

修复室类别	用房名称	数量/间	面积/m^2
综合中心保护修复室	办公室	4	40
	仪器分析室	10	40
	X射线探伤室	1	60
	样品制备及前处理室	1	40
	化学实验室	1	60
	生物实验室	1	60
	材料实验室	1	70
	文物保护修复操作室	7	70
	化学药品库	1	40
	临时库房	1	40
	照相绘图室	1	40
	资料影像档案室	1	40

表1（续）

修复室类别	用房名称	数量/间	面积/m^2
区域中心保护修复室	办公室	2	40
	仪器分析室	4	30
	样品制备及前处理室	1	30
	化学实验室	1	30
	文物保护修复操作室	7	60
	化学药品库	1	30
	临时库房	1	30
	照相绘图室	1	30
	资料影像档案室	1	30
工作站保护修复室	办公室	1	20
	仪器分析室	1	30
	化学实验室	1	30
	文物养护室	1	40
	资料影像档案室	1	40
	文物环境检测室	1	40

7.2 环境条件

7.2.1 地面

根据需要，选择平整、防滑、耐磨、耐腐蚀的地面材料，对有特殊需要的仪器室地面，应考虑抗静电处理。

7.2.2 门窗

文物保护修复室及仪器室门宽一般不低于1.5 m，特殊需要的仪器室门宽不低于1.8 m，以利仪器设备和文物的进出。窗户应能获得良好的自然通风效果，并能在空调状态下达到良好的密封效果。文物保护修复室及仪器室的门窗一般采用向外开的方式，以利紧急状态下人员的逃生。

7.2.3 工作台

实验室和修复室工作台应按各类文物保护修复室和实验室具体工作需求定制。

7.2.4 室内水路设计

提供合理的上下水水路设计和布设，预留安装二次水设备或高纯水设备所需的进水水路。

7.2.5 供电及照明

应根据仪器设备所需总功率合理设计供电功率和供电电路。所有仪器室应配备专用地线。照明灯具需布设合理，照度均匀。实验室采用自然光照明为主，人工照明为辅的照明方式，依据文物保护修复特殊要求，也可采用无紫外线光源。

7.2.6　强制通风

根据实验室内设备及用途的具体需要，应设计安装专用通风橱以及配套的通风管路设施。

7.2.7　室内温湿度控制

文物保护修复室室内环境温湿度应可调节控制。

7.2.8　室内气路设计

文物保护修复室应预留气路管道设计。根据室内设备的需要，提供加压空气、氮气、氩气等特种气体。

7.2.9　污物处理与排放

文物保护修复室、仪器室和实验室应具有废气、污水处理排放设施和污物处理措施。

7.2.10　仪器设备所需特殊环境条件

根据仪器设备的特殊要求，应对修复室、仪器室和实验室的噪音、震动、空气洁净度、静电、电磁场干扰与屏蔽、放射性屏蔽、超重设备地板承重等环境条件进行设计和控制。

7.2.11　安防及消防设施

文物保护修复室、仪器室和实验室的安全防范和消防要求适用 GA 27—2002、GB 50348—2004 和 GB 50016—2006。

8　仪器装备

可移动文物保护修复室配备仪器装备分为基础设备、保护修复专业设备和分析检测设备 3 类。基础设备为保护修复实验室常规设备，保护修复专业设备为开展文物保护修复所需的专业设备，分析检测设备为研究文物材质、病害和保护修复材料的研究设备。文物保护修复室仪器装备的配置原则上应不低于表 2 规定的要求，各级保护修复室应根据自身实际情况、区域特点和重点研究方向进行科学调整和选配。

表 2　文物保护修复室配备仪器设备表

编号	仪器装备	综合技术中心保护修复室	区域技术中心保护修复室	科技工作站保护修复室
一、基础设备				
1	体视显微镜	○	○	○
2	生物显微镜	○	○	○
3	金相显微镜	○	○	○
4	偏光显微镜	○	○	○
5	三维视频显微镜	△	△	/
6	万能材料显微镜	△	/	/
7	激光扫描显微镜	△	/	/

表 2（续）

编号	仪器装备	综合技术中心保护修复室	区域技术中心保护修复室	科技工作站保护修复室
8	温湿度测试仪	○	○	○
9	照度计	○	○	○
10	白度计	○	○	○
11	酸度计	○	○	○
12	测厚仪	○	○	/
13	环境气体测量仪	○	○	△
14	高温电炉	△	△	△
15	调温调湿箱	○	○	○
16	恒温水浴	○	○	/
17	电热鼓风干燥箱	○	○	○
18	电子天平	○	○	○
19	光电分析天平	○	○	○
20	纯水制备仪	○	○	○
21	可调节电炉	○	/	/
22	去湿机	○	○	○
23	－20℃低温冰柜	△	△	/
24	普通冰箱	○	○	/
25	台钻	○	○	△
26	切割机	○	○	△
27	砂轮机	○	○	△
28	超净工作台	○	○	/
29	人工气候箱	○	△	/
30	培养箱	○	/	/
二、保护修复专业设备				
1	高温高压水蒸气脱盐装置	△	△	/
2	减压渗透装置	△	△	/
3	聚合物含浸装置	△	△	/
4	超声波清洗机	○	○	/
5	激光清洗机	△	△	/
6	纸张脱酸机	△	△	/
7	漆木器脱水装备	△	△	/
8	工作显微镜	○	○	/
9	气体熏蒸装置	△	△	/

表 2（续）

编号	仪器装备	综合技术中心保护修复室	区域技术中心保护修复室	科技工作站保护修复室
10	文物整形机	△	△	/
11	密闭调温调湿工作台	○	○	/
12	可翻转壁画修复工作台	△	△	/
13	纸质文物清洗机	△	△	/
14	字画装裱机	△	△	/
15	电化学除锈装置	△	△	/
16	真空冷冻干燥装置	△	/	/
17	超级恒温水浴脱盐装置	○	○	/
18	超声波除锈机	○	○	/
19	喷砂机	○	△	/
20	丝网加固装置	△	△	/
21	三维打印机	△	△	/
三、分析检测设备				
1	电子探针	△	/	/
2	透射电镜	△	/	/
3	扫描电子显微镜	○	△	/
4	X 射线衍射仪	○	△	/
5	X 射线微区衍射仪	△	/	/
6	X 射线荧光显微镜	△	△	/
7	能量色散 X 射线荧光谱仪	○	△	/
8	波长色散 X 射线荧光谱仪	△	/	/
9	便携能量色散 X 射线荧光	○	○	/
10	离子质谱	△	/	/
11	激光拉曼光谱仪	○	△	/
12	傅立叶变换红外显微镜	○	△	/
13	电感耦合高频等离子发射光谱	△	/	/
14	差热分析仪	△	/	/
15	离子色谱	○	/	/
16	气相色谱-质谱联用仪	○	/	/
17	液相色谱-质谱联用仪	△	/	/
18	激光粒度测定仪	△	/	/
19	全自动密度测定仪	○	/	/
20	分光测色计	○	○	/

表 2（续）

编号	仪 器 装 备	综合技术中心保护修复室	区域技术中心保护修复室	科技工作站保护修复室
21	三维激光扫描仪	△	/	/
22	熔点测定仪	△	△	/
23	材料试验机	○	○	/
24	红外线摄影装置	△	/	/
25	紫外线摄影装置	△	/	/
26	波长可变型光源装置	△	/	/
27	CT 扫描仪	△	/	/
28	硬 X 射线仪	○	○	/
29	软 X 射线仪	○	○	/
30	高光谱图谱分析仪	△	△	/
注：○必备，△备选，/不选。				

参 考 文 献

[1] DB 43/T 433—2009 水生动物检疫检验实验室建设规范

[2] DB 51/T 612—2006 植物检疫实验室建设规范

[3] 可移动文物修复资质管理办法(试行).国家文物局,2007 年 5 月 11 日起实施.

[4] 张孝绒.国外文物保护修复实验室配置.考古与文物丛刊第五号(2001 年陕增刊 2009 号):158-160.

ICS 01.140
A 16

中华人民共和国国家标准

GB/T 30239—2013

陶质文物彩绘保护修复技术要求

Technical requirements for conservation and restoration of polychrome on potteries

2013-12-31 发布　　2014-12-01 实施

中华人民共和国国家质量监督检验检疫总局
中国国家标准化管理委员会　发布

前　言

本标准按照 GB/T 1.1—2009 给出的规则起草。

本标准由国家文物局提出。

本标准由全国文物保护标准化技术委员会(SAC/TC 289)归口。

本标准起草单位:秦始皇兵马俑博物馆。

本标准主要起草人:张尚欣、周铁、夏寅、赵昆、严苏梅、付倩丽、容波、王亮。

陶质文物彩绘保护修复技术要求

1 范围

本标准规定了陶质文物彩绘保护修复工作中的术语、定义、保护修复技术要求和彩绘状况记录要求。

本标准适用于陶质文物彩绘保护修复方案的制定及保护修复工作。

2 规范性引用文件

下列文件对于本文件的应用是必不可少的。凡是注日期的引用文件，仅注日期的版本适用于本文件。凡是不注日期的引用文件，其最新版本(包括所有的修改单)适用于本文件。

GB/T 3977—2008 颜色的表示方法

GB/T 5698—2001 颜色术语

WW/T 0020—2008 文物藏品档案规范

WW/T 0021—2010 陶质彩绘文物病害与图示

3 术语和定义

WW/T 0021—2010中界定的以及下列术语和定义适用于本文件。

3.1

污染物 pollutants

存在于陶质文物彩绘层的异物。

3.2

回贴 reattachment

将脱落、起翘、空鼓的彩绘层粘接归位的措施。

3.3

清除 cleaning

去除彩绘层污染物的措施。

3.4

加固 consolidation

增强彩绘层强度的措施。

3.5

局部试验 spot test

保护修复前进行的小面积试验。

3.6

湿化 wetting

施用加固剂前对加固部位预先进行的渗透润湿的措施。

4 保护修复技术要求

4.1 一般要求

陶质文物彩绘保护修复技术的一般要求如下：

a) 最小干预。在彩绘保护修复过程中所使用的材料或技术措施对文物产生尽量小的影响。

b) 可再处理。彩绘经过保护修复后不影响再次保护处理。

c) 可辨识。彩绘经过保护修复后可辨认出修复区域。

4.2 局部试验要求

陶质文物彩绘保护修复局部试验技术的要求如下：

a) 局部试验宜在文物残片上进行，或在隐蔽部位进行。

b) 试验部位应具有典型病害特征。

c) 试验过程中应记录操作步骤、技术参数和试验现象。

d) 应对试验结果进行评估。

4.3 清除要求

陶质文物彩绘保护修复清除技术的要求如下：

a) 采用物理方法，必要时可采用化学方法。

b) 操作时，不应对文物彩绘造成损伤。

c) 清除操作应根据污染物种类和分布状况分层分区进行。

d) 清除时应注意文物彩绘整体效果的协调。

4.4 回贴要求

陶质文物彩绘保护修复回贴技术的要求如下：

a) 粘接材料应具有适宜的初始粘结强度。

b) 粘结材料不宜过量，避免产生污染。

c) 所使用的施压材料不应与彩绘层发生粘连。

4.5 加固要求

陶质文物彩绘保护修复加固技术的要求如下：

a) 不应在彩绘表面形成斑痕。

b) 加固前后色差值应满足 $\Delta E \leqslant 3$NBS。

注：NBS是色差的单位，ΔE 盎值为1时称为1NBS。色差值和视觉感受的对应关系如下：0.0～0.5(微小色差)，感觉极微；0.5～1.5(小色差)，感觉轻微；1.5～3(较小色差)，感觉明显；3～6(较大色差)感觉很明显；6以上(大色差)感觉强烈。

c) 加固前后光泽度差值应满足 Gs(85°)<3。

注：光泽度，用数字表示的物体表面接近镜面的程度。光泽度的评价取决于光源照明和观察的角度。Gs(85°)表示本标准所采用的方法是85°角所测量的光泽度。

5 彩绘状况记录要求

5.1 在进行保护修复时应及时记录彩绘状况。可采用图文、影像等记录方法，记录内容应符合

WW/T 0020—2008。

5.2 文字记录应采用标准术语描述,无标准术语时记录应保持一致性。

5.3 病害图应依据 WW/T 0021—2010 中所规定的图示符号及方法绘制。

5.4 影像记录彩绘颜色时表示方法应符合 GB/T 5698—2001 和 GB/T 3977—2008;影像色彩应使用 RGB 色彩模式体系;彩色影像记录应使用标准彩色色标。

注:RGB 色彩模式是一种颜色标准。通过对红(Red)、绿(Green)、蓝(Blue)3 个颜色通道的变化以及它们相互之间的叠加来得到不同的颜色。

ICS 01.080.10
A 22

中华人民共和国国家标准

GB/T 30240.1—2013

公共服务领域英文译写规范
第1部分:通则

Guidelines for the use of English in public service areas—Part 1:General rules

2013-12-31 发布 2014-07-15 实施

中华人民共和国国家质量监督检验检疫总局
中国国家标准化管理委员会 发布

前　言

GB/T 30240《公共服务领域英文译写规范》与公共服务领域日文、韩文、俄文等译写规范共同构成关于公共服务领域外文译写规范的系列国家标准。

GB/T 30240《公共服务领域英文译写规范》分为以下部分：

——第1部分：通则；

——第2部分：交通；

——第3部分：旅游；

——第4部分：文化娱乐；

——第5部分：体育；

——第6部分：教育；

——第7部分：医疗卫生；

——第8部分：邮政电信；

——第9部分：餐饮住宿；

——第10部分：商业金融。

本部分为GB/T 30240的第1部分。

本部分按照GB/T 1.1—2009给出的规则起草。

本部分由教育部语言文字信息管理司提出并归口。

本部分主要起草单位：上海市语言文字工作委员会、北京市语言文字工作委员会、江苏省语言文字工作委员会、上海师范大学、上海外国语大学、北京外国语大学、南京大学。

本部分主要起草人：张民选、柴明颎、丁言仁、潘文国、戴曼纯、姚锦清、白殿一、张日培、王守仁、杨永林、陈新仁、杨晓荣、王银泉、乌永志、戴宗显、刘民钢、林元彪、孙小春、王育伟。

公共服务领域英文译写规范
第1部分:通则

1 范围

GB/T 30240的本部分规定了公共服务领域英文翻译和书写的相关术语和定义、译写原则、译写方法和要求、书写要求等。

本部分适用于公共服务领域中场所和机构名称、公共服务信息的英文译写。

2 规范性引用文件

下列文件对于本文件的应用是必不可少的。凡是注日期的引用文件,仅注日期的版本适用于本文件。凡是不注日期的引用文件,其最新版本(包括所有的修改单)适用于本文件。

GB/T 10001(所有部分) 标志用公共信息图形符号

GB/T 16159 汉语拼音正词法基本规则

GB 17733 地名 标志

汉语拼音方案(1958年中华人民共和国第一届全国人民代表大会第五次会议审议通过)

3 术语和定义

下列术语和定义适用于本文件。

3.1

场所和机构名称 names of public places and institutions

公共服务领域中具有对外服务功能的公共场所、经营机构、管理机构、企事业单位等的名称。

3.2

专名 specific terms

场所和机构名称中用于与同类别、同属性的其他场所或机构相区别,具有唯一性特征的部分。

3.3

通名 generic terms

场所和机构名称中标示场所或机构的类别和属性,不具有唯一性特征的部分。

3.4

公共服务信息 public service information

为满足人们活动需要,在公共服务领域中提供的功能设施、警示警告、限令禁止、指示指令和说明提示等服务信息。

4 译写原则

4.1 合法性

4.1.1 公共服务领域英文译写应符合我国语言文字法律法规的规定,在首先使用我国语言文字的前提下进行。

4.1.2 党政机关名称的英文译写用于对外交流，不得用于机关名称标牌。

4.1.3 地名的罗马字母拼写应符合我国语言文字和地名管理法律法规的规定。作为公共服务设施的台、站、港、场，以及名胜古迹、纪念地、游览地、企业事业单位等名称，根据对外交流和服务的需要，可以用英文对其含义予以解释。地名标志应执行 GB 17733。

4.1.4 公共服务领域英文译写应符合我国标准化法律法规的规定，公共服务信息在 GB/T 10001 中已经规定了图形符号的，应首先按照标准的规定使用公共信息图形标志。

4.1.5 汉语拼音的使用应符合《汉语拼音方案》及 GB/T 16159 的规定，可以不标声调符号。

4.2 规范性

4.2.1 公共服务领域英文译写应符合英文使用规范以及英文公示语的文体要求。

4.2.2 公共服务领域英文译写应准确表达我国语言文字原文的含义。

4.2.3 公共服务信息应根据信息的内容和意图等意译，并尽量使用英语国家同类信息的习惯用语，一般不按原文字面直译。如："安全线"应译作 Yellow Line 或 Red Line，"油漆未干"应译作 Wet Paint。

4.3 服务性

4.3.1 公共服务领域英文译写应根据对外服务的实际需要进行。

4.3.2 公共服务领域英文译写应通俗易懂，便于理解，避免使用生僻的词语和表达方法。

4.4 文明性

公共服务领域英文译写应用语文明，不得出现有损我国和他国形象或有伤民族感情的词语，也不得使用带有歧视色彩或损害社会公共利益的译法。如："老弱病残孕专座"应译作 Priority Seating 或 Courtesy Seat(其中 Seat 应视情况选用单数或复数形式)。

5 译写方法和要求

5.1 场所和机构名称

5.1.1 总则

场所和机构名称应区分专名、通名、修饰或限定成分，分别使用汉语拼音和英文进行拼写或翻译。

5.1.2 专名

5.1.2.1 专名一般使用汉语拼音拼写。如：同仁医院 Tongren Hospital。

5.1.2.2 来源于英文的专名，直接使用原文。如：希尔顿酒店 Hilton Hotel。

5.1.2.3 有实际含义、并需要向服务对象特别说明其含义的专名，可使用英文翻译。如：因藏有玉佛而得名的上海玉佛寺译作 Jade Buddha Temple。

5.1.3 通名

5.1.3.1 通名一般使用英文翻译。如：华联超市 Hualian Supermarket。

5.1.3.2 专名是单音节时，其通名部分可视作专名的一部分，先与专名一起用汉语拼音拼写，然后用英文重复翻译。如：豫园 Yuyuan Garden。

5.1.3.3 通名在原文中省略的，应视情况补译。如：梅园村(饭店名)Meiyuancun Restaurant。

5.1.4 修饰或限定成分

5.1.4.1 行政区划限定成分

行政区划限定成分用汉语拼音拼写，如：北京 Beijing。但表示国家和大区的，使用英文翻译，如：华北 North China。

作为限定成分，行政区划名中的“省”“市”“区”“县”“乡(镇)”等可以省去不译。但在党政机关名称中，以及在名称相同、行政层级不同而易产生混淆的情况下，应当用英文译出，如“吉林省”和“吉林市”可分别译作 Jilin Province 和 Jilin Municipality。

5.1.4.2 序列、方位、属性、特点等修饰成分

用英文翻译，如：北京南站(火车站) Beijing South Railway Station。但名称主体已失去原属性特点的，可用汉语拼音拼写，如：西安交通大学 Xi'an Jiaotong University。

5.1.5 例外情况

现用英文译名不符合前述规定，但已经约定俗成的，可沿用其习惯的译写方法。如：中山陵 Dr. Sun Yat-sen's Mausoleum。

5.2 公共服务信息

5.2.1 总则

公共服务信息使用英文翻译。

5.2.2 功能设施信息

5.2.2.1 应区分功能设施信息的不同使用场合采取不同的译法。如“残障人士专用设施”，在标示其“残障人士专用”的功能时可译作 Disabled Only，如图 1；在指示其所处方位时则应采用“Accessible＋设施名”的译写方法，如图 2。

注：采用此译法制作的标志设置于该设施所在位置，以提示“残障人士专用”。

图 1 “残疾人卫生间”英文译法 1

注：采用此译法制作的标志用于指示设施名称及其所处的位置。

图 2 “残疾人卫生间”英文译法 2

5.2.2.2 标有阿拉伯数字的功能设施，采用“设施名＋阿拉伯数字”的译写方法。如：2 号看台 Platform 2；3 号登机口 Gate 3。

5.2.3 警示警告信息

5.2.3.1 一般性警示事项译作 Mind…或 Watch…或 Beware of…。如：当心碰头 Mind Your Head；注意脚下、当心踏空、当心台阶 Watch Your Step。

5.2.3.2 可能导致重大人身伤害、需要突出警示的警告事项使用 CAUTION 翻译。如：小心烫伤（指开水）CAUTION//Hot Water（“//”表示应当换行，下同）。

5.2.3.3 直接关系生命财产安全、需要引起高度注意的警告事项使用 WARNING 或 DANGER 翻译。如：当心触电 DANGER//High Voltage。

5.2.4 限令禁止信息

5.2.4.1 劝阻性事项译作 Please Do Not …或 Thank You for Not-ing。如：请勿吸烟 Thank You for Not Smoking。

5.2.4.2 禁止性事项译作 Do Not…或 No-ing 或…Not Allowed。如：禁止吸烟、不准吸烟 No Smoking。

5.2.4.3 直接关系生命财产安全、需要严令禁止的事项可译作…Forbidden 或…Prohibited。如：严禁携带（燃放）烟花爆竹 Fireworks Prohibited。

5.2.5 指示指令信息

5.2.5.1 指示指令信息一般用祈使句或短语翻译。如：小草有生命，君子足留情 Keep off the Grass。

5.2.5.2 非强制性指示提醒事项，为使语气委婉，可以使用 Please 引导。如：请节约用水 Please Save Water 或 Please Conserve Water。

5.2.5.3 要求指令性事项以译出指令的内容为主。如：旅客通道，保持畅通 Keep Clear，“保持畅通”必须译出，“旅客通道”可不译出。

5.2.5.4 直接关系生命财产安全、需要强令执行的事项可以使用 Must 翻译。如：必须戴安全帽 Head Protection Must Be Worn 或 All Personnel Must Wear a Hard Hat。

5.2.6 说明提示信息

应保持译文简洁，以使所要说明和提示的信息一目了然。

5.2.7 通用类公共服务信息的具体译法

通用类公共服务信息的具体译法参见附录 A。

5.3 词语选用和拼写方法

5.3.1 同一事物或概念，英语国家用不同词语表达的，选择国际上更为通用的英文词语。

5.3.2 同一词语，在英语国家有不同拼写方法的，选择国际上更为通用的拼写方法。

5.3.3 同一场所中的词语选用和拼写方法应保持一致。

5.4 语法和格式

5.4.1 译文应正确使用人称、时态、单复数。

5.4.2 可数名词明确指向单个对象时使用单数，指向一个以上对象或者对象不明确时使用复数。

5.4.3 采用缩写形式应符合国际惯例。使用序数词的，可缩写作 1st、2nd 等。

6 书写要求

6.1 总则

公共服务领域中场所和机构名称、公共服务信息的英文书写应符合英语国家公共标志中的书写规范和使用习惯。

6.2 大小写

6.2.1 短语、短句字母全部大写或者所有单词的首字母大写。如：不准停车，只可上下旅客 DROP-OFF & PICK-UP ONLY 或 Drop-Off & Pick-Up Only。

6.2.2 长句中第一个单词、所有实义词、4 个及 4 个以上字母组成的虚词、换行以后的行首词的首字母大写。如：请随手关灯 Turn off Lights Before You Leave。

6.2.3 需要特别强调的警示性、提示性独词句，字母全部大写。如：禁止通行 STOP。

6.2.4 由警示语和警示内容两部分组成的语句，警示语字母全部大写。如图 3：

图 3 “水深危险！”英文译写法

6.2.5 使用连字符“-”连接两个单词时，连字符后面如果是实词则首字母大写，如果是虚词则首字母小写。如：送货上门(直销)Door-to-Door Delivery。

6.3 标点符号

6.3.1 一般不使用标点符号。但长句结尾处可用句号，分句或平行短语之间应使用逗号。如：严禁携带易燃、易爆、有毒物等违禁品 Flammable, Explosive, Poisonous and Other Illegal Articles Strictly Prohibited。

6.3.2 需要加以警示、强调时可使用感叹号。

6.4 字体

应使用相当于汉字黑体的没有衬线的等线字体，如 Arial 字体。

6.5 空格

6.5.1 单词内部的字母之间不空格。单词与单词之间空一格。

6.5.2 逗号、句号后空一格。

6.5.3 撇号(’)出现在一个单词中间时前后均不空格，如：旅客的车票(单数)Passenger’s Ticket；出现在词末时，后空一格，如：女中(高中)Girls’ High School。

6.5.4 连字符(-)前后不空格。

6.6 换行

6.6.1 一般不换行。但由警示语和警示内容两部分组成的语句，警示语和警示内容应当分行书写。

6.6.2 需要换行的，断行时应保持单词以及意义单位的完整，如：遇有火灾请勿使用电梯 Do Not Use Elevator in Case of Fire，应在 Do Not Use Elevator 和 in Case of Fire 两个意义单位之间断行（换行后 in 首字母应大写作 In）。

6.6.3 需要换行的长句排版时不得使用两端对齐。

附 录 A
（资料性附录）
通用类公共服务信息英文译法示例

表 A.1～表 A.5 给出了通用类的公共服务信息英文译法示例，各表的英文中“或”表示可选择的其他译法，“/”表示可替换的其他词语，“//”表示书写时应当换行，“()”中的内容表示可根据实际情况选择译出或不译出。

A.1 功能设施信息

表 A.1 功能设施信息英文译法示例

序号	中 文	英 文
	（安全保卫、消防类）	
1	保安室；门卫室；值班岗亭	Security 或 Security Booth/Guard/Office/Room
2	疏散示意图	Evacuation Chart
3	疏散通道	Evacuation Route
4	应急避难场所	Emergency Shelter
5	紧急疏散集合地	Evacuation Assembly Area
6	紧急呼叫点	Emergency Call
7	紧急报警器	Emergency Alarm
8	火情警报；火情警报器	Fire Alarm
9	灭火器	Fire Extinguisher
10	消防车	Fire Engine
11	消防软管卷盘	Fire Hose Reel
12	消火栓	Fire Hydrant
13	消火栓箱	Fire Hydrant Box
14	消防逃生通道	Fire Escape
15	消防通道	Fire Lane
16	消防应急面罩	Fire Mask
17	烟感探头	Smoke Detector
	（公共卫生类）	
18	洗手间；卫生间；厕所；盥洗室	Toilet 或 Restroom 或 Washroom 或 W.C.
19	男厕所	Men 或 Gents
20	女厕所	Women 或 Ladies
21	收费厕所	Pay Toilet
22	非水冲座便器（无需冲水）	No-Flush Toilet
23	干手机	Hand Dryer

表 A.1（续）

序号	中　文	英　文
24	更换尿布处	Baby Change 或 Baby Changing Station
25	有人；使用中	Occupied
26	无人；未使用	Vacant
27	伸手出水	Automatic Tap
28	踏板放水	Pedal to Operate
29	自动冲洗	Automatic Flush
30	清洁中	Cleaning in Progress
31	垃圾桶；废物箱	Rubbish（Bin）
32	可回收垃圾箱	Recyclable（Bin）
33	可回收物（垃圾箱）	Recyclables
34	不可回收垃圾箱	Non-Recyclable（Bin）
35	不可回收物（垃圾箱）	Non-Recyclables
36	垃圾车	Garbage Truck
37	清洁车	Street Sweeper/Cleaner 或 Road Sweeper/Cleaner
38	垃圾房	Garbage Room
	（通讯类）	
39	电话亭（间）	Telephone Booth
40	插卡式公用电话；磁卡电话	Phone Card Only
41	内线电话	Internal Call(s)
42	外线电话	External Call(s)
43	应急电话；紧急呼救电话	Emergency Telephone
44	电话查号台	Telephone Directory Assistance
45	电话区号	Area Code
46	电话收费标准	Call Rates
47	通话时间	Call Duration
48	服务热线	Service Hotline 或 Hotline
49	订票热线；票务热线	Booking Hotline
50	投诉电话；投诉热线	Complaints Hotline
51	紧急救护电话：120	Ambulance：120
52	紧急求助电话：110	Emergency：110
53	邮政服务	Postal Service
54	邮政编码	Postal Code
	（医疗急救类）	
55	医务室	Clinic

表 A.1（续）

序号	中　　文	英　　文
56	急救室;急救中心	Emergency (Center)或 First Aid (Center)
	(无障碍设施类)	
57	无障碍(设施)	Wheelchair Accessible
58	残疾人厕所	Accessible Toilet/Restroom/Washroom 或 Disabled Only
59	残疾人电梯	Disabled Only 或 Accessible Elevator/Lift
60	老弱病残孕专座	Priority Seating 或 Courtesy Seat(s)
	(寄存类)	
61	储物柜;存包处	Lockers
62	免费存包处	Free Lockers
63	自助寄存柜	Self-Service Lockers
64	行李寄存处	Luggage/Baggage Deposit
	(进口、出口、门)	
65	进口;入口	Entrance
66	东(南/西/北)进口	East/South/West/North Entrance
67	出口;安全门	Exit
68	东(南/西/北)出口	East/South/West/North Exit
69	火警出口	Fire Exit
70	紧急出口	Emergency Exit
71	边门	Side Door
72	玻璃门	Glass Door
73	旋转门	Revolving Door
74	自动门	Automatic Door
75	出门按钮	Press to Exit
76	拉(门)	Pull
77	推(门)	Push
	(电梯、楼梯、楼层、通道)	
78	电梯	Elevator 或 Lift
79	扶梯;自动扶梯	Escalator
80	观光电梯	Sightseeing/Observation Elevator/Lift
81	贵宾电梯	VIP Only 或 VIP Elevator/Lift
82	员工电梯	Staff Only 或 Staff Elevator/Lift
83	货梯	Freight Elevator/Lift
84	步行梯;楼梯	Stairs
85	一/二/三/四/五层(地上)	1F/2F/3F/4F/5F 或 L1/L2/L3/L4/L5

表 A.1（续）

序号	中　文	英　文
86	一/二/三/四/五层(地下)	B1/B2/B3/B4/B5
87	楼层示意图	Floor Layout 或 Floor Plan
88	地下通道	Underpass
89	优先通道	Priority Lane
	（功能区域）	
90	等候区	Waiting Area
91	服务区	Service Area
92	禁烟区;无烟区	Non-Smoking Area
93	吸烟区	Smoking Area
	（功能处所）	
94	礼堂	Auditorium
95	多功能厅	Function Hall
96	休息室	Lounge
97	贵宾休息室	VIP Only 或 VIP Lounge
98	会议室	Conference Room 或 Meeting Room
99	吸烟室	Smoking Room
100	复印室	Copy Room
101	棋牌室	Chess and Cards Room
102	阅览室	Reading Room
103	值班室	Duty Room
104	地下室	Basement
	（餐饮场所）	
105	餐厅	Restaurant
106	咖啡馆;咖啡厅	Coffee Shop 或 Café
107	西餐厅	Western Restaurant
108	快餐吧	Snack Bar 或 Snacks
109	酒吧	Bar
	（仪器设备）	
110	配电间	Switch Room 或 Switching Room
111	设备间	Equipment Room
112	开水间	Hot Water Room
113	冷冻机房	Refrigeration Room 或 Refrigerating Room
114	新风机房	Ventilation Room
115	温度调节	Temperature Control

表 A.1（续）

序号	中　文	英　文
116	风量调节	Fan Control
	（接待与问询服务类）	
117	前台；接待；总服务台	Reception
118	服务处；服务中心	Service Center
119	服务台	Service Desk
120	顾客服务中心（客服中心）	Customer Service Center
121	问讯处	Enquiry 或 Information
122	商务中心	Business Center
123	预订处	Reservation
	（票务服务类）	
124	票务服务（售、退、补票等综合服务）	Ticket Service
125	补票处	Fare Adjustment
126	预订票取票处	Ticket Claim
127	退票处	Refund
128	优惠票窗口	Discount Ticket
129	此票不能使用（检票机上提示信息）	Ticket Invalid
130	凭票入场	Admission by Ticket Only
131	当日有效	Valid Only on Day of Issue
	（信息公告类）	
132	布告栏；公告栏；留言板	Bulletin Board 或 Message Board
133	示意图	Diagram 或 Sketch Map
134	价目表	Price List
135	时刻表	Timetable
136	意见箱	Suggestions & Complaints (Box)
	（更衣、试衣、衣帽寄存）	
137	衣帽间；存衣处	Cloakroom
138	试衣间	Fitting Room
139	更衣室	Locker Room
140	男更衣室	Men's Locker Room
141	女更衣室	Women's Locker Room
142	员工更衣室	Staff Locker Room 或 Staff Lockers
	（缴费、价格类）	
143	缴费窗口；缴费处	Pay Here 或 Cashier
144	收银台；结账处	Cashier

表 A.1（续）

序号	中　　文	英　　文
145	外币兑换处	Currency Exchange 或 Foreign Exchange
146	投币口	Coin Slot
147	收费标准	Rates
148	单价	Unit Price
149	优惠价格	Discount Price
150	售完(售罄)	Sold Out
151	赠品	Complimentary
152	在此刷卡	Swipe Your Card Here
153	余额不足	Insufficient Balance
	(自助设备)	
154	自动充值机	Add Value Machine
155	自动检票机	Self-Service Check-in
156	自动售货机	Vending Machine
157	自助查询机	Self-Service Information
	(停车场、库)	
158	停车场	Parking (Lot)
159	地下停车场	Underground Parking
160	临时停车场	Temporary Parking
161	全日(昼夜)停车场	24-Hour Parking
162	免费停车场	Free Parking
163	停车场入口	Parking Entrance
164	停车位	Parking Space
165	车位已满	Full
166	计时停车	Metered Parking
167	停车时限:××分钟	××-Minute Parking
168	停车收费标准	Parking Rates
	(其他)	
169	饮用水	Drinking Water
170	非饮用水	Not for Drinking
171	行李手推车	Luggage/Baggage Cart
172	雨伞架	Umbrella Stand
173	自行车停放架	Bicycle Racks
174	自行车租车处	Bicycle Rental

A.2 警示警告信息

表 A.2 警示警告信息英文译法示例

序号	中　　文	英　　文
1	当心台阶;当心踏空;注意脚下	Mind/Watch Your Step
2	当心碰撞	Beware of Collisions
3	小心障碍	Beware of Obstruction
4	小心碰头	Mind Your Head
5	小心玻璃(指玻璃门)	CAUTION//Glass Door
6	小心烫伤(开水)	CAUTION//Hot Water
7	小心灼伤	CAUTION//Hot Surface
8	小心滑倒(地面建筑材质本身较光滑)	CAUTION//Slippery
9	小心地滑(地面有水)	CAUTION//Wet Floor
10	注意安全,请勿靠近	CAUTION//Keep Away
11	注意防火	CAUTION//Fire Risk 或 CAUTION//Fire Hazard
12	当心触电	DANGER//High Voltage
13	当心剧毒	DANGER//Highly Toxic 或 DANGER//Toxic Hazard
14	小心落水	WARNING//Deep Water
15	当心坠落	WARNING//Be Careful Near the Edge

A.3 限令禁止信息

表 A.3 限令禁止信息英文译法示例

序号	中　　文	英　　文
	(劝阻类信息)	
1	请勿触碰	Please Do Not Touch
2	请勿打扰	Please Do Not Disturb
3	请勿倚靠车门	Please Do Not Lean on Door
4	请勿遗忘随身物品	Please Do Not Leave Your Belongings Behind
5	请勿践踏草坪	Please Keep off the Grass
6	请勿喧哗;保持安静	Please Keep Quiet
7	请勿使用手机	Please Keep Your Mobile Phone Switched off
8	请勿吸烟	Thank You for Not Smoking

表 A.3（续）

序号	中　　文	英　　文
	（禁止类信息）	
9	不得乱扔垃圾	No Littering
10	不得随地吐痰	No Spitting
11	不得躺卧	No Lying Down Here
12	不准停车或候客，只可上下旅客。	Pick-up and Drop-off Only//No Parking
13	不准停放自行车	No Bicycle Parking
14	不准穿越（指行人）	No Pedestrian Crossing
15	不准带入食品和饮料	No Food or Drinks Inside
16	不准遛狗	No Dogs
17	未成年人不得入内	Adults Only
18	遇有火灾不得使用电梯	Do Not Use Elevator in Case of Fire
19	消防通道，不得占用	Fire Lane//Do Not Block 或 Fire Lane//Keep Clear
20	禁止车辆停留	No Stopping
21	禁止泊车	No Parking 或 No Parking at Any Time
22	禁止外来车辆停放；专用车位	Reserved Parking 或 Permit Parking Only
23	禁止机动车通行	No Motor Vehicles
24	禁止驶入	Do Not Enter 或 No Entry
25	禁止摄影	No Photography 或 No Photos
26	禁止摄像	No Videoing
27	禁止使用闪光灯	No Flash
28	禁止录音	No Recording
29	禁用手机	No Mobile Phones
30	禁止宠物入内	No Pets Allowed
31	禁止轮滑	No Roller Skating
32	禁止攀爬	No Climbing
33	禁止入内	No Admittance 或 No Entry
34	禁止狩猎	No Hunting
35	禁止跳下站台	Do Not Jump off the Platform
36	禁止吸烟	No Smoking
37	禁止游泳	No Swimming
38	禁止刻画	No Graffiti
39	禁止跨越	No Crossing
40	禁止手扶	No Holding
41	禁止张贴广告	No Posters

表 A.3（续）

序号	中　　文	英　　文
42	非本单位车禁止入内；外部车辆请勿进入	Authorized Vehicles Only
43	非机动车禁止入内	Motor Vehicles Only
44	非火警时请勿挪用	Fire Emergency Only
45	非紧急情况不得停留	Emergency Stop Only
46	非特许人员严禁入内	Authorized Personnel Only
47	非请勿入；员工专用；闲人免进；顾客止步	Staff Only
	（严禁类信息）	
48	严禁通行	Access Prohibited
49	严禁明火	Open Flames Prohibited
50	严禁烟火	Smoking or Open Flames Prohibited
51	严禁携带、燃放烟花爆竹	Fireworks Prohibited
52	严禁携带爆炸物	Explosives Prohibited
53	严禁携带易燃、易爆、有毒物等违禁品	Flammable，Explosive，Poisonous and Other Illegal Articles Strictly Prohibited

A.4　指示指令信息

表 A.4　指示指令信息英文译法示例

序号	中　　文	英　　文
	（提醒类信息）	
1	请爱护公共设施	Please Show Respect for Public Property 或 Please Protect the Property
2	请爱护古迹；请保护古迹	Please Show Respect for Historic Site 或 Please Protect Our Historic Site
3	请爱护林木	Please Show Respect for Trees 或 Please Protect Our Trees
4	请保管好个人物品	Please Do Not Leave Your Personal Belongings Unattended
5	请出示证件	Please Show Your ID
6	贵重物品请自行妥善保管	Please Keep Your Valuables With You
7	请节约用水	Please Conserve Water 或 Please Save Water
8	请紧握扶手	Please Hold Handrail
9	请排队（上车）	Please Line up (for Boarding)
10	请在此等候	Please Wait Here
11	请在黄线外等候	Please Wait Behind the Yellow Line
12	请找工作人员协助	Please See Staff for Assistance
13	请关闭手机	Please Switched off Your Mobile Phone

表 A.4（续）

序号	中　　文	英　　文
14	请看管好您的小孩	Please Do Not Leave Your Child Unattended
15	请走旋转门	Please Use Revolving Door
	（指令类信息）	
16	保持畅通	Keep Clear
17	便后请冲洗	Flush After Use
18	火警压下；火警时压下	Press in Case of Fire
19	紧急出口，保持通畅	Emergency Exit/Keep Clear
20	紧急时击碎玻璃	Break Glass in Emergency
21	紧急时请按按钮	Press Button in Emergency
22	请靠右站立	Keep Right
23	请绕行	Detour
24	请随手关灯	Turn off Lights Before You Leave
25	请系好安全带	Fasten Seat Belt
26	请在此开票	Invoice Claim
27	请在此排队	Line Forms Here
28	请遵守场内秩序	Keep Order
29	随手关门	Close the Door Behind You
30	投入硬币	Insert Coin
31	易碎物品请轻拿轻放	FRAGILE//Handle with Care
	（强令类信息）	
32	必须戴安全帽	Head Protection Must Be Worn 或 All Personnel Must Wear a Hard Hat
33	必须系安全带	Seat Belt Must Be Fastened
34	必须下车推行	Cyclists Must Dismount
35	员工返岗前必须洗手	Employees Must Wash Hands Before Returning to Work

A.5 说明提示信息

表 A.5 说明提示信息英文译法示例

序号	中　　文	英　　文
	（安检信息提示）	
1	安全检查	Security Check
2	安全须知	Safety Instructions
3	行李安检	Luggage/Baggage Inspection

表 A.5（续）

序号	中　　文	英　　文
	（时间信息提示）	
4	标准时间	Standard Time
5	格林尼治时间	Greenwich Mean Time
6	当地时间	Local Time
7	办公时间	Office Hours
8	工作时间；营业时间	Office Hours 或 Business Hours
	（开放、营业或关闭信息提示）	
9	二十四小时营业	24-Hour Service 或 Open 24 Hours
10	节假日不办理(不营业）	Closed on Weekends and Public Holidays
11	节假日照常营业	Open on Weekends and Public Holidays
12	施工期间，恕不开放	Construction in Progress//Temporarily Closed
13	暂停服务；临时关闭	Temporarily Closed
14	正常开放	Open
15	正在检修，请您稍候	Maintenance in Progress//Please Wait
16	正在维修	Under Repair
	（道路交通信息提示）	
17	道路交通信息	Traffic Information
18	此路不通	No Through Road 或 Dead End
19	此路封闭	Road Closed
	（限制信息提示）	
20	限乘 15 人	Maximum Capacity：15 Persons
21	限乘人数	Maximum Capacity
22	限制重量	Maximum Weight
	（参观导向信息提示）	
23	游客须知；游园须知	Park Rules and Regulations
24	您所在的位置	You Are Here
25	参观路线	Visitor Route
26	至(某场所）	To（…）
	（问候语及其他服务信息提示）	
27	欢迎多提宝贵意见	Your Comments Are Welcome
28	欢迎光临	Welcome
29	谢谢合作	Thank You for Your Cooperation
30	广播寻人寻物	Paging Service
31	失物招领	Lost & Found

ICS 25.040.40
N 15

GB

中华人民共和国国家标准

GB/T 30241.1—2013

齐纳二极管安全栅 第1部分:通用技术条件

Zener diode safety barrier—Part 1:General technical specification

2013-12-31 发布　　2014-07-01 实施

中华人民共和国国家质量监督检验检疫总局
中国国家标准化管理委员会　发布

前　言

GB/T 30241《齐纳二极管安全栅》分为两个部分：

——第1部分：通用技术条件；

——第2部分：性能评定方法。

本部分为GB/T 30241的第1部分。

本部分按照GB/T 1.1—2009给出的规则起草。

请注意本部分的某些内容可能涉及专利。本文件的发布机构不承担识别这些专利的责任。

本部分由中国机械工业联合会提出。

本部分由全国工业过程测量和控制部分化技术委员会(SAC/TC 124)归口。

本部分起草单位：南京优倍电气有限公司、重庆宇通系统软件有限公司、国家防爆电气产品质量监督检验中心、福建上润精密仪器有限公司、深圳万讯自控股份有限公司、中山市东崎电气有限公司、北京远东仪表有限公司、重庆川仪自动化股份有限公司、西南大学。

本部分主要起草人：董健、韩绍盈、张刚、李宇波、岳周、冯伟、邹祟、戈剑、袁敏勋、高海涛、周松明、王悦、吴辉华、朱爱松、张新国、周雪莲、何强、李涛、薛晓娜。

齐纳二极管安全栅
第1部分:通用技术条件

1 范围

本部分规定了齐纳二极管安全栅的术语与定义、分类与基本参数、要求、标志、包装、贮存、运输等内容。

本部分适用于工业过程测量和控制系统中的齐纳二极管安全栅。

2 规范性引用文件

下列文件对于本文件的应用是必不可少的。凡是注日期的引用文件,仅注日期的版本适用于本文件。凡是不注日期的引用文件,其最新版本(包括所有的修改单)适用于本文件。

GB/T 2423.3 电工电子产品环境试验 第2部分:试验方法 试验Cab:恒定湿热试验

GB 3836.1—2010 爆炸性环境 第1部分:设备 通用要求

GB 3836.4—2010 爆炸性环境 第4部分:由本质安全型“i”保护的设备

GB 3836.15 爆炸性气体环境用电气设备 第15部分:危险场所电气安装(煤矿除外)

GB 3836.16 爆炸性气体环境用电气设备 第16部分:电气装置的检查和维护(煤矿除外)

GB 4208 外壳防护等级(IP代码)

GB/T 4798.1 电工电子产品应用环境条件 第1部分:贮存

GB/T 9969 工业产品使用说明书 总则

GB/T 13384 机电产品包装通用技术条件

3 术语和定义

GB 3836.1—2010、GB 3836.4—2010界定的以及下列术语和定义适用于本文件。

3.1

齐纳二极管安全栅 zener diode safety barrier

由熔断器、电阻或其组合保护的分流齐纳二极管或齐纳二极管电路组成的组件,并被制成独立装置,而不是作为较大设备的部件。

3.2

最高电压(交流有效值或直流电压值) maximum r.m.s. a.c. or d.c. voltage

U_m

可施加到关联设备的非限能连接装置上,而不会使其防爆型式失效的最高电压。

[GB 3836.4—2010,定义3.16]

注1:这也适用于可施加到本质安全设备的非本质安全连接装置上的最高电压(例如,仅在非危险场所充电的电池供电设备的充电连接装置)。

注2:在不同的连接装置上,U_m 值可不同,并且对于交流和直流电压也可不同。

3.3

最大外部电感 maximum external inductance

L_o

可以连接到电气设备连接装置上,而不会使本质安全性能失效的本质安全电路的最大电感。

3.4

最大外部电感与电阻比 maximum external inductance to resistance ratio

L_o/R_o

可以连接到电气设备外部的连接装置上，不会使本质安全性能失效的电感与电阻的最大比值。

[GB 3836.4—2010，定义 3.14]

3.5

最高输出电压 maximum output voltage

U_o

在开路条件下，在设备连接装置施加电压达到最高电压(包括 U_m 或 U_i)时，可能出现的本质安全电路的最高输出电压(交流峰值或直流)。

注：当施加电压多于一个时，则最高输出电压应是在几个施加电压组合最不利时产生的。

3.6

最大输出电流 maximum output current

I_o

来自设备连接装置的本质安全电路的最大电流(交流峰值或直流)。

3.7

最大输出功率 maximum output power

P_o

能从电气设备获得的本质安全电路最大功率。

3.8

最大外部电容 maximum external capacitance

C_o

可以连接到电气设备连接装置上，而不会使本质安全性能失效的本质安全电路的最大电容。

3.9

关联设备 associated apparatus

含有限能电路和非限能电路，且结构使非限能电路不能对限能电路产生不利影响的电气设备。

[GB 3836.4—2010，定义 3.1.2]

注1：关联设备可以是下列两者中的任何一种：

a) 具有 GB 3836.1—2010 规定的另一种防爆型式、可使用在相应爆炸性气体环境的电气设备；
b) 未采用防爆型式保护，不能在爆炸性气体环境中使用的电气设备。例如记录仪，本身不在爆炸性气体环境中，但是它与处在爆炸性气体环境中的热电偶连接，这时只有记录仪的输入电路具有限能特性。

[GB 3836.1—2010 中 3.2 的定义]

注2：本部分所指的关联设备也是一种电气设备，含有本质安全电路和非本质安全电路，且结构使非本质安全电路不能对本质安全电路产生不利影响。它可以是

a) 具有 GB 3836.1—2010 规定的另一种防爆型式，可使用在相应的爆炸性气体环境中的电气设备。或者
b) 未采用防爆型式保护，不能在爆炸性气体环境中使用的电气设备。例如记录仪，本身不在爆炸性气体环境中，但是与爆炸性气体环境中的热电偶连接，这时只有记录仪的输入电路是限能的。或者
c) 在安全场所使用的充电器或接口，与危险场所用设备连接，用于充电、下载数据等。

3.10

本质安全设备 intrinsic safety apparatus

所有电路为本质安全电路的电气设备。

[GB 3836.4—2010，定义 3.1.3]

3.11

端电阻 end-to-end resistance

20 ℃时，齐纳二极管安全栅通道两端之间的电阻，即电阻器和熔断器的阻值之和。如果通道中有二极管或三极管，则应加上二极管或三极管导通的导通电阻。

3.12

工作电压 working voltage

20 ℃时，在规定漏电流和危险区端子开路的条件下，齐纳二极管安全栅通道的安全区端子与地之间可以施加的具有适合极性的最大稳定电压。

3.13

最大工作电压 maximum working voltage

20 ℃时，在熔断器没有熔断的情况下，任何安全栅通道安全区端子与地之间可以连续施加的具有适合极性的最大稳定电压。

3.14

熔断器额定电流 rated current of a fuse-link

I_n

在规定条件下，熔断器能够长期通过而不使性能降低的电流。

4 分类与基本参数

4.1 分类

4.1.1 按信号流向分类

齐纳二极管安全栅可分为检测端安全栅和操作端安全栅。

4.1.2 按信号极性分类

齐纳二极管安全栅可分为正极性安全栅、负极性安全栅和双极性安全栅。

4.1.3 按安装型式分类

齐纳二极管安全栅可分为架装式安全栅和导轨式安全栅。

4.2 本安等级和设备类别

齐纳二极管安全栅本安等级见表1、设备类别见表2。

表1 本安等级

本安等级	相应安全等级的场所
[Exia Ga]	在正常工作、一个计数故障和两个计数故障情况下均不能点燃爆炸性气体混合物。该等级的安全栅本质安全端可连接到0区、1区、2区危险场所的本质安全设备
[Exib Gb]	在正常工作和一个计数故障情况下不能点燃爆炸性气体混合物。该等级的安全栅本质安全端可连接到1区、2区危险场所的本质安全设备
[Exic Gc]	在正常工作情况下不能点燃爆炸性气体混合物。该等级的安全栅本质安全端可连接到2区危险场所的本质安全设备

表 2　设备类别

设备类别	对应的代表性气体	备　注
ⅡC	对应的代表性气体为乙炔或氢气与空气的混合物	适用于ⅡC、ⅡB、ⅡA
ⅡB	对应的代表性气体为乙烯与空气的混合物	适用于ⅡB、ⅡA
ⅡA	对应的代表性气体为丙烷与空气的混合物	适用于ⅡA

4.3　防爆基本参数

齐纳二极管安全栅防爆基本参数：最高电压 U_m、最大外部电感 L_o、最大外部电感与电阻比 L_o/R_o、最高输出电压 U_o、最大输出电流 I_o、最大输出功率 P_o、最大外部电容 C_o。

4.4　最高电压

齐纳二极管安全栅最高电压 U_m 除另有规定外，一般 U_m＝250 V a.c.。

4.5　正常工作环境条件

齐纳二极管安全栅的正常工作环境条件为：

a)　环境温度：－20 ℃～＋60 ℃；

b)　相对湿度：5％RH～95％RH；

c)　大气压力：86 kPa～106 kPa；

d)　振动频率范围 10 Hz～150 Hz，位移峰幅值不大于 0.075 mm，加速度幅值不大于 9.8 m/s^2；

e)　周围空气中应不含有对铬、镍镀层、有色金属及其合金起腐蚀作用的介质，应不含有易燃、易爆的物质。

5　技术要求

5.1　端电阻

端电阻不小于标称值。

5.2　工作电压

工作电压不大于标称值的绝对值。

5.3　最大工作电压

最大工作电压不大于标称值的绝对值。

5.4　本质安全电路要求

5.4.1　最高开路电压

最高开路电压不大于最高输出电压 U_o。

5.4.2　最大短路电流

最大短路电流不大于最大输出电流 I_o。

5.5 与安全性能有关的要求

5.5.1 绝缘电阻

在试验电压为 500 V d.c.的条件下，绝缘电阻应满足下列要求：

a） 本质安全电路端子与机壳间不小于 50 MΩ；

b） 非本质安全电路端子与机壳间不小于 50 MΩ。

5.5.2 绝缘强度

在漏电流设置为 2 mA 的条件下，绝缘强度应满足下列要求：

a） 本质安全电路端子与机壳间不小于 1 500 V a.c.；

b） 非本质安全电路端子与机壳间不小于 500 V a.c.。

应经受上述试验电压历时 1 min，漏电流不大于 2 mA 的绝缘强度试验，试验中不应出现击穿与飞弧。

5.6 影响量影响的有关要求

5.6.1 环境温度

在－20 ℃～＋60 ℃范围内，齐纳二极管安全栅的本质安全性能和参数不应受到影响。

5.6.2 湿热

在温度为 60 ℃，相对湿度为 95％RH 的环境条件下，齐纳二极管安全栅的本质安全性能和参数不应受到影响。

5.6.3 振动(正弦)

在振动频率为 10 Hz～150 Hz，位移峰幅值不大于 0.075 mm，加速度幅值不大于 9.8 m/s^2 时，齐纳二极管安全栅的本质安全性能和参数不应受到影响。

5.7 设备的结构

5.7.1 外壳

齐纳二极管安全栅的外壳按 GB 4208 中的规定其防护等级不得低于 IP20。

5.7.2 接线端子

端子尺寸和位置符合 GB 3836.4—2010 中 6.2.1 的规定，接线端子号和顺序不作规定，本质安全电路端子如用颜色区别则用浅蓝色。防护等级不得低于 IP20。

5.7.3 接地导体、连接件和端子

齐纳二极管安全栅的接地连接件，至少应具有一个以上附加接地连接件，或配备一根附加的接地连线。接地连线应采用横截面积不小于 4 mm^2 的绝缘导线。

用来接地的任何导体截面积、连接导体和端子应能连续承载 GB 3836.4—2010 中第 5 章中规定条件下可能出现的最大电流。

连接件与端子应具有有效防腐措施，其结构应能防止导线松动、扭转，且有效持久地保持接触压力。

5.7.4 浇封

齐纳二极管安全栅的浇封要求应符合 GB 3836.4—2010 的规定。

5.7.5 熔断器

齐纳二极管安全栅选用的熔断器应符合 GB 3836.4—2010 中 7.3 的规定。

5.8 防爆性能

齐纳二极管安全栅的防爆性能应符合 GB 3836.1—2010 和 GB 3836.4—2010 的要求。

5.9 外观

外观应满足下列要求：

a) 外壳、零件表面覆盖层、面板及铭牌均应光洁完好，不得有剥落及伤痕等缺陷；

b) 表面色泽均匀，不得有明显擦伤、露底、裂纹和起泡，紧固件不得有松动、损伤现象。

5.10 运输要求

装箱运输的齐纳二极管安全栅可用一般交通工具运输。运输过程中应防止剧烈碰撞和日晒雨淋。

运输试验包括高温试验、低温试验、湿热试验、碰撞试验、跌落试验。

高温试验温度为 60 ℃±3 ℃；

低温试验温度为−20 ℃±3 ℃；

湿热试验按 GB/T 2423.3 的规定；

碰撞试验加速度为 100 m/s^2±10 m/s^2，相应脉冲时间为 11 ms±2 ms，脉冲重复频率为 60 次/min～100 次/min，连续冲击次数为 1 000 次±10 次，脉冲波形是近似半正弦波；

跌落试验高度为 50 mm。

运输试验之后，产品本质安全性能和参数不受到影响。

6 标志、使用说明书

6.1 标志

在产品明显处应有铭牌，铭牌上的内容按 GB 3836.1—2010 中第 29 章和 GB 3836.4—2010 中第 12 章的要求进行，应包含以下内容：

a) 产品型号和名称；

b) 产品主要技术参数；

c) 防爆标志；

d) 防爆合格证编号；

e) 制造商名称。

6.2 使用说明书

使用说明书按 GB/T 9969 的要求进行编制。

其中与安装和维护有关的内容须符合 GB 3836.15 和 GB 3836.16 的要求。

7 包装和贮存

7.1 包装

装箱运输的产品应连同说明书规定的成套附件，按 GB/T 13384 中规定的要求进行包装。包装箱内应具有：

a) 产品合格证；

b) 使用说明书；

c) 装箱单。

7.2 贮存

贮存环境条件应符合 GB/T 4798.1 中相应等级的规定。

ICS 25.040.40
N 15

中华人民共和国国家标准

GB/T 30241.2—2013

齐纳二极管安全栅
第2部分:性能评定方法

Zener diode safety barrier—
Part 2:Methods of evaluating the performance

2013-12-31 发布 2014-07-01 实施

中华人民共和国国家质量监督检验检疫总局
中国国家标准化管理委员会 发布

前　言

GB/T 30241《齐纳二极管安全栅》分为两个部分：

——第1部分：通用技术条件；

——第2部分：性能评定方法。

本部分为GB/T 30241的第2部分。

本部分按照GB/T 1.1—2009给出的规则起草。

请注意本部分的某些内容可能涉及专利。本文件的发布机构不承担识别这些专利的责任。

本部分由中国机械工业联合会提出。

本部分由全国工业过程测量和控制部分化技术委员会(SAC/TC 124)归口。

本部分起草单位：南京优倍电气有限公司、重庆宇通系统软件有限公司、福建上润精密仪器有限公司、深圳万讯自控股份有限公司、中山市东崎电气有限公司、北京远东仪表有限公司、重庆川仪自动化股份有限公司、西南大学。

本部分主要起草人：董健、韩绍盈、岳周、张刚、李宇波、冯伟、邹崇、戈剑、袁敏勋、高海涛、周松明、王悦、吴辉华、朱爱松、张新国、刘枫、周雪莲、杨颂华、张建成、薛晓娜。

齐纳二极管安全栅
第2部分:性能评定方法

1 范围

本部分规定了齐纳二极管安全栅的性能评定方法和检验规则。

本部分适用于工业过程测量和控制系统中的齐纳二极管安全栅。

2 规范性引用文件

下列文件对于本文件的应用是必不可少的。凡是注日期的引用文件,仅注日期的版本适用于本文件。凡是不注日期的引用文件,其最新版本(包括所有的修改单)适用于本文件。

GB/T 30241.1—2013 齐纳二极管安全栅 第1部分:通用技术条件

GB/T 2423.1 电工电子产品环境试验 第2部分:试验方法 试验A:低温

GB/T 2423.2 电工电子产品环境试验 第2部分:试验方法 试验B:高温

GB/T 2423.3 电工电子产品环境试验 第2部分:试验方法 试验Cab:恒定湿热试验

GB/T 2423.4 电工电子产品基本环境试验规程:试验Db 交变湿热试验(12 h+12 h循环)

GB/T 2423.10 电工电子产品环境试验 第2部分:试验方法 试验Fc:振动(正弦)

GB 3836.1—2010 爆炸性环境 第1部分:设备 通用要求

GB 3836.4—2010 爆炸性环境 第4部分:由本质安全型"i"保护的设备

GB 3836.15 爆炸性气体环境用电气设备 第15部分:危险场所电气安装(煤矿除外)

GB 3836.16 爆炸性气体环境用电气设备 第16部分:电气装置的检查和维护(煤矿除外)

GB 4208 外壳防护等级(IP代码)

GB 9364(所有部分) 小型熔断器

GB/T 16511 电气和电子测量设备随机文件

GB/T 17212 工业过程测量和控制 术语和定义

GB/T 17614.1 工业过程控制系统用变送器 第1部分:性能评定方法

GB/T 18271.1 过程测量和控制装置 通用性能评定方法和程序 第1部分:总则

GB/T 18271.2 过程测量和控制装置 通用性能评定方法和程序 第2部分:参比条件下的试验

GB/T 18271.3 过程测量和控制装置 通用性能评定方法和程序 第3部分:影响量影响的试验

GB/T 18271.4 过程测量和控制装置 通用性能评定方法和程序 第4部分:评定报告的内容

3 术语和定义

GB/T 30241.1—2013、GB 3836.1—2010、GB 3836.4—2010、GB/T 17212、GB/T 17614.1、

GB/T 18271.1、GB/T 18271.2、和 GB/T 18271.3 界定的术语和定义适用于本部分。

4 试验方法

4.1 试验条件

4.1.1 一般环境条件

除本部分另有规定者外，试验场所应当具有下述环境条件：

a) 工作电源：小于产品的最高电压 U_m，除另有规定外，一般 U_m=250 V a.c.；

b) 环境温度：−20 ℃～+60 ℃；

c) 相对湿度：5%RH～95%RH；

d) 大气环境压力：86 kPa～106 kPa；

e) 无渗水、淋雨或日照；

f) 齐纳二极管安全栅安装现场不应有强腐蚀物质。

4.1.2 参比环境条件

参比环境条件为：

a) 环境温度：20 ℃±2 ℃；

b) 相对湿度：60%RH～70%RH；

c) 大气压力：86 kPa～106 kPa；

d) 周围空气中应不含有对铬、镍镀层、有色金属及其他合金起腐蚀作用的介质，应不含有易燃、易爆的物质。

4.2 端电阻

用精度等级不低于 0.5 级的电阻表测量齐纳二极管安全栅通道两端之间的电阻值。

4.3 工作电压

工作电压的测量试验按图 1 接线。以正极性齐纳二极管安全栅测试方法为例：

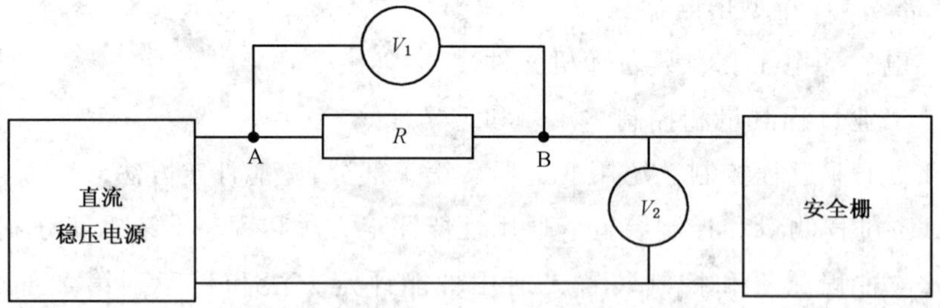

图 1 齐纳二极管安全栅工作电压试验接线图

图 1 中的 R 应选择合适的 0.5 级精密电阻。电源电压从 0 V 缓慢升高，漏电流由 V_1/R 确定，当漏电流达到规定值时（一般为 10 μA），V_2 即为齐纳二极管安全栅的工作电压。

4.4 最大工作电压

最大工作电压的测量试验按图 1 接线，电源电压从 0 V 缓慢升高，电流由 V_1/R 确定，当电流达到 $1.7I_n$ 时，V_2 即为齐纳二极管安全栅的最大工作电压。

4.5 本质安全电路试验

4.5.1 最高开路电压

最高开路电压的测量试验按图 2 接线。以正极性齐纳二极管安全栅测试方法为例：

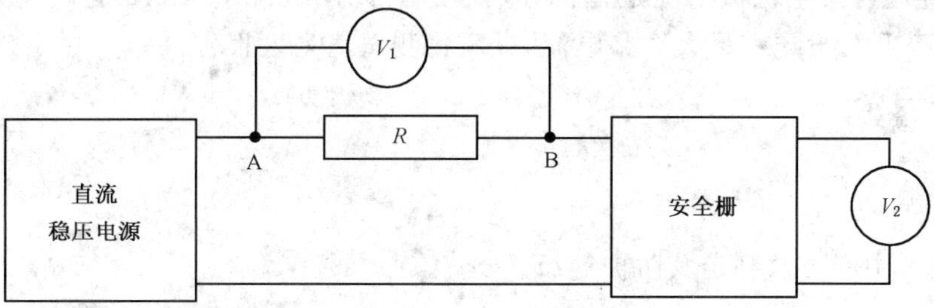

图 2 齐纳二极管安全栅最高开路电压试验接线图

图 2 中的 R 应选用合适的 0.5 级精密电阻。使电源电压从 0 V 缓慢升高，漏电流由 V_1/R 确定，当漏电流达到 $1.7I_n$ 时，测得的 V_2 即为齐纳二极管安全栅的最高开路电压。

4.5.2 最大短路电流

按 4.5.1 所规定的实验方法测出齐纳二极管安全栅的最高开路电压，用此值除以齐纳二极管安全栅所采用限流电阻标称的最小值，即为齐纳二极管安全栅的最大短路电流值。

4.6 与安全性能有关的试验

4.6.1 绝缘电阻试验

按 GB/T 18271.2 中的规定进行试验，除另有约定外，公称直流试验电压应为 500 V d.c.，测试时间至少 30 s。

4.6.2 绝缘强度试验

在漏电流设置为 2 mA 的条件下，按 GB 3836.4—2010 中 10.3 的规定进行试验。

在端子与机壳之间施加试验电压，逐步升高试验电压至规定值并保持 1 min，电压上升时间应不出现明显的瞬变。

4.7 与影响量有关的试验

4.7.1 环境温度试验

环境温度试验时，温度应按下列顺序变化：

−20 ℃、−5 ℃、10 ℃、25 ℃、40 ℃、55 ℃、60 ℃

在上述每档温度值处，应保温 2 h，每档温度允差±2 ℃，按 GB/T 2423.1 和 GB/T 2423.2 中规定的方法进行。按上述温度变化顺序，连续进行两个循环的试验。试验中，按本部分 4.5.1 和 4.5.2 的试验方法分别测试齐纳二极管安全栅的最高开路电压和最大短路电流，并将最大值列入报告。

4.7.2 湿热试验

首先在试验环境条件下，然后将试验箱温度升到(60±2)℃，相对湿度升到 95%RH±3%RH，保持 24 h，按 GB/T 2423.3 中规定的方法进行。试验中，按本部分 4.5.1 和 4.5.2 的试验方法分别测试齐纳二极管安全栅的最高开路电压和最大短路电流，并将最大值列入报告。

4.7.3 振动(正弦)试验

振动试验按 GB/T 2423.10 中规定的方法进行。

振动试验后，应检查安全机械情况是否良好，并按本部分 4.5.1 和 4.5.2 的试验方法分别测试齐纳二极管安全栅的最高开路电压和最大短路电流，最后将测试值列入报告。

4.8 设备的结构试验

4.8.1 外壳防护试验

外壳按 GB 4208 中的方法判定其防护等级。

4.8.2 接线端子试验

接线端子的检查方法按 GB 3836.4—2010 的规定进行。

4.8.3 接地导体、连接件和端子试验

接地的绝缘导线必须为耐用结构(通常不小于 4 mm^2)，能经受 GB 3836.4—2010 所规定的电缆拔脱试验。

连接件的绝缘套管应能经受 GB 3836.1—2010 中 23.4.5 所要求的扭转试验。

4.8.4 浇封试验

对齐纳二极管安全栅外壳浇封的试验按 GB 3836.4—2010 中 10.6 的规定进行。

4.8.5 熔断器

熔断器的分断能力应不小于所安装电路的最大预期电流。通常预期电流应认为是交流 1 500 A，熔断器的分断能力按 GB 9364(所有部分)确定，且由熔断器制造厂提供相应的产品资料。如果无法获得制造厂的资料，则应按 GB 3836.4—2010 中 10.4 的规定对熔断器进行型式试验，以证明样品能够满足使用要求。

4.9 防爆性能试验

按 GB 3836.1—2010 和 GB 3836.4—2010 中规定的方法进行，并经国家认证授权的防爆检验机构认可，颁发防爆合格证。

4.10 外观检查

用目视和手感方法进行，观察齐纳二极管安全栅外壳和零件表面覆盖层、面板及铭牌等是否光洁完好、有剥落及伤痕等缺陷，表面色泽是否均匀、有明显擦伤、露底、裂纹和起泡、紧固件松动等现象。

4.11 运输试验

运输试验的高温试验温度为 60 ℃±3 ℃，保持 8 h 后将包装件温度降至室温取出，并在正常工作条件下放置 4 h 以上，将工作电压及端电阻最大变化量列入报告；

低温试验温度为 −20 ℃±3 ℃，降温速度不大于 1 ℃/min，保持 8 h 后将包装件温度升至室温取出，并在正常工作条件下放置 4 h 以上，将工作电压及端电阻最大变化量列入报告；

湿热试验按 GB/T 2423.4 的规定，每周期 24 h，实验 2 周期，试验后将包装件温度升至室温取出，

并在正常工作条件下放置 4 h 以上，将工作电压及端电阻最大变化量列入报告；

碰撞试验加速度为 100 m/s^2 ±10 m/s^2，相应脉冲时间为 11 ms±2 ms，脉冲重复频率为 60 次/min～100 次/min，连续冲击次数为 1 000 次±10 次，脉冲波形是近似半正弦波，试验后将工作电压及端电阻最大变化量列入报告；

跌落试验台面应为平整坚硬的水泥地面或钢板台面，高度为 50 mm，包装件底面呈水平状以自由落体方式跌落四次，试验后将工作电压及端电阻最大变化量列入报告。

5 检验规则

5.1 齐纳二极管安全栅检验规则

齐纳二极管安全栅检验规则见表 1。

表 1 检验项目和要求

项目名称	出厂检验	型式检验	要求章节号	试验方法章节号
端电阻	△	△	GB/T 30241.1 中 5.1	4.2
工作电压	△	△	GB/T 30241.1 中 5.2	4.3
最大工作电压	△	△	GB/T 30241.1 中 5.3	4.4
最高开路电压	△	△	GB/T 30241.1 中 5.4.1	4.5.1
最大短路电流	△	△	GB/T 30241.1 中 5.4.2	4.5.2
绝缘电阻	△	△	GB/T 30241.1 中 5.5.1	4.6.1
绝缘强度	△	△	GB/T 30241.1 中 5.5.2	4.6.2
环境温度	—	△	GB/T 30241.1 中 5.6.1	4.7.1
湿热	—	△	GB/T 30241.1 中 5.6.2	4.7.2
振动(正弦)	—	△	GB/T 30241.1 中 5.6.3	4.7.3
外壳防护	—	△	GB/T 30241.1 中 5.7.1	4.8.1
接线端子	○	△	GB/T 30241.1 中 5.7.2	4.8.2
接地导体、连接件和端子	○	△	GB/T 30241.1 中 5.7.3	4.8.3
浇封	—	△	GB/T 30241.1 中 5.7.4	4.8.4
熔断器	—	△	GB/T 30241.1 中 5.7.5	4.8.5
防爆性能	—	△	GB/T 30241.1 中 5.8	4.9
外观与结构	△	△	GB/T 30241.1 中 5.9	4.10
运输	—	△	GB/T 30241.1 中 5.10	4.11
注：△表示必须进行的检验项目；○表示需要时进行的检验项目；—表示不需要进行的检验项目。				

5.2 出厂检验

每台齐纳二极管安全栅均须经生产企业质量检验部门检验合格后并附有产品检验合格证方可出厂。

出厂检验项目和要求见表 1。

5.3 型式试验

5.3.1 型式试验条件

有下列情况之一的，应进行型式试验：

a) 新开发产品鉴定时；

b) 产品结构、材料、工艺有较大改变，可能影响产品性能时；

c) 连续正常生产满两年时；

d) 停产一年及一年以上，重新开始生产前；

e) 国家有关部门提出型式试验要求时。

5.3.2 型式试验项目

型式试验项目与要求见表1。

5.3.3 型式试验的样本抽取

型式试验的样本在出厂检验合格品中随机抽取3台。

5.3.4 型式试验的判定

型式试验中除安全和防爆性能项目不合格，不得复检外，其他项目出现任一项不合格，加倍抽样(6台)，对不合格项进行复验，复验结果仍有不合格，则判型式试验不合格。

6 其他考虑事项

6.1 总则

为了准备试验报告、试验程序所需的通用信息，包含下述两个方面：

a) 安装；

b) 例行维护和调试。

应根据实际运行要求和制造厂的说明书来进行性能检查，以便能同时对说明书做出评价。

6.2 文献资料

制造厂主动提供的以及试验室要求提供的全部有关文件应列出清单。

如果这些文件没有附带用来清楚描述齐纳二极管安全栅操作的完善图表，或没有完整的元件清单和规范，则应指出其不足。

文献资料要求详见 GB/T 16511。

6.3 安装

齐纳二极管安全栅按 GB 3836.15 中的规定进行安装。

6.4 检查和维护

齐纳二极管安全栅按 GB 3836.16 中的规定进行检查和维护。

6.5 表面防护处理

应列出制造厂规定的外部零件的表面防护处理完成情况，并附有关评价意见。

6.6 设计特征

应列出所有可能造成使用困难的有关设计或结构方面的情况，并说明原因。同时还要列出可能具有特殊意义的任何特征，例如工作部件的密封等级、备件的互换性和气候防护等。

6.7 可调整参数

报告中应指出厂商列出的重要的变型和选件。

6.8 工具和设备

应列出安装和维护所必须的工具和设备。

7 试验报告和文档

试验完成以后，应根据 GB/T 18271.4 准备完整的评定试验报告。

报告发表之后，所有试验期间与测试有关的原始文档应至少保存两年。

ICS 17.080
N 13

中华人民共和国国家标准

GB/T 30242—2013

磁电式速度传感器通用技术条件

General specification for magnetoelectric velocity transducer

2013-12-31 发布 2014-07-01 实施

中华人民共和国国家质量监督检验检疫总局
中国国家标准化管理委员会 发布

前　言

本标准按照 GB/T 1.1—2009 给出的规则起草。

请注意本文件的某些内容可能涉及专利。本文件的发布机构不承担识别这些专利的责任。

本标准由中国机械工业联合会提出并归口。

本标准起草单位:国家仪器仪表元器件质量监督检验中心、沈阳仪表科学研究院、衡阳衡仪电气有限公司、中国电子科技集团公司第四十九研究所、沈阳汇博思宾尼斯传感技术有限公司、机械工业仪器仪表综合技术经济研究所。

本标准主要起草人:李延夫、徐秋玲、刘殿东、于振毅、吴虹、刘湘衡、范树新、孙仁涛、金丽辉。

磁电式速度传感器通用技术条件

1 范围

本标准规定了磁电式速度传感器的分类与型号命名、要求、试验方法、检验规则、包装和贮存。

本标准适用于利用电磁感应原理将速度量转换为电信号输出的磁电式速度传感器(以下简称传感器)。

2 规范性引用文件

下列文件对于本文件的应用是必不可少的。凡是注日期的引用文件,仅注日期的版本适用于本文件。凡是不注日期的引用文件,其最新版本(包括所有的修改单)适用于本文件。

GB/T 191—2008 包装储运图示标志

GB/T 2423.1—2008 电工电子产品环境试验 第2部分:试验方法 试验A:低温

GB/T 2423.2—2008 电工电子产品环境试验 第2部分:试验方法 试验B:高温

GB/T 2423.3—2006 电工电子产品环境试验 第2部分:试验方法 试验Cab:恒定湿热试验

GB/T 2423.5—1995 电工电子产品环境试验 第2部分:试验方法 试验Ea和导则:冲击

GB/T 2423.10—2008 电工电子产品环境试验 第2部分:试验方法 试验Fc:振动(正弦)

GB/T 2423.17—2008 电工电子产品环境试验 第2部分:试验方法 试验Ka:盐雾

GB/T 2423.22—2012 环境试验 第2部分:试验方法 试验N:温度变化

GB/T 2829—2002 周期检验计数抽样程序及表(适用于对过程稳定性的检验)

GB/T 7666—2005 传感器命名法及代码

GB/T 13384—2008 机电产品包装通用技术条件

3 分类与型号命名

3.1 分类

磁电式速度传感器按被传感的速度量类型分为磁电式转动速度传感器(以下简称转速传感器)和磁电式振动速度传感器(以下简称振动速度传感器)。

3.2 型号命名

传感器的型号命名应符合GB/T 7666—2005的规定。

4 要求

4.1 总则

传感器的技术要求应符合本标准的规定,详细规范的要求不应低于本标准。当本标准的要求与详细规范的要求不一致时,应以详细规范为准。

4.2 技术要求的适用范围

根据磁电式速度传感器的分类，技术要求的适用范围见表1。

表1 技术要求的适用范围

序　　号	项　　目	适用范围	
		转速传感器	振动速度传感器
1	外观	√	√
2	标志	√	√
3	重量	√	√
4	外形安装尺寸	√	√
5	输出电阻	√	√
6	绝缘电阻	√	√
7	绝缘强度	√	√
8	参考灵敏度	—	√
9	频率响应	—	√
10	幅值线性度	—	√
11	横向灵敏度比	—	√
12	频率响应范围	√	—
13	输出信号频率	√	—
14	输出信号信噪比	√	—
15	灵敏度时间漂移	—	√
16	输出信号频率时间漂移	√	—
17	灵敏度热漂移	—	√
18	输出信号频率热漂移	√	—
19	高温贮存	√	√
20	低温贮存	√	√
21	温度变化	√	√
22	振动	√	√
23	冲击	√	√
24	恒定湿热	√	√
25	盐雾	√	√
注："√"表示适用；"—"表示不适用。			

4.3 工作条件

环境温度：15 ℃～35 ℃；

相对湿度：不大于75％；

电磁场：不应存在对试验结果产生影响的电磁场。

4.4 技术要求

4.4.1 外观

传感器的外观完好，应无裂痕、划痕；标志应清晰、完整、正确。

4.4.2 标志

4.4.2.1 传感器应在本体醒目的位置上固定产品标志，应标明下列内容：

a) 型号规格；

b) 名称；

c) 测量范围；

d) 生产厂的名称或商标；

e) 出厂编号；

f) 生产日期。

4.4.2.2 当产品尺寸较小时，应至少将型号规格、出厂编号两项内容标注在传感器本体上，其余内容可在产品包装上注明。

4.4.3 重量

传感器的重量应符合产品详细规范的要求。

4.4.4 外形及安装尺寸

传感器的外形及安装尺寸应符合产品详细规范的要求。

4.4.5 输出电阻

传感器的输出电阻应符合传感器详细规范的要求。

4.4.6 绝缘电阻

施加直流电压 500 V 时，传感器的绝缘电阻不应小于 10 MΩ。

4.4.7 绝缘强度

施加交流电压 500 V，频率 50 Hz 时，传感器的表面应无飞弧、击穿和闪烁，试验电压应无突然下降。

4.4.8 参考灵敏度（适用时）

振动速度传感器的参考灵敏度误差应优于 5%。

4.4.9 频率响应（适用时）

振动速度传感器的频率响应偏差应符合产品详细规范的要求。

4.4.10 幅值线性度（适用时）

振动速度传感器的幅值线性度应符合产品详细规范的要求。

4.4.11 横向灵敏度比（适用时）

振动速度传感器的横向灵敏度比应符合产品详细规范的要求。

4.4.12 频率响应范围(适用时)

转速传感器的输出信号频率的频率响应范围应符合产品详细规范的要求。

4.4.13 输出信号频率(适用时)

转速传感器的输出信号频率应符合产品详细规范的要求。

4.4.14 输出信号信噪比(适用时)

转速传感器的输出信号信噪比不应小于10。

4.4.15 灵敏度时间漂移(适用时)

振动速度传感器的灵敏度时间漂移应符合产品详细规范的要求。

4.4.16 输出信号频率时间漂移(适用时)

转速传感器的输出信号频率时间漂移应符合产品详细规范的要求。

4.4.17 灵敏度热漂移(适用时)

振动速度传感器的灵敏度热漂移应符合产品详细规范的要求。

4.4.18 输出信号频率热漂移(适用时)

转速传感器的输出信号频率热漂移应符合产品详细规范的要求。

4.4.19 高温贮存

高温贮存的上限温度和保温时间在下列条件中选取:

——上限温度:70 ℃、85 ℃、100 ℃、125 ℃、150 ℃;

——保温时间:48 h、72 h、96 h、168 h。

传感器经过高温贮存试验后,外观应符合4.4.1的要求,振动速度传感器参考灵敏度应符合4.4.8的要求,转速传感器输出信号频率应符合4.4.13的要求。

4.4.20 低温贮存

低温贮存的下限温度和保温时间在下列条件中选取:

——下限温度:−55 ℃、−40 ℃、−25 ℃、−10 ℃;

——保温时间:24 h、48 h、72 h、96 h。

传感器经过低温贮存试验后,外观应符合4.4.1的要求,振动速度传感器参考灵敏度应符合4.4.8的要求,转速传感器输出信号频率应符合4.4.13的要求。

4.4.21 温度变化

温度变化符合下列条件:

——极限温度:分别从4.4.19和4.4.20规定的上限温度和下限温度中选取;

——极限温度下最少试验时间:根据传感器重量,按产品详细规范的规定执行;

——转换时间:不大于5 min;

——循环次数:5次、10次。

传感器经过温度变化试验后,外观应符合4.4.1的要求,振动速度传感器参考灵敏度应符合4.4.8

的要求,转速传感器输出信号频率应符合4.4.13的要求。

4.4.22 振动

室温下,沿传感器三个轴(*X*、*Y*、*Z*)向分别对传感器施加振动,振动量级和时间按照产品详细规范的规定进行。

传感器经过振动试验后,外观应符合4.4.1的要求,振动速度传感器参考灵敏度应符合4.4.8的要求,转速传感器输出信号频率应符合4.4.13的要求。

4.4.23 冲击

室温下,沿传感器三个轴(*X*、*Y*、*Z*)向分别对传感器施加冲击,每个方向各施加冲击12次,加速度为1 000 m/s^2,波形为半正弦脉冲,脉冲持续时间为6 ms,或按照产品详细规范的规定进行。

传感器经过冲击试验后,外观应符合4.4.1的要求,振动速度传感器参考灵敏度应符合4.4.8的要求,转速传感器输出信号频率应符合4.4.13的要求。

4.4.24 恒定湿热

恒定湿热试验在下列条件中选取:

——温度:40 ℃±2 ℃;

——相对湿度:93%±3%;

——试验时间:48 h、96 h、120 h。

传感器经过恒定湿热试验后,外观应符合4.4.1的要求,绝缘电阻应符合4.4.6的要求,振动速度传感器参考灵敏度应符合4.4.8的要求,转速传感器输出信号频率应符合4.4.13的要求。

4.4.25 盐雾

盐雾试验在下列条件中选取:

——温度:35 ℃±2 ℃;

——盐水浓度:5%±1%质量分数;

——试验时间:48 h、96 h。

传感器经过盐雾试验后,外观应符合4.4.1的要求,绝缘电阻应符合4.4.6的要求,振动速度传感器参考灵敏度应符合4.4.8的要求,转速传感器输出信号频率应符合4.4.13的要求。

5 试验方法

5.1 试验条件

5.1.1 试验环境条件

试验应在下列条件下进行:

——温度:15 ℃~35 ℃;

——相对湿度:不大于75%;

——电磁场:不应存在对试验结果产生影响的电磁场。

5.1.2 仲裁环境条件

当因环境条件对试验结果有争议时,应以下述条件的试验结果作为裁定产品的依据:

——温度:20 ℃±1 ℃;

——相对湿度:60%～70%;
——电磁场:不应存在对试验结果产生影响的电磁场。

5.2 试验系统

5.2.1 测试系统由标准器、激励源、读数记录仪表等组成。
5.2.2 标准器的基本误差应小于被试传感器基本误差的1/3。
5.2.3 读数记录仪表的基本误差应小于被试传感器基本误差的1/5。
5.2.4 其他试验设备应按传感器详细规范的试验要求配备。

5.3 试验的一般规定

5.3.1 安装和连接

传感器机械安装及电气连接应按产品详细规范的要求进行。

5.3.2 放置和预热

传感器的放置和预热应按产品详细规范的要求进行试验前的放置和预热。

5.4 试验

5.4.1 外观

目视检查传感器的外观,其结果应符合4.4.1的要求。

5.4.2 标志

目视检查传感器的标志与型号命名,其结果应符合4.4.2的要求。

5.4.3 重量

用天平测量传感器的重量,其结果应符合4.4.3的要求。

5.4.4 外形及安装尺寸

用准确度不低于0.02 mm的量具检查传感器的外形及安装尺寸,其结果应符合4.4.4的要求。

5.4.5 输出电阻

用电阻表测量传感器输出端的电阻值,其结果应符合4.4.5的要求。

5.4.6 绝缘电阻

在被测传感器不施加激励的条件下,用绝缘电阻测试仪在传感器相互绝缘的部件之间,或绝缘的部件与地之间施加直流电压500 V,连续施加测试电压2 min,并立即读取绝缘电阻测试仪示值,其结果应符合4.4.6的要求。

5.4.7 绝缘强度

在被测传感器不施加激励的条件下,在传感器的相互绝缘的部件之间,或绝缘的部件与地之间施加试验电压,电压要在5 s或5 s以内逐渐升高到500 V,使电压不出现明显的跳变,然后保持5 s,其结果应符合4.4.7的要求。

5.4.8 参考灵敏度

将被测振动速度传感器和标准加速度计刚性地垂直安装在振动台面上，按规定的时间将被测振动速度传感器、标准加速度计和振动台通电预热后，在被测振动速度传感器参考频率点和最大可承受加速度的10%量级下进行正弦激振，分别测出被测振动速度传感器、标准加速度计的输出值。参考频率点按产品详细规范选择，振动速度传感器的参考灵敏度按公(1)计算，其结果应符合4.4.8的要求。

$$S_Z = 2\pi f \frac{U_Z}{U_S} \times S_S \qquad \cdots\cdots(1)$$

式中：

S_Z ——被测振动速度传感器灵敏度，mV/(cm·s^{-1})；

f ——被测振动速度传感器的参考频率，Hz；

U_Z ——被测振动速度传感器的输出，mV；

U_S ——标准加速度计的输出，mV；

S_S ——标准加速度计的灵敏度，mV/(cm·s^{-2})。

5.4.9 频率响应

将被测振动速度传感器和标准加速度计刚性地垂直安装在振动台面上，按规定的时间将被测振动速度传感器、标准加速度计和振动台通电预热后，采用正弦激振，在被测振动速度传感器工作频率范围内，按对数刻度均匀选取至少7个频率点，分别测量各频率点被测振动速度传感器的输出电压值和标准加速度传感器的输出值，按照式(1)计算振动速度传感器在各频率点上的灵敏度，然后按照式(2)计算各点与参考灵敏度的相对偏差，其结果应符合4.4.9的要求。

$$e_{fi} = \frac{S_i - S_Z}{S_Z} \times 100\% \qquad \cdots\cdots(2)$$

式中：

e_{fi}——第 i 个频率点的灵敏度与参考灵敏度的相对偏差；

S_i——第 i 个频率点的灵敏度；

S_Z——参考灵敏度。

5.4.10 幅值线性度

将被测振动速度传感器和标准加速度计刚性地固定在振动台面上，标准加速度计和被测振动速度传感器的敏感轴应重合且平行于振动方向，按规定的时间将被测振动速度传感器、标准加速度计和振动台通电预热后，在被测振动速度传感器的参考频率点下，调整振动台所产生的加速度值，先从被测振动传感器的测量下限开始加载至传感器的测量上限，测量点不应少于6点(含上、下限)，并记录各读数值。被测振动速度传感器灵敏度的平均值按式(3)计算，被测振动速度传感器的幅值线性度按式(4)计算取最大值，其结果应符合4.4.10的要求。

$$S = \frac{\sum_{i=1}^{n} S_{Zi}}{n} \qquad \cdots\cdots(3)$$

式中：

S ——被测振动速度传感器灵敏度的平均值；

S_{Zi}——被测振动速度传感器第 i(i=1、2……n)个测试点的灵敏度；

n ——被测振动速度传感器测试点的个数($n \geqslant 6$)。

$$L=\frac{|S_{Zi}-S|}{S}\times 100\% \qquad \cdots\cdots(4)$$

式中：

L ——被测振动速度传感器第 i 个测试点的幅值线性度；

S ——被测振动速度传感器灵敏度的平均值；

S_{Zi} ——被测振动速度传感器第 i 个测试点的灵敏度。

5.4.11 横向灵敏度比

将被测振动速度传感器和标准加速度计安装在横向振动的台面上，被测振动速度传感器敏感轴垂直于振动方向，标准加速度计的敏感轴平行于振动方向，施加测量范围内的加速度值，记录被测振动速度传感器输出和标准加速度传感器输出，按式(1)计算振动速度传感器的横向灵敏度 S_{Tm}，振动速度传感器的横向灵敏度比按式(5)计算，其结果应符合 4.4.11 的要求。

$$TSR=\frac{S_{Tm}}{S_Z}\times 100\% \qquad \cdots\cdots(5)$$

式中：

TSR ——被测振动速度传感器的横向灵敏度比；

S_{Tm} ——被测振动速度传感器的横向灵敏度；

S_Z ——参考灵敏度。

5.4.12 频率响应范围

将被测转速传感器连接在校准仪上，按规定的时间将转速传感器和校准装置通电预热后，对转速传感器施加转速，从下限频率开始向上限频率扫频。在记录的被测转速传感器幅频特性曲线上，找出幅度变化到－3 dB 的两个频率点，这两个频率点之间的频率范围，即为转速传感器的频响范围，其结果应符合 4.4.12 的要求。

5.4.13 输出信号频率

将被测转速传感器安装在校准装置上，在额定转速下限与上限之间，对转速传感器施加转速，测量点不应少于 6 点(含上下限)，用频率计或相关仪表测量转速传感器的输出信号频率，其结果应符合 4.4.13 的要求。

5.4.14 输出信号信噪比

将转速传感器连接在校准仪上，在额定转速下限与上限之间，对转速传感器施加转速，测量点不应少于 6 点(含上下限)，用示波器或相关仪器分别测量被测转速传感器的信号电压和噪声电压，转速传感器的信噪比按式(6)计算，其信噪比应符合 4.4.14 的要求。

$$SNR=20\lg\left(\frac{V_S}{V_N}\right) \qquad \cdots\cdots(6)$$

式中：

SNR ——被测转速传感器的信噪比，dB；

V_S ——被测转速传感器输出信号电压，mV；

V_N ——噪声电压，mV。

5.4.15 灵敏度时间漂移

将被测振动速度传感器和标准加速度计刚性地安装在振动台面上，按规定的时间将被测振动速度传感器、标准加速度计和振动台通电预热后，以被测振动速度传感器工作频率范围中间某一频率点，在最大允许加速度的10%的量级下激振，测量振动速度传感器的灵敏度，每隔10 min测量一次振动速度传感器的灵敏度，连续读取2 h。振动速度传感器的灵敏度时间漂移按式(7)计算，其结果应符合4.4.15的要求。

$$e_{st}=\frac{|S_i-S_0|}{S_Z}\times 100\% \qquad \cdots\cdots(7)$$

式中：

e_{st}——被测振动速度传感器的灵敏度时间漂移；

S_0——被测振动速度传感器初始测试点的灵敏度；

S_i——被测振动速度传感器第 i 个测试点的灵敏度；

S_Z——被测振动速度传感器的参考灵敏度。

5.4.16 输出信号频率时间漂移

将被测转速传感器安装在校准装置上，对其施加下限频率转速，通电预热30 min后，每隔10 min测量一次转速传感器的输出信号频率，连续读取2 h。转速传感器的输出信号频率时间漂移按式(8)计算，其结果应符合4.4.16的要求。

$$e_{ft}=\frac{|f_i-f_0|}{f_0}\times 100\% \qquad \cdots\cdots(8)$$

式中：

e_{ft}——被测转速传感器的输出信号频率时间漂移；

f_0——被测转速传感器初始测试点的输出信号频率；

f_i——被测转速传感器第 i 个测试点的输出信号频率。

5.4.17 灵敏度热漂移

将被测振动速度传感器和标准加速度计刚性安装在振动台面上，分别在室温25 ℃、上限温度、下限温度各保温1 h后，测量被测振动速度传感器在各温度点下的灵敏度。振动速度传感器的灵敏度热漂移按式(9)计算，取其最大值作为灵敏度热漂移值，其结果应符合4.4.17的要求。

$$\beta_S=\left|\frac{S_{T_2}-S_{T_1}}{S_Z\times(T_2-T_1)}\right|_{\max}\times 100\% \qquad \cdots\cdots(9)$$

式中：

β_S ——被测振动速度传感器的灵敏度热漂移，%/℃；

S_{T_2}——温度为 T_2 时，被测振动速度传感器的灵敏度，mV/(cm・s^{-1})；

S_{T_1}——温度为 T_1 时，被测振动速度传感器的灵敏度，mV/(cm・s^{-1})；

S_Z ——被测振动速度传感器的参考灵敏度，mV/(cm・s^{-1})；

T_1 ——室温，℃；

T_2 ——上限温度或下限温度，℃。

5.4.18 输出信号频率热漂移

将被测转速传感器安装在校准装置上，对其施加额定转速，分别在室温25 ℃、上限温度、下限温度各保温1 h，测量被测转速传感器在各温度点的输出信号频率。转速传感器的输出信号频率热漂移按式(10)计算，其结果应符合4.4.18的要求。

$$\beta_f = \left| \frac{f_{T_2} - f_{T_1}}{f_{T_1} \times (T_2 - T_1)} \right|_{\max} \times 100\% \quad \cdots\cdots\cdots\cdots(10)$$

式中：

β_f ——被测转速传感器的输出信号频率热漂移，%/℃；

f_{T_2} ——温度为 T_2 时，被测转速传感器的输出信号频率，Hz；

f_{T_1} ——温度为 T_1 时，被测转速传感器的输出信号频率，Hz；

T_1 ——室温，℃；

T_2 ——上限温度或下限温度，℃。

5.4.19 高温贮存

将传感器放置在试验箱中，然后按 GB/T 2423.2—2008 中 5.2 规定的试验方法及 4.4.19 规定的温度及时间进行试验。恢复 2 h 后，检查传感器的外观，检测传感器的性能，结果应符合 4.4.19 的要求。

5.4.20 低温贮存

将传感器放置在试验箱中，然后按 GB/T 2423.1—2008 中 5.2 规定的试验方法及 4.4.20 规定的温度及时间进行试验。恢复 2 h 后，检查传感器的外观，检测传感器的性能，结果应符合 4.4.20 的要求。

5.4.21 温度变化

按 GB/T 2423.22—2012 中规定的试验方法及 4.4.21 规定的条件进行试验。室温下恢复 2 h 后，检查传感器的外观，检测传感器的性能，结果应符合 4.4.21 的要求。

5.4.22 振动

按 GB/T 2423.10—2008 中规定的试验方法及 4.4.22 规定的条件进行试验。试验后，检查传感器的外观，检测传感器的性能，结果应符合 4.4.22 的要求。

5.4.23 冲击

按 GB/T 2423.5—1995 中规定的试验方法及 4.4.23 规定的条件进行试验。试验后，检查传感器的外观，检测传感器的性能，结果应符合 4.4.23 的要求。

5.4.24 恒定湿热

按 GB/T 2423.3—2006 中规定的试验方法及 4.4.24 规定的条件进行试验。试验后，检查传感器的外观，检测传感器的性能，结果应符合 4.4.24 的要求。

5.4.25 盐雾

按 GB/T 2423.17—2008 中规定的试验方法及 4.4.25 规定的条件进行试验。试验后，用清水冲洗，室温下恢复 2h，检查传感器的外观，检测传感器的性能，结果应符合 4.4.25 的要求。

6 检验规则

6.1 检验分类

6.1.1 传感器的检验分为出厂检验和型式检验。

6.1.2　出厂检验和型式检验项目及检验顺序见表 2。

表 2　检验项目表

序号	项　　目	技术要求条款	试验方法条款	型式检验	出厂检验
1	外观	4.4.1	5.4.1	●	●
2	标志	4.4.2	5.4.2	●	●
3	重量	4.4.3	5.4.3	●	●
4	外形及安装尺寸	4.4.4	5.4.4	●	●
5	输出电阻	4.4.5	5.4.5	●	●
6	绝缘电阻	4.4.6	5.4.6	●	●
7	绝缘强度	4.4.7	5.4.7	●	●
8	参考灵敏度	4.4.8	5.4.8	●	●
9	频率响应	4.4.9	5.4.9	●	●
10	幅值线性度	4.4.10	5.4.10	●	●
11	横向灵敏度比	4.4.11	5.4.11	●	●
12	频率响应范围	4.4.12	5.4.12	●	●
13	输出信号频率	4.4.13	5.4.13	●	●
14	输出信号信噪比	4.4.14	5.4.14	●	●
15	灵敏度时间漂移	4.4.15	5.4.15	●	—
16	输出信号频率时间漂移	4.4.16	5.4.16	●	—
17	灵敏度热漂移	4.4.17	5.4.17	●	—
18	输出信号频率热漂移	4.4.18	5.4.18	●	—
19	高温贮存	4.4.19	5.4.19	●	—
20	低温贮存	4.4.20	5.4.20	●	—
21	温度变化	4.4.21	5.4.21	●	—
22	振动	4.4.22	5.4.22	●	—
23	冲击	4.4.23	5.4.23	●	—
24	恒定湿热	4.4.24	5.4.24	●	—
25	盐雾	4.4.25	5.4.25	●	—
注："●"表示应检验的项目；"—"表示不必检验的项目。					

6.2　出厂检验

6.2.1　传感器的出厂检验由制造商质量检验部门进行逐件检验。

6.2.2　出厂检验结果的判别：

——出厂检验项目全部合格的传感器准予出厂，并应附有产品质量合格证；

——出厂检验结果若有不合格项时，可对缺陷产品进行修复，修复后的传感器需重新进行检验，检验合格后准予出厂。

6.3 型式检验

6.3.1 检验原则

有下列情况之一时，应进行型式试验：

a) 新产品鉴定或定型投产前；

b) 产品转厂生产时；

c) 正式生产后因结构、材料、工艺有较大改变可能影响产品性能时；

d) 产品停产 18 个月以上，恢复生产时；

e) 合同中有规定时；

f) 产品执行标准有重要修改时；

g) 正常生产时，每隔 3 年至少进行一次的检验；

h) 国家质量监督机构提出进行型式检验要求时。

6.3.2 抽样方案及判定规则

型式检验按 GB/T 2829—2002 判别水平Ⅰ的一次抽样方案进行，不合格质量水平 RQL＝30，样本数量 n 按产品详细规范规定。

7 包装和贮存

7.1 包装

7.1.1 传感器的包装应符合 GB/T 13384—2008 的规定。

7.1.2 传感器的包装储运标志应符合 GB/T 191—2008 的规定。

7.1.3 防护类型为防震、防潮、防水。

7.1.4 传感器应具有防震保护措施的包装盒，包装盒内应有产品使用说明书、质量合格证、装箱单，包装盒外应有封签并标明：

a) 制造单位名称和商标；

b) 产品名称、型号与编号；

c) 包装日期和包装印章。

7.2 贮存

传感器应贮存在成品库中。成品库的环境温度为－20 ℃～＋50 ℃，相对湿度不大于 75％，通风、无腐蚀性气体的影响。

ICS 17.120.10
N 12

中华人民共和国国家标准

GB/T 30243—2013

封闭管道中流体流量的测量 V形内锥流量测量节流装置

Measurement of fluid flow in closed conduits—Specifications for V-cone pressure differential flow measuring device

2013-12-31 发布 2014-07-01 实施

中华人民共和国国家质量监督检验检疫总局
中国国家标准化管理委员会 发布

前　言

本标准按照 GB/T 1.1—2009 给出的规则起草。

请注意本文件的某些内容可能涉及专利。本文件的发布机构不承担识别这些专利的责任。

本标准由中国机械工业联合会提出。

本标准由全国工业过程测量和控制标准化技术委员会(SAC/TC 124)归口。

本标准由上海工业自动化仪表研究院、天津大学自动化系负责起草。北京瑞普三元仪表公司、重庆川仪自动化股份有限公司流量仪表分公司、丹东通博电器(集团)有限公司、福建上润精密仪器有限公司、合肥精大仪表有限公司、江阴节流装置厂有限公司、开封仪表有限公司、山东飞龙仪表有限公司、上海华强仪表有限公司、上海肯特智能仪器有限公司、上海信东仪器仪表有限公司、天津市亿环自动化仪表技术有限公司、天信仪表集团有限公司、余姚市银环流量仪表有限公司、浙江迪元仪表有限公司、中国仪器仪表行业协会自动化仪表分会参加起草(按汉语拼音顺序排列)。

本标准主要起草人:张涛、徐英、李明华。

本标准参加起草人(按汉语拼音顺序排列):戈剑、郭爱华、郭永刚、何勤、李振中、林清萍、刘杰、刘忠海、吕宁军、苗豫生、邵思、孙向东、武丽英、颜永丰、赵仁玉、朱家顺、朱建国。

封闭管道中流体流量的测量 V形内锥流量测量节流装置

1 范围

本标准规定了安装在充满流体的圆形截面管道中测量流体流量的V形内锥流量测量节流装置(以下简称V锥)的术语、产品分类、基本参数、要求、试验方法、检验规则、标志、包装及储存。

本标准适用于测量单相流的V锥。

本标准不适用于测量脉动流的V锥。

2 规范性引用文件

下列文件对于本文件的应用是必不可少的。凡是注日期的引用文件,仅注日期的版本适用于本文件。凡是不注日期的引用文件,其最新版本(包括所有的修改单)适用于本文件。

GB/T 191 包装储运图示标志

GB/T 2624.1—2006 用安装在圆形截面管道中的差压装置测量满管流体流量 第1部分:一般原理和要求

GB/T 13384 机电产品包装通用技术条件

GB/T 17611—1998 封闭管道中流体流量的测量 术语和符号

GB/T 22133—2008 流体流量测量 流量计性能表述方法

ISO/TR 3313:1998 封闭管道中流体流量的测量 脉动流对流量测量仪表的影响(Measurement of fluid flow in closed conduits—Guidelines on the effects of flow pulsations on flow-measurement instruments)

3 术语和定义

GB/T 2624.1—2006、GB/T 17611—1998和GB/T 22133—2008界定的以及下列术语和定义适用于本文件。

3.1

V形内锥流量测量节流装置 V-cone pressure differential flow measuring device

由测量圆管、V形锥体组成的节流装置。在测量圆管内,V形锥体同轴固定安装在测量圆管的中心轴线上。V形锥体由具有同一圆形底面的两个平截头圆锥体构成。

3.2

等效直径比 equivalent diameter ratio

β

V锥锥体最大直径处的环隙流通面积相等的圆面积的直径与V锥上游测量管道的内径之比,可表示为式(1):

$$\beta=\frac{\sqrt{D^2-d^2}}{D} \qquad \cdots\cdots(1)$$

式中：

D ——上游测量管道的内径，单位为米(m)；

d —— V 锥最大横截面的直径，单位为米(m)。

3.3

永久压力损失 permanent pressure loss

压力损失或压损 pressure loss

流体为克服阻力(例如流体流过各种节流装置、流量计、阻流件、或流动调整器时)所引发的不可恢复的压力降低值。

4 测量原理

充满管道的流体流经管道内的 V 锥，流束将在节流件(V 形锥体)与测量圆管的内壁之间形成局部收缩，从而使流速增加，静压力降低，于是在节流件前后产生静压力差(或称差压)。流体的流速愈大，在节流件前后产生的差压也愈大，所以可通过测量差压来测量流体流经 V 锥时的流量大小，这种测量方法是以能量守恒定律和流动连续性方程为基础的。原理结构如图 1 所示。

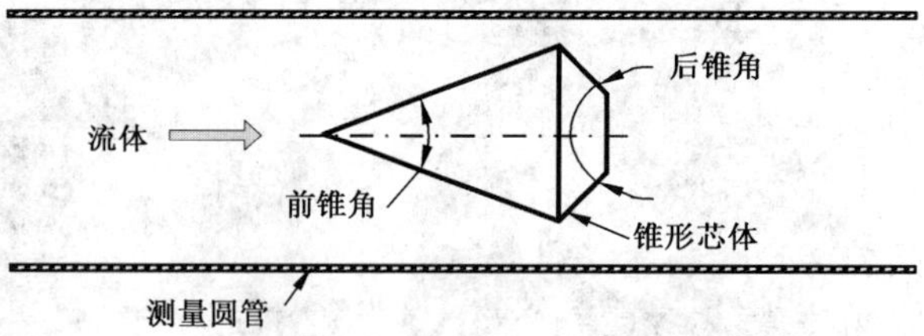

图 1 原理结构示意图

质量流量与差压的关系可用式(2)确定：

$$q_m = \frac{C}{\sqrt{1-\beta^4}} \varepsilon \frac{\pi}{4} D^2 \beta^2 \sqrt{2\Delta p \rho} \qquad \cdots\cdots(2)$$

体积流量可用式(3)确定：

$$q_V = \frac{q_m}{\rho} \qquad \cdots\cdots(3)$$

其中：

$$\Delta p = p_1 - p_2 \qquad \cdots\cdots(4)$$

式中：

q_m ——流体的质量流量，单位为千克每秒(kg/s)；

q_V ——流体体积流量，单位为立方米每秒(m^3/s)；

C ——流出系数，无量纲；

Δp——V 锥上、下游侧的差压，单位为帕(Pa)；

p_1 ——V 锥上游侧压力，单位为帕(Pa)；

p_2 ——V 锥下游侧压力，单位为帕(Pa)；

ρ ——工作状况下，节流件上游处流体的密度，单位为千克每立方米(kg/m^3)；

ε ——被测介质的可膨胀性系数，无量纲(不可压缩流体 $\varepsilon=1$，可压缩流体 $\varepsilon<1$)，ε 的确定请参照附录 A。

5 产品分类与基本参数

5.1 产品分类

V 锥与管道连接方式分为：

a) 法兰式；

b) 夹持式；

c) 焊接式。

5.2 基本参数

5.2.1 适用管道通径范围

V 锥的适用管道通径范围为 25 mm～3 000 mm。

5.2.2 适用雷诺数

V 锥的适用雷诺数大于 5 000，经过锥形芯体产生的差压应不大于表 1 的差压上限。

表 1 差压上限值

节流比	0.4	0.5	0.6	0.65	0.75
差压上限/kPa	400	370	310	270	150

5.2.3 等效直径比

V 锥的等效直径比 β 在 0.35～0.85 之间。

5.2.4 前后锥角

V 锥锥形芯体的前锥角为 35°～60°，后锥角为 60°～135°。

注：后锥角在 120°～135°之间为宜。

5.2.5 取压方式

V 锥取压方式分为管壁取压、尾部取压。

6 测量的一般要求

6.1 流体的性质

流体可以是可压缩的或者被认为是不可压缩的。

流体在物理学和热力学上可被认为是均匀的和单相的。高分散度的胶质溶液（例如牛奶），也只有这类溶液，被认为相当于单相流体。

6.2 流动状态

本标准不适用于脉动流的测量。流体的流量应该恒定，或实际上只随着时间发生微小和缓慢的变化。

符合式(5)条件的流动被认为不是脉动流：

$$\frac{\Delta p'_{\text{rms}}}{\overline{\Delta p}} \leqslant 0.10 \qquad \cdots\cdots (5)$$

式中：

$\overline{\Delta p}$ ——差压的时间平均值；

$\Delta p'_{\text{rms}}$——差压波动分量的均方根值。

$\Delta p'_{\text{rms}}$只能采用快速响应差压传感器进行精确测量；而且整个二次系统要符合 ISO/TR 3313:1998 规定的设计建议。但通常并不要求检查是否满足此条件。

只有当一次装置内流体没有相变时，本标准相应部分规定的误差才是有效的。

如果流体是气体，下游与上游的压力比(p_2/p_1)应足够大，否则可膨胀性系数会有较大的不确定度(参见附录 A)。

6.3 安装

V 锥的安装应符合下列要求：

a) V 锥应安装在与上、下游通径一致的相应管道上；

b) 流量调节阀应设置在 V 锥的下游处；

c) V 锥上、下游的最小直管段长度由锥形芯体的几何结构决定，即受节流比、前后锥角等影响，具体应由制造厂根据自行设计的结构通过实流试验给出。附录 B 为某一特定结构下的上、下游最小直管段长度参考值。

7 技术要求

7.1 基本误差限和重复性误差

每一台 V 锥在出厂前都应经过实流标定(校准)来确定它的流出系数和基本误差。

经实流标定后 V 锥的基本误差应不超过表 2 中的规定，重复性误差应不超过其基本误差限绝对值的三分之一。

表 2 基本误差限

准确度等级	0.5	1.0	1.5	2.0
基本误差限/%	±0.5	±1.0	±1.5	±2.0

7.2 耐压强度

V 锥应能承受 1.5 倍公称压力保持 5 min 的耐压强度试验，无损坏、无渗漏。

7.3 压力损失

应提供 V 锥的压力损失测试数据，并提供所测试 V 锥的口径、β 值、流量值等所需信息。

7.4 外观

V 锥的表面应光洁完整，金属零件应无锈蚀损伤，零部件、紧固件无松动。铭牌上的所有文字、数字、符号及流向标记应正确清晰。

8 试验方法

8.1 试验设备和试验条件

8.1.1 试验设备

液体流量标准装置：

a) 流量标准装置的基本误差限应不超过V锥基本误差限的二分之一；

b) 装置累积时间内的流量稳定性应优于0.2%。

8.1.2 试验条件

试验条件如下所示：

a) 一般试验大气条件

环境温度：5 ℃～35 ℃；

相对湿度：35%～85%；

大气压力：86 kPa～106 kPa。

b) 其他环境条件

机械振动应小到忽略不计。

c) 试验介质

水或其他液体。

当标定用介质的密度、黏度不同于工况下的介质密度、黏度时，应按等雷诺数原则，对标定用流量进行换算。

8.2 基本误差和重复性误差

8.2.1 试验方法

V锥安装在流量标准装置水平试验管段上，在流量上限值下预运行一段时间(>5 min)，使管道介质温度均匀，流场稳定，然后开始进行试验，按 q_{min}、$0.2q_{max}$、$0.4q_{max}$、$0.7q_{max}$、q_{max} 5个标定点进行标定，分别测出标准流量值、与之对应的差压值及密度值，计算流出系数。

q_{min} 和 q_{max} 分别为V锥的流量测量下限和上限，经计算如果 $0.2q_{max}$ 等标定点小于流量测量下限 q_{min}，则该点可以取消。对口径大于等于300 mm的V锥，q_{max} 允许设在上限值的80%左右。

8.2.2 流出系数的计算

用液体流量装置标定时，流出系数按式(6)计算：

$$C_{ij}=\frac{4q_{Vij}\sqrt{1-\beta^4}}{\pi D^2\beta^2\sqrt{2\Delta p_{ij}/\rho}} \qquad \cdots\cdots(6)$$

式中：

i ——标定点数，1,2,3,4,5；

j ——每个标定点的标定次数 1,2,…,n,$n\geqslant 3$。

q_{Vij} ——第 i 个标定点上第 j 次标定测得的流体体积流量，单位为立方米每秒(m^3/s)；

Δp_{ij}——第 i 个标定点上第 j 次标定测得的差压值，单位为帕(Pa)；

C_{ij} ——第 i 个标定点上第 j 次标定测得的流出系数，无量纲。

第 i 个标定点的平均流出系数 C_i 按式(7)计算：

$$C_i = \frac{1}{n}\sum_{j=1}^{n} C_{ij} \qquad \cdots\cdots (7)$$

V 锥的平均流出系数 C 按式(8)计算：

$$C = \frac{C_{i\max} + C_{i\min}}{2} \qquad \cdots\cdots (8)$$

式中：

$C_{i\max}$——第 i 个标定点上测得的最大流出系数；

$C_{i\min}$——第 i 个标定点上测得的最小流出系数。

8.2.3 流出系数线性度误差计算

第 i 个标定点的流出系数线性度误差 δ_{1i} 按式(9)计算：

$$\delta_{1i} = \frac{C_i - C}{C} \times 100\% \qquad \cdots\cdots (9)$$

V 锥的流出系数线性度误差 δ_1 按式(10)计算：

$$\delta_1 = \pm\frac{(C_{i\max} - C_{i\min})}{C_{i\max} + C_{i\min}} \times 100\% \qquad \cdots\cdots (10)$$

8.2.4 流出系数重复性误差计算

第 i 个标定点的流出系数重复性误差 δ_{ri} 按式(11)计算：

$$\delta_{ri} = \frac{1}{C_i}\sqrt{\frac{\sum_{j=1}^{n}(C_{ij} - C_i)^2}{n-1}} \times 100\% \qquad \cdots\cdots (11)$$

式中：

n——每一标定点的测量次数。

V 锥的重复性误差 δ_r 按式(12)计算：

$$\delta_r = \max(\delta_{ri}) \qquad \cdots\cdots (12)$$

8.2.5 V 锥基本误差的计算

V 锥的基本误差 δ 按式(13)计算：

$$\delta = \pm\sqrt{\delta_1^2 + \delta_s^2} \qquad \cdots\cdots (13)$$

式中：

δ_1——流出系数线性度误差；

δ_s——流量标准装置的基本误差限，当其值不超过 V 锥基本误差限的三分之一时，可以忽略不计，则得出式(14)：

$$\delta = |\delta_1| \qquad \cdots\cdots (14)$$

8.3 耐压强度

给 V 锥通入 1.5 倍公称压力的液压，历时 5 min，观察外壳及密封面处有无损坏和渗漏现象。

8.4 压力损失

利用 V 锥上游的高压取压孔和下游侧(从 V 形锥体的尾端算起的下游侧)6D 处设置的低压取压孔，在最大流量下测取两处的压差，即为其最大压力损失值。记录被试 V 锥的口径、β 值、测试流量等信息，可以给出压力损失数据。

8.5 外观

采用目测法和相应的工具检验V锥的外观。

9 检验规则

9.1 出厂检验

每台V锥须经本厂质量检验部门检验合格,并出具产品合格证后方可出厂。

出厂检验如有项目不合格,允许修复后重新检测。

V锥的出厂检验项目见表3。

表3 出厂检验和型式检验项目

序号	试验项目	技术要求	试验方法	出厂检验	型式检验
1	基本误差和重复性误差	7.1	8.2	√	√
2	耐压强度	7.2	8.3	√	√
3	压力损失	7.3	8.4	—	√
4	外观	7.4	8.5	√	√
注:"√"为必需检验项目;"—"为不检项目。					

9.2 型式检验

9.2.1 型式检验条件

在下列情况之一时,V锥应按本标准全部技术要求进行型式检验:

a) 试制产品的定型鉴定或样机试验;

b) 正式生产后,如结构、材料、工艺有较大改进,可能影响产品性能时;

c) 产品停产一年以上再恢复生产时;

d) 国家质量监督机构提出型式检验要求时。

9.2.2 型式检验的样本抽取和判定规则

检验的样品从出厂检验合格品中抽取,每次抽取3台,全部通过为检验合格,若有一台一项不合格,则加倍抽取样品,对不合格项进行复检,全部通过为检验合格,否则为检验不合格。

10 标志、包装及储存

10.1 标志

10.1.1 铭牌

V锥外壳的适当位置上应有铭牌,铭牌上标明:

a) 制造厂名;

b) CMC标志和许可证编号;

c) 产品名称；

d) 产品型号；

e) 制造日期和编号；

f) 公称通径；

g) 公称压力；

h) 准确度等级；

i) 平均流出系数；

j) 等效直径比。

10.1.2 外壳标志

在 V 锥外壳的明显部位应有表示流体流动方向的永久性标志。

10.1.3 包装标志

包装箱外应有包装储运图示标志，标志应符合 GB/T 191 的规定。

10.2 包装

V 锥的包装应符合 GB/T 13384 的规定。随机文件装入资料袋，资料应有以下内容：

a) 产品合格证；

b) 使用说明书；

c) 装箱单。

10.3 运输

包装后的 V 锥可用常规运输工具运输，应避免雨雪直接淋浸，并要防止剧烈的撞击和振动。

10.4 储存

V 锥应储存在环境温度为 -40 ℃～$+55$ ℃，清洁、干燥、无腐蚀性气体和物质的场所。

附　录　A
（资料性附录）
可膨胀性系数 ε 的计算

A.1　可膨胀性系数 ε 的计算公式

可膨胀性系数 ε 是考虑到流体的压缩性所使用的系数。气体流量测量与校准中的关键问题是可膨胀系数 ε 如何确定。根据 V 锥的流量计算公式，可按式(A.1)确定 ε 值。

$$\varepsilon=\frac{4\,q_{\mathrm{m}}\sqrt{1-\beta^4}}{\pi\beta^2 D^2 C\sqrt{2\Delta p\rho_1}} \qquad \cdots\cdots(\mathrm{A.1})$$

可膨胀性系数 ε 应由制造厂根据自行设计的结构，通过实流实验和研究给出。

A.2　可膨胀性系数 ε 估算公式

可膨胀性系数 ε 的估算见式(A.2)：

$$\varepsilon=1-(0.696\,9-0.078\,9\beta^4+0.751\,3\beta^8)\frac{\Delta p}{\kappa p_1} \qquad \cdots\cdots(\mathrm{A.2})$$

式中：

κ——等熵指数，无量纲。

注：估算公式(A.2)依托现有实验装置，利用正压法和负压法五套气体流量标准装置，在不同上游侧压力下，对天津大学设计[9]~[11]的不同等效直径比的 DN 50 和 DN 100 口径 V 锥流量计进行 73 组实验，每组实验包含不同标定点 10 个以上。对全部实验数据进行有效性判别之后，利用有效数据拟合得到的。其适用范围见表 A.1。

表 A.1　可膨胀系数计算模型适用范围

β	0.45	0.55	0.65	0.75	0.85
流速范围 m/s	≤40	≤60	≤75	≤85	≤90
p_2/p_1	≥0.65	≥0.68	≥0.70	≥0.80	≥0.89
不确定度	0.75%	0.55%	0.67%	0.73%	0.55%

附 录 B
（资料性附录）
V 锥最小上、下游直管段

当锥形芯体的前后锥角分别为45°和120°时，不同等效直径比下V锥与阻流件间所需的最小上、下游直管段可参考表B.1（参见参考文献[12]～[14]）。

表 B.1 液体与气体测量，雷诺数$\leqslant 2\times 10^6$

阻流件	上游		下游
单弯头	$0.45\leqslant\beta<0.65$	$0.65\leqslant\beta\leqslant0.75$	$2D$
	$2D$	$3D$	
双弯头	$0.45\leqslant\beta<0.65$	$0.65\leqslant\beta\leqslant0.75$	$2D$
	$1D$	$2D$	
三通	$2D$		$3D$
全开球阀	$2D$		$3D$
全开蝶阀	$5D$		$3D$
半月形孔板	$5D$		$3D$
同心渐扩管（在$2.5D$长度内由$0.67D$变为$1D$）	$2D$		$2D$
同心渐缩管（在$3.5D$长度内由$3D$变为$1D$）	$2D$		$2D$

参 考 文 献

[1] Stephen A.Ifft,Eric D.Mikkelsen.Pipe Elbow Effects on the V-Cone Flowmeter,ASME Fluids Engineering Conference[R],Washington D.C.,1993.

[2] Stephen A.Ifft.Partially Closed Valve Effects on the V-Cone Flowmeter,8th International Conference on Flow Measurement[R],October 1996,Beijing,China.

[3] R. J. W. Peters, M. J. Reader-Harris, D. G. Stewart. An experimental derivation of an expansibility factor for the V-Cone and wafer meter[R].North Sea now Measurement Workshop,Kristiansand,Norway:2001.

[4] S.N.Singh,V.Seshadri,R.K.Singh,et al.Effect of upstream flow disturbances on the performance characteristics of a V-cone flowmeter,Flow Measurement and Instrumentation[R],2006,17:291～297.

[5] Darin George,Edgar Bowles,Marybeth Nored,et al.Tests on the V-Cone Flow Meter at Southwest Research Institute and the Utah State University in Accordance with the New API Chapter 5.7 Test Protocol[R].

[6] R.J.W.Peters,Richard Steven,Steve Caldwell,et al.Testing the Wafer V-Cone flowmeters in accordance with API 5.7 "Testing Protocol for Differential Pressure Flow Measurement Devices" in the CEESI Colorado test facility,Flow Measurement and Instrumentation[R],2006,17:247～254.

[7] Stephen A.Ifft.Permanent Pressure Loss Comparison Among Various Flowmeter Technologies[R],McCrometer,Hemet,California,USA.

[8] R.W.Miller.Flow Measurement Engineering Handbook [R].McGRAW HILL,Third Edition,1996.

[9] 徐英,于中伟,张涛,等.V形内锥流量计关键参数对流出系数的影响[J].机械工程学报,2008,44(12):105-111.

[10] 徐英,杨会峰,张涛.内锥流量计可膨胀系数实验研究[J].计量学报,2008,29(5):457-460.

[11] 徐英,王磊,崔铭芳,等.L悬臂型内锥流量计可膨胀系数仿真与实验研究[J].天津大学学报,2009,42(11):945-951.

[12] 徐英,张立伟,张涛,等.上游单90°弯头对内锥流量计性能的影响[J].天津大学学报,2009,42(7):597-602.

[13] 李彦梅,徐英,张立伟,等.上游单弯头对内锥流量计性能影响的仿真与实验研究[J].仪器仪表学报,2009(6):1195-1201.

[14] 徐英,张立伟,王世雄,等.上下游闸阀对内锥流量计性能影响的实验研究[J].仪器仪表学报,2009(12):2629-2634.

[15] 徐英,张立伟,李振林,等.关键因素对内锥流量计压损的影响[J].仪器仪表学报,2010(10):2307-2311.

[16] API Manual of Petroleum measurement Standards,Chapter 22—Testing Protocol,Section 2—Differential Pressure Flow Measurement Devices,first edition,August 2005.

ICS 71.040.10
N 53

中华人民共和国国家标准

GB/T 30244—2013

示波极谱仪及其试验溶液制备

Oscillographic polarograph and its test solution

2013-12-31 发布　　　　2014-07-01 实施

中华人民共和国国家质量监督检验检疫总局
中国国家标准化管理委员会　发布

前　言

本标准按照 GB/T 1.1—2009 给出的规则起草。

本标准由中国机械工业联合会提出。

本标准由全国工业过程测量和控制标准化技术委员会(SAC/TC 124)归口。

本标准起草单位:成都仪器厂、中国计量科学研究院、齐齐哈尔医学院。

本标准主要起草人:陈善本、余永惠、史乃捷、张榕。

示波极谱仪及其试验溶液制备

1 范围

本标准规定了示波极谱仪(以下简称仪器)的要求、试验方法、检验规则、标志、包装、运输与贮存及其试验溶液的制备。

本标准适用于在实验室进行极谱分析的示波极谱仪及其试验溶液的制备。

2 规范性引用文件

下列文件对于本文件的应用是必不可少的。凡是注日期的引用文件,仅注日期的版本适用于本文件。凡是不注日期的引用文件,其最新版本(包括所有的修改单)适用于本文件。

GB/T 191—2008 包装储运图示标志

GB/T 2829—2002 周期检验计数抽样程序及表(适用于对过程稳定性的检验)

GB 4793.1—2007 测量、控制和试验室用电气设备的安全要求 第1部分:通用要求

GB/T 11606—2007 分析仪器环境试验方法

GB/T 13384—2008 机电产品包装通用技术条件

3 术语和定义

下列术语和定义适用于本文件。

3.1

示波极谱仪 oscillographic polarograph

在汞滴成长过程中进行快速线性单扫描的极谱仪。它必须借助示波器观察和记录极谱图。与经典极谱图不同,它的图形为峰形,由波峰电位定性,峰值电流定量。

4 要求

4.1 仪器的正常工作条件

仪器应在下列条件下正常工作:

a) 环境温度:5 ℃~40 ℃;

b) 相对湿度:不大于85%;

c) 供电电源:220 V±22 V,50 Hz±1 Hz;

d) 远离机械振动和冲击;

e) 无强电磁场干扰。

4.2 外观

仪器的外观应满足如下要求:

a) 仪器的外观应光洁,表面涂、镀层无明显剥落、擦伤、露底及污垢;

b) 所有铭牌及标志应耐久清晰,内容符合相关法规、标准的要求;

c) 所有紧固件不得松动,各种调节件灵活,功能正常;

d) 零件表面不得锈蚀;

e) 仪器可拆部分应能无障碍地拆装。

4.3 安全要求

4.3.1 接触电流

仪器的接触电流应不大于 3.5 mA。

4.3.2 介电强度

仪器的电源相、中连线与机壳间承受 1 500 V、50 Hz 交流电压,历时 1 min 应无击穿和飞弧现象。

4.3.3 保护接地

仪器的保护接地阻抗不大于 0.1 Ω。

4.4 性能要求

4.4.1 检出限

仪器的检出限不应大于 1×10^{-7} mol/L(相对于 Cd^{2+})。

4.4.2 分辨力

仪器的分辨力不应大于 35 mV。

4.4.3 抗先还原物质能力

仪器的抗先还原物质能力不应小于 5 000∶1。

4.4.4 重复性

仪器的重复性不应大于 1%。

4.4.5 量程换档误差

仪器的量程换档误差不应超过±1%。

4.4.6 电位示值的误差

仪器的电位示值误差不应超过±40 mV。

4.4.7 输入阻抗

仪器的输入阻抗不应小于 100 MΩ。

4.5 仪器的运输和运输贮存

仪器在运输包装状态下,包括低温贮存、高温贮存、跌落、碰撞、交变湿热,按 GB/T 11606—2007 表 1 中运输、运输贮存的要求进行试验,其中高温 55 ℃,低温 −20 ℃;交变湿热相对湿度 95%、温度 55 ℃;自由跌落高度 250 mm,碰撞 1 000 次。试验后,包装箱不应有较大变形和损伤,受试仪器不应有变形松脱、涂覆层剥落等机械损伤。将仪器置于正常工作条件下进行检验,应符合 4.2~4.4 的要求。

4.6 仪器的成套性

全套仪器由下列部分组成：

a) 主机；

b) 电极系统；

c) 备品备件。

5 试验方法

5.1 试验条件

仪器的试验条件与设备要求：

a) 在 4.1 所规定的工作条件下进行；

b) 仪器进行试验溶液测量时，环境温度波动应小于 2℃/h ；

c) 试验溶液（制备方法见附录 A）；

d) 泄漏电流测量仪；

e) 耐电压测试仪；

f) 接地电阻测试仪；

g) 低频信号发生器（信号幅度稳定度不低于 0.1%）；

h) 数字万用表（电压档准确度不低于 0.1%）。

5.2 仪器外观及成套性检验

以目视和手感进行。

5.3 仪器安全性试验

5.3.1 接触电流

试验时，仪器处于不包装及非工作状态。

将仪器置于绝缘工作台上，将泄漏电流测量仪的专用电源输出线接于仪器金属外壳与电源火线之间，调节电压输出为 1.1 倍的额定电压，开启泄漏电流测量仪的电源开关，测得泄漏电流值即接触电流。

5.3.2 介电强度

仪器电源插头不接入电网，将耐电压测试仪的高压输出线接仪器电源插头的火线或零线，低电位输出线（黑色）接仪器电源插头的保护接地端。打开仪器电源开关，然后打开耐电压测试仪将电压逐渐加大到 1 500 V，保持 1 min，仪器各部分应无击穿或飞弧现象。

5.3.3 保护接地

应按 GB 4793.1—2007 中 6.5.1.3 规定方法进行。

5.4 仪器的性能试验

5.4.1 检出限

取氨底液（见附录 A 的 A.3.2）作空白液，测量镉（Cd^{2+}）的导数还原波，重复 20 次，按式（1）计算镉峰电位处空白值的标准偏差 s_A。

$$s_A=\sqrt{\frac{\sum_{i=1}^{20}(y_i-\bar{y})^2}{20-1}} \quad \cdots\cdots(1)$$

式中：

y_i ——第 i 次测量氨底液镉峰电位处的峰高，单位为毫米(mm)；

$\bar{y}$ ——20 次测量氨底液镉峰电位处峰高的平均值，单位为毫米(mm)。

取 1.00×10^{-6} mol/L 镉试验溶液(见 A.3.4.2)，在相同条件下，测得镉(Cd^{2+})峰高，重复 3 次，然后按式(2)计算仪器检出限 DL。

$$DL=[3s_A/(\bar{h}-\bar{y})]\times10^{-6} \quad \cdots\cdots(2)$$

式中：

$\bar{h}$——3 次测量试验溶液镉峰高的平均值，单位为毫米(mm)。

5.4.2 分辨力

用 0.1% 乙酸、4.4% 乙酸钠溶液为底液的试验溶液(见 A.3.4.3)进行测定，其镉(Cd^{2+})和铟(In^{3+})导数还原波应能分辨(两峰间有明显的凹陷)，并测量两个波峰的水平间距，按电位换算成实际的分辨力。

5.4.3 抗先还原物质能力

用盐酸底液制备的离子浓度比为 5 000∶1 的试验溶液(见 A.3.4.4.1)，测量铅(Pb^{2+})和镉(Cd^{2+})的导数还原波，应能出现明显镉峰。

5.4.4 重复性

测量 1.00×10^{-4} mol/L 镉试验溶液(见 A.3.4.5)常规还原波峰高，重复 10 次，按式(3)、式(4)计算其重复性误差 RSD。

$$s=\sqrt{\frac{\sum_{i=1}^{10}(h_i-\bar{h})^2}{10-1}} \quad \cdots\cdots(3)$$

$$RSD=\frac{s}{\bar{h}}\times100\% \quad \cdots\cdots(4)$$

式中：

s ——标准偏差，单位为毫米(mm)；

h_i——第 i 次测量试验溶液的镉峰高，单位为毫米(mm)；

$\bar{h}$ ——10 次测量试验溶液镉峰高的平均值，单位为毫米(mm)。

5.4.5 量程换档误差

把低频信号发生器的信号输出线，串接一只电阻接到仪器“电解池”插座的“工作电极”端上；接地线接到仪器接地端上。为了适应宽量程，可串接不同的电阻(如 10 kΩ、100 kΩ、1 MΩ 等)。用低频信号发生器的 3 Hz 正弦信号(可调幅度)代替电解池电流，让仪器在不同量程档测量该信号峰峰值。按式(5)计算相邻量程档对同一幅度输入信号测量值的误差 δ_i。

$$\delta_i=\frac{h_{i+1}-h_i}{h_i}\times 100\% \qquad \cdots\cdots(5)$$

式中：

i ——1,2,3,…,$n-1$；

h_i,h_{i+1}——相邻量程档(第 i 档和第 $i+1$ 档)的测量值。

5.4.6 电位示值的误差

将仪器设置在"双电极"测量方式，每次改变 500 mV"原点电位"，用数字万用表测量仪器电解池"工作电极"相对于"参比电极"的电位，计算电位示值的误差。

5.4.7 输入阻抗

将仪器设置在"三电极""阴极化""常规"测量方式，"量程" 置于最小极谱电流档，各"补偿"调整在最小位置，在仪器正常工作时，计算扫描线斜率的倒数($\Delta U/\Delta I$)。

5.5 运输、运输贮存

仪器在运输包装状态下，按 GB/T 11606—2007 中第 8 章、第 15 章、第 16 章、第 17 章和第 18 章的方法进行。

6 检验规则

6.1 检验分类

仪器检验分出厂检验和型式检验。

6.2 出厂检验

6.2.1 每台仪器须经制造厂检验部门检验合格，并附有合格证。

6.2.2 按 4.2、4.3、4.4 和 4.6 要求逐台进行。

6.3 型式检验

6.3.1 有下列情况之一时，按 4.2～4.6 要求进行型式检验。

a) 新产品和老产品转厂生产的试制定型；

b) 正式生产后，如结构、材料、工艺有较大改变可能影响产品性能时；

c) 正常生产时，定期或积累一定产量后，应周期进行一次检验；

d) 产品长期停产后，恢复生产时；

e) 出厂检验结果与上次型式检验结果有较大差异时；

f) 国家质量监督部门提出进行型式检验的要求时。

6.3.2 型式检验的样品应从出厂检验合格的产品中随机抽取。

6.3.3 型式检验应按 GB/T 2829—2002 的规定进行，采用一次抽样，装置的检验项目、不合格质量水平(RQL)、判别水平(DL)按表 1 规定进行。批质量以每百单位产品的不合格数表示。

表 1 型式检验

序号	不合格分类	检验项目及对应章条			不合格质量水平 RQL	判别水平 DL	抽样方案	
		项　　目	要求章条	试验方法章条			样品量 n	判定数组 (A_c,R_e)
1	A	接触电流	4.3.1	5.3.1	30	Ⅰ	3	(0,1)
2		介电强度	4.3.2	5.3.2				
3		保护接地	4.3.3	5.3.3				
4	B	检出限	4.4.1	5.4.1	65			(1,2)
5		分辨力	4.4.2	5.4.2				
6		抗先还原物质能力	4.4.3	5.4.3				
7		重复性	4.4.4	5.4.4				
8		量程换档误差	4.4.5	5.4.5				
9		电位示值的误差	4.4.6	5.4.6				
10		输入电路漏电阻	4.4.7	5.4.7				
11		运输、运输贮存	4.5	5.5				
12	C	外观	4.2	5.2	100			(2,3)
13		成套性	4.6	5.2				

6.3.4 若型式检验不合格,应分析原因找出问题并落实措施,对装置产品改进后,重新进行型式检验。若再次型式检验不合格,则应停产整顿,装置停止出厂,待问题解决,型式检验合格后方可恢复出厂检验。

6.3.5 型式检验合格,经出厂检验合格方可作为合格品出厂或入库。若入库超过 12 个月再出厂,则应重新进行出厂检验。

7 标志、包装、运输、贮存

7.1 仪器的标志

仪器在适当的明显位置固定铭牌,其上应有如下标志:

a) 制造厂名称、地址;

b) 仪器名称、型号、规格;

c) 出厂编号;

d) 制造日期;

e) 必须标志的技术参数;

f) 有关法规规定的其他信息。

7.2 包装

7.2.1 仪器包装应执行 GB/T 13384—2008。

7.2.2 包装箱的标志应清晰、牢固,内容如下:

a) 制造厂名称、地址;

b） 仪器名称、型号、规格；

c） 外型尺寸：长×宽×高，单位为毫米(mm)；毛重和净重，单位为千克(kg)；

d） 出厂编号、包装箱序号、数量及出厂日期；

e） 包装储运图示标志："易碎物品""向上""怕雨"等应符合 GB/T 191—2008 规定。

7.2.3 随机文件

包括：

a） 装箱单；

b） 产品合格证；

c） 使用说明书(关于安全的要求应符合 GB 4793.1—2007 第 5 章有关规定)；

d） 备件清单等。

7.3 运输

运输中防止强烈地冲击、雨淋及曝晒。如有特殊要求，应规定其运输要求。

7.4 贮存

仪器贮存的温度为 0 ℃～40 ℃、相对湿度不大于 85％、室内无酸、碱及腐蚀性气体，必要时可在产品标准中特殊规定。

附 录 A
（规范性附录）
示波极谱仪试验溶液制备方法

A.1 范围

本附录规定了示波极谱仪试验溶液制备的试剂、天平、玻璃器皿，及制备方法和不确定度等。

本附录适用于示波极谱仪检出限、分辨力、抗先还原物质能力和重复性等性能验证的试验溶液的制备。

A.2 试剂、天平及玻璃器皿

A.2.1 试剂

制备试验溶液所用试剂如下：

a) 盐酸：分析纯；

b) 硝酸：分析纯；

c) 乙酸：分析纯；

d) 乙酸钠：分析纯；

e) 氨水：优级纯；

f) 氯化铵：优级纯；

g) 无水亚硫酸钠：分析纯；

h) 金属镉：99.99%；

i) 金属铟：99.99%；

j) 金属铅：99.99%；

k) 氮气：99.99%；

l) 超纯水或二次蒸馏水。

A.2.2 天平

最大称量不大于 200 g，感量为 0.1 mg。

A.2.3 玻璃器皿

制备试验溶液所用玻璃器皿如下：

a) 容量瓶(A 级)：100 mL，1 000 mL；

b) 无分度吸管(A 级)：1 mL，2 mL，5 mL，10 mL；

c) 烧杯：100 mL，200 mL，1 000 mL；

d) 量筒：5 mL，10 mL，20 mL，50 mL。

A.3 溶液制备

A.3.1 玻璃器皿的洗涤

玻璃器皿洗涤步骤如下：

a） 用试管刷和洗涤剂清洗器皿，并用自来水清洗；

b） 硝酸(1∶1)浸泡 24 h；

c） 自来水清洗 7 次～8 次；

d） 超纯水清洗 3 次～4 次，然后将器皿口向下，让其自行沥干 30 min 以上。

A.3.2 底液的制备

0.2 mol/L 氨-0.2 mol/L 氯化铵底液(以下简称氨底液)：称取 10.7 g 氯化铵，10 g 无水亚硫酸钠于 1 000 mL 烧杯中，加约 500 mL 超纯水，溶解后移入 1 000 mL 容量瓶中。加 14 mL 氨水，用超纯水定容至刻度，摇匀后备用。

注：若使用中出现极大现象，可在底液中加适量表面活性剂抑制。

A.3.3 标准溶液的制备

A.3.3.1 镉标准溶液

A.3.3.1.1 1.00×10^{-2} mol/L 镉标准溶液

称取纯金属镉 1.124 g 于 100 mL 烧杯中，加盐酸 10 mL，硝酸 2 mL，加热使镉全部溶解，蒸至近干。加盐酸 2 mL，加热蒸至近干。再加盐酸 10 mL，移入 1 000 mL 容量瓶中，用超纯水定容至刻度，摇匀。

A.3.3.1.2 1.00×10^{-3} mol/L 镉标准溶液

用无分度吸管取 10.00 mL 的 1.00×10^{-2} mol/L 镉标准溶液于 100 mL 容量瓶中，加盐酸 1 mL，用超纯水定容至刻度，摇匀。

A.3.3.1.3 其他浓度的镉标准溶液

按 A.3.3.1.2 的方法用超纯水逐级稀释，被稀释溶液的吸取量不得少于 5 mL(随用随配)。

A.3.3.2 1.00×10^{-3} mol/L 铟标准溶液

称取金属铟 0.114 8 g 于 100 mL 烧杯中，加盐酸 5 mL，硝酸 2 mL，加热使铟全部溶解，蒸至近干。加盐酸 2 mL，加热蒸至近干。再加盐酸 10 mL，移入 1 000 mL 容量瓶中，用超纯水定容至刻度，摇匀。

A.3.3.3 1.00×10^{-2} mol/L 铅标准溶液

称取金属铅 2.072 g 于 200 mL 烧杯中，加 30 mL 硝酸(1∶1)，使铅全部溶解，冷至室温，移入 1 000 mL 容量瓶中，用超纯水定容至刻度，摇匀。

A.3.4 试验溶液的制备

A.3.4.1 试验准备

制备试验溶液之前，应使用相应的底液洗容量瓶 3 次。

A.3.4.2 仪器检出限试验溶液

A.3.4.2.1 1.00×10^{-3} mol/L 镉试验溶液

用无分度吸管取 10.00 mL 的 1.00×10^{-2} mol/L 镉标准溶液于 100 mL 烧杯内，加热蒸至近干，加入氨底液溶残渣，移入 100 mL 容量瓶中，用氨底液定容至刻度，摇匀。

A.3.4.2.2 1.00×10^{-4} mol/L 镉试验溶液

用无分度吸管取 10.00 mL 的 1.00×10^{-3} mol/L 镉试验溶液于 100 mL 容量瓶中,用氨底液定容至刻度,摇匀。

A.3.4.2.3 其他浓度的镉试验溶液

按 A.3.4.2.2 方法用氨底液逐级稀释,被稀释镉试验溶液的吸取量不得少于 5 mL(随用随配)。

A.3.4.3 仪器分辨力试验溶液

以 0.1%乙酸,4.4%乙酸钠溶液(pH 值为 6)为底液的试验溶液。

镉、铟离子浓度比为:$[Cd^{2+}]:[In^{3+}]=8.0\times10^{-5}$ mol/L:5.0×10^{-5} mol/L。

用无分度吸管取 1.00×10^{-3} mol/L 镉标准溶液 8.0 mL、1.00×10^{-3} mol/L 铟标准溶液 5.0 mL 于 100 mL 烧杯中,加热蒸至近干。加 10%乙酸 1 mL 溶解残渣,加乙酸钠(3 个结晶水)4.4 g,移入 100 mL 容量瓶中,用超纯水洗烧杯并定容至刻度,摇匀。测试前,溶液用氮气除氧 5 min 以上。

A.3.4.4 仪器抗先还原物质能力试验溶液

A.3.4.4.1 先、后还原物质离子浓度比为 5 000:1 的试验溶液。

铅、镉离子浓度比为$[Pb^{2+}]:[Cd^{2+}]=1.0\times10^{-3}$ mol/L:2.0×10^{-7} mol/L。

用无分度吸管取 1.00×10^{-2} mol/L 铅标准溶液 10.0 mL、1.00×10^{-5} mol/L 镉标准溶液 2.0 mL 于 100 mL 烧杯中,加热蒸至近干,加盐酸 2 mL,加热蒸至近干。再加盐酸 25 mL 溶解残渣,移入 100 mL 容量瓶中,用超纯水定容至刻度,摇匀。试验前,溶液用氮气除氧 5 min 以上。

A.3.4.4.2 其他铅、镉离子不同浓度比的抗先还原物质能力试验溶液的制备方法与 A.3.4.4.1 相同。

A.3.4.5 仪器重复性试验溶液

1.00×10^{-4} mol/L 镉试验溶液,用氨底液和镉标准溶液制备,方法见 A.3.4.2。

A.3.4.6 仪器线性误差试验溶液

用氨底液和镉标准溶液制备,浓度范围从 10^{-3} mol/L~10^{-7} mol/L,方法见 A.3.4.2。

A.4 不确定度

A.4.1 偏差来源

偏差来源如下:

a) 称量偏差 δ_1;

b) 金属纯度偏差 δ_2;

c) 吸管及容量瓶偏差 δ_3;

d) 溶液及玻璃器皿受温度影响引起的偏差 δ_4 等。

A.4.2 偏差计算

试验溶液的偏差按式(A.1)计算:

$$\delta \leqslant (\delta_1+\delta_2+\delta_3+\delta_4+\cdots\cdots)+0.6n\times100\% \qquad\cdots\cdots\cdots\cdots(\text{A.1})$$

式中：

δ——偏差；

n——溶液被稀释的次数。

A.4.3 不确定度

按本标准规定的方法制备的溶液浓度不确定度：$\leqslant 0.5\% + 0.6n\%$（包含因子 $k=2$）。

ICS 35.100
N 18

中华人民共和国国家标准

GB/T 30245.1—2013

工业过程测量和控制系统用远程输入输出设备　第1部分:通用技术条件

Remote input and output instruments for industrial process measurement and control systems—Part 1: General technical conditions

2013-12-31 发布　　2014-07-01 实施

中华人民共和国国家质量监督检验检疫总局
中国国家标准化管理委员会　发布

前　言

GB/T 30245《工业过程测量和控制系统用远程输入输出设备》分为两部分：

——第1部分：通用技术条件；

——第2部分：性能评定方法。

本部分是GB/T 30245的第1部分。

本部分按照GB/T 1.1—2009给出的规则起草。

本部分由中国机械工业联合会提出。

本部分由全国工业过程测量和控制标准化技术委员会(SAC/TC 124)归口。

本部分负责起草单位：西南大学。

本部分参加起草单位：西门子(中国)有限公司、上海自动化仪表股份有限公司、深圳市华邦德科技有限公司、福建上润精密仪器有限公司、北京金立石仪表科技有限公司。

本部分主要起草人：张渝、刘枫。

本部分参加起草人：窦连旺、许斌、包伟华、段梦生、邹崇、戈剑、宫晓东。

工业过程测量和控制系统用远程输入输出设备　第1部分:通用技术条件

1　范围

GB/T 30245的本部分规定了工业过程测量和控制系统用远程输入输出设备(以下简称"远程I/O")的通用技术条件,包括术语与定义、基本要求、正常工作条件和要求、功能要求、电磁兼容性(EMC)要求、制造厂提供信息要求等。

本部分适用于不含传感器和执行部件的工业过程测量和控制系统用远程输入输出设备。

2　规范性引用文件

下列文件对于本文件的应用是必不可少的。凡是注日期的引用文件,仅注日期的版本适用于本文件。凡是不注日期的引用文件,其最新版本(包括所有的修改单)适用于本文件。

GB/T 156—2007　标准电压

GB 3836.1　爆炸性环境　第1部分:设备　通用要求

GB 3836.2　爆炸性环境　第2部分:由隔爆外壳"d"保护的设备

GB 3836.4　爆炸性环境　第4部分:由本质安全型"i"保护的设备

GB 4793.1—2007　测量、控制和实验室用电气设备的安全要求　第1部分:通用要求

GB/T 5465.1—2009　电气设备用图形符号　第1部分:概述与分类

GB 14048.5—2008　低压开关设备和控制设备　第5-1部分:控制电路电器和开关元件　机电式控制电路电器

GB/T 15969.1　可编程序控制器　第1部分:通用信息

GB/T 16935.1—2008　低压系统内设备的绝缘配合　第1部分:原理、要求和试验

GB/T 17799.1—1999　电磁兼容　通用标准　居住、商业和轻工业环境中的抗扰度试验

GB/T 17799.2—2003　电磁兼容　通用标准　工业环境中的抗扰度试验

GB 17799.4—2012　电磁兼容　通用标准　工业环境中的发射

GB/T 30245.2—2013　工业过程测量和控制系统用远程输入输出设备　第2部分:性能评定方法

IEC 61000-4-18:2006　电磁兼容　第4-18部分　试验和测量技术　衰减振荡波抗扰度试验[Electromagnetic compatibility(EMC)—Part 4-18:Testing and measurement techniques—Damped oscillatory waves immunity test]

3　术语和定义、缩略语

3.1　术语和定义

GB/T 15969.1中界定的以及下列术语和定义适用于本文件。

3.1.1

模拟输入　analogue input

把一种连续信号转换成供远程I/O使用的离散量的一个多比特二进制数的远程I/O。

3.1.2

模拟输出 analogue output

把来自远程 I/O 的一个多比特二进制数转换成一种连续信号的远程 I/O。

3.1.3

电流阱 current sinking

接收电流的作用。

3.1.4

一类数字输入 digital input，type 1

用于检测机械式接触开关元件(如继电器触点，按钮，开关等)信号的器件，它把一个两态信号转换成一个单比特二进制数。

3.1.5

二类数字输入 digital input，type 2

用于检测固态开关元件(如两线接近开关)信号的器件，它把一个两态信号转换成一个单比特二进制数。

3.1.6

三类数字输入 digital input，type 3

用于检测固态开关元件(如两线接近开关)信号的器件，它把一个两态信号转换成一个单比特二进制数。

3.1.7

数字输出 digital output

把一个单比特二进制数字转换成一种数字信号的器件。

3.1.8

电磁兼容性 electromagnetic compatibility;EMC

一个远程 I/O 或系统在其所处的电磁环境下能够令人满意地正常工作的能力，而对此环境中的其他事物不产生不可容许的电磁干扰。

3.1.9

手持设备 hand-held equipment

一种可用一手提携而另一手操作的设备。

3.1.10

封闭式远程 I/O enclosed equipment

为了防止操作人员意外触及远程 I/O 中的带电部件或运动部件，防止大于或等于 ϕ12.5 mm 的固体外物进入远程 I/O，并满足机械强度、易燃性和稳定性(可用场合)的要求，除其安装表面外，其他所有表面都封闭的远程 I/O。

3.1.11

模块 module

包含确定功能(MPU，模拟输入等)可以插入底板或基板的远程 I/O 的组成部件。

注：模块在 GB/T 15969.1 中有定义，此处为针对本标准的改写。

3.1.12

多信道模块 multi-channel module

包含多个输入和/或输出信号接口的模块。这些信号接口彼此之间可以被隔离，也可以不被隔离。

3.1.13

正常使用 normal use

根据使用的指令或所期望的明确目的所进行的操作,包括后备(stand by)。

3.1.14

正常条件 normal condition

所有防范危险的保护措施均完善的条件,即无故障条件。

3.1.15

开放式设备 open equipment

一种含有可接触带电部件的设备,如主处理器单元。应将开放式设备装入到其他具有安全性的组装件内。

3.1.16

过电压类别(线路或在电气系统内的) overvoltage category (of a circuit or within an electrical system)

以限制(或控制)线路中(或一个具有不同标称电压的电气系统内)可能出现的瞬时过电压为基础,并依据用来影响过电压所采用的措施而进行的分类。

按照 GB/T 16935.1—2008 的具体条款。

注 1:在一个电气系统中,从一个过电压类别降至另一个较低等级的过电压类别,其间的转换是通过适当的符合接口要求的措施来实施的。这些接口要求可以是过电压保护器件或串并联阻抗,它们能够耗散、吸收或转换有关浪涌电流的能量,以使瞬时过电压值降低到所期望的较低过电压类别的值。

注 2:本部分涉及的远程 I/O 将用于过电压类别Ⅱ。

3.1.17

远程输入/输出 Remote Input and Output

远程 I/O 是工业过程测量和控制系统用远程输入/输出。

3.1.18

微环境 micro-environment

在所考察的电气间隙或爬电距离周围的环境条件。

3.2 缩略语

下列缩略语适用于本文件。

CRT:阴级射线管(Cathode Ray Tube)

EUT:被测设备(Equipment Under Test)

HMI:人机界面(Human Machine Interface)

MPU:主处理单元(Main Processing Unit)

MTBF:平均失效间隔工作时间(Mean Time Between Failures)

PFVP:功能验证规程(Proper Functional Verification Procedures)

RFI:射频干扰(Radio Frequency Interference)

RTD:电阻温度计(Resistance Thermometer Detector)

4 基本要求

远程 I/O 在工作过程和型式试验期间不应发生:

——硬件损坏,除非是试验所要求的;

——操作系统和测试程序和交替的修改;

——系统和被存储或交换的应用数据的非期望的修改;

——EUT 的无规律或非期望的行为;

——模拟输入/输出的偏差超出表 22 的第 4)项和表 26 的第 3)项中所规定的限值。

5 正常工作条件和要求

用户的责任是保证不超出远程 I/O 的工作条件。用户必须保证安装条件符合本部分中给出的环境条件。

5.1 气候环境条件和要求

5.1.1 环境温度

远程 I/O 应适用于表 1 中给出的工作温度范围。

表 1 工作环境温度

	限值类别	封闭式远程 I/O	开放式远程 I/O
温度范围	T_{max}	40 ℃	55 ℃
	T_{min}	5 ℃	5 ℃

对于通过自然通风进行冷却的无通风的远程 I/O,远程 I/O 周围的环境气温是在机壳中心点垂线上方距离该远程 I/O 不超过 50mm 处的水平面上测得的室温。

对于有通风的远程 I/O,远程 I/O 周围的环境温度是距离该远程 I/O 的气流进入点的平面不超过 50 mm 处进入空气的温度。

某些型式的远程 I/O(如 HMI 触摸屏等)可使用开放式和封闭式特性的组合。

远程 I/O 耐高温、低温和温度变化特性应满足第 4 章的规定,试验方法详见 GB/T 30245.2—2013 的 6.1.2 和 6.1.3。

5.1.2 相对湿度

远程 I/O 应适用于相对湿度范围从 10%～95%,无凝露。

远程 I/O 耐交变湿热性能应满足第 4 章的规定,试验方法详见 GB/T 30245.2—2013 的 6.1.4。

5.1.3 海拔高度

远程 I/O 安装地点的海拔高度应不超过 3 000 m。

不要求试验。

5.1.4 污染等级

除非制造厂另有规定,远程 I/O 应适用于污染等级 2。

5.2 机械环境条件和要求

5.2.1 概述

机械环境(振动、冲击和自由跌落)条件随安装和环境的不同差异很大,因此很难对此作出规定。

本部分中,工作条件由下列适用于固定装置、无包装的便携和手持装置的试验要求来间接规定。(5.2.3 中的例外)经验表明,满足这些试验要求的装置适用于固定安装的工业应用。

固定装置是永久性设施的一部分。

5.2.2 振动

抗振性要求见表 2。

表 2 远程 I/O 的正弦振动工作条件

频率范围[b]/Hz	连续的[a]	随机的[a]
$5 \leqslant f < 8.4$	1.75 mm 位移，恒定振幅	3.5 mm 位移，恒定振幅
$8.4 \leqslant f \leqslant 150$	$0.5g$ 加速度，恒定振幅	$1.0g$ 加速度，恒定振幅

[a] 所有振幅均为峰值。

[b] 应将跨越频率(约 8.4 Hz)调整为从恒定振幅位移要求到恒定振幅加速度要求的连续平滑跨越。

振动作用于 3 个相互垂直的每个轴上。

制造厂应规定在试验远程 I/O 上安装便携和手持外围远程 I/O 的方法。

远程 I/O 抗振性特性应满足第 4 章的规定，试验方法详见 GB/T 30245.2—2013 的 6.2.1。

5.2.3 冲击

抗冲击要求是在三个相互垂直的每一个轴上，随机振幅为 11 ms 的半正弦波。

包含 CRT 的远程 I/O 不在本要求之内。

机电式继电器可短时承受 $15g$ 的冲击。在试验期间，允许有暂时的误动作，但在试验后，远程 I/O 应完全满足第 4 章的规定，试验方法详见 GB/T 30245.2—2013 的 6.2.2。

5.2.4 自由跌落(便携远程 I/O 和手持远程 I/O)

抗自由跌落的要求见表 3。

表 3 便携远程 I/O 和手持远程 I/O 自由跌落在水泥地面上

	便携和手持(任意重量)(耐)	手持(任意重量)(抗)	注
随机跌落		1 000 mm，2 次	a,b,d
平直跌落	100 mm，2 次		a,d
受支撑跌落	30°或 100 mm，2 次		a,c,d

[a] 着地时允许有暂时的误动作，但在试验后远程 I/O 应完全恢复正常工作。因此，如果跌落时远程 I/O 正在工作，则因撞击可能引起误操作，这就需要操作者纠正。

[b] 从预定的高度(使用中的正常位置)跌落，按 GB/T 30245.2—2013 中表 7。

[c] GB/T 30245.2—2013 中表 7。

[d] 随机跌落指跌落在任意边沿、表面或角落。平直跌落仅指跌落在表面上。受支撑跌落指仅跌落在边沿上。

远程 I/O 耐/抗自由跌落性能应满足第 4 章的规定，试验方法详见 GB/T 30245.2—2013 的 6.2.3。

5.3 运输和贮存条件及要求

5.3.1 概述

以下要求适用于放置在制造厂原包装内的远程 I/O 单元。

无包装的便携远程 I/O 的运输和贮存不得超出 5.2 规定的要求。

5.3.2 温度

允许的温度范围是−40 ℃～+70 ℃。但不推荐用于将来的设计。

远程 I/O 抗运输和贮存温度性能应满足第 4 章的规定,试验方法详见 GB/T 30245.2—2013 的 6.1.2。

5.3.3 相对湿度

相对湿度范围是 10%～95%,无凝露。

远程 I/O 抗运输和贮存交变湿热性能应满足第 4 章的规定,试验方法详见 GB/T 30245.2—2013 的 6.1.4。

5.3.4 海拔高度

运输的设计大气压应相当于 0 m～3 000 m 海拔高度(不低于 70 kPa)。

不要求试验。

5.3.5 自由跌落

表 4 对原包装内的远程 I/O 部件给出了耐自由跌落要求。试验后,这些部件应完全满足第 4 章的要求,试验方法详见 GB/T 30245.2—2013 的 6.2.4。

表 4 在制造厂原包装内的远程 I/O 部件自由跌落于水泥地面

带包装的发运质量/kg	自由跌落,下落高度/mm		跌落次数
	带发运包装	带远程 I/O 包装	
<10	1 000	300	5
10 ～ 40	500	300	5
>40	250	250	5

5.3.6 其他条件

对于本部分中未规定的机械条件,用户应与制造厂进行协商。这包括如超低温贮存,更高海拔高度的运输等方面。

5.4 电气工作条件和要求

5.4.1 交流远程 I/O 电源和直流远程 I/O 电源

详见 6.1.1。

5.4.2 过电压类别,瞬时过电压的控制

远程 I/O 应具备不超过过电压类别Ⅱ的条件特性。

在与远程 I/O 电源连接点上的瞬时过电压应控制在过电压类别Ⅱ以内,即不能高于与基本绝缘的额定电压相对应的脉冲电压。远程 I/O 或瞬时抑制器件应能吸收瞬时能量。

5.4.3 非周期性过电压

在工业环境中,由于大功率远程 I/O 的断路,可能在远程 I/O 电源上出现非周期性过电压峰值(例如,三相线路中一相的熔断器烧断)。这就会在比较低的电压电平上引起大电流脉冲(接近 2 倍的峰值

电压)。用户应采取必要的措施,以防止远程 I/O 遭受损坏(例如,添加变压器)。

5.5 特殊工作条件和要求

当工作条件比 5.1、5.2、5.3 和 5.4 给出的条件更为恶劣,或存在其他不利环境条件时(例如,由灰尘、烟雾、腐蚀性或放射性颗粒、水蒸气或盐分造成的空气污染,霉变的侵蚀,昆虫或小动物的叮咬),用户应向制造厂咨询以决定远程 I/O 的适用性或应采取的措施。

6 功能要求

6.1 工作电源和后备存储器要求

6.1.1 交流电源和直流电源

6.1.1.1 额定值和工作范围

远程 I/O 以及由外部供电的 I/O 模块的输入电源的额定值和工作范围应如表 5 所示。

表 5 输入电源的额定值及工作范围

电压		频率		推荐使用(R)		规范的条款和注[c]
额定 U_e	容差 min /max	额定 F_n	容差 min /max	电源	I/O 信号[e]	
DC 24V	−15%/+20%			R	R	[a]
DC 48V				R	R	[a,b]
DC 125V						
AC 24V 均方根值	−15%/+10%	50 Hz 或 60 Hz	−6%/+4%			(注)
AC 48V 均方根值						(注)
AC 100V 均方根值				R	R	
AC 110V 均方根值				R	R	
AC 120V 均方根值				R	R	(注)
AC 200V 均方根值				R	R	
AC 230V 均方根值				R	R	(注)
AC 240V 均方根值				R	R	
AC 400V 均方根值				R		[d],(注)

注:这些额定电压可参考 GB/T 156—2007 确定。

[a] 除电压容差外,还允许存在一个峰值是额定电压 5%的交流成分。绝对限值如下:对于 DC 24 V 是 DC 30/19.2 V;对于 DC 48 V 是 DC 60 V~38.4 V。

[b] 如果有可能使用二类数字输入,则见表 7 中脚注 e。

[c] 对于那些在本表中没有给出的输入电压如 DC 110 V 等,本表内给出的容差及其注也适用。这些电压容差应被用来计算表 7 中输入限值,运用附录 A 中的等式计算。

[d] 三相供电。

[e] 关于模拟 I/O 的电源,见表 23 中的第 5)项和表 27 中的第 3)项。

6.1.1.2 电压谐波

交流电压是指在远程I/O接入点处测得的总均方根电压值。

小于10倍标称频率的真谐波(标称频率的整数倍)的总均方根值可能达到总电压的10%。更高频率的谐波和其他频率含量可能达到总电压的2%。但为了取得恒定的比较结果,只应在3次谐波上对远程I/O进行试验(10%,在相位角0°和180°)。

当供电电源的输出阻抗比远程I/O电源的输入阻抗高时,远程I/O供电电源的总谐波含量可能受到影响;因此,远程I/O的专用电源(如变换器)要求用户与制造厂所使用的电源必须完全一致,并应考虑采用线性调节器。

远程I/O的抗电源谐波特性应满足第4章的规定,试验方法详见GB/T 30245.2—2013的6.3.1.2。

远程I/O的抗电压纹波和频率变化特性应满足第4章的规定,试验方法详见GB/T 30245.2—2013的6.3.1.1。

6.1.1.3 电压中断

对于短时电源扰动(如表6中规定的),远程I/O应保持正常工作。

对于较长时间的电源扰动,远程I/O或者维持正常工作,或者进入预先规定的状态,并且在恢复正常工作之前具有一个明确规定的行为。

注:由同一个电源供电的输出和快速响应输入将会对电源的这些变化作出响应。

表6 电压中断(功能要求)

电源型式[e]	严酷等级[c,d]	最大中断时间	低压,$U_{e\,min}$至$\%U_e$[b]
DC	PS1	1 ms	0%
DC	PS2	10 ms	0%
AC	PS2	0.5 周期[a]	0%

[a] 任意相角,F_n = 50 Hz或60 Hz。
[b] $U_{e\,min}$是表5中最小容差时的U_e。
[c] PS1适用于由电池供电的远程I/O系统。
[d] PS2适用于由交流电源、整流的交流电源以及直流电源供电的远程I/O。
[e] 电压中断是来自$U_{e\,min}$。

远程I/O的抗电压中断能力应满足第4章的规定,试验方法详见GB/T 30245.2—2013的6.3.2.3。

6.1.2 后备存储器

在正常工作条件下当能源在额定容量时,易失存储器的后备电源能保持所存储信息的时间应至少为300 h,在温度不高于25 ℃时,应至少为1 000 h(对于需要更换的后备电源,额定容量是指示更换电源的过程和时间间隔的值)。

如与所述持续时间有异,则制造厂应规定与易失存储器相关的存储时间信息。

在更换后备电源或向其充电时,应不丢失后备存储器部分中的数据。

如果置有后备存储器电池,则应有“电池电压低”的警示。

对后备存储器要求的试验详见GB/T 30245.2—2013的6.3.1。

6.2 数字输入/输出要求

6.2.1 概述

图1示出了一些输入/输出参数的定义。

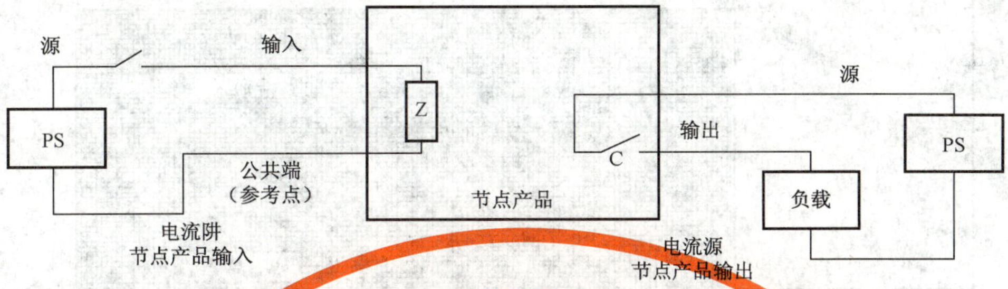

说明：

C ——输出：机械或固态触点(如继电器干触点，双向晶体管，晶体管或类似器件)；

Z ——输入：输入阻抗；

PS——外部电源。

注：某些应用中输入、输出和节点产品系统可以仅用一个电源共用端。

图1 输入/输出参数

数字输入/输出应符合下列要求。

远程I/O至少应设有一种输入接口和/或一种输出接口，对这些接口在6.2.2、6.2.3和6.2.4中分别作了规定。

数字输入应符合6.2.2中给出的标准额定电压的要求。非标准电压数字输入应与附录A中给出设计公式的计算结果一致。

数字输出，交流应符合6.2.3.1中给出的标准额定电压的要求，直流应符合6.2.4.1给出的标准额定电压的要求。

通过正确选择上述数字输入/输出，应能使输入和输出互连，使远程I/O系统正确运行(必要时附加的外部负载应由制造厂规定)。

隔离的多信道交流输入模块应能由不同的相位馈电，因此这些模块应符合相与相之间可能出现的最大电压差的要求，否则，用户手册中应加以说明，所有信道都必须由同一相位馈电。

如果把多信道交流线路作多相使用，则线路应符合电气间隙和爬电距离的要求，并使相间电压对应于介电试验。

远程I/O系统可以提供本部分中未包括的接口，如TTL和CMOS线路的接口等。在此情况下，制造厂的资料中应给出与用户有关的全部资料。

注：本部分中没有涉及某些应用需要的电流源输入和电流阱输出，在使用时应特别注意。在使用正逻辑电流阱输入和电流源输出的场合，任何对参考电位的短路和断路都被输入和负载解释为“断开状态”；在使用负逻辑电流阱输入和电流源输出的场合，接地故障被理解为“导通状态”。

6.2.2 数字输入(电流阱)

数字输入要求依据GB/T 30245.2—2013中的6.4.2进行验证。

6.2.2.1 数字输入工作区定义

图2用图示法表示了本部分中用以说明电流阱数字输入电路特性的各种限制和工作范围。

工作区由“导通区”“过渡区”和“关断区”组成。脱离“关断区”必须使电流大于$I_{T\ min}$，同时电压大于

$U_{T\ min}$；在进入“导通区”之前，必须使电流大于 $I_{H\ min}$，同时电压大于 $U_{H\ min}$。所有输入 U-I 曲线应保持在这些边界条件内。低于零电压的区是直流输入“关断区”的有效部分。

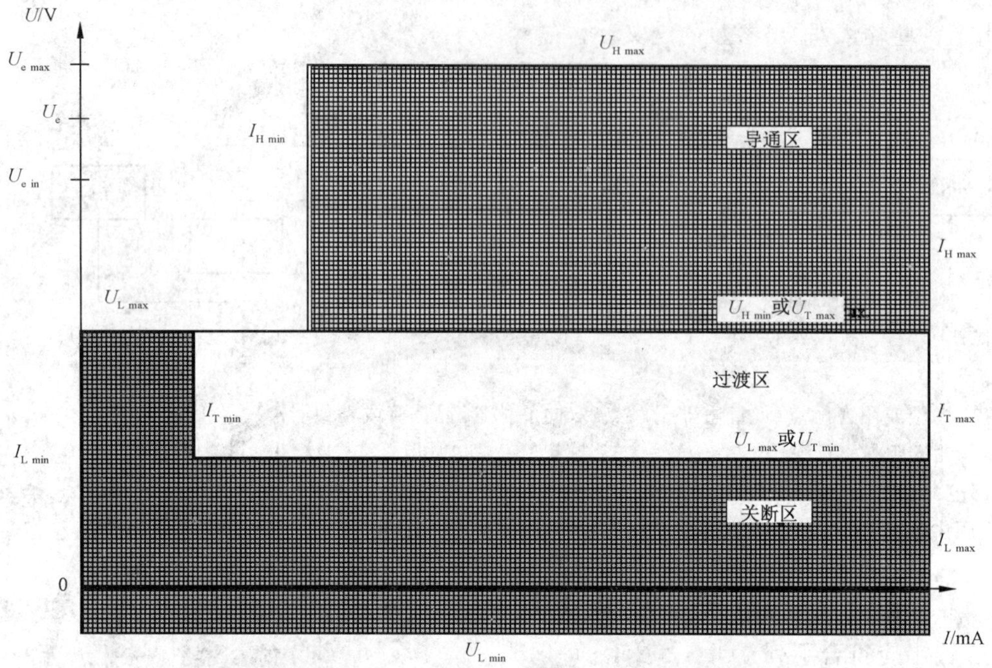

说明：

$U_{H\ max}$ 和 $U_{H\ min}$ 是导通状态（“1”状态）的电压极限值；

$I_{H\ max}$ 和 $I_{H\ min}$ 是导通状态（“1”状态）的电流极限值；

$U_{T\ max}$ 和 $U_{T\ min}$ 是过渡状态（通或断）的电压极限值；

$I_{T\ max}$ 和 $I_{T\ min}$ 是过渡状态（通或断）的电流极限值；

$U_{L\ max}$ 和 $U_{L\ min}$ 是关断状态（“0”状态）的电压极限值；

$I_{L\ max}$ 和 $I_{L\ min}$ 是关断状态（“0”状态）的电流极限值；

$U_{L\ max}$ 是电流大于/等于 $I_{T\ min}$ 的 $U_{H\ min}$；

U_e、$U_{e\ max}$ 及 $U_{e\ min}$ 是外部电源的额定电压及其上、下极限值。

图 2　电流阱输入的 U-I 工作区

6.2.2.2　数字输入（电流阱）的标准工作范围

电流阱数字输入应在表 7 给出的限值之内工作。

6.2.2.3　补充要求

每一输入信道都应设有一个指示灯或相应的器件，当指示器通电时表示输入为“1”状态。

6.2.3　交流电流（电流源）的数字输出

6.2.3.1　额定值及工作范围（交流）

数字交流输出应符合表 8 给出的额定值，输出电压由制造厂根据 6.1.1.1 指明。

表 7　数字输入(电流阱)的标准工作范围

额定电压 U_e	额定频率 F_n/Hz	限值形式	第一类限值[g]						第二类限值[g](注)						第三类限值[g]						注
			状态“0”		过渡状态		状态“1”		状态“0”		过渡状态		状态“1”		状态“0”		过渡状态		状态“1”		
			U_L V	I_L mA	U_T V	I_T mA	U_H V	I_H mA	U_L V	I_L mA	U_T V	I_T mA	U_H V	I_H mA	U_L V	I_L mA	U_T V	I_T mA	U_H V	I_H mA	
DC24V		max	15/5	15	15	15	30	15	11/5	30	11	30	30	30	11/5	15	11	15	30	15	a. b. d.e
		min	−3	ND	5	0.5	15	2	−3	ND	5	2	11	6	−3	ND	5	1.5	11	2	
DC48V		max	34/10	15	34	15	60	15	30/10	30	30	30	60	30	30/10	15	30	15	60	15	a.b d
		min	−6	ND	10	0.5	34	2	−6	ND	10	2	30	6	−6	ND	10	1.5	30	2	
AC24V 均方根值	50/60	max	14/5	15	14	15	27	15	10/5	30	10	30	27	30	10/5	15	10	15	27	15	a. c
		min	0	0	5	1	14	2	0	0	5	4	10	6	0	0	5	2	10	5	
AC48V 均方根值	50/60	max	34/10	15	34	15	53	15	29/10	30	29	30	53	30	30/10	15	30	15	53	15	a. c
		min	0	0	10	1	34	2	0	0	10	4	29	6	0	0	10	2	30	5	
AC100V AC 110V AC 120V 均方根值	50/60	max	79/20	15	79	15	1.1 U_e	15	74/20	30	74	30	1.1 U_e	30	74/20	15	74	15	1.1 U_e	15	a.c d. f
		min	0	0	20	1	79	2	0	0	20	4	74	6	0	0	20	2.5	74	5	
AC200V AC230V AC240V 均方根值	50/60	max	164/40	15	164	15	1.1 U_e	15	159/40	30	159	30	1.1 U_e	30	159/40	15	159	15	1.1 U_e	15	a. c d. f
		min	0	0	40	2	164	3	0	0	40	5	159	7	0	0	40	2.5	159	5	

注：依据 GB/T 14048.10—2008 与二线接近开关的兼容性能够与二类兼容。见脚注 c。

[a] 所有逻辑信号都是正逻辑。开路输入应被理解为“0”状态信号。求本表中各值所使用的公式、假设及附注见附录 A。

[b] 给出的各电压极限值包括所有的交流电压分量。

[c] 静止开关可能影响输入信号的真谐波的总均方根值，因而影响输入接口与接近开关的兼容性，特别是第二类的交流 24 V 均方根值。具体要求见 6.1.1.1。

[d] 建议作一般用途和供今后设计使用。

[e] 连接到 2 线接近开关的第二类 DC 24 V 输入，其最小外部电源电压应高于 DC 20 V，或 $U_{H\,min}$ 低于直流 DC 11 V，以保证有足够的安全余量。

[f] 随着当前技术的进步以及鼓励设计出与所有常用额定电压兼容的单一输入模块，极限值是绝对的并与额定电压无关($U_{H\,max}$除外)，根据附录 A 中的公式，分别为 AC 100 V 均方根值和 AC 200 V 均方根值。

[g] 见 3.1.4、3.1.5、3.1.6 的定义。

ND=未定义。

表 8　交流电流源数字输出的额定值和工作范围

额定电流(“1”状态)		I_e/A	0.25	0.5	1	2	注
“1”状态的电流范围 (在最大电压处连续)		min　mA	10 [5]	20	100	100	a b
		max　A	0.28	0.55	1.1	2.2	a
“1”状态的电压降 U_d	无保护输出	max　V	3	3	3	3	a
	保护和耐短路	max　V	5	5	5	5	a
“0”状态的漏电流	固态输出	max　mA	5 [3]	10	10	10	a, b, c
	机电式输出	max　mA	2.5	2.5	2.5	2.5	a, c
瞬时过载的工作周期时间重复率	固态输出	max　s	1	2	2	2	
	继电器输出	max　s	10	10	10	10	

a　电流和电压的均方根值。
b　[ ]内的数字适用于没有 RC 网络或等效浪涌抑制器的模块。所有的其他值适用于带抑制器的模块。
c　固态输出的漏电流大于 3 mA,意味着要使用附加外部负载来驱动第二类数字输入。

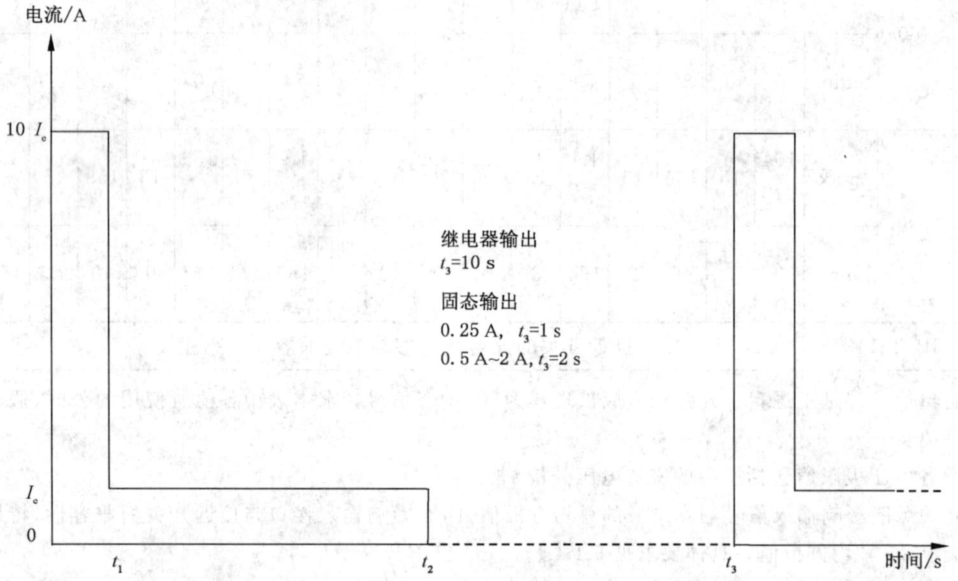

说明:

t_1 ——在 F_n 时的 2 个周期(F_n= 额定电网频率);

t_2 ——“导通”时间;

t_3-t_2 ——“关断”时间(“关断”时间=“导通”时间);

t_3 ——工作时间。

图 3　交流数字输出的瞬时过载波形图

6.2.3.2　补充要求

6.2.3.2.1　输出指示器

每一个输出信道都应设有一个指示灯或类似器件,当指示器通电时表示输出为“1”状态。

6.2.3.2.2 保护输出

制造厂指定的需受保护的输出：

a) 该输出应能承受所有输出电流稳态值大于1.1倍额定值的输出，和/或有关的保护器件应能正常工作，以保护这样的输出；

b) 在复原或单独更换保护器件后，远程I/O系统应恢复正常工作；

c) 可在以下3种类型中选择重启功能选项：

- 自动重启保护输出：在消除过载后自动恢复的保护输出；
- 受控重启保护输出：通过信号(例如，远程控制)重新复原的保护输出；
- 手动重启保护输出：靠人为动作恢复的保护输出(保护可以是熔断器，电子联锁等)。

对本条的要求依据GB/T 30245.2—2013中的6.4.3.2进行验证。

注1：在过载状态下持续工作会影响模块的工作寿命。

注2：保护输出不一定保护外部接线。需要时，用户自己负责提供保护。

6.2.3.2.3 耐短路输出

制造厂指定的需耐短路的输出：

a) 对于所有大于$I_{e\,max}$和高达2倍额定值I_e的输出电流，输出应能工作并耐瞬时过载。这种瞬时过载的量值应由制造厂规定。

b) 对于所有可能超过20倍额定值的输出电流，保护器件应能工作。在复原或单独更换保护器件后，远程I/O系统应恢复正常工作。

c) 对于在2倍～20倍I_e范围内的输出电流，或瞬时过载超出制造厂所规定的限值[如a)]的输出电流，模块可能需要修理或更换。

对本条的要求依据GB/T 30245.2—2013中的6.4.3.2进行验证。

6.2.3.2.4 无保护输出

制造厂指定的无保护输出，如果制造厂建议采用外部保护器件，则输出应满足对耐短路输出所规定的所有要求。

6.2.3.2.5 机电式继电器输出

根据GB 14048.5—2008，在AC-15使用类别(耐久性等级0.3)规定的负载条件下，机电式继电器输出应能完成至少3×10^5次动作。

如果继电器部件已被证明符合GB 14048.5—2008的要求，就不需要做型式试验。

6.2.4 直流电源(电流源)的数字输出

对本条的要求依据GB/T 30245.2—2013中6.4.3进行验证。

6.2.4.1 额定值及工作范围(直流)

数字输出应符合表9给出的额定值，输出电压由制造厂根据6.1.1.1指明。

表 9 直流电流源数字输出的额定值及工作范围(直流)

"1"状态的额定电流		I_e/A	0.1	0.25	0.5	1	2	注
最大(连续)电压下"1"状态的电流范围		max A	0.12	0.3	0.6	1.2	2.4	
电压降 U_d	无保护输出	max V	3	3	3	3	3	
	保护和耐短路	max V	3	3	3	3	3	a
"0"状态的漏电流		max mA	0.1	0.5	0.5	1	1	b,c
瞬时过载		max A	见图 4 或按制造厂规定					

[a] 对 1 A 和 2 A 额定电流,如果具有相反极性的保护,则允许电压下降 5 V。这使输出与相同的额定电压的一类输入不相容。

[b] 如果没有附加的外部负载,得出的直流输入与直流输出之间的相容性如表 10。

[c] 加上适当的外部负载,所有直流输出可成为与所有一类直流输入、二类直流输入和三类直流输入相容。

表 10 直流输入与直流输出之间的相容性

额定输出电流 I_e/A	0.1	0.25	0.5	1	2
一类	是	是	是	否	否
二类	是	是	是	是	是
三类	是	是	是	是	是

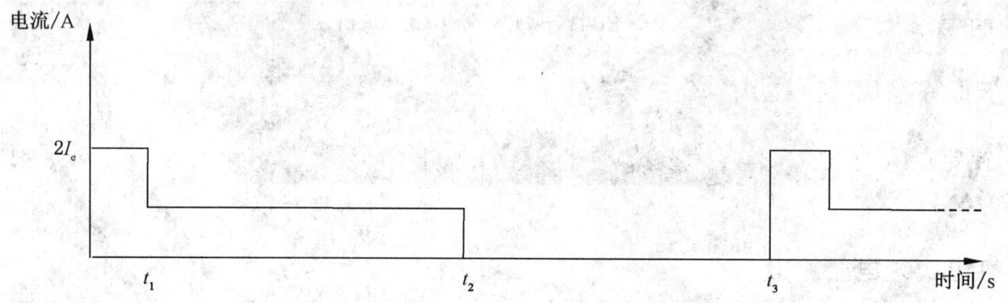

说明:

t_1 ——浪涌时间= 10 ms;

t_2 ——"导通"时间;

t_3-t_2 ——"关断"时间("关断"时间="导通"时间);

t_3 ——运行时间=1 s。

图 4 直流数字输出的瞬时过载波形图

6.2.4.2 补充要求

除了以下方面以外,其他要求与 6.2.3.2 中对交流电流源输出规定的要求相同:

a) 保护输出:限值是 $1.2I_e$ 而不是 $1.1\ I_e$;

b) 机电式继电器输出:以 DC-13 替代 AC-15 。

6.3 模拟输入/输出要求

6.3.1 概述

可以给远程I/O提供本部分中未包括的接口，即特殊电路或器件等的接口。在此情况下，制造厂的资料中应给用户提供相关的全部资料。

对本条的要求按照GB/T 30245.2—2013中的6.4.4模拟输入/输出试验的验证步骤进行验证。

6.3.2 模拟输入要求

远程I/O的模拟输入的信号范围及阻抗的额定值应符合表11的规定。

表11 模拟输入的额定值及阻抗限值

信号范围	输入阻抗限值
±10 V	≥10 kΩ
0 V ～10 V	≥10 kΩ
1 V ～5 V	≥5 kΩ
4 mA ～20 mA	≤300 Ω
0 mA ～20 mA(不推荐在今后的设计中使用)	≤300 Ω

模拟输入可以设计成与标准热电偶或标准电阻温度计(RTD)(如Pt100传感器)相容。热电偶模拟输入应提供冷端补偿方法。

6.3.3 模拟输出要求

远程I/O的模拟输出的信号范围及负载阻抗的额定值应符合表12的规定。

表12 模拟输出的额定值及阻抗限值

信号范围	负载阻抗限值/Ω	注
±10 V	≥1 000	a
0～10 V	≥1 000	a
1～5 V	≥500	a
4～20 mA	≤600	b
0～20 mA	≤600	b，c

a 电压模拟输出应能承受直至短路时的任何过载。

b 电流模拟输出应能承受直至开路时的任何过载。

c 不推荐在今后的设计中使用。

6.4 通信接口要求

根据远程I/O使用说明书进行试验的配置，应装有适用的通信接口模块和由制造厂规定的通信链路。

对本条的要求按照GB/T 30245.2—2013中的6.5进行验证。

6.5 远程输入/输出站(RIOS)的要求

远程输入/输出站(RIOS)是主处理单元(MPU)永久性设施的组成部分,因此必须对它们进行相应的试验。但为了试验方便,在合适场合可对隔离的远程输入/输出站(RIOS)分开试验。

电源的电压跌落和电源中断的各项要求完全适用于远程输入/输出站(RIOS)。这些要求在6.1.1中说明。

当与主处理单元(MPU)的应用程序失去通信时,远程输入/输出站(RIOS)应能够在规定的延迟时间内,而且不通过未作规定的状态,将其输出状态固定在规定的值上,并应能提供故障指示信号。

主处理单元(MPU)系统应把有关远程输入/输出站(RIOS)当前状态的相关信息提供给用户的应用程序。

对本条的要求依据 GB/T 30245.2—2013 中 6.6 进行验证。

6.6 外围远程 I/O(PADT,TE,HMI)的要求

不属主处理单元(MPU)的永久性部件的外围远程 I/O,当其与操作系统进行通信或中断通信时,应不引起系统的误动作。

对本条的要求依据 GB/T 30245.2—2013 中的 6.2.5 进行验证。

用于外围远程 I/O 的连接器应具有防止极性误接的定位措施,或远程 I/O 应在设计上保证在极性误接的情况下也不产生误动作。

由外围远程 I/O 和主处理单元(MPU)组成的系统,应在设计上保证主处理单元(MPU)中执行的编辑程序与外围远程 I/O 上显示的编辑程序在功能上是相同的。

如果能通过外围远程 I/O 在线修改主处理单元(MPU)的应用程序和/或工作模式[即当主处理单元(MPU)正在控制一种机械或一个工业过程时],则

a) 外围远程 I/O 应自动地给出类似于“正处于在线修改,程序显示可能与应用程序不同;在某一时段(ms)内机械/过程的控制会被中断,等等”的明确警示;

b) 外围远程 I/O 应询问操作者“你确实要执行该动作吗?”或某些类似问话,并只在操作者给出肯定的回答后才执行这一命令;

c) 应能将新的应用程序加载到制造厂提供的数据媒介上,并能在线验证这些记录在功能上的确与应用程序相同;

d) 应提供相应的手段来防止非授权使用这些功能(硬件或软件)。

对本条的要求依据 GB/T 30245.2—2013 中的 6.7 进行验证。

6.7 自检和诊断要求

制造厂应提供远程 I/O 实现自检和诊断的手段。这种手段应是远程 I/O 的内置服务,和/或为实现预期应用而推荐的方法。

应提供下列手段:

a) 监控用户应用程序的手段[如监视(看门狗)定时器等];

b) 检验存储器完整性的硬件或软件手段;

c) 检验存储器、处理单元和输入/输出模块之间所交换的数据正确性的手段(如应用程序回送检查);

d) 检验电源单元不超过硬件设计所允许的电流限值和电压限值的手段;

e) 监控主处理单元(MPU)状态的手段。

永久性安装的远程 I/O 应能在报警输出上给出报警信号。当检测到系统“功能正常”时,该报警输出端应处于预先确定的状态。在其他情况下,则应处于相反的状态。制造厂应规定“功能正确状态”的

条件,以及为驱动该报警输出而执行的自检的条件。

远程输入/输出站(RIOS)在掉电或者不能与主处理单元(MPU)正常通信的情况下,应能在报警输出上(例如,通过一个数字输出模块)给出报警信号,并进入预先规定的状态(见 6.5)。

对本条的要求依据 GB/T 30245.2—2013 的 6.8 进行验证。

6.8 安全常规要求

6.8.1 耐介电强度要求

在隔离的电输出/输入端子之间、以及所有电输出/输入端子与保护接地端子之间施加表 13 所列试验电压,试验期间应没有意外的“飞弧”闪烁或绝缘击穿现象。

表 13 常规耐介电强度试验[e]

线路的工作电压[a] 交流电压均方根值或直流电压/V	0～2 000 m 的试验电压/V		
	1.2/50 μs 脉冲峰值[b]	交流 2 s	直流 2 s
$U_e \leqslant 30$	无需试验	无需试验	无需试验
$30 < U_e \leqslant 50$[c]	500	350	500
$50 < U_e \leqslant 100$[d]	800	490	700
$100 < U_e \leqslant 150$	1 500	820	1 150
$150 < U_e \leqslant 300$	2 500	1 350	1 900
$300 < U_e \leqslant 600$	4 000	2 200	3 100
$600 < U_e \leqslant 1\ 000$	6 000	3 250	4 600

a 在线路端子上的工作电压。

b 三个正脉冲和三个负脉冲,每个之间至少相隔 1 s。

c 对于直流远程 I/O,此范围至 60 V。

d 对于直流远程 I/O,此范围开始于 60 V。

e 对于 SELV/PELV 线路/单元,不需要试验。

6.8.2 保护接地要求

6.8.2.1 封闭式远程 I/O 的保护接地要求

Ⅰ类装置远程 I/O 的可接触部件(例如,机箱、框架和金属外壳的固定金属部分),除那些不会构成危险的以外,在电气上都应互相连接,并连接到保护接地端子上,以与外部保护导体相连。此要求可通过具有足够电连续性的结构部件来满足,该要求既适用于单独使用的远程 I/O,也适用于配套使用的远程 I/O。

给Ⅰ类装置便携式外围远程 I/O 供电的导线或电缆,应配备保护接地导体。

保护接地导体的绝缘材料(若提供)的颜色应是绿色,并有黄色条纹。

如果可接触的隔离导电部件的位置不与任何带电部件接触,并能承受表 12 中相当于远程 I/O 最高额定工作电压的加强绝缘的介电试验电压,则就不认为它们构成危险。

Ⅱ类装置远程 I/O 可以有内部功能性连接导线,但在远程 I/O 电源输入线中应不配备保护接地端子或保护接地导体。

若远程 I/O 有保护接地端子(Ⅰ类装置远程 I/O),则除了前述一般性连接规范外,还应满足如下要求:

a) 保护接地端子应使用方便,并应设计成在卸去外盖或任何可拆卸部件时仍保持远程 I/O 与保护接地导体的连接。

b) 拟用电线连接的远程 I/O 应配备有一个与插头和插座组成一体的保护接地端子(如可拆卸的导线束)。

c) 保护接地端子应是螺钉、螺栓或压接型的,并且应由合适的耐腐蚀材料制成。

d) 保护接地端子的夹紧远程 I/O 应充分锁紧以防意外松动,而且只能借助工具才能将其松开。

e) 保护接地端子和接地触点不应直接与远程 I/O 内的中性线端子连接。这不能防止在保护接地端子与中性线之间接入适当的标定容量的远程 I/O(如电容器或浪涌抑制器)。

f) 远程 I/O 的保护接地端子应符合 GB/T 30245.2—2013 中 8.2 的试验。

注:Ⅰ类装置、Ⅱ类装置见 GB/T 15969.2—2008。

6.8.2.2 开放式远程 I/O 的保护接地要求

开放式远程 I/O 应符合 6.8.2.1 的要求,所不同的是其保护措施不是通过与外部保护导体连接,而是通过与最外层外壳连接。

6.9 功能接地要求

功能接地端子,设有如抗干扰控制、射频干扰(RFI)保护等结构上的要求。

6.10 安装要求

应对远程 I/O 与支撑表面之间的紧固安装作出规定。

不同的安装方法(如安装 DIN 轨)也应提供远程 I/O 的紧固安装。

用来安装远程 I/O 部件的螺栓、螺钉或其他零件等,不得被用来紧固远程 I/O 与支撑表面、DIN 轨等。

6.11 一般标记要求

6.11.1 概述

对于所有远程 I/O,远程 I/O 上标出的信息至少应标明制造厂(向市场投放远程 I/O 的公司)和远程 I/O 型号。其他信息应在远程 I/O 的数据单中提供。见第 8 章。

以下信息应由制造厂提供:

a) 制造厂名称,商标或其他标识;

b) 型式/系列号,型号或名称;

c) 软件系列号和/或版本等级;

d) 硬件系列号(或系列)和/或版本等级,以及日期代码或类似数据。

对本条的要求依据 GB/T 30245.2—2013 的 6.9 进行验证。

6.11.2 功能标识

每个输入/输出模块在插入其工作位置运行时,借助制造厂的标记应能方便无误地辨认。

所有操作开关、指示灯和接插件应能被辨认,或具有识别措施。

6.11.3 模块位置和模块标识

在模块上或模块附近,应留出标注每个模块和输入/输出信道的标识符号的空间。

6.11.4 功能接地端子标记

对功能接地端子(即用于非安全目的,如改善抗干扰性),应使用图 5 的符号作出标记:

注:正确的表示(尺寸大小)见 GB/T 5465.1—2009。

图 5 功能接地端子标记图

6.12 防爆要求

防爆型远程 I/O 应符合 GB 3836.1、GB 3836.2 和 GB 3836.4 等标准的要求。

6.13 电气安全要求

远程 I/O 应符合 GB 4793.1—2007 的要求。

6.14 外壳防护等级

远程 I/O 外壳防护等级不低于 IP43。

6.15 可靠性要求

远程 I/O 平均无故障工作时间 MTBF 最小值为 30 000 h。

6.16 外观要求

远程 I/O 表面不应有明显的凹痕、划伤、裂痕、变形和污渍等。表面涂镀层应均匀,不应起泡、龟裂、脱落和磨损。金属零部件不应有锈蚀及其他机械损伤。

6.17 正常工作和功能型式试验及验证的要求

正常工作和功能的试验及验证应由制造厂按 GB/T 30245.2—2013 的第 6 章要求完成。

6.18 关于正常工作和功能方面信息的要求

关于正常工作和功能方面的信息应由制造厂按第 8 章的要求提供。

7 电磁兼容性(EMC)要求

7.1 概述

本章规定远程输入/输出站(RIOS)、永久性/非永久性安装的外围远程 I/O 的电磁兼容性(EMC)要求。

作为潜在的发射远程 I/O,远程 I/O 可能发射传导的、辐射的电磁干扰。

作为潜在的接收远程 I/O,远程 I/O 可能受到外部产生的传导干扰、辐射电磁场及静电放电的影响。

7.2 和 7.3 中的要求规定了远程 I/O 的 EMC 性能特性,这些是对制造厂职责的要求。制造厂建议,用户负责所安装远程 I/O 的电磁兼容性。

由于远程 I/O 仅仅是整个控制系统中的一个部件,因此本部分不涉及整个自动化系统的 EMC 兼容性。

如果可选的 EMC 外壳(如机柜)或其他保护器件(如滤波器)是由制造厂指定的,则它应属被测远程 I/O(EUT)的组成部分。

EMC 外壳端口是远程 I/O 的物理边界,电磁场可通过它发射或接收。

7.2 辐射要求

7.2.1 概述

除非制造厂的资料另有规定,远程 I/O 设计为用于 GB 17799.4—2012 涵盖的工业环境。

7.2.2 辐射的一般要求

7.2.2.1 概述

对于辐射,表 14 中所列要求的目的是确保对无线电频谱的保护。

7.2.2.2 低频范围内的辐射限值

由于工业控制系统不与公共电网相连,因此频率低于 150 kHz 的不作要求。

7.2.2.3 高频范围内的辐射限值

高频范围内的辐射限值见表 14。

表 14 辐射限值

<table>
<tr><th>端口</th><th>频率范围</th><th>严酷等级(标准)</th><th>严酷等级(可选)</th><th>基本标准</th></tr>
<tr><td rowspan="3">外壳端口
(辐射)</td><td></td><td>在距离 10 m 处测得</td><td>在距离 30 m 处测得</td><td rowspan="3">GB 17799.4—2012</td></tr>
<tr><td>30 MHz～230 MHz</td><td>40 dB(μV/m)准峰值</td><td>30 dB(μV/m) 准峰值</td></tr>
<tr><td>230 MHz～1 000 MHz</td><td>47 dB(μV/m) 准峰值</td><td>37 dB(μV/m) 准峰值</td></tr>
<tr><td rowspan="4">交流电源端口
(传导)[a]</td><td rowspan="2">0.15 MHz～0.5 MHz</td><td>79 dB(μV/m) 准峰值</td><td></td><td rowspan="4">GB 17799.4—2012</td></tr>
<tr><td>66 dB(μV/m)平均值</td><td></td></tr>
<tr><td rowspan="2">0.5 MHz～30 MHz</td><td>73 dB(μV/m) 准峰值</td><td></td></tr>
<tr><td>60 dB(μV/m)平均值</td><td></td></tr>
<tr><td colspan="5">[a] 若每分钟出现脉冲干扰的次数少于 5 次,则不予考虑。若每分钟出现脉冲干扰的次数多于 30 次,则这些限值适用。若每分钟出现脉冲干扰次数的范围是 5～20 次,则允许限值的衰减为 20lg(30/N)(其中,N 是脉冲干扰的次数)。合格/不合格的准则可参阅 GB 4343.1。</td></tr>
</table>

对本条的要求依据 GB/T 30245.2—2013 中的 7.4 和 7.5 进行验证。

7.3 抗 EMC 要求

7.3.1 概述

除非制造厂的资料另有规定,远程 I/O 设计为用于 GB/T 17799.2 所覆盖的工业环境。

图 6 所示图形说明了在一个工厂环境中 EMC 与耦合干扰的机制。区域的划分由电源配电、安装的实际情况、输入/输出接线确定。

C 区:工厂电网(通过专用变压器与公共电网隔离),第 1 级浪涌保护和严酷的耦合干扰。该区的工业环境比 GB/T 17799.2 所覆盖的一般工业环境在一定程度上还要严酷。

B 区:专用配电,第 2 级浪涌保护和中等等级的耦合工业干扰。该区的工业环境相当于 GB/T

17799.2 所覆盖的一般工业环境。

A 区：本地配电，被保护的和低干扰耦合。该区的周围是一般工业环境（B 区）。通常采用的典型措施有：短接线、受到良好保护的电源（SELV/PELV）、I/O 阻抗限制、安装保护网络、交流/直流变换器、隔离变压器、浪涌抑制器等。A 区干扰环境类似于 GB/T 17799.1（轻工业环境）。

除非制造厂的资料另有规定，远程 I/O 设计为用于 B 区（GB/T 17799.2 所覆盖的工业环境）。B 区包括 A 区。

如果远程 I/O 将用于多个区域，则应按其所用区域的最严酷环境的综合要求对其进行设计和试验。

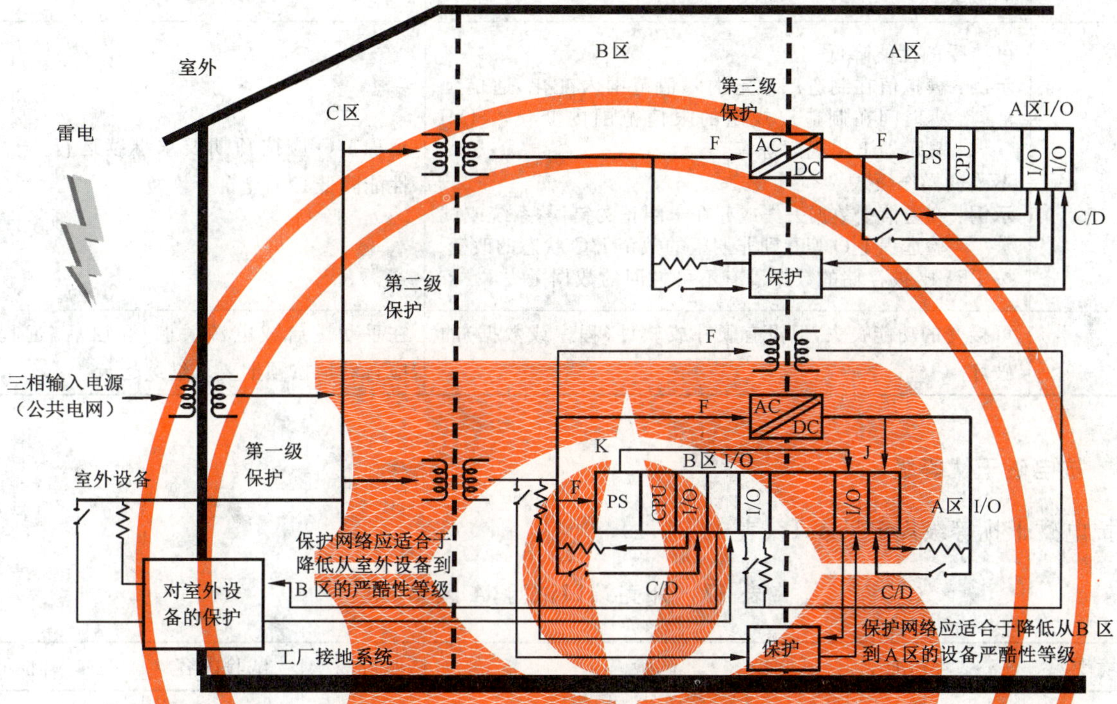

图 6 抗 EMC 区

图 6 中的虚线并不表示物理分隔或隔离。表 15 给出了抗 EMC 区关于浪涌的具体示例。

表 15 抗 EMC 区（关于浪涌的示例）

EMC 区	EMC 条件		
C 区	工厂电网配电 高额定电压	第 1 级浪涌保护	极高电压耦合浪涌 4 000 V
B 区	专用配电 额定电压≤300 V	第 2 级浪涌保护 I/O 阻抗限制	中等电压耦合浪涌 2 000 V
A 区	本地配电 额定电压 ≤120 V 额定电压 ≤100 V 额定电压 ≤50 V	I/O 阻抗限制	低压耦合浪涌 1 000 V 800 V 500 V

7.3.2 性能等级

抗 EMC 干扰的性能等级规定见表 16。

表 16　抗 EMC 干扰的性能等级

性能等级		
性能等级	操作	
	试验期间	试验后
A	EUT 应按预期要求继续运行。按 PFVP，没有功能或性能丧失	远程 I/O 应按预期要求继续运行
B	可接受的性能降低 **示例**：模拟值在制造厂规定的限值范围内变化，通信延迟时间在制造厂规定的限值范围内变化，HMI 显示器上出现闪烁等 不改变操作模式 **示例**：在通信中数据丢失或存在未纠正的错误，系统或试验远程 I/O 等看到非期望的数字 I/O 状态的改变 按 PFVP，被存储的数据没有不可挽回的数据丢失	远程 I/O 应按预期要求继续运行。暂时的性能降低必须能自行恢复
C	可接受的功能丧失，但没有硬件或软件(程序或数据)的破坏	在手动重启或电源关断/开启后，远程 I/O 应自动地按预期要求继续运行

7.3.3　抗电磁干扰等级

抗电磁干扰等级规定见表 17、表 18、表 19。

表 17　外壳端口试验，A 区和 B 区

环境现象	参考标准	试验		试验等级	试验内容	注	性能等级
静电放电	GB/T 17799.2	触点		±4 kV	GB/T 30245.2—2013 表 20	a	B
		空气		±8 kV			
射频电磁场调幅	GB/T 17799.2	80% AM，1 kHz 正弦波	2.0 GHz～2.7 GHz	1 V/m	GB/T 30245.2—2013 表 21	d	A
			1.4 GHz～2.0 GHz	3 V/m			
			80 MHz～1 000 MHz	10 V/m			
电源频率磁场	GB/T 17799.2	60 Hz		30 A/m	GB/T 30245.2—2013 表 22	b,c	A
		50 Hz		30 A/m			

[a] 应将 ESD(静电放电)试验施加于

a) 操作员可接触的远程 I/O(例如，HMI、PADT 和 TE)；

b) 外壳端口；

c) 没有安装意外接触保护的可接触工作部分(例如，开关、键盘、保护接地/功能接地、模块外壳、带连接器和金属连接器的通信端口)。

对于不带连接器的通信端口、I/O 端口或电源端口，不进行 ESD 试验。

[b] 本试验是试验远程 I/O 对一般在工厂产生的磁场的灵敏度。本试验只适用于包含对磁场敏感器件的远程 I/O，例如，霍尔效应器件、CRT 显示器、软盘驱动器、磁性存储器，以及类似远程 I/O。基本远程 I/O 一般不包含这类器件；但其他远程 I/O(如 HMI)可能包含这类器件。本试验不模拟高强度磁场，例如，有关焊接和感应加热过程的磁场。此要求可通过在远程 I/O 制造厂对敏感器件施加的试验来满足。

[c] 偏差不得大于 3 A/m。若大于 3 A/m，制造厂应规定 CRT 显示接口的允许偏差。

[d] 此等级并不代表在紧靠远程 I/O 处由收发器所辐射的场强。

B 区等级是最典型的工业环境等级。

B 区抗传导性试验条件和方法见表 18。

A 区等级适用于安装保护措施使工业环境等级降低到低于 B 区的工业环境等级的场合。见图 6，它们可能是保护网络的设施，交流/直流转换器，隔离变压器，浪涌抑制器，I/O 阻抗限制，短接线，受良好保护的电源(SELV/PELV)等。

A 区抗传导性试验条件和方法见表 19。

表 18 抗传导性试验，B 区

	环境现象	电快速瞬变脉冲群	高能量浪涌	射频干扰
	参考标准	GB/T 17799.2	GB/T 17799.2	GB/T 17799.2
	试验内容	GB/T 30245.2—2013 表 23	GB/T 30245.2—2013 表 24	GB/T 30245.2—2013 表 25
	性能等级	B	B	A
接口/端口	特定接口/端口	试验等级	试验等级	试验等级
数据通信(用于 I/O 机架的 Al，Ar；用于外围远程 I/O 的 Be，Bi，E)	屏蔽电缆	1 kV[d]	1 kV CM[b]	10 V[d]
	非屏蔽电缆	1 kV[d]	1 kV CM[b]	10 V[d]
数字 I/O 和模拟 I/O (C 和 D)	交流 I/O(非屏蔽)	2 kV[d]	2 kV CM[b] 1 kV DM[b]	10 V[d]
	模拟 I/O 或直流 I/O (非屏蔽)	1 kV[d]	1kV CM[b]	10 V[d]
	所有屏蔽线(对地)	1 kV[d]	1 kV CM[b]	10 V[d]
远程 I/O 电源(F)	交流电源	2 kV	2 kV CM 1 kV DM	10 V
	直流电源	2 kV[a]	0.5 kV CM[c] 0.5 kV DM[c]	10 V
I/O 电源(J)和辅助电源输出(K)	交流 I/O 和交流辅助电源	2 kV[d]	2 kV CM[b] 1 kV DM[b]	10 V
	直流 I/O 和直流辅助电源	2 kV[a,d]	0.5 kV CM[b] 0.5 kV DM[b]	10 V

[a] 不适合于使用电池或可充电电池的输入端口，因更换电池或充电的需要必须把它们从远程 I/O 上取出或断开连接。对于使用交-直流电源适配器的输入端口，应在制造厂所规定的交-直流电源适配器的交流电源输入上进行试验；如果制造厂未规定，则使用典型的交直流电源适配器。对于永久性连接的输入/输出端口，若电缆长度≤3 m，则不需要进行试验。

[b] 对于规定电缆长度≤30 m 的端口，不需要进行试验。

[c] 不适合于使用电池或可充电电池的输入端口，因更换电池或充电的需要必须把它们从装置上取出或断开连接。对于使用交-直流电源适配器的输入端口，应在制造厂所规定的交直流电源适配器的交流电源输入上进行试验；如果制造厂未规定，则使用典型的交直流电源适配器。对于不会接在 DC 分布电源网络中而且线长总是小于 30 m 的输入输出端口，则不需要进行试验。

[d] 对于规定电缆长度≤3 m 的端口，不需要进行试验。

表 19 抗传导性试验,A 区

	环境现象	电快速瞬变脉冲群	高能量浪涌	射频干扰
	参考标准	GB/T 17799.1	GB/T 17799.1	GB/T 17799.1
	试验内容	GB/T 30245.2—2013 表 23	GB/T 30245.2—2013 表 24	GB/T 30245.2—2013 表 25
	性能等级	B	B	A
接口/端口	特定接口/端口	试验等级	试验等级	试验等级
数据通信(用于 I/O 机架的 Al，Ar；用于外围远程 I/O 的 Be，Bi，E)	通信屏蔽电缆	— 0.5 kV[d]	— 不试验	— 3 V[d]
	非屏蔽电缆	— 0.5 kV[d]	— 不试验	— 3 V[d]
数字 I/O 和模拟 I/O (C 和 D)	交流 I/O (非屏蔽)	1 kV[d]	2 kV CM[b] 1 kV DM[b]	3 V[d]
	模拟 I/O 或直流 I/O (非屏蔽)	0.5 kV[d]	不试验	3 V[d]
	所有屏蔽线 (对地)	0.5 kV[d]	不试验	3 V[d]
远程 I/O 电源(F)	交流电源	1 kV	2 kV CM 1 kV DM	3 V
	直流电源	0.5 kV[a]	0.5 kV CM[c] 0.5 kV DM[c]	3 V
I/O 电源(J)和辅助电源输出(K)	交流 I/O 和 交流辅助电源	1 kV[d]	2 kV CM[b] 1 kV DM[b]	3 V
	直流 I/O 和 直流辅助电源	0.5 kV[a,d]	0.5 kV CM[b] 0.5 kV DM[b]	3 V

[a] 不适合于使用电池或可充电电池的输入端口,因更换电池或充电的需要必须把它们从远程 I/O 上取出或断开连接。对于使用交-直流电源适配器的输入端口,应在制造厂所规定的交-直流电源适配器的交流电源输入上进行试验;如果制造厂未规定,则使用典型的交直流电源适配器。对于永久性连接的输入/输出端口,若电缆长度≤3 m,则不需要进行试验。

[b] 对规定电缆长度≤30 m 的端口，不需要进行试验。

[c] 不适合于使用电池或可充电电池的输入端口,因更换电池或充电的需要必须把它们从远程 I/O 上取出或断开连接。对于使用交-直流电源适配器的输入端口,应在制造厂所规定的交直流电源适配器的交流电源输入上进行试验;如果制造厂未规定,则使用典型的交直流电源适配器。对于与直流电源配电网络永久性连接的输入/输出端口,若电缆长度≤30 m,则不需要进行试验。

[d] 对规定电缆长度≤3m 的端口，不需要进行试验。

使用条件可要求在 C 区中的设施。对本条的要求依据 GB/T 30245.2—2013 中的 7.6、7.7、7.8、7.9、7.10 和 7.11 进行验证。

7.3.4 电压跌落和中断电源端口

这些限制适用于电源接口/端口。

对于如表 20 中规定的电源的短时间扰动，EUT 应维持正常工作。

对于较长时间的电源中断，EUT 或者维持正常工作，或者进入预先规定的状态，并在恢复正常工作前有一个明确规定的行为。

注：由同一个电源供电的输出和快/慢速响应输入将会对电源的这些变化作出响应。

抗电压跌落和中断试验条件和方法见表 20。

表 20　电压跌落和中断(EMC 要求)

电源型式[d]	严酷等级[c]	最大跌落和中断时间	低电压，U_e 至%U_e[b]	性能等级
交流电源	PS2	0.5 周期[a]	0	A
		250/300 周期[e]	0	C
		10/12 周期[e]	40	C
		20/50 周[e]	70	C

注：表中关于 EMC 电压中断的限制与 GB/T 17799.2 中的要求略有差别。理论根据：GB/T 17799.2 规定了性能等级 B，它并不适用于工业现场系统的应用。特殊应用要求性能等级 A，其电压中断的时间范围是 0.5～1 周期。长期安装现场系统的实际经验表明，上述要求满足工业环境的要求。

[a] 任意相角，F_n＝50/Hz(见 GB/T 30245.2—2013 中的 7.13)。

[b] U_e 是表 5 中的标称电压下的额定电压 U_e。

[c] PS2 适用于由交流电源供电的远程 I/O。

[d] 电压中断从 U_e 开始。

[e] F_n＝50/60 Hz。

对本条的要求依据 GB/T 30245.2—2013 中的 7.13 进行验证。

7.4　EMC 试验和验证的要求

对于 EMC 的试验和验证应由制造厂依据 GB/T 30245.2—2013 的第 7 章中的要求完成。

7.5　关于 EMC 信息的要求

制造厂应依据第 9 章的要求提供关于 EMC 的信息。

8　制造厂提供的资料

8.1　概述

制造厂应向用户提供关于远程 I/O 的应用、设计、安装、调试、操作和维护方面的资料。此外，制造厂还应对用户进行培训。

提供的资料除文本形式以外，也可以其他形式提供。

8.2　资料文件的类型和内容

规定了三种资料文件的类型：

a)　样本和数据单；

b)　用户手册；

c)　技术文件。

注：关于这些规章指南的准备，参见 GB/T 19678 和 GB/T 19898。

8.3 样本和数据单应提供的信息

8.3.1 用户手册应提供的信息

这些文件应为远程 I/O 的正确安装、接线、故障查询、用户编程和调试所必需的信息。它们至少应包括：

a) 安装和调试须知；

b) 编程和故障查询说明；

c) 运行和维护要求；

d) 附件和备件表(如熔断器)。

8.3.2 技术文件应提供的信息

制造厂可以(可选地)提供一套比在用户手册中所包含的更多信息的文件，如原理图、内部或外部数据协议、总线分配、物理尺寸要求、可用的电源、固件、内部测试程序或维修方法等。

8.4 关于与本部分符合性的信息

制造厂应提供关于与本部分符合性方面的信息，对此可从以下两个层面来说明：

a) 完全符合本部分中所有章节所提出的要求，例如，在无资质证明的情况下，指明与本部分的符合性；

b) 符合本部分中的某个部分，文件中明确说明远程 I/O 所符合的本部分中的具体特定条款。

8.5 关于可靠性的信息

如果制造厂提供了在正常工作条件下的平均无故障时间值(MTBF)，制造厂还应说明用来确定这些值的方法。

8.6 关于其他条件的信息

对于本部分中未作出规定的任何机械条件，用户应与制造厂共同协商以达成一致意见。

8.7 关于运输和储存的信息

制造厂应提供运输和贮存须知。

8.8 关于交流电源和直流电源的信息

制造厂应提供以下信息：

a) 提供的数据可允许选择一个合适的配电网使之在每个用电点得到所规定的电压数值。该信息包括满负荷情况下的启动峰值(在冷启动和热重启)、重复峰值及静态输入电流的均方根值；

b) 电源接口的外部接线端子标志；

c) 电源系统的典型示例；

d) 若需要专用电源，则应说明通过多电源或使用 6.1.1.1 中未包括的电压和频率供电的专用电源的要求；

e) 以下不正确的电源连接导致的影响：

- 极性接反；
- 电压电平和/或频率不匹配；
- 引线连接错误。

f) 关于远程 I/O 性能受典型电源升降时序影响的全部信息；
g) 能估算不影响任一系统配置正常工作的最长中断时间值的数据；直流供电远程 I/O 的 PS 类别(PS-1 或 PS-2)；
h) 后备存储器时间与温度及维护要求的关系；
i) 推荐的电源更换的时间间隔和更换步骤，以及由此产生的对远程 I/O 的影响；
j) 启动电流峰值(在冷启动和热重启)，或推荐的熔断器规格及熔点。

8.9 关于数字输入(电流阱)的信息

制造厂应提供以下信息：
a) 整个工作区的 U-I 特性曲线，容差或类似参数；
b) 从“0”状态转换到“1”状态和从“1”状态转换到“0”状态的数字输入延迟时间(TID)；
c) 信道之间存在的公共点；
d) 输入端连接错误导致的影响；
e) 在正常工作条件下，信道与其他线路(包括“地”)之间，信道与信道之间的隔离电位；
f) 输入类型(第一类、第二类或第三类)；
g) 直观指示器的监视点和二进制状态；
h) 插/拔带电输入模块时的影响；
i) 在互连输入与输出时附加的外部负载(若需要)；
j) 信号评定的说明(例如，静态/动态评定、中断释放等)；
k) 根据电缆型号和电磁兼容性而推荐的电缆和导线的长度；
l) 端子的排列；
m) 外部连接的典型示例。

8.10 关于交流数字输出(电流源)的信息

制造厂应提供交流数字输出方面的以下信息：
a) 保护类型(即保护输出、耐短路输出、无保护输出)：
  - 对保护输出：超过 1.1 I_e 的工作特性，包括保护器件通电时的电平，电流的其他行为特性及其使用的时间；
  - 对耐短路输出：更换或重新安装保护器件所需要的信息；
  - 对无保护输出：如果需要，应说明由用户提供的保护器件。
b) 从“0”状态转换到“1”状态和从“1”状态转换到“0”状态的数字输出延迟时间(TQD)；
c) 换流特性及有关过零点电压的转换电压；
d) 信道之间存在的公共点；
e) 端子的排列；
f) 外部连接的典型示例；
g) 输出的数量及类型[例如，常开/常闭(NO/NC)触点、固态、独立的隔离信道等]；
h) 对于机电式继电器，额定电流和电压应符合 6.2.3.2.5；
i) 其他负载(如白炽灯)的输出额定值；
j) 多信道模块的总输出电流(见 3.1.18)；
k) 为防止因电感逆转产生的电压峰值而接入输出电路的阻尼网络的特性；
l) 外部保护网络的类型(若需要)；
m) 输出端不正确连接导致的影响；
n) 在正常工作条件下，信道与其他线路(包括“地”)之间，信道与信道之间的隔离电位；

o） 信道内直观指示器的监视点(例如,MPU一侧或负载一侧)；

p） 更换输出模块的推荐步骤；

q） 主处理单元(MPU)控制的中断、电压跌落和中断期间的输出特性,以及电源升/降时序(见6.5)；

r） 工作方式(即闩锁/非闩锁方式)；

s） 多路过载对隔离的多信道模块的影响。

8.11 关于直流数字输出(电流源)的信息

关于制造厂提供的直流数字输出的信息应与8.10中所规定的关于交流数字输出的信息相同。但是,过零点电压的转换规范不适用。对于机电式继电器输出,用DC-13代替6.2.3.2.5中的AC-15。

8.12 关于模拟输入的信息

8.12.1 概述

除类型和标准范围外,制造厂还应提供以下信息。

8.12.2 关于模拟输入静态特性的信息

关于模拟输入静态特性的信息见表21。

表21 模拟输入静态特性的信息

静态特性		单位及示例
1） 信号范围内的输入阻抗(制造厂应规定是处于“导通”状态,还是处于“关断”状态)		Ω
2） 模拟输入误差：	温度系数	全量程的± %
	25 ℃时的最大误差	全量程/K的± %
3） 温度范围的最大误差		全量程的± %
4） 数字分辨率		二进制位数
5） 返回应用程序的数据格式		二进制、BCD码等
6） 最低有效位(LSB)的值		mV、mA
7） 允许的永久性最大过载(无损害)		V、mA
8） 过载情况下读得的数字输出		例如,标志
9） 输入类型		例如,差动
10） 共模特性(DC,AC 50～60Hz),如果适用		CMRR-dB、CMV-V
11） 对于其他输入(热电偶,RTD等)	传感器类型	J、K、T等：Pt 100等
	测量范围	最小℃至最大℃
	线性化方法	内部提供或用户提供

8.12.3 关于模拟输入动态特性的信息

关于模拟输入动态特性的信息见表22。

表 22 模拟输入动态特性的信息

动态特性		单位及示例
1) 采样持续时间(包括设定时间)		ms
2) 采样重复时间		ms
3) 输入滤波器特性	阶次	一阶、二阶等
	过渡频率	Hz
4) 在每个规定的电噪声试验期间的最大瞬时偏差		全量程的± %

8.12.4 关于模拟输入通用特性的信息

关于模拟输入通用特性的信息见表 23。

表 23 模拟输入通用特性的信息

通用特性	单位及示例
1) 转换方式	双斜坡,S.A 等
2) 工作模式	触发,自扫描等
3) 保护类型	RC(阻容网络)、光电隔离、MOV(金属氧化物压敏电阻)等
4) 正常工作条件下,信道与 a)其他线路(包括“地”);b)信道间;c)电源之间;d)接口之间的隔离电位	V
5) 如果需要,提供外部电源数据	
6) 如果有各信道之间的公共点,提供该信息	技术数据
7) 为抗干扰提供保证而推荐的电缆型号、长度及安装规则	双绞线,最长 50 m
8) 为保持设计精度的校准或验证	月,年
9) 端子的排列	
10) 外部连接的典型示例	
11) 输入端连接错误导致的影响	

8.12.5 关于模拟输入其他特性的信息

关于模拟输入其他特性的信息见表 24。

表 24 模拟输入其他特性的信息

其他特性	单位及示例
1) 无遗失码的单一性	是,否
2) 在 DC、AC 50 Hz 和 AC 60 Hz 时信道间的串扰	dB
3) 非线性	全量程的%
4) 在规定的稳定时间后,在固定温度点的重复性	全量程的%
5) 电磁继电器多路复用开关的寿命	动作次数,小时数

8.13 关于模拟输出的信息

8.13.1 概述

除类型和标准范围外，制造厂还应提供以下信息。

8.13.2 关于模拟输出静态特性的信息

关于模拟输出静态特性的信息见表25。

表25 模拟输出静态特性的信息

静态特性		单位及示例
1) 信号范围内的输出阻抗（制造厂应规定是处于“导通”状态，还是处于“关断”状态）		Ω
2) 模拟输出误差	25 ℃时的最大误差	全量程的± %
	温度系数	全量程/K的± %
3) 整个温度范围的最大误差		全量程的± %
4) 数字分辨率		二进制位数
5) 返回应用程序的数据格式		二进制、BCD码等
6) 最低有效位（LSB）的值		mV、mA

8.13.3 关于模拟输出动态特性的信息

关于模拟输出动态特性的信息见表26。

表26 模拟输出动态特性的信息

动态特性	单位及示例
1) 全量程变化的设定时间	ms
2) 超调量	全量程的%
3) 在每个规定的电噪声试验期间的最大瞬时偏差	全量程的± %

8.13.4 关于模拟输出通用特性的信息

关于模拟输出通用特性的信息见表27。

表27 模拟输出通用特性的信息

通用特性	单位及示例
1) 保护类型	光电隔离等
2) 在正常工作条件下信道与其他线路（包括“地”）之间以及信道之间的隔离电位	V
3) 若需要，提供外部电源数据	技术数据

表 27（续）

通用特性	单位及示例
4） 对于使用外部供电的电流输出，在整个输出范围内输出端的最大和最小电压降	V
5） 为抗干扰提供保证而推荐的电缆型号、长度及安装规则	双绞线，最长 50m
6） 为保持设计精度的校准或验证	月，年
7） 端子的排列	
8） 如果有各信道之间的公共点，提供该信息	
9） 允许的负载形式	无接地、接地
10） 最大容性负载（对电压输出）	pF
11） 最大感性负载（对电流输出）	mH
12） 外部连接的典型示例	
13） 电源升/降时的输出响应	
14） 输入端连接错误导致的影响	

8.13.5 关于模拟输出其他特性的信息

关于模拟输出其他特性的信息见表 28。

表 28 模拟输出其他特性的信息

其他特性	单位及示例
1） 单一性	是，否
2） 在 DC、AC 50 Hz 和 AC 60 Hz 时信道间的串扰	dB
3） 非线性	全量程的%
4） 在规定的稳定时间后，在固定温度点的重复性	全量程的%
5） 输出波纹	全量程的%

8.14 通信接口方面的信息

如果制造厂给其他厂家的远程 I/O 提供通信接口，则应提供正确操作所必须的信息。要做到这一点，可以参考某个特定的标准或规范，以及选项的详细情况如波特率、所用的电缆类型等。

8.15 关于主处理单元和存储器的信息

制造厂应提供的主处理单元和存储器方面的信息是：

a） 程序存储器的结构、容量；

b） 数据存储器的结构、容量，以及每个字的位数；

c） 可用的存储器类型（如 CMOS-EPROM，等等）；

d） 如果有后备存储器，则提供其功能及工作条件方面的信息；

e） 确定一个所要求的配置（机架、电缆、总线扩展器、电源单元、每个类型的最大 I/O 数、最多的 I/O 模块数等）的数据、各种制约条件及步骤；

f) 所支持的编程语言的描述；
g) 确定每个存储器利用率的计算方法(用户的应用程序和数据,可用的固件程序和数据),以及每个相关时间(扫描时间、系统响应时间、传递时间、执行时间)的平均值；
h) 处理输入/输出的三种机制,即使用由系统进行周期刷新的输入/输出映像寄存器,使用立即“GET/PUT”型指令,使用中断和事件驱动程序等。这些机制对以下方面的影响：
 - 响应时间；
 - 重新启动能力(即冷重启、暖重启、热重启)；
 - 用于输入、输出、处理等的具体时间。
i) 在把非永久性安装的远程 I/O 在接口上插入/拔出、连接/拆除时,它们对每种相关时间的影响[见本条的 g)]；
j) 有关冷重启、暖重启、热重启的状态信息(若适用)。可用来确定暖重启与热重启之间有关过程差别的可编程定时器的说明和用途；
k) 执行的自检和诊断功能(见 6.7)。

8.16 关于远程输入/输出站(RIOS)的信息

制造厂应提供以下信息：
a) 选择用于通信链路所需合适电缆和其他器件用的规范；
b) 用于正确安装整个系统的规范(包括选择合适的电源)；
c) 输入/输出通信网络的类型(点对点、星型、多分支、环型等)；
d) 通信链路上所使用的原理、规程和传输速率；从/向远程输入/输出站(RIOS)传递关于检测差错/差错编码的数据的能力,以及在最佳、最可能、最坏情况下传输延迟的能力；
e) 采用将远程输入信息及远程输入/输出站(RIOS)状态提供给用户应用程序,并将其逻辑判断传送给远程输出的方式时,对传输时间的影响；
f) 按 6.5 规定的值和延迟时间；
g) 提供终端器件的信息(若需要)；
h) 通信接口的物理特性,包括隔离特性、可接受的最高共模电压、内置短路保护等；
i) 标准链路接口的类型(即 RS 232、RS 422、RS 485、RS 511 等)；
j) 功能接地和安全接地的规范；
k) 接通/关断逻辑连接和物理连接的步骤(例如“在线”)。

8.17 关于外围远程 I/O(PADT,TE,HMI)的信息

制造厂应通过适当的文件和标记提供如下信息：
a) 当使用能改变控制条件的功能时,例如,状态修改、更改存储器中的数据或程序、强制输入或输出信号等,应提供能看到的醒目警示和预防措施；
b) 外围远程 I/O 在远程输入/输出站(RIOS)的可用性；
c) 其所处的预期工作环境比第 5 章中所述严酷环境较佳的外围远程 I/O 的工作条件；
d) 用于选择通信链路所需合适电缆和其他器件的规范；
e) 用于正确安装整个系统的规范(包括选择合适的电源)；
f) 通信网络的类型(点对点、星型、多分支、环型等)；
g) 通信链路上所使用的原理、规程和传输速率；从/向远程输入/输出站(RIOS)传递关于检测差错/差错编码的数据的能力,以及在最佳、最可能、最坏情况下传输延迟的能力；
h) 提供终端器件的信息(若需要)；
i) 通信接口的物理特性,包括隔离特性、可接受的最大共模电压、内置短路保护等；

j) 标准链路接口的类型(即 RS 232、RS 422、RS 485 等);

k) 功能接地和安全接地的规范。

8.18 关于自检和诊断的信息

制造厂应通过适当的文件和标记提供以下信息:

a) 实现自检和诊断的说明,以及其执行时间的说明(即永久性、周期性、按用户应用程序的要求、在启动过程期间等);

b) 正确的功能状态和驱动报警输出的条件(见 6.7)。

9 制造厂提供的电磁兼容性(EMC)信息

信息可以通过非文本的形式来提供。

制造厂应说明其远程 I/O 是用于正常工作环境还是用于不太严酷的工作环境(如办公环境)。如果远程 I/O 除用于 B 区(含 A 区)以外的环境,则制造厂应说明远程 I/O 的预期应用区域。

试验报告应说明所有试验和 EUT 的(具代表性的典型)配置的选择原则,以及试验结果。

应将试验期间所使用的 EUT 软件编入文档。

10 制造厂提供的安全信息

10.1 概述

制造厂的资料至少应包括以下信息:

a) 保护接地要求和有关防触电的人身安全方面的建议;

b) 保护器件如保护接地线路、过流保护器件和用于后备存储器的电池等的维护要求;

c) 如果远程 I/O 系统作为"开放式远程 I/O"提供,则要求外壳能提供必要的安全等级、环境保护、安装及所需空间,和/或内部隔离或屏蔽(若出于安全的需要)等方面的指南;

d) 预防措施说明,例如,如果在远程 I/O 运行时拆卸模块,则可能导致与电击、火灾有关的安全和电气损坏;

e) 与过压类别有关的远程 I/O 系统的使用说明;

f) 在正常工作条件下信道与其他线路(包括接地)之间,以及信道之间的隔离电位。

所有信息都可以以非文本格式提供。

10.2 关于评估开放式远程 I/O 外壳的信息(功耗)

制造厂的文件应提供评估每个远程 I/O 配置、部件和模块的功耗方面的信息,并提供为保证正常工作条件下的充分冷却而需要的最小空间方面的信息。

10.3 关于机械端子连接的信息

制造厂应通过合适的文本和/或标记提供以下信息:

a) 可以与远程 I/O 系统连接的导线的类型、截面积和材料;

b) 推荐使用的屏蔽电缆,以及如何连接和接地的建议。

附 录 A
（资料性附录）
数字输入标准工作范围公式

以下公式被用来生成表 7(对于某些例外,在注中予以解释)

直流公式	交流公式	
$U_{H\ max}=1.25\ U_e$	$U_{H\ max}=1.1\ U_e$	
$U_{H\ min}=0.8\ U_e-U_d-1V$	$U_{H\ min}=0.85\ U_e-U_d-1V$	(注 1、注 2)
$U_{T\ max}=U_{H\ min}$	$U_{T\ max}=U_{H\ min}$	
$U_{L\ max}=U_{H\ min}(I\leqslant I_{T\ min})$	$U_{L\ max}=U_{H\ min}(I\leqslant I_{T\ min})$	
$U_{T\ min}=0.2\ U_e$	$U_{T\ min}=0.2\ U_e$	(注 1)
$U_{L\ max}=U_{T\ min}(I>I_{T\ min})$	$U_{L\ max}=U_{T\ min}(I>I_{T\ min})$	
$U_{L\ min}=-3$ V (直流 24 V)	$U_{L\ min}=0$	
$U_{L\ min}=-6$ V (直流 48 V)		
$I_{L\ min}=$ ND (未规定)	$I_{L\ min}=0$	
一类输入：	一类输入：	
$I_{H\ max}=I_{T\ max}=I_{L\ max}=15$ mA	$I_{H\ max}=I_{T\ max}=I_{L\ max}=15$ mA	
$I_{H\ min}\approx I_{T\ min}+1$ mA	$I_{H\ min}\approx I_{T\ min}+1$ mA ($U_e\leqslant 120$ V 均方根值) 或	
	$I_{H\ min}\approx I_{T\ min}+2$ mA ($U_e>120$ V 均方根值)	
$I_{T\ min}\approx U_{H\ max}/Z$	$I_{T\ min}\approx U_{H\ max}/Z$	(注 5)
$U_d=3$ V (表 9)	$U_d=5$ V (表 8)	(注 3)
二类输入：	二类输入：	
$I_{H\ max}=I_{T\ max}=I_{L\ max}=30$ mA	$I_{H\ max}=I_{T\ max}=I_{L\ max}=30$ mA	
$I_{H\ min}=I_m+1mA=6$ mA	$I_{H\ min}\approx I_m+1mA=6$ mA	
$I_{T\ min}=I_r=1.5$ mA	$I_{T\ min}\approx I_r=3$ mA	(注 4)
$U_d=$ 直流 8 V	$U_d=$ 交流 10 V 均方根值	(注 4)
三类输入：	三类输入：	
$I_{H\ max}=I_{T\ max}=I_{L\ max}=15$ mA	$I_{H\ max}=I_{T\ max}=I_{L\ max}=15$ mA	
$U_{H\ max}/Z\leqslant I_{H\ min}\leqslant I_m=5$ mA	$I_{H\ min}=I_m=5$ mA	
$I_{T\ min}=I_r=1.5$ mA	$I_{T\ min}\approx I_r=3$ mA	(注 4)
$U_d=$ 直流 8 V	$U_d=$ 交流 10 V 均方根值	(注 4)

注 1：为使单个模块能与各种电源电压相容,对所有的交流 100/110/120 V 均方根值和所有的交流 200/220/230/240 V 均方根值输入,已选择 U_e 分别为交流 100 V 均方根值和交流 200 V 均方根值。

注 2：假定连接线有 1 V 电压降(交流电压均方根值或直流电压)。

注 3：U_d、交流和直流数字输出的最大电压降。

注 4：I_r、U_d 和 I_m 的值符合在 IEC 60947-5-2 中所采用的相应值。

注 5：Z=经验的最坏情况继电器触点,开路触点阻抗 = 100 kΩ。

附 录 B
（资料性附录）
C 区——EMC 抗干扰等级

当处于干扰等级高于 B 区的环境时，可使用表 B.1 和表 B.2 所列试验（与 C 区相关）。

表 B.1 外壳端口试验，C 区

环境现象	参考标准	试验		试验等级	试验内容	注	性能等级
静电放电	GB/T 17799.2	触点		± 4 kV	GB/T 30245.2—2013 表 20	a	B
		大气		± 8 kV			
射频电磁场调幅	GB/T 17799.2	80 % AM，1 kHz 正弦	(2.0～2.7)GHz	1 V/m	GB/T 30245.2—2013 表 21	d	A
			(1.4～2.0)GHz	3 V/m			
			(80～1 000)MHz	10 V/m			
电源频率磁场	GB/T 17799.2	60 Hz		30 A/m	GB/T 30245.2—2013 表 22	b，c	A
		50 Hz		30 A/m			

a 应将 ESD（静电放电）试验施加于：

a) 操作员可接触的远程 I/O（例如，HMI、PADT 和 TE）；

b) 外壳端口；

c) 没有安装意外接触保护的工作的可接触工作部分（例如，开关、键盘、保护接地/功能接地、模块外壳、带连接器和金属连接器的通信端口）。

对于不带连接器的通信端口、I/O 端口或电源端口，不进行 ESD 试验。

b 本试验是试验远程 I/O 对一般在工厂级产生的电磁场的灵敏度。本试验只适用于包含对电磁场敏感器件的远程 I/O，例如，霍尔效应器件、CRT 显示器、软盘驱动器、磁性存储器，以及类似远程 I/O。本试验不模拟高强度磁场，例如，有关焊接和感应加热过程的磁场。此要求可通过在远程 I/O 制造厂对敏感器件施加的试验来满足。

c 偏差不得大于 3 A/m。若大于 3 A/m，制造厂应规定 CRT 显示接口的允许偏差。

d 此等级并不代表在紧靠远程 I/O 处由收发器所辐射的场强。

表 B.2 抗传导噪声，C 区

	环境现象	快速瞬态脉冲串	高能量浪涌	射频干扰	衰减振荡波
	参考标准	GB/T 17799.2	GB/T 17799.2	GB/T 17799.2	IEC 61000-4-18:2006
	试验内容	GB/T 30245.2—2013 表 23	GB/T 30245.2—2013 表 24	GB/T 30245.2—2013 表 25	GB/T 30245.2—2013 表 26
	性能等级	B	B	A	B
接口/端口（图 2 表示）	特定接口/端口	试验等级	试验等级	试验等级	试验等级
数据通信（用于 I/O 机架的 Al 和 Ar；用于外围远程 I/O 的 Be、Bi 和 E）	通信屏蔽电缆	1 kV [d]	2 kV CM[b]	10V[d]	0.5 kV CM
	非屏蔽电缆	1 kV[d]	2 kV CM[b]	10V[d]	不试验 —

表 B.2（续）

	环境现象	快速瞬态脉冲串	高能量浪涌	射频干扰	衰减振荡波
	参考标准	GB/T 17799.2	GB/T 17799.2	GB/T 17799.2	IEC 61000-4-18:2006
	试验内容	GB/T 30245.2—2013 表 23	GB/T 30245.2—2013 表 24	GB/T 30245.2—2013 表 25	GB/T 30245.2—2013 表 26
	性能等级	B	B	A	B
接口/端口(图 2 表示)	特定接口/端口	试验等级	试验等级	试验等级	试验等级
数字 I/O 和模拟 I/O（C 和 D）	交流 I/O（非屏蔽）	2 kV[d]	2 kV CM[b] 1 kV DM[b]	10V[d]	2.5 kV CM 1 kV DM
	模拟 I/O 或直流 I/O(非屏蔽)	2 kV[d]	1 kV CM[b]	10V[d]	1 kV CM 0.5 kV DM
	所有屏蔽线（屏蔽）	2 kV[d]	2 kV CM[b]	10V[d]	0.5 kV CM
远程 I/O 电源(F)	交流电源	4 kV	4 kV CM 2 kV DM	10V	2.5 kV CM 1 kV DM
	直流电源	2 kV [a]	1 kV CM[c] 1 kV DM[c]	10 V	2.5 kV CM 1 kV DM
I/O 电源(J)和辅助电源输出(K)	交流 I/O 和交流辅助电源	4 kV[d]	4 kV CM[b] 2 kV DM[b]	10V	2.5 kV CM 1 kV DM
	直流 I/O 和直流辅助电源	2 kV[a,d]	1 kV CM[b] 1 kV DM[b]	10V	2.5kV CM[a] 1 kV DM[a]

[a] 不适合于使用电池或可充电电池的输入端口，因更换电池或充电的需要必须把它们从远程 I/O 上取出或断开连接。对于使用交-直流电源适配器的输入端口，应在制造厂所规定的交-直流电源适配器的交流电源输入上进行试验；若制造厂未规定，则使用典型的交-直流电源适配器。对于使用永久性连接的输入/输出端口，若电缆长度≤3 m，则不需要进行试验。

[b] 对于规定电缆长度≤30 m 的端口，不需要进行试验。

[c] 不适合于使用电池或可充电电池的输入端口，因更换电池或充电的需要必须把它们从远程 I/O 上取出或断开连接。对于使用交-直流电源适配器的输入端口，应在制造厂所规定的交-直流电源适配器的交流电源输入上进行试验；若制造厂未规定，则使用典型的交-直流电源适配器。对于不会接在 DC 分布电源网络中而且线长总是小于 30m 的输入/输出端口，则不需要进行试验。

[d] 对于规定电缆长度≤3 m 的端口，不需要进行试验。

对本附录的要求依据 GB/T 30245.2—2013 中的 7.6、7.7、7.8、7.9、7.10、7.11 和 7.12 进行验证。

参 考 文 献

[1] GB 4343.1—2009 家用电器、电动工具和类似器具的电磁兼容要求 第1部分:发射

[2] GB/T 156—2007 标准电压

[3] GB/T 6113.203—2008 无线电骚扰和抗扰度测量设备和测量方法规范 第2-3部分:无线电骚扰和抗扰度测量方法 辐射骚扰测量

[4] GB/T 13384—2008 机电产品包装通用技术条件

[5] GB/T 14048.7—2006 低压开关设备和控制设备 第7-1部分:辅助器件 铜导体的接线端子排

[6] GB/T 14048.10—2008 低压开关设备和控制设备 第5-2部分:控制电路电器和开关元件 接近开关

[7] GB/T 15969.2—2008 可编程序控制器 第2部分:设备要求和测试

[8] GB/T 19678 说明书的编制 构成、内容和表示方法

[9] GB/T 19898—2005 工业过程测量和控制 应用软件文档集

[10] IEC 60947-5-2 Low-voltage switchgear and controlgear—Part 5-2:Control circuit devices and switching element—Proximtiy switches

[11] IEC 61000-4-18:2006 Electromagnetic compatibility(EMC)—Part 4-18:Testing and measurement techniques—Damped oscillatory wave immunity tese

ICS 35.100
N 18

中华人民共和国国家标准

GB/T 30245.2—2013

工业过程测量和控制系统用远程输入输出设备　第2部分：性能评定方法

Remote input and output instruments for industrial process measurement and control systems—Part 2: Performance evaluating methods

2013-12-31 发布　　　　2014-07-01 实施

中华人民共和国国家质量监督检验检疫总局
中国国家标准化管理委员会　发布

前　言

GB/T 30245《工业过程测量和控制系统用远程输入输出设备》分为两部分：

——第1部分：通用技术条件；

——第2部分：性能评定方法。

本部分是GB/T 30245的第2部分。

本部分按照GB/T 1.1—2009给出的规则起草。

本部分由中国机械工业联合会提出。

本部分由全国工业过程测量和控制标准化技术委员会(SAC/TC 124)归口。

本部分负责起草单位：西南大学。

本部分参加起草单位：西门子(中国)有限公司、上海自动化仪表股份有限公司、深圳市华邦德科技有限公司、福建上润精密仪器有限公司。

本部分主要起草人：张渝、刘枫。

本部分参加起草人：窦连旺、许斌、包伟华、段梦生、邹崇、戈剑。

工业过程测量和控制系统用远程输入输出设备 第2部分：性能评定方法

1 范围

GB/T 30245 的本部分规定了工业过程测量和控制系统用远程输入输出设备的性能评定方法和检验规则，包括试验条件、试验的抽样、正常工作和功能型式试验、电磁兼容性（EMC）型式试验和验证、安全常规试验、检验规则和其他考虑事项。

本部分适用于不含传感器和执行部件的工业过程测量和控制系统用远程输入输出设备。

2 规范性引用文件

下列文件对于本文件的应用是必不可少的。凡是注日期的引用文件，仅注日期的版本适用于本文件。凡是不注日期的引用文件，其最新版本（包括所有的修改单）适用于本文件。

GB/T 2423.1—2008 电工电子产品环境试验 第2部分：试验方法 试验A：低温

GB/T 2423.2—2008 电工电子产品环境试验 第2部分：试验方法 试验B：高温

GB/T 2423.4—2008 电工电子产品环境试验 第2部分：试验方法 试验Db：交变湿热（12 h+12 h循环）

GB/T 2423.5—1995 电工电子产品环境试验 第2部分：试验方法 试验Ea和导则：冲击

GB/T 2423.7—1995 电工电子产品环境试验 第2部分：试验方法 试验Ec和导则：倾跌与翻倒（主要用于设备型样品）

GB/T 2423.8—1995 电工电子产品环境试验 第2部分：试验方法 试验Ed：自由跌落

GB/T 2423.10—2008 电工电子产品环境试验 第2部分：试验方法 试验Fc：振动（正弦）

GB/T 2828.1—2012 计数抽样检验程序 第1部分：按接收质量限（AQL）检索的逐批检验抽样计划

GB 4208—2008 外壳防护等级（IP代码）

GB 4793.1—2007 测量、控制和实验室用电气设备的安全要求 第1部分：通用要求

GB 4824—2004 工业、科学和医疗（ISM）射频设备 电磁骚扰特性 限值和测量方法

GB/T 4857.5 包装 运输包装件 跌落试验方法

GB/T 14048.10—2008 低压开关设备和控制设备 第5-2部分：控制电路电器和开关元件 接近开关

GB/T 16842—2008 外壳对人和设备的防护 检验用试具

GB/T 17626.2—2006 电磁兼容 试验和测量技术 静电放电抗扰度试验

GB/T 17626.3—2006 电磁兼容 试验和测量技术 射频电磁场辐射抗扰度试验

GB/T 17626.4—2008 电磁兼容 试验和测量技术 电快速瞬变脉冲群抗扰度试验

GB/T 17626.5—2008 电磁兼容 试验和测量技术 浪涌（冲击）抗扰度试验

GB/T 17626.6—2008 电磁兼容 试验和测量技术 射频场感应的传导骚扰抗扰度

GB/T 17626.8—2006 电磁兼容 试验和测量技术 工频磁场抗扰度试验

GB/T 17626.11—2008 电磁兼容 试验和测量技术 电压暂降、短时中断和电压变化的抗扰度试验

GB/T 17626.29—2006 电磁兼容 试验和测量技术 直流电源输入端口电压暂降、短时中断和电压变化的抗扰度试验

GB/T 18271.4—2000 过程测量和控制装置 通用性能评定方法和程序 第4部分:评定报告的内容

GB/T 30245.1—2013 工业过程测量和控制系统用远程输入输出设备 第1部分:通用技术条件

CISPR 16-1-2:2003 无线电干扰和抗干扰测量仪器和方法的规范 第1-2部分:无线电干扰和抗干扰测量仪器 辅助装置 传导干扰(Specification for radio disturbance and immunity measuring apparatus and methods—Part 1-2: Radio disturbance and immunity measuring apparatus—Ancillary equipment—Conducted disturbances)

CISPR 16-2-1:2005 无线电干扰和抗干扰测量仪器和方法的规范 第2-1部分:干扰和抗干扰的测量方法 传导干扰测量(Specification for radio disturbance and immunity measuring apparatus and methods—Part 2-1: Methods of measurement of disturbances and immunity—Conducted disturbance measurements)

CISPR 16-2-3:2006 无线电干扰和抗干扰测量仪器和方法的规范 第2-1部分:干扰和抗干扰的测量方法 辐射干扰测量(Specification for radio disturbance and immunity measuring apparatus and methods—Part 2-3: Methods of measurement of disturbances and immunity—Radiated disturbance measurements)

IEC 61000-4-18:2011 电磁兼容性(EMC) 第4-18部分:试验和测量技术 阻尼振荡波免疫测试[Electromagnetic compatibility (EMC)—Part 4-18:Testing and measurement techniques—Damped oscillatory wave immunity test]

3 缩略语

下列缩略语适用于本文件。

EUT 被测设备(Equipment Under Test)

PADT 编程和调试工具(Program and Debug Tool)

PFVP 功能验证规程(Proper Functional Verification Procedures)

RIOS 远程输入/输出站(Remote Input-Output Station)

4 试验条件

4.1 制造厂提供条件

对于每种试验,制造厂应提供如下条件:

——规定必须如何安装和外部接线;

——提供在试验期间必须运行的合适测试程序;

——提供正确的运行验证程序,包括测量模拟输入/输出的精度和瞬态偏差的方法。

由制造厂提供的合适测试程序和正确的功能验证规程(PFVP)应符合4.2中给出的要求。

4.2 对制造厂提供的试验程序和正确的功能验证规程(PFVP)的要求

在型式试验期间不应发生:

——硬件损坏,除非是试验所要求的;

——操作系统和测试程序执行交替的修改;

——系统和被存储或交换的应用数据的非期望的修改;

——EUT 的无规律或非期望的行为；

——模拟输入/输出的偏差超出 GB/T 30245.1—2013 表 22 的第 4)项和表 26 的第 3)项中所规定的限值。

EUT 的所有相关功能和部件(即单元和模块)的工作方式，应能演示与这些功能和部件的信息路径。

应演示 EUT 的所有输入/输出和通信信道。

注：对于数量大的输入/输出而言(例如大于 100 个)，允许采用基于样品的统计准则。

应演示所有外部和内部产品状况信息的报告方式，例如显示、指示灯、报警信号、自检结果寄存器。测试程序应包括验证有关动作的条件。

对于所有对用户实现重要的各种远程 I/O 操作方式，例如启动和停机、冷重启/暖重启/热重启、“正常运行”“正常停机”“用 PADT 编程/监视”等，应验证其性能和行为。

对于受控的启动和停止，应检验远程 I/O 的初始化和复位条件。对于“运行”“编程”“监视”等各种方式，应验证其性能和行为。

对于在本部分中虽然没有包括但是它们对远程 I/O 的正常工作又是必不可少的任何特性/性能，也应进行演示和测试。

4.3 通用试验条件

按照指定的试验程序进行。

除非另有规定，试验应在表 1 给出的通用试验条件下进行。

除非另有规定，对于型式试验没有顺序要求。

表 1 通用试验条件

	测试条件
设备电源	额定电压和频率
温度	15 ℃ ～ 35 ℃
相对湿度	≤75 %
气压	86 kPa ～ 106 kPa
输出负载	输出加载到额定负载
污染	污染等级 ≤2

5 试验的抽样

如果用户和生产厂商达成了协议，只进行抽样试验，推荐选择 GB/T 2828.1—2012 提出的抽样方法。抽样时，可由用户选定被测试的远程 I/O。

6 正常工作和功能型式试验

6.1 气候环境试验

6.1.1 总则

远程 I/O 气候环境试验在无包装的状态下进行。

通常使用的易拆卸的温度传感器，在制造厂允许的条件下，可由用户自行拆除。

6.1.2 耐高温和低温试验

远程 I/O 耐高温和低温试验条件和方法见表 2。

表 2 耐高温和低温试验

	高 温	低 温
参考试验	GB/T 2423.2—2008	GB/T 2423.1—2008
预处理	按制造厂的规范	
初始测量	按 PFVP,见 4.2	
检验	不连接电源	
温度[c]	+70 ℃ ± 2 ℃	−40 ℃ ± 3 ℃[b]
试验持续时间	16 h ± 1 h	16 h ± 1 h
检验时的测量和/或加载	无	
恢复步骤		
时间	最少 1 h	
气候条件	见 6.1.1 和 4.3[a]	
特别注意		无凝露[a]
电源	不连接电源	
最终测量	按 PFVP,见 4.2	

[a] 在 EUT 再次与电源连接之前,应通风除去内外部的所有凝露。

[b] −25 ℃ ± 3 ℃ 是可接受的,但不推荐在将来的设计中使用。

[c] 对于有通风的装置,其环境温度是距离该装置的气流进入点的平面不超过 50 mm 处测得的温度;对于无通风的装置,其环境气温是在机壳中垂线上方距离该装置不超过 50 mm 处测得的室温。

6.1.3 温度变化试验

远程 I/O 温度变化试验条件和方法见表 3。

表 3 耐/抗温度变化试验

		耐温度变化试验	抗温度变化试验
参考试验		GB/T 2423.2—2008[b]	
预处理		按制造厂的规范	
初始测量		按 PFVP,见 4.2	
工作状态		不连接电源	连接电源
检测时测量和/或加载		无	[c]
低温[f]		−40 ℃ ± 3 ℃[e]	+5 ℃ ± 2 ℃
高温[f]	开放式装置	+70 ℃ ± 2 ℃	+55 ℃ ± 2 ℃
	封闭式装置	+70 ℃ ± 2 ℃	+40 ℃ ± 2 ℃
每一温度的试验时间		3 h ± 30 min	

表 3（续）

	耐温度变化试验	抗温度变化试验
转换时间	小于 3 min	不规定
温度变化率	不规定	3 ℃/min ± 0.6 ℃/min
循环次数	5	2
恢复步骤		
时间	小于 2 h	不规定
气候条件	见 6.1.1 和 4.3[d]	不规定
电源		不规定
最终测量	[a]	[b]

a 恢复后按照 PFVP(4.2)进行验证。

b 试验期间按照 PFVP(4.2)进行验证。

c 多信道输出模块的额定值应按制造厂的规定降低。

d 在基本远程 I/O 再次与电源连接之前，应通风除去内外部的所有凝露。

e −25 ℃±3 ℃是可接受的，但不推荐在将来的设计中使用。

f 对于有通风的装置，其环境温度是距离该装置的气流进入点的平面不超过 50 mm 处测得的温度；对于无通风的装置，其环境气温是在机壳中垂线上方距离该装置不超过 50 mm 处测得的室温。

6.1.4 耐交变湿热试验

远程 I/O 交变湿热试验条件和方法见表 4。

表 4 耐交变(12 h+12 h)湿热试验

参考试验	GB/T 2423.4—2008
预处理	按制造厂的规范
初始测量	按 PFVP，见 4.2
检验	无
检验时测量和/或加载	无
安装/支撑的细则	无
变化形式	2
特别注意	不连接电源
温度[b]	+55 ℃
循环次数	2
恢复步骤时间	
气候条件	在 GB/T 2423.4—2008 所述的受控条件下[a]
电源	不连接电源[a]
最终测量	恢复后按 PFVP(4.2)进行试验

a 在 EUT 再次与电源连接之前，应通风除去内外部的所有凝露。

b 对于有通风的装置，其环境温度是距离该装置的气流进入点的平面不超过 50 mm 处测得的温度；对于无通风的装置，其环境气温是在机壳中垂线上方距离该装置不超过 50 mm 处测得的室温。

6.2 机械环境试验

6.2.1 振动(正常工作条件下的型式试验)

远程 I/O 抗振试验条件和方法见表 5。

表 5 抗振试验

参考试验	GB/T 2423.10—2008
预处理	按制造厂的规范
初始测量	按 PFVP,见 4.2
安装/支撑的细则	便携式和手持式装置,按制造厂的规范
振动类型	正弦
振幅/加速度	
$5\ Hz \leqslant f < 8.4\ Hz$	$3.5\ mm_{peak}$ 位移,恒定振幅
$8.4 Hz \leqslant f \leqslant 150\ Hz$	$1.0\ g_{peak}$ 加速度,恒定振幅
扫描速率	以每分钟一倍频程(±10%)的速率扫描
振动持续时间	在三个相互垂直轴的每个轴上,分别扫描 10 次
加载时的测量和验证	按 PFVP,见 4.2
试验后的验证	按 PFVP,见 4.2
注:应将跨越频率(约 8.4 Hz)调整为从恒定振幅位移要求到恒定振幅加速度要求的连续平滑跨越。	

6.2.2 冲击(正常工作条件下的型式试验)

远程 I/O 抗冲击试验条件和方法见表 6。

表 6 抗冲击试验

参考试验	GB/T 2423.5—1995
预处理	按制造厂的规范
初始测量	按 PFVP ,见 4.2
安装/支撑的细则	便携式和手持式装置,按制造厂的规范
冲击类型	半正弦
冲击强度	$15\ g_{peak}$,持续时间 11 ms
施加	在三个相互垂直轴的每个轴上,每轴向分别冲击 3 次(共冲击 18 次)
加载时的测量和验证	按 PFVP ,见 4.2
试验后的验证	按 PFVP ,见 4.2

6.2.3 自由跌落(正常工作条件下的型式试验)

远程 I/O 抗/耐自由跌落试验条件和方法见表 7。

表 7 抗/耐自由跌落试验(便携装置和手持装置)

参考试验	随机跌落和平台跌落	GB/T 2423.8—1995
	有支撑的跌落	GB/T 2423.7—1995
预处理		按制造厂的规范
初始测量		按 PFVP,见 4.2
安装/支撑的细则		(如有的话)使用制造厂的标准电缆装备的被试装置(EUT)
加载时的测量和验证		按 PFVP,见 4.2
试验后的验证		按 PFVP,见 4.2

6.2.4 自由跌落(与运输和贮存条件相关的型式试验)

远程 I/O 在运输和贮存条件下的耐自由跌落试验条件和方法见表 8。

表 8 耐自由跌落试验(在制造厂原始包装内的单元)

参考试验	GB/T 4857.5
样品选择	每种类型用制造厂的原始包装中的最重单元
初始测量	按 PFVP ,见 4.2
安装/支撑的细则	(如有的话)使用制造厂的标准电缆装备的被试装置(EUT)
加载时的测量和验证	无
试验后的验证	按 PFVP ,见 4.2

6.2.5 可插/拔式单元的插/拔

可插/拔式单元的插/拔试验方法见表 9。

表 9 可插/拔式单元的插/拔

参考试验	无
永久性安装单元的试验说明	在不带电的条件下插/拔 50 次,然后装置应通过 PFVP (见 4.2)验证程序
非永久性安装单元的试验说明	在基本远程 I/O 中执行如 PFVP (见 4.2)所要求的功能试验程序时,插/拔 500 次; 插/拔应不影响基本远程 I/O 的正常工作; 不要求在试验期间有物理链路上的通信

6.3 电源端口和后备存储器的特殊功能要求的验证——电源端口的特殊抗扰性限制

6.3.1 装置电源输入端口的验证(交流或直流)

6.3.1.1 电压范围、电压纹波和频率范围试验

远程 I/O 抗电压纹波和频率变化试验条件和方法见表 10。

表 10 抗电压纹波和频率范围试验

参考试验	无	
EUT 配置	按制造厂的规范	
初始测量	按 PFEP,见 4.2	
试验说明	最小工作电压	最大工作电压
交流电压($k \times U_e$)[a]	$k = 0.85$	$k = 1.10$
交流频率($k \times F_n$)[a]	$k = 0.94$	$k = 1.04$
直流电压($k \times U_e$)[a]	$k = 0.85$	$k = 1.20$
纹波连续($k \times U_e$)[a]	$k = 0.05$	$k = 0.05$
试验持续时间	30 min	30 min
加载期间的测量和验证	按 PFEP,见 4.2	
试验后的验证	按 PFEP,见 4.2	
合格/不合格准则	A	

[a] 详见 GB/T 30245.1—2013 中表 5 的规定。

6.3.1.2 抗 3 次谐波试验

远程 I/O 抗谐波试验条件和方法见表 11。

表 11 抗 3 次谐波试验

参考试验	无
EUT 配置	按制造厂的规范
初始测量	按 PFVP,见 4.2
试验说明	把调整到额定电网电压的 10% 的 3 次谐波电压(150 Hz 或 180 Hz)迭加到 0° 和 180°相位的交流装置电源上(见图 1)
每个相位的持续时间	5 min
加载期间的测量和验证	按 PFVP,见 4.2
试验后的验证	按 PFVP,见 4.2

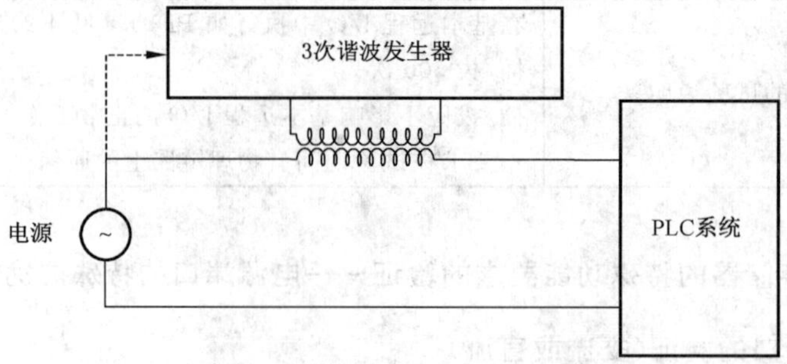

图 1 抗 3 次谐波的试验

6.3.1.3 启动试验

当加上外部电源的一定时间后(时间的长短由制造厂规定),远程 I/O 应按制造厂的技术要求重新启动(自动再启动或手动再启动、初始化顺序等)。在启动期间,应没有操作系统错误或任何意想不到的错误。

6.3.2 外部电源变化试验(抗扰性试验)

6.3.2.1 概述

当电压低于正常工作条件的最小限值和/或频率超过正常工作条件的范围时,远程 I/O 应“维持正常工作,或转入预先规定的状态,而且有明确规定的行为特性,直到恢复正常工作为止”。

合格/不合格准则:在试验期间,PFVP (见 4.2) 应确保远程 I/O 的基本行为特性与制造厂所规定的一样,而且应没有由非正常 PFVP 试验程序所引起的变化,也没有操作系统错误或任何意想不到的错误。

6.3.2.2 平缓停机/启动试验

远程 I/O 平缓停机/启动试验条件和方法见表 12。

表 12 平缓停机/启动试验

参考试验	无
EUT 配置	按制造厂的规范
初始测量	按 PFVP,见 4.2
试验说明	平缓停机/启动(见图 2)
初始/最终条件	电源在额定值(U_e、F_n),无纹波
最低电压/V	0 V
在最低电压时的等待时间/s	10(1±20%)s
试验次数	3
两次试验的时间间隔	1 s < 时间间隔 ≤ 10 s
加载时的测量和验证	按 PFVP,见 4.2
停机电压限值(SDL)	在逐渐降低电压期间,远程 I/O 执行制造厂规定的停机顺序,或不按照 PFVP 启动一种行为特性时的电压
平均停机极限电压 SDL(SDL_{av})	3 次测得的 SDL 的平均值
合格/不合格准则	按 6.3.2.1

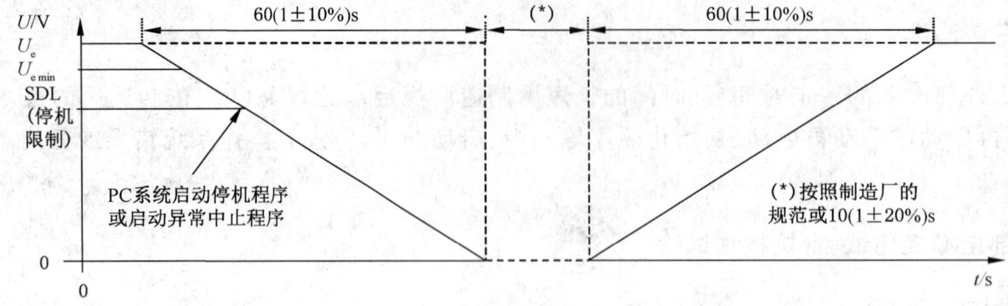

图 2 平缓停机/启动试验

6.3.2.3 电源电压变化试验

远程 I/O 电源电压变化试验条件和方法见表 13。

表 13 电源电压变化试验

参考试验	无	
EUT 配置	按制造厂的规范	
初始测量	按 PFVP,见 4.2	
试验说明	电源电压快变化(见图 3)	电源电压慢变化(见图 4)
初始/最终条件	电源在额定值($U_{e\ min}$、F_n),无纹波	
最低电压(U)	0	0.9 SDL_{av}(1±10 %)[a]
在最低电压时的等待时间/s 试验次数	0 3	0 3
两次试验的时间间隔	1 s < 时间间隔 ≤ 5 s	
加载时的测量和验证	按 PFVP,见 4.2	
合格/不合格准则	按 6.3.2.1	

[a] SDL_{av}是平缓停机试验的结果(6.3.2.2)。

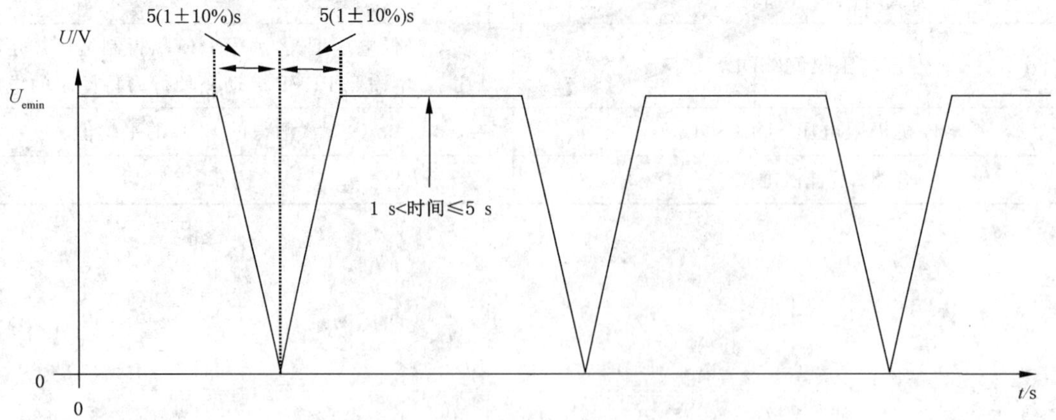

图 3 电源电压快变化试验

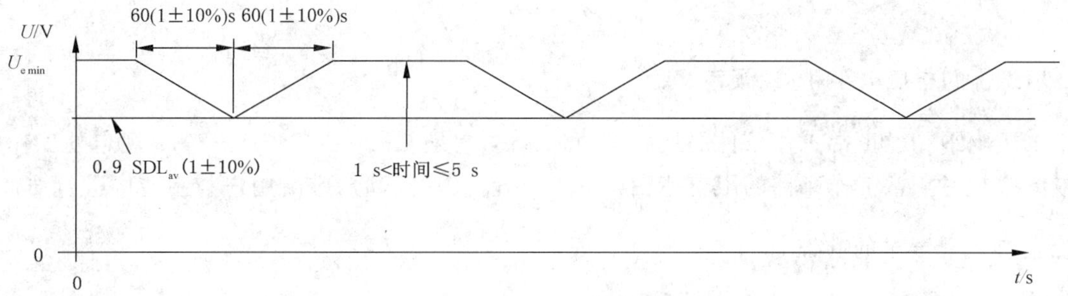

图 4 电源电压慢变化试验

6.3.2.4 电压中断

远程 I/O 电源中断试验条件和方法见表 14。

在试验期间执行 PFVP(见 4.2)。

表 14 抗电压中断试验(功能试验)

参考试验	GB/T 17626.11—2008	GB/T 17626.29—2006	
EUT 配置	按制造厂的规范		
初始测量	按 PFVP,见 4.2		
电源电压和频率	$U_{e\ min}$、F_n[e]	$U_{e\ min}$[e]	
	交流电源中断	直流电源中断	
持续时间	0.5 周期,跨零点开始[a,b]	PS1:≥1 ms[b]	PS2:≥10 ms[b]
$U_{e\ min}$至%$U_{e\ min}$[e]	0%	0%	0%
执行准则	EUT 应继续按预期规定运行; 无功能或性能丢失[d]		
试验次数	20		
两次试验间的时间间隔	1 s < 时间间隔 ≤ 10 s		
试验期间的测量和验证	应保持正常工作[c]; 按 PFVP,见 4.2		
试验后的验证	EUT 应继续按预期规定运行; 按 PFVP,见 4.2		

[a] 可选地,制造厂可选择在任意相位角中断供电。
[b] 制造厂可规定较长时间的中断。
[c] 由同一电源供电的输出和快速响应输入可能在干扰期间暂时受到影响,但在干扰结束后应恢复正常工作。
[d] 这些标准与 GB/T 30245.1—2013 表 16 中性能等级 A 相同。
[e] $U_{e\ min}$是 GB/T 30245.1—2013 中表 5 的最小容差时的U_e。

6.3.3 电源反向试验

6.3.3.1 耐直流电源反向试验

应施加额定极性反向电压,时间长达 10 s。试验结果应与制造厂指定的情况相符(如熔断器烧断)。在试验之后,EUT 应能通过正常的验证程序(见 4.2)。可以在验证之前重新安装保护器件,如熔断器。

6.3.3.2 不正确的电压电平和/或频率试验

对于电压电平超过正常工作条件的最大限值($U_{e\ max}$,它是GB/T 30245.1—2013规定的工作电压范围)和/或频率超过正常工作条件的限值范围($F_{n\ max}$和$F_{n\ min}$)的试验,应由用户与制造厂进行协商。

6.3.4 后备存储器要求的验证

6.3.4.1 存储器数据保存时间试验

EUT存储器数据保存时间试验条件和方法见表15。

表15 存储器数据保存时间试验

参考试验	无	
EUT配置	按PFVP,见4.2	
准备工作时间	按制造厂的规范(电源需要时间以进行充分充电)	
要完成的试验	试验A或试验B	
试验说明	试验A	试验B
初始条件	电源完全充电;外部电源断开	
温度	开放式装置55 ℃; 封闭式装置40 ℃	通用条件 (见4.3)
持续时间	300 h	1 000 h
试验后的验证	按PFVP,见4.2。远程I/O应完全能正常工作,不应丢失保持的数据	

6.3.4.2 制造厂更换电源方法的验证

制造厂更换电源试验方法见表16。

表16 更换电源试验

参考试验	无
EUT配置	按PFVP,见4.2
电源更换	按制造厂的规定(电源需要时间以进行充分充电)
试验后的验证	按PFVP,见4.2。EUT应完全能正常工作,不应丢失保持的信息

6.3.4.3 其他要求的验证

应检查所要求的电池“电池电压低”的警示(见GB/T 30245.1—2013的6.2中的要求)(拆下电源,用合适的可控电压来替换电源)。

6.4 输入/输出要求的验证

6.4.1 概述

从此往后对试验程序不作详细规定。详细步骤应由用户与制造厂协商规定。

虽然对试验程序没有作出详细规定，但应完成所提及的所有试验。

除非本条中另有规定，所有试验均应在同一个输入/输出信道上进行两次：

——第一次试验：在最低工作温度(T_{min})，即 5 ℃或 GB/T 30245.1—2013 表 1 中给出的 T_{min}；

——第二次试验：在最高工作温度(T_{max})，即 40 ℃/55 ℃ 或 GB/T 30245.1—2013 表 1 中给出的 T_{max}。

只需对每种类型的一个模拟输入信道和一个数字输入信道进行试验，但对基本远程 I/O 配置的所有不同类型的信道都应进行试验。

对多信道输出模块的所有信道都应进行试验。

6.4.2 数字输入的验证

6.4.2.1 工作范围试验

应进行满足所有要求的验证。

试验程序：

按制造厂与用户共同协商的程序。

6.4.2.2 耐信号极性反向试验

试验程序：

应在数字输入端施加反极性信号，时间长达 10 s。

验证：

试验结果应与制造厂规定的相同。器件应通过 PFVP(见 4.2)。保护器件(如熔断器)可以在验证前重新安装。

6.4.2.3 其他要求的验证

数字输入/输出应满足 GB/T 30245.1—2013 中 6.2.2.2 的一般要求和 6.2.2.3 要求的验证。

6.4.3 数字输出的验证

6.4.3.1 工作范围试验

应进行满足所有要求的验证。

试验程序：

——电流范围：按用户与制造厂的协商。

——电压跌落：按用户与制造厂的协商。

——漏电流：不得拆除用于输出保护的器件/电路。

——温度过载：按 GB/T 14048.10—2008(AC-15 或 DC-13)。对于耐短路保护输出，电流值应为 2 倍 I_e 至 20 倍 I_e(按 GB/T 30245.1—2013 中 6.2.3.2.3 的要求)。

6.4.3.2 保护输出、无保护输出和耐短路输出的试验

EUT 的数字输出的过载试验和短路试验见表 17。

表 17　数字输出的过载试验和短路试验

参考试验	无				
EUT 配置	按制造厂的规范				
安装/支撑的细则	按制造厂的规范				
加载	试验中只需对每一类型中的一个 I/O 信道进行检查				
初始测量	按 PFVP,见 4.2				
试验说明	A	B	C	D	E
预期电流($k\times I_e$)	1.2/1.3[a]	1.5	2	5	21
试验持续时间/min	5	5	5	5	5
试验次序					
第一批(在 T_{min} 处)	1	2	3	4	5
第二批(在 T_{max} 处)	6	7	8	9	10
两次试验的时间间隔	10 min≤时间间隔≤60 min				
施加保护输出试验	是	是	是	是	是
耐短路输出	否	否	是[b]	否	是[d]
无保护输出[c]	否	否	是[b]	否	是[d]
测量和验证	见 GB/T 30245.1—2013 的 6.2.3.2.2 和 6.2.4.2 中的要求				
在过载期间	按 PFVP ,见 4.2				
紧接在过载后	按 PFVP ,见 4.2				
在过载后的正确重新设置	按 PFVP ,见 4.2				

[a] 1.2 用于交流输出,1.3 用于直流输出

[b] 电流范围在 $2I_e$～$20I_e$ 时,模块可能需要修复或更换

[c] 应安装由制造厂提供的或指定的保护器件

[d] 保护器件应动作。若用于下面的试验,则应重新设置或更换保护器件

6.4.3.3　耐信号极性反向试验

如果装置设计有防止信号极性反向的措施,则可以不做本试验,而用合适的外观检查来代替。

试验程序:

应在数字直流输出端施加反极性信号,时间长达 10 s。

验证:

试验结果应与制造厂规定的相同。

器件应通过 PFVP(见 4.2)。保护器件(如熔断器)可以在验证前重新安装。

6.4.3.4　其他要求的验证

应进行如下验证,即数字输入/输出满足 GB/T 30245.1—2013 中 6.2.3.1 或 6.2.4.1 的一般要求和 6.2.3.2 或 6.2.4.2 的其他要求(输出指示器和机电式继电器输出)。

6.4.4 模拟输入/输出的验证

6.4.4.1 工作范围试验

应进行满足所有要求的验证。

试验程序：

按制造厂与用户共同协商的程序。

6.4.4.2 模拟输入的耐过载试验

试验程序：

按用户与制造厂共同的协商。

测量和验证：

在加载期间：在施加所规定的最大过载期间，应没有物理损坏或异常现象。

在试验后：应按 PFVP（见 4.2）验证输入范围最小值和最大值的准确度。

6.4.4.3 短路试验（电压输出）和开路试验（电流输出）

在进行短路（电压输出）试验或开路（电流输出）试验时，应没有物理损坏或异常现象。在试验后，执行 PFVP（见 4.2）。

6.4.4.4 电源电压变化试验

本试验应在模拟输入/输出模块由外部独立电源供电时进行。

电源用一个供电电压可变的电源代替。电压调整到所规定的电压范围的极限值。这时，该模块应通过 PFVP，输出的变化应在所规定的范围之内（见 4.2）。

6.4.4.5 耐信号极性反向试验

如果装置设计有防止信号极性反向措施，则可以不做本试验，而用合适的外观检查来代替。

试验程序：

应在单极性模拟输入端施加反极性信号，时间长达 10s。

验证：

试验结果应与制造厂规定的相同。器件应通过 PFVP（见 4.2）。保护器件（如熔断器）可以在验证前重新安装。

6.4.4.6 其他要求的验证

不需要进行型式试验。未经试验的所有要求应按制造厂与用户共同协商的程序进行验证。

6.5 通信接口要求的验证

不需要进行型式试验。未经试验的所有要求应按制造厂与用户共同协商的程序进行验证。

6.6 远程输入/输出站的验证

6.6.1 响应时间试验

本试验验证对传输时间的影响，传输时间是指把远程输入信息和远程输入/输出站（RIOS）的状态提供给应用程序并将其逻辑判断传送到远程输出端所用的时间。

验证程序：

运行由输入状态复制到输出构成的应用试验程序，有如下四种相似的配置：

a) 本地输入到本地输出；

b) 远程输入到本地输出；

c) 本地输入到远程输出；

d) 远程输入到远程输出。

合格/不合格准则：

系统总响应时间和其后的传递时间的变化，应符合制造厂制定的技术规范。

6.6.2 通信丢失试验

当取消通信时，输出应在制造厂规定的时间间隔内呈现制造厂所规定的状态，而且没有错误的或意想不到的行为动作；同时应给用户发送通信出错的信号。

验证程序：

本试验通过断开 a)链路、b)远程输入/输出站(RIOS)外部电源，并观察基本远程 I/O(即主处理单元、远程输入/输出站和它们的输出)的行为特性来完成。

合格/不合格准则：

按要求决定。

6.7 外围设备(PADT，TE，HMI)要求的验证

所有不进行试验的要求应按制造厂与用户共同协商的程序进行验证。

6.8 自检和诊断的验证

未经试验的所有要求应按制造厂与用户共同协商的程序进行验证。

6.9 标记和制造厂技术文件的验证

通过外观检查来验证 GB/T 30245.1—2013 中的 6.11 的要求。

7 电磁兼容性(EMC)型式试验和验证

7.1 概述

关于 EMC 型式试验，合格/不合格准则详见 GB/T 30245.1—2013 中的表 15。

7.2 有关电磁兼容性的试验

对于远程 I/O 的传导和辐射噪声及抗扰性，应按照制造厂的安装导则进行试验。

所有 EMC 试验都应以明确规定的、可重复的方式进行。

所有 EMC 试验都是型式试验。

可从电气特性和特定电器用法的角度考虑，以决定进行试验的项目，对不进行试验的项目及不做试验的原因记录在试验报告中。

7.3 试验环境

被试装置(EUT)位于指定的试验场所，而且任何辅助装置都应位于试验环境的影响范围之外。对于某些环境，希望至少将潜在的受干扰物安置在离辐射器的最小距离处。在工业环境中，此距离是 30 m。

一般可将所有输入/输出电缆构成环路以供监视和试验，和/或用一个具代表性的负载将它们端接。

一般来说，对于多信道I/O，可用1个信道代表所有信道进行试验。必须试验on/off(导通/关断)状态，和/或代表允许的负载范围的那些点。

7.4 辐射干扰的测量

辐射干扰的测量条件和方法见表18。

表18 辐射干扰的测量

参考试验	CISPR 16-2-3:2006
试验配置	CISPR 16-2-3:2006
距离和方法[a]	见表10
安装/支撑的细则	按制造厂的规范安装
频率范围	见表10
限制	见表10
[a] 测量距离是EUT(或其外壳)与用于试验现场测量的接收天线之间的距离。或者是装置所在建筑物的外墙与用于现场测量的接收天线之间的距离。	

7.5 传导干扰的测量

传导干扰的测量条件和方法见表19。

表19 传导干扰的测量

参考试验	GB 4824—2004
试验配置和方法	按CISPR 16-2-1:2005中7.4.1和CISPR 16-1-2:2003中4.3
施加端口	交流装置电源端口(F)
安装/支撑的细则	按制造厂的规范安装
频率范围	见表10
限制	见表12

7.6 静电放电

抗静电放电试验条件和方法见表20。

表 20　抗静电放电试验

参考试验	GB/T 17626.2—2006
EUT 配置	按制造厂的规范
初始测量	按 PFVP，见 4.2
安装/支撑的细则	按制造厂的规范和 GB/T 17626.2—2006
施加点的选择	应将 ESD 试验施加于： a）操作员可接触到的器件（例如，HMI、PADT 和 TE）； b）外壳端口； c）不提供意外接触保护的可接触到的工作部分（例如，开关、键盘、保护接地/功能接地、模块外壳、带连接器和金属连接器的通信端口）。 对于不带连接器的通信端口、I/O 端口或电源端口，不进行 ESD 试验
试验方法	
接触放电	EUT、水平和垂直耦合面
空气放电	EUT
试验等级	见 GB/T 30245.1—2013 的表 16
两次放电的时间间隔	≥1 s
在每一被选点上的放电次数	在装置对大地放电后放电 10 次
在加载期间的测量和验证	按 PFVP，见 4.2
性能等级	见 GB/T 30245.1—2013 的表 16

7.7　射频电磁场——调幅

抗射频电磁场试验条件和方法见表 21。

表 21　抗射频电磁场试验

参考试验	GB/T 17626.3—2006
EUT 配置	按制造厂的规范
初始测量	按 PFVP，见 4.2
安装/支撑的细则	EUT 被放置在标定的试验场中
扫描的频率范围	150 kHz～80 MHz
调制	见 GB/T 30245.1—2013 的表 16 或表 B.1
试验场强	见 GB/T 30245.1—2013 的表 16 或表 B.1[a]
在加载期间的测量和验证	按 PFVP，见 4.2
性能等级	见 GB/T 30245.1—2013 的表 16 或表 B.1[a]

[a] 除 ITU 广播调频波段外，87 MHz～108 MHz、174 MHz～230 MHz 和 470 MHz～790 MHz 这些频段等级应是 3 V/m。

7.8 工频磁场

抗工频磁场试验条件和方法见表22。

表22 抗工频磁场试验

参考试验	GB/T 17626.8—2006
EUT 配置	按制造厂的规范
初始测量	按 PFVP，见4.2
安装/支撑的细则	EUT 被投放在一个1 m×1 m感应线圈的磁场中
频率(电源线)	见 GB/T 30245.1—2013 的表16或表B.1
试验条件	在连续磁场中的安放方法
试验场强	见 GB/T 30245.1—2013 的表16或表B.1
加载期间的测量和验证	按 PFVP，见4.2
性能等级	见 GB/T 30245.1—2013 的表16或表B.1

7.9 电快速瞬变脉冲群

抗电快速瞬变脉冲群试验条件和方法见表23。

表23 抗电快速瞬变脉冲群试验

参考试验	GB/T 17626.4—2008
EUT 配置	按制造厂的规范
初始测量	按 PFVP，见4.2
安装/支撑的细则	EUT 的配置必须达到，通过规定的电容耦合以消除 I/O 线接收到辐射的电磁干扰
额定电压下的严酷等级	见 GB/T 30245.1—2013 的表17、表18或表B.2
持续时间	最少1 min
施加端口	施加方法
通信 (Al、Ar、Be、Bi 和 E)、I/O (C和D)、I/O 电源 (J)和辅助电源输出 (K)	50 pF～200 pF 电容耦合夹
装置电源(F)	33 nF 直接耦合
在加载期间的测量和验证	按 PFVP，见4.2
性能等级	见 GB/T 30245.1—2013 的表17、表18或表B.2
注：本试验的重复性与在电容耦合夹内导线的数量和相对位置密切相关。	

7.10 抗高能量浪涌

抗高能量浪涌试验条件和方法见表24。

表 24 抗高能量浪涌试验

参考试验	GB/T 17626.5—2008
EUT 配置	按制造厂的规范
初始测量	按 PFVP，见 4.2
安装/支撑的细则	按制造厂的规范
额定电压下的严酷等级	见 GB/T 30245.1—2013 的表 17、表 18
放电次数	正负极性各放电 5 次
重复率	最大 1/min
施加端口	施加方法
屏蔽的通信(Al、Ar、Be、Bi、E)和屏蔽的 I/O(C 和 D)	在屏蔽接地与参考接地之间接入电容 2 Ω/10nF
非屏蔽的通信(Al、Ar、Be、Bi、E)、非屏蔽的 I/O (C 和 D)、I/O 电源(J)和辅助电源输出(K)	42 Ω/0.5 μF CM、42 Ω/0.5 μF DM
装置电源(F)	12 Ω/9 μF CM、2 Ω/18 μF DM
在加载期间的测量和验证	按 PFVP，见 4.2
性能等级	见 GB/T 30245.1—2013 的表 17、表 18

7.11 抗传导性射频干扰

抗传导性射频干扰试验条件和方法见表 25。

表 25 抗传导性射频干扰试验

参考试验	GB/T 17626.6—2008
EUT 配置	按制造厂的规范
初始测量	按 PFVP，见 4.2
安装/支撑的细则	EUT 的配置必须达到，通过规定的磁场耦合以消除 I/O 线接收到辐射的电磁干扰
额定电压下的严酷等级	见 GB/T 30245.1—2013 的表 17、表 18 或表 B.2
扫描的频率范围	150 kHz～80 MHz
调制	通过一个 1 kHz 正弦波的 80% 幅度调制
试验等级(未调制的)	见 GB/T 30245.1—2013 的表 17、表 18 或表 B.2
施加端口	施加方法 (在 EUT 与耦合钳或 CDN 之间的所有电缆应尽可能短)
通信(Al、Ar、Be、Bi 和 E)、I/O(C 和 D)、装置电源 (F)、功能接地(H)、I/O 电源(J)和辅助电源输出(K)	CDN(耦合去耦网络)、EM(电磁钳)或电流耦合夹
在加载期间的测量和验证	按 PFVP，见 4.2
性能等级	见 GB/T 30245.1—2013 的表 17、表 18 或表 B.2

7.12 抗衰减震荡波(仅用于 C 区)

抗衰减震荡波试验条件和方法见表 26。

表 26　抗衰减震荡波试验

参考试验	IEC 61000-4-18:2011
EUT 配置	按制造厂的规范
初始测量	按 PFVP，见 4.2
安装/支撑的细则	按制造厂的规范
波形	衰减震荡波，在 3～6 个周期后，其包络线达到初始峰值的 50%（验证波的正弦形状）
频率	1 MHz (1± 10%)
源阻抗	200 Ω(1±10%)非屏蔽
重复率	400/s
试验持续时间	最小 2 s
接线长度	最长 2 m
额定电压下的严酷等级	见 GB/T 30245.1—2013 的表 B.2
施加点	施加方法
I/O (C 和 D)、装置电源(F)、I/O 电源(J)和辅助电源输出(K)	CM、DM
在加载期间的测量和验证	按 PFVP，见 4.2
性能等级	见 GB/T 30245.1—2013 的表 B.2

7.13　电压跌落和中断

电压跌落和中断抗扰度试验条件和方法见表 27。

表 27　电压跌落和中断抗扰度

参考试验	GB/T 17626.11—2008			
EUT 配置	按制造厂的规范			
初始测量	按 PFVP，见 4.2			
供电电压和频率	U_e、F_n[e]			
试验持续时间	0.5 周期，从过零点开始[a,b]	250/300 周期[d]	10/12 周期[d]	25/30 周期[d]
U_e 至%U_e[e]	0%	0%	40%	70%
性能准则	见表 19			
试验次数	20			
两次试验间的时间间隔	1 s ＜时间间隔＜ 10 s			
试验期间的测量和验证	按 PFVP，见 4.2 应维持正常运行[c]			
试验后的验证	按 PFVP，见 4.2			

[a] 制造厂可选择在任意相位角中断供电。

[b] 制造厂可规定较长时间的中断。

[c] 由同一电源供电的输出和快/慢速响应输入可能在干扰期间暂时受到影响，但在干扰结束后应恢复正常工作。

[d] F_n = 50/60 Hz。

[e] GB/T 30245.1—2013 的表 5 中标称电压下的 U_e。

8 安全常规试验

8.1 耐介电强度试验

将 GB/T 30245.1—2013 表 12 中规定的试验电压施加在隔离的电输出/输入端子之间、以及所有电输出/输入端子与保护接地端子之间进行试验。

8.2 保护接地试验

在接地端子(或触点)与每个需接地的可接触金属部件之间注入恒定电流 30 A,持续时间至少 2 min。在试验期间,应将电流维持在或相应地调整到 30 A。可使用不超过 12 V 的任何合适的低电压。应在电流通过的两点之间测量电压降,测量时要注意到测量探头的尖端与其下面的金属部件之间的接触电阻不应影响试验结果。

合格/不合格准则:计算的电阻应不超过 0.1 Ω。

9 检验规则

9.1 出厂试验及验收试验

每一远程 I/O 须经技术检验部门检验合格后方能出厂。远程 I/O 出厂试验应按表 28 中的规定进行。

若用户同意按 GB/T 2828.1—2012 进行抽样验收时,验收检验可按出厂试验规定进行,否则由制造厂与用户协商确定。

表 28 出厂试验项目

序号	项目名称	技术要求条号	试验方法条号
1	温度变化试验	GB/T 30245.1—2013 中 5.1.1	GB/T 30245.2—2013 中 6.1.3
2	相对湿度影响试验	GB/T 30245.1—2013 中 5.1.2	GB/T 30245.2—2013 中 6.1.4
3	振动试验	GB/T 30245.1—2013 中 5.2.2	GB/T 30245.2—2013 中 6.2.1
4	冲击试验	GB/T 30245.1—2013 中 5.2.3	GB/T 30245.2—2013 中 6.2.2
5	倾跌试验	GB/T 30245.1—2013 中 5.2.4	GB/T 30245.2—2013 中 6.2.3
6	运输和贮存条件实验	GB/T 30245.1—2013 中 5.3	GB/T 30245.2—2013 中 6.2.4
7	射频电磁场辐射干扰影响试验	GB/T 30245.1—2013 中 7.3.3	GB/T 30245.2—2013 中 7.7
8	外界磁场干扰影响试验	GB/T 30245.1—2013 中 7.3.3	GB/T 30245.2—2013 中 7.8
9	静电放电影响试验	GB/T 30245.1—2013 中 7.3.3	GB/T 30245.2—2013 中 7.6
10	电快速瞬变脉冲群影响试验	GB/T 30245.1—2013 中 7.3.3	GB/T 30245.2—2013 中 7.9
11	电压范围、电压纹波和频率范围试验	GB/T 30245.1—2013 中 6.1.1.1	GB/T 30245.2—2013 中 6.3.1.1
12	电压谐波试验	GB/T 30245.1—2013 中 6.1.1.2	GB/T 30245.2—2013 中 6.3.1.1
13	电压中断电源端口试验	GB/T 30245.1—2013 中 6.1.1.3	GB/T 30245.2—2013 中 6.3.2.3
14	标记和制造厂技术文件的验证	GB/T 30245.1—2013 中 6.11	GB/T 30245.2—2013 中 6.9

9.2 型式试验

远程 I/O 型式试验应根据本部分对 GB/T 30245 的第 1 部分规定的技术要求进行全部试验。

注：当制造厂认为某些质量指标能够得到保证时，制造厂内部型式试验的内容允许适当简化。一般型产品不进行 GB 3836.1—2010《爆炸性环境　第 1 部分：设备　通用要求》所要求的试验。

10 其他考虑事项

10.1 总则

为了检验远程 I/O 的一些其他特性，应进行附加试验，例如由密封提供的安全和防护等级。

为了准备试验报告、试验程序所需的通用信息，包含下述几个方面：

- 安装；
- 例行维护和调试；
- 维修和大修。

应根据实际运行要求和制造厂的说明书来进行性能检查，以便能同时对说明书做出评价。

10.2 安全

按 GB 4793.1—2007 检查远程 I/O。

10.3 外壳防护

如果需要的话，应根据 GB 4208—2008 和 GB/T 16842—2008 进行试验。

10.4 文献资料

制造厂主动提供的以及试验室要求提供的全部有关文件应列出清单。

如果这些文件没有附带用来清楚描述远程 I/O 操作的完善图表，或没有完整的元件清单和规范，则应指出其不足。

此外，还应列出表明远程 I/O 本质安全和隔爆等级的证书。

应给出具体的证书号码和防护等级等信息。

10.5 安装

远程 I/O 应根据制造厂的说明书安装和投入使用，同时要考虑在实际中可能遇到的和要求不同程序的各种应用。

制造厂规定的安装方法应列入报告。任何由于此种安装方法所造成的对远程 I/O 的使用限制都应予以指出并加以说明。

另外，有关安装的难易程度也应指出并加以说明。

10.6 例行维护和调试

应根据制造厂的说明书进行必要的例行维护和调试操作（建议每年应该至少进行 4 次这种操作）。

任何有关执行这些操作的难易程度都应予以指出，并说明原因。

10.7 修理

通常远程 I/O 都能分解成若干组件，制造厂也应详细说明有关这些组件的拆换修理程序，这些组件有的可由用户进一步拆卸，有的则不能进一步拆卸。为了评估修理的方便程度，每次应拆卸一个组件，每一组件都应拆卸到不能再拆开为止，并将任何损坏的或其他需要更换的零件换成新的。

任何有关这些修理的难易程度都应予以指出，并说明原因。

10.8 表面防护处理

应列出制造厂规定的外部零件的表面防护处理完成情况，并附有关评价意见。

10.9 设计特征

应列出所有可能造成使用困难的有关设计或结构方面的情况，并说明原因。同时还要列出可能具有特殊意义的任何特征，例如工作部件的密封等级、备件的互换性和气候防护等。

10.10 可调整参数

报告中应指出厂商列出的重要的变型和选件。

10.11 工具和设备

应列出安装、维护和修理所必须的工具和设备。

11 试验报告和文档

试验完成以后，应根据 GB/T 18271.4—2000 准备完整的评定试验报告。

报告发表之后，所有试验期间与测试有关的原始文档应在试验室至少储存两年。

参 考 文 献

[1] GB/T 2423.22—2012 环境试验 第2部分:试验方法 试验N:温度变化

[2] GB 3836.1—2010 爆炸性环境 第1部分:设备 通用要求

[3] GB/T 6113.201—2008 无线电骚扰和抗扰度测量设备和测量方法规范 第2-1部分:无线电骚扰和抗扰度测量方法 传导骚扰测量

[4] GB/T 6113.203—2008 无线电骚扰和抗扰度测量设备和测量方法规范 第2-3部分:无线电骚扰和抗扰度测量方法 辐射骚扰测量

[5] GB/T 15969.2—2008 可编程序控制器 第2部分:设备要求和测试

[6] GB/T 17214.1—1998 工业过程测量和控制装置工作条件 第1部分:气候条件

[7] JB/T 9329—1999 仪器仪表运输、运输贮存 基本环境条件及试验方法